学习Unity和C#游戏编程（第2版）

[美] 凯西·哈德曼 / 著 周子衿 / 译
（Casey Hardman）

清華大學出版社
北 京

内 容 简 介

本书作为一本面向初学者的 Unity 游戏编程入门书籍，旨在帮助读者从零开始掌握游戏开发的核心编程技能。全书分为 5 个部分，共 44 章，内容涵盖 Unity 基础、编程核心知识以及不同类型的游戏项目开发。第 1~5 章介绍 Unity 引擎的基础概念，帮助读者搭建开发环境，为后续学习打下基础。第 6~12 章深入编程核心，通过动手实践，让读者理解代码编写的基本原理和实际应用。第 13~25 章通过障碍赛游戏项目，让读者学习角色移动、关卡设计、预制件和脚本编写等基础技能。第 26~35 章通过构建塔防游戏，让读者掌握寻路机制和基础编程概念的深化应用。第 36~44 章通过开发游乐场游戏项目，让读者探索 Unity 物理引擎，实现复杂交互和 3D 物理模拟。

通过本书的系统学习和实践，读者不仅能掌握编程技巧，还能积累大量实践经验，为开发复杂游戏奠定扎实的基础。书中游戏项目涉及俯视角、塔防和 3D 物理模拟等，可以帮助读者全面掌握 Unity 引擎的用法。本书可以帮助游戏开发人员快速了解和掌握 Unity 与 C# 的核心知识以及关键技巧。

北京市版权局著作权合同登记号 图字：01-2024-4305
First published in English under the title
Game Programming with Unity and C#: A Complete Beginner's Guide by Casey Hardman,
edition: Second

图书在版编目（CIP）数据

学习 Unity 和 C# 游戏编程 : 第 2 版 / (美) 凯西・哈德曼 (Casey Hardman) 著 ; 周子衿译 . -- 北京 : 清华大学出版社 , 2025. 5. -- ISBN 978-7-302-68833-4

Ⅰ. TP311.5

中国国家版本馆 CIP 数据核字第 2025LK4720 号

责任编辑：文开琪
封面设计：李　坤
责任校对：方心悦
责任印制：杨　艳
出版发行：清华大学出版社
　　网　　址：https://www.tup.com.cn，https://www.wqxuetang.com
　　地　　址：北京清华大学学研大厦A座　　邮　　编：100084
　　社 总 机：010-83470000　　邮　　购：010-62786544
　　投稿与读者服务：010-62776969，c-service@tup.tsinghua.edu.cn
　　质量反馈：010-62772015，zhiliang@tup.tsinghua.edu.cn
印 装 者：河北鹏润印刷有限公司
经　　销：全国新华书店
开　　本：185mm×210mm　　印　　张：19　　字　　数：616千字
版　　次：2025年5月第1版　　印　　次：2025年5月第1次印刷
定　　价：126.00元

产品编号：107906-01

译者序

作为知名的游戏开发引擎，Unity（又称"团结引擎"）自2005年诞生以来，凭借其易用性、强大的功能以及广泛的平台支持，迅速获得了全球游戏开发者的青睐。

许多游戏的背后功臣都是Unity。这不仅包括小巧精致的独立游戏——比如以其精妙几何美学和梦幻般关卡设计闻名的《纪念碑谷》，还包括大型工作室开发的多人在线游戏——比如长盛不衰、玩家多达数亿人的《炉石传说》和《王者荣耀》等。基于Unity开发的众多游戏作品中，这些只是冰山一角。Unity引擎的广泛应用不仅体现了它的技术实力，还展示了它在游戏开发领域的影响力。

Unity引擎的强大之处在于它集成了编辑器、渲染器、物理引擎、动画系统和音频处理等多个核心组件，使得开发者能够在单一环境中完成从创意构思到成品发布的整个过程。更重要的是，Unity支持C#编程语言，这意味着开发者可以借助丰富的API和脚本来实现复杂的游戏逻辑和交互。另外，Unity的跨平台特性更是让游戏能够无缝接入PC、移动设备、游戏主机乃至Web端，从而极大地拓展了游戏的受众范围。

《学习Unity和C#游戏编程》（第2版）不仅是一本面向初学者的全面参考和技术指南，更是一本聚焦于游戏开发的启蒙书籍。作者凯西·哈德曼凭借其丰富的编程和游戏开发经验，将复杂的技术概念以浅显易懂的方式呈现在读者面前。书中不仅详细介绍Unity的基础知识，还通过一系列精心设计的项目实践逐步引导读者掌握Unity的核心功能和C#编程技巧。无论是游戏开发的新手，还是有一定基础的开发者，都能从本书中获得丰富的知识和灵感。

本书的特点在于其实用性和系统性。从Unity的基础操作到复杂的脚本编程，从游戏对象的创建到用户界面的设计，每个环节都有详尽的讲解和示例。此外，本书还特别关注游戏开发的实战应用，通过分析和构建具体的游戏项目，使读者能够将所学知识应用到实际开发中，体验从0到1创造游戏的全过程。

本书中文版的截图均来自Unity 2023.2.20f1版本。截至目前，该版本的汉化仍不完全，为了方便读者与Unity界面对照，本书保留了未汉化的英文选项，同时在首次提到这些选项时标出对应的中文，例如Layout（布局）。值得一提的是，Unity 2020.3.0f1或其他一些版本的汉化较为全面，读者可以根据自己的需要自由选择。

衷心希望本书能够成为大家游戏开发旅程中的踏脚石，引导大家成功走向彼岸。游戏开发是一场充满挑战和机遇的冒险，希望大家和我一样，能够保持好奇心，能够一直在路上。

前言

欢迎来到 Unity 游戏编程探索之旅。本书将带领你从零开始电子游戏开发，通过丰富的实践练习来保持学习的热情。本书的重点不在于完成大型游戏项目，也不在于追求华丽的视觉效果，而是带领大家掌握编程技巧和深入了解 Unity 引擎的用法。对这些基础知识有了透彻的理解之后，你就可以进一步扩展自己的知识面，开发更加复杂和精美的游戏。

书中介绍的游戏类型虽然可能不是你最感兴趣的，但建议你最好还是按照章节顺序阅读本书。如此一来，你将能够系统地学习许多关键的编码技巧和实用窍门，相比随意跳过某些章节或独自挑战高难度的游戏项目，这种方式让人进步得更快。

Unity 是一个跨平台的游戏开发引擎，可以在 Windows、Mac 或 Linux 操作系统上运行。本书主要采用 Windows 相关的术语，不过即便你使用其他操作系统，应该也能轻松跟上学习进度，不会有太大的区别。

至于系统配置要求，近五年内购买的大多数现代计算机都能够轻松运行本书用到的软件。本书的示例项目不涉及复杂的图形处理或算法，所以它们应该能在大多数系统上流畅地运行。然而，太旧的系统可能导致 Unity 引擎运行缓慢，以至于影响使用体验。以下链接列出了 Unity 编辑器当前的长期支持版本（2022.3.6）的系统要求：

docs.unity3d.com/Manual/system-requirements.html

本书各章简要介绍如下。

第 I 部分“Unity 基础”（第 1 章至第 5 章）介绍 Unity 游戏引擎的基础概念，并帮助你准备好所有需要的工具，为后续实践做好准备。

第 II 部分“编程基础”（第 6 章至第 12 章）深入探讨编程的核心知识。你将开始动手编写代码并学习编程的基本原理。这几章将确保你不仅了解要编写什么代码，还能够明白为什么要写这些代码以及这些代码有哪些实际作用。

在本书的其余部分中，将逐一攻克不同的项目，制作可玩的游戏，你后续可以根据个人喜好来为这些游戏添加新特性或进行优化。通过学习这些部分的内容，你将积累大量实践经验。我们将实现真实的游戏机制，并解决初学者在游戏编程领域中可能遇到的各种挑战和难题。

第 III 部分“游戏项目 1：障碍赛”（第 13 章至第 25 章）是一款俯视角游戏，玩家可以使用 WASD 或方向键移动游戏角色，以避开各种形式的障碍：地面上巡逻和空中游荡的敌人、飞过的子弹和地面的尖刺陷阱。在开发这个项目的过程中，你将学习基本的移动和旋转操作、设计关卡，学习运用一些基本的 Unity 概念——比如预制件[①]和脚本，并编写基本的 UI（用户界面）。

第 IV 部分“游戏项目 2：塔防游戏”（第 26 章至第 35 章）要构建一个塔防游戏的基础框架。玩家需要在游戏地图上布置防御工事，以阻止敌人移到地图的另一端。这一部分要介绍基本的寻路机制（即敌人如何自动绕过任意障碍物），并在此基础上进一步深化对基础编程概念的理解。

第 V 部分“游戏项目 3：游乐场”（第 36 章至第 44 章）是一个支持第一人称和第三人称视角的 3D 物理模拟环境，这部分要实现更为复杂的鼠标控制移动、跳跃、蹬墙跳以及重力系统。在这个项目中，我们将探索 Unity 物理引擎的各种可能性，包括使用射线检测来识别游戏对象，以及设置关节和刚体等。

① 译注：prefab，又称“预制体”，这种资源用于存储游戏对象及其组件的配置和状态，是一种可重用的游戏对象模板。

简明目录

第Ⅰ部分 Unity 基础

第 1 章 安装与设置 /002
第 2 章 Unity 基础 /008
第 3 章 操作场景 /016
第 4 章 父对象及其子对象 /022
第 5 章 预制件 /031

第Ⅱ部分 编程基础

第 6 章 编程入门 /040
第 7 章 代码块与方法 /046
第 8 章 条件 /058
第 9 章 处理对象 /067
第 10 章 使用脚本 /080
第 11 章 继承 /089
第 12 章 调试 /103

第Ⅲ部分 游戏项目 1：障碍赛

第 13 章 障碍赛游戏：设计与概述 /110
第 14 章 玩家移动 /116
第 15 章 死亡与重生 /135
第 16 章 基本款危险物 /142
第 17 章 墙壁和终点 /155
第 18 章 巡逻者 /162
第 19 章 漫游者 /181
第 20 章 冲刺 /191
第 21 章 设计关卡 /197
第 22 章 菜单和用户界面 /206
第 23 章 游戏内暂停菜单 /217
第 24 章 尖刺陷阱 /222
第 25 章 障碍赛游戏：总结 /232

简明目录

第 IV 部分 游戏项目 2：塔防游戏

第 26 章 塔防游戏：设计与概述 /240

第 27 章 摄像机的移动控制 /244

第 28 章 敌人与投射物 /254

第 29 章 防御塔和瞄准机制 /266

第 30 章 建造模式 UI/282

第 31 章 构建与出售 /293

第 32 章 游戏模式的逻辑 /314

第 33 章 敌人的逻辑 /323

第 34 章 更多类型的防御塔 /337

第 35 章 塔防游戏：总结 /349

第 V 部分 游戏项目 3：游乐场

第 36 章 游乐场：设计与概述 /356

第 37 章 鼠标瞄准摄像机 /359

第 38 章 进阶 3D 移动 /376

第 39 章 蹬墙跳 /392

第 40 章 推和拉 /399

第 41 章 移动的平台 /410

第 42 章 关节和秋千 /417

第 43 章 力场和弹簧垫 /424

第 44 章 结语 /430

详细目录

第 I 部分 Unity 基础

第 1 章 安装与设置…………002
1.1 轻量级应用 Unity Hub…………002
1.2 安装代码编辑器…………003
1.3 安装 Unity…………004
1.4 创建项目…………006
1.5 小结…………007
第 2 章 Unity 基础…………008
2.1 窗口…………008
2.2 “项目”窗口…………009
2.3 “场景”窗口…………009
2.4 “层级”窗口…………010
2.5 “检查器”窗口…………010
2.6 组件…………011
2.7 添加游戏对象…………013
2.8 小结…………015
第 3 章 操作场景…………016
3.1 变换工具…………016
3.2 位置和轴…………018
3.3 创建地板…………019
3.4 缩放和单位测量…………019
3.5 小结…………021
第 4 章 父对象及其子对象…………022
4.1 子游戏对象…………022
4.2 世界坐标与局部坐标…………024
4.3 构建简单的建筑物…………025
4.4 枢轴点…………027
4.5 小结…………029
第 5 章 预制件…………031
5.1 制作和放置预制件…………031
5.2 编辑预制件…………032
5.3 覆盖值…………033
5.4 嵌套预制件…………036
5.5 预制件变体…………037
5.6 小结…………038

第 II 部分 编程基础

第 6 章 编程入门…………040
6.1 编程语言和语法…………040
6.2 代码的作用…………041
6.3 强类型与弱类型…………042
6.4 文件扩展名…………043
6.5 脚本…………044

6.6 小结 045
第 7 章 代码块与方法 046
7.1 语句和分号 046
7.2 代码块 046
7.3 注释 047
7.4 方法 048
7.5 调用方法 051
7.6 基本数据类型 052
7.7 通过方法返回值 053
7.8 操作符 056
7.9 小结 057
第 8 章 条件 058
8.1 if 语句块 058
8.2 重载 060
8.3 枚举 060
8.4 else 语句块 061
8.5 else if 语句块 062
8.6 条件操作符 063
8.6.1 等于操作符 063
5.6.2 大于和小于 064
8.6.3 逻辑或操作符 065
8.6.4 逻辑与操作符 065
8.7 小结 066
第 9 章 处理对象 067
9.1 类 067
9.2 变量 068
9.3 访问类成员 070
9.4 实例方法 072
9.5 声明构造函数 074
9.6 使用构造函数 076
9.7 静态成员 077
9.8 小结 079
第 10 章 使用脚本 080
10.1 using 声明语句和命名空间 081
10.2 脚本类 082
10.3 旋转变换 084
10.4 帧与秒 085
10.5 属性 087
10.6 小结 088
第 11 章 继承 089
11.1 继承机制的应用：RPG 游戏中的物品系统 089
11.2 声明类 090
11.3 构造函数链 092
11.4 子类型和类型转换 095
11.5 类型检查 098
11.6 虚方法 099
11.7 数字值类型 100
11.8 小结 102
第 12 章 调试 103
12.1 设置调试器 103
12.2 断点 104
12.3 善用 Unity 官方文档 107
12.4 小结 108

第Ⅲ部分 游戏项目1：障碍赛

第13章 障碍赛游戏：设计与概述……110

13.1 游戏玩法概述……110

13.2 技术概览……111

13.2.1 玩家控制……112

13.2.2 死亡与重生……112

13.2.3 关卡……112

13.2.4 关卡选择界面……113

13.2.5 障碍物……113

13.3 项目设置……114

13.4 小结……115

第14章 玩家移动……116

14.1 创建Player游戏对象……117

14.2 材质和颜色……118

应用材质……120

14.3 声明变量……121

14.4 属性……123

14.5 跟踪速度……125

14.6 应用移动……130

14.7 小结……134

第15章 死亡与重生……135

15.1 启用与禁用……136

15.2 Die方法……138

15.3 Respawn方法……139

15.4 小结……141

第16章 基本款危险物……142

16.1 碰撞检测……142

16.2 Projectile脚本……148

16.3 Shooting脚本……151

16.4 小结……154

第17章 墙壁和终点……155

17.1 墙壁……155

17.2 终点……157

17.3 场景的构建设置……159

17.4 小结……161

第18章 巡逻者……162

18.1 巡逻点……162

18.2 数组……163

18.3 设置巡逻点……164

18.4 检测巡逻点……167

for循环……169

18.5 巡逻点排序……171

18.6 Patroller的移动……175

18.7 小结……180

第19章 漫游者……181

19.1 漫游区域……181

19.2 创建Wanderer游戏对象……184

19.3 Wanderer脚本……184

19.4 处理状态……187

19.5 根据状态做出响应……188

19.6 小结……190

第20章 冲刺……191

20.1 定义变量……191

20.2 Dashing方法……193

20.3 最后一步……195

20.4 小结……196

第21章 设计关卡……197

21.1 混用组件……197

21.1.1 四向射击装置……197

21.1.2 旋转刀片 ……198
21.1.3 旋转刀片木马 ……199
21.2 预制件和变体 …… 200
21.3 创建关卡 …… 202
21.4 添加墙壁 …… 204
21.5 预览关卡的摄像机 …… 204
21.6 小结 …… 205
第 22 章 菜单和用户界面 …… 206
22.1 UI 解决方案 …… 206
22.1.1 IMGUI ……206
22.1.2 Unity UI（uGUI） ……206
22.1.3 UI Toolkit ……207
22.2 场景流 …… 207
22.3 LevelSelectUI 脚本 …… 209
22.4 小结 …… 215
第 23 章 游戏内暂停菜单 …… 217
23.1 时间暂停 …… 217
23.2 小结 …… 221
第 24 章 尖刺陷阱 …… 222
24.1 设计陷阱 …… 222
24.2 Spike 的升降 …… 225
24.3 编写脚本 …… 226
24.4 添加碰撞体 …… 230
24.5 小结 …… 231
第 25 章 障碍赛游戏：总结 …… 232
25.1 构建项目 …… 232
25.2 玩家设置 …… 234
25.3 回顾 …… 235
25.4 额外特性 …… 236
25.5 小结 …… 238

第 IV 部分 游戏项目 2：塔防游戏

第 26 章 塔防游戏：设计与概述 …… 240
26.1 游戏玩法概述 …… 240
26.2 技术概览 …… 242
26.3 项目设置 …… 243
26.4 小结 …… 243
第 27 章 摄像机的移动控制 …… 244
27.1 准备工作 …… 244
27.2 箭头键移动 …… 247
27.3 应用移动 …… 249
27.4 拖动鼠标进行移动 …… 250
27.5 缩放 …… 252
27.6 小结 …… 253
第 28 章 敌人与投射物 …… 254
28.1 图层和物理效果 …… 254
28.2 基本敌人 …… 256
28.3 投射物 …… 259
28.4 小结 …… 265
第 29 章 防御塔和瞄准机制 …… 266
29.1 Targeter …… 266
29.2 防御塔的继承 …… 273
29.2.1 Tower 类 ……273
29.2.2 TargetingTower 类 ……274
29.2.3 FiringTower 类 ……274
29.3 基类 …… 274
29.4 箭塔 …… 276
29.5 小结 …… 281

第 30 章 建造模式 UI …… 282
30.1 UI 基础知识 …… 283
30.2 RectTransform 组件 …… 286
30.3 构建 UI …… 287
30.4 小结 …… 292
第 31 章 构建与出售 …… 293
31.1 事件 …… 293
31.2 准备工作 …… 294
31.3 建造模式的逻辑 …… 298
31.4 字典 …… 304
31.5 鼠标单击事件方法 …… 307
31.6 小结 …… 313
第 32 章 游戏模式的逻辑 …… 314
32.1 出生点和目标点 …… 314
32.2 锁定 PLAY 按钮 …… 315
32.3 为寻路做准备 …… 316
32.4 寻找路径 …… 319
32.5 小结 …… 322
第 33 章 敌人的逻辑 …… 323
33.1 游戏模式设置 …… 323
33.2 生成敌人 …… 328
33.3 敌人的移动 …… 331
33.4 小结 …… 336
第 34 章 更多类型的防御塔 …… 337
34.1 抛物线弹道 …… 337
34.2 炮塔 …… 343
34.3 高温地板 …… 346
34.4 路障 …… 347
34.5 小结 …… 348
第 35 章 塔防游戏：总结 …… 349
35.1 继承 …… 349
35.2 Unity 的 UI 系统 …… 350
35.3 射线投射 …… 351
35.4 寻路 …… 351
35.5 附加功能 …… 351
35.5.1 生命条 …… 352
35.5.2 护甲和伤害类型 …… 352
35.5.3 更复杂的路径 …… 353
35.5.4 攻击范围指示器 …… 353
35.5.5 升级防御塔 …… 354
35.6 小结 …… 354

第 V 部分 游戏项目 3：游乐场

第 36 章 游乐场：设计与概述 …… 356
36.1 功能概述 …… 356
36.1.1 摄像机 …… 356
36.1.2 玩家移动 …… 356
36.1.3 推动与拉动 …… 357
36.1.4 移动平台 …… 357
36.1.5 关节和摆动 …… 357
36.1.6 力场和跳板 …… 357
36.2 项目的准备工作 …… 358
36.3 小结 …… 358
第 37 章 鼠标瞄准摄像机 …… 359
37.1 创建 Player 游戏对象 …… 359
37.2 工作原理 …… 360
37.3 脚本设置 …… 361

37.4 快捷键 366
37.5 鼠标输入 367
37.6 第一人称模式 370
37.7 第三人称模式 372
37.8 测试 375
37.9 小结 375
第 38 章 进阶 3D 移动 376
38.1 工作原理 376
38.2 Player 脚本 379
38.3 移动速度 383
38.4 应用移动 387
38.5 速度衰减 389
38.6 重力和跳跃 390
38.7 小结 391
第 39 章 蹬墙跳 392
39.1 变量 392
39.2 检测墙壁 394
39.3 执行跳跃 396
39.4 小结 398
第 40 章 推和拉 399
40.1 脚本设置 399
40.2 FixedUpdate 方法 402
40.3 检测目标 403
40.4 拉动和推送 405
40.5 绘制光标 407
40.6 小结 409
第 41 章 移动的平台 410
41.1 平台的移动 410
41.2 平台的碰撞检测 413
41.3 小结 416
第 42 章 关节和秋千 417
42.1 创建摆动装置 417
42.2 连接关节 421
42.3 小结 423
第 43 章 力场和弹簧垫 424
43.1 编写脚本 424
43.2 为力场创建游戏对象 425
43.3 向 Player 游戏对象添加速度 426
43.4 施加力 427
43.5 小结 429
第 44 章 结语 430
44.1 物理游乐场：项目回顾 430
44.2 Unity 进阶 431
44.2.1 资源商店 431
44.2.2 协程 432
44.2.3 脚本执行顺序 434
44.3 C# 进阶 434
44.3.1 委托 434
44.3.2 文档注释 435
44.3.3 异常 437
44.4 C# 语言中的高级概念 438
44.4.1 操作符重载 438
44.4.2 类型转换 439
44.5 泛型类型 439
44.6 小结 439

第 I 部分
Unity 基础

第 1 章　安装与设置
第 2 章　Unity 基础
第 3 章　操作场景
第 4 章　父对象及其子对象
第 5 章　预制件

第 1 章 安装与设置

安装软件的过程往往非常简单直观——下载安装包，然后运行安装程序，在弹出的“安装向导”中，接受使用条款，选择程序的安装路径，选择一些额外选项（如果有的话），就可以开始安装了。很简单，对吧？所以这里就不赘述安装过程了，我只说明需要安装哪些应用。

1.1 轻量级应用 Unity Hub

由于经常发布带有新特性、错误修复和小改进的新版本，所以 Unity 为此提供了一个名为 Unity Hub 的轻量级应用。通过 Unity Hub，不仅可以安装最新版本的 Unity 引擎，还可以安装和管理旧版本，以及集中查看所有 Unity 项目。

即使已经升级到最新版 Unity，也有必要保留一个旧版本的 Unity。有时可能需要始终使用同一个版本开发游戏，以防止新版本的特性与旧项目不兼容——技术在不断进步，新特性有时可能与原有的内容发生冲突。有时，旧有特性在新版本中会被重新设计，不再可用。在这种情况下，最好坚持使用旧版本开发项目，以免花费太多时间去适应新的版本。

为此，首先安装 Unity Hub，然后可以通过 Hub 来安装 Unity 引擎。为了下载 Unity Hub，请使用网络浏览器访问以下网址：

unity.com/download

页面上应该有一个下载按钮，该按钮的形状可能根据使用的操作系统而有所不同。我使用的是 Windows 操作系统，因此显示的按钮是“下载 Windows 版”，如图 1-1 所示。

下载 Windows 版

图 1-1 下载 Windows 版

单击此按钮，下载 Unity Hub 安装程序。下载完成后，运行安装程序并按照提示进行操作。

在 Unity Hub 安装完成后，请运行。Unity 可能要求你接受一个许可协议并创建一个账户。这个设置是一次性的，一旦设置完毕，Unity Hub 基本上就会保持登录状态，不会频繁地要求你重新登录。不过，如果需要创建账户，请记住密码和用户名！

除非你供职于一家利用 Unity 开发产品并从中获得收益的大公司，否则就该选择免费的“个人版”（Unity Personal）许可证，然后继续执行下一步操作。Unity 将此许可证描述为适用于“过去 12 个月内收入和筹集资金少于 10 万美元的个人和小型组织。”

获得许可证并成功创建账户后，在 Unity Hub 界面的左侧，应该可以看到一个“安装量”标签，如图 1-2 所示。

图 1-2 选中“安装量”标签

可以在这里查看电脑上安装的所有 Unity 引擎版本，还可以在这里安装新版本。不过，安装太多版本可能会迅速消耗硬盘空间，因此可能需要卸载一些旧版本以避免这种情况。

在进一步讨论 Unity 版本之前，不妨先探讨一下如何选择代码编辑器。虽然在 Unity Hub 中可以在安装 Unity 的时候顺便安装代码编辑器，但根据不同的需求，市面上的其他代码编辑器可能更合适你。

1.2 安装代码编辑器

编写代码不是在平时用来写作和写简历的文字处理软件中进行的，而是在代码编辑器中进行的。代码编辑器是专为编写代码而设计的文本编辑器，它们有高亮显示关键字和符号的功能，能够理解和格式化代码，而且，它们通常内置许多功能，使我们能够更加高效和便捷地编写与处理代码。

其中一个重要的功能便是调试，调试允许代码编辑器在游戏运行时连接到 Unity 引擎。我们可以在代码中设置断点，当程序执行到断点时， Unity 编辑器中运行的游戏就会自动暂停。如此一来，我们便可以在游戏暂停的情况下查看代码的状态、单步执行代码以及随时恢复游戏的运行。这尤其适合用来定位代码中的问题。

下面简单看看几款可选的代码编辑器。

- Microsoft Visual Studio 是一款功能丰富且免费的编辑器，它支持 Windows 和 Mac OS。它可以直接通过 Unity Hub 安装，并且支持调试。但遗憾的是，它不支持 Linux 系统。Visual Studio 提供了用于商业和专业用途的付费版本，但对大多数业余爱好者而言，免费的 Community 版本完全够用了。
- Microsoft Visual Studio Code（简称 VS Code），是 Visual Studio 的轻量级版本，可以在 Windows、Mac OS 和 Linux 上运行。然而，VS Code 的最新版本并不支持 Unity 的调试功能，旧版本也只提供了实验性的调试支持。与 Visual Studio 相比，VS Code 的安装文件小得多，对电脑存储空间有限的用户来说，这无疑是一个加分项。
- JetBrains Rider 是一个支持 Windows、Mac OS 和 Linux 的编辑器，提供了 Unity 的调试支持。作为一款跨平台集成开发环境，它的功能与 Visual Studio 类似，但它不是免费的。30天免费试用期结束后，用户需要按月或按年订阅后才能继续使用该产品的最新版本。值得注意的是，一次性支付年费可以获得当前版本的永久使用权，但如果想要使用在此之后发布的新版本，则需要再次付费。

就个人而言，我作为Windows用户，经常使用Visual Studio Code来完成多种编程任务，因为我喜欢它轻巧简洁的设计理念。然而，如果在安装Unity时顺便通过Unity Hub安装Visual Studio（注意，这不是Visual Studio Code），就可以直接在Windows或Mac OS上调试Unity。因此，我也安装了Visual Studio，专门用于Unity游戏开发和C#编程。

第12章将介绍如何使用Microsoft Visual Studio来调试代码，所以如果你想按照第12章的指导进行学习，那么安装Visual Studio将是一个不错的选择。

调试虽然很有用，但如果你现在想保持简单，或者在使用Linux并且不打算付费使用Rider，那么完全可以先选择Visual Studio Code作为代码编辑器，等到读完这本书的其他部分并开始独立探索时，再视情况而学习有关调试的知识。

总而言之，我的建议如下。

- 对于Windows和Mac用户，推荐使用Visual Studio，因为它不仅支持通过Unity Hub轻松安装，还拥有强大的调试功能。但如果电脑存储空间比较紧张，我更建议选择更节省空间的Visual Studio Code。
- 对于Linux用户，如果想保持简单，以后再学习有关调试的知识，那么Visual Studio Code将是一个不错的选择。但如果需要一套完整的开发工具，并且不介意在免费试用期后开始付费，那么选择JetBrains Rider更合适。

若想下载Visual Studio Code，请在浏览器中输入以下网址：

code.visualstudio.com/download

请在这个页面上根据使用的操作系统（Windows、Mac或Linux）单击对应的下载按钮。安装程序下载完成后，运行程序并按照提示进行操作。

若想下载JetBrains Rider，请在浏览器中输入网址：jetbrains.com/rider/。

在首页上可以看到几个显眼的“下载”按钮，单击其中的任意一个并按照提示进行操作即可。

1.3 安装Unity

好了，是时候安装Unity编辑器了。在如图1-2所示的“安装量”标签页，单击右上角的“安装编辑器”按钮。随后会弹出一个窗口，其中列出可供选择的版本。

Unity的版本号以发布年份为前缀，后跟一个句点和详细的版本号，例如2021.2或2022.1。

最顶端的版本是最新的 LTS（Long Term Support）版本，即“长期支持版本”。LTS 版本适用于已经投入生产环境或即将发布的项目，它们不会引入任何破坏性更改，用户也不需要重构任何内容，这些版本会定期更新以修复小错误或提高性能和稳定性。

LTS 版本下方列出了最新特性和更新“其他版本”，这些版本的版本号通常比较新。

如果是与团队一起开发一个大型项目，最好使用 LTS 版本，以确保 Unity 引擎不会在开发过程中发生重大更改。如果只是在探索和学习或是想尝试最新的功能，则可以使用其他版本。甚至可以尝试使用 Beta 版本或 Alpha 版本，但请注意，这些版本可能相对不那么稳定。

考虑到我们的主要目的是学习，所以更合适的选择是“其他版本”一栏中的最新版本（位于 LTS 下方）。单击该版本号右侧的“安装”按钮。

接下来，Unity Hub 会提示选择一些要与 Unity 引擎一同安装的“模块”。这些模块为 Unity 添加了一些额外功能，但安装它们会占用更多的电脑存储空间。暂时不安装也没有关系，如果之后发现需要这些模块，随时可以添加。

Unity Hub 默认勾选了 Microsoft Visual Studio Community 模块。我们可以根据自己想要使用的代码编辑器选择保留勾选或取消勾选。

其他值得注意的模块是“平台”模块，有了它们，我们就可以把 Unity 游戏项目构建到不同的操作系统、环境和硬件平台上。

“构建”（building）游戏项目指的是将原本只能在 Unity 引擎中运行的项目转为实际的应用程序，玩家可以通过这个应用来玩游戏。

Unity 支持将项目构建到以下不同的平台上：

- 电脑，支持的操作系统有 Windows、Mac OS 和 Linux；
- Android；
- iOS；
- WebGL（在网页浏览器中玩游戏）；
- Xbox One；
- PS5 和 PS4；
- 任天堂 Switch。

Unity 还支持将项目构建到不同的扩展现实（Extended Reality，XR）平台。

正如之前提到的那样，如果未来需要构建到这些平台（本书不会讨论它们），随时可以通过 Unity Hub 安装它们。

此外，还可以选择将 Unity 官方文档作为一个模块下载到本地。这份文档对学习和解决问题很有帮助。文档也可以在线查看（我个人也倾向于这么做），但如果需要在没有网络连接的情况下使用 Unity，在本地安装文档可能是一个明智的选择，以便离线查阅文档。

选好模块后，单击右下角的按钮。如果勾选了任何模块，这个按钮可能会显示“继续”，并会提供与所选模块相关的更多选项。如果不勾选模块，按钮会直接显示“安装”。

安装完成后，就可以使用所选版本的引擎创建 Unity 项目了。Unity Hub 还有一个贴心的功能：在打开一个项目时，它会自动识别并运行与该项目关联的 Unity 编辑器版本（前提是电脑上安装了这个版本）。这意味着，即便不同的项目使用不同版本的 Unity 引擎，也不需要记住每个项目对应的引擎版本，只需启动 Unity Hub，然后单击想要打开的项目，如此而已。

1.4 创建项目

现在，为了在学习过程中有一个可以实践操作的环境，是时候使用 Unity Hub 创建我们的第一个项目了。单击 Unity Hub 左侧的“项目”标签，然后单击右上角蓝色的“新项目”按钮。

此时会弹出一个对话框，可以在其中选择一个项目模板作为基础。

模板只是项目的一个简单的起点。前两个名为“2D”和“3D”的模板是最基础和简单的模板。它们基本上是空白的，其中“2D”适用于 2D 游戏，而“3D”适用于 3D 游戏。

我们要从一个空白的 3D 项目入手，所以请选择 3D 模板。选中后，它周围会显示蓝色边框[①]，如图 1-3 所示。

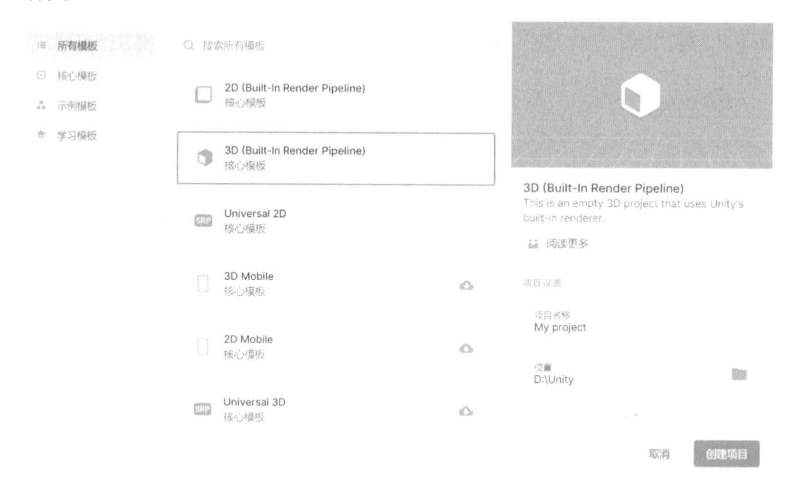

图 1-3 创建 Unity 项目

① 译注：在本书的描述中，我们会采用在电脑上所看到的颜色（不同于在纸质版图书中看到的灰度显示）。全书所有图片的彩色版可通过封底的“一书一码”方式免费下载。

对话框的右侧提供有关所选模板的说明。说明的下方有“项目设置”一栏，可以在此设置项目名称并选择项目的存储位置。

我们将把项目命名为“ExampleProject”。请注意，两个单词之间没有空格，因为文件路径通常不支持空格。

可以任意选择项目的存储位置，无论选择哪个路径，Unity 都会在那里新建一个与项目同名的文件夹。这个文件夹被称为项目的“根目录”，用于存放项目所有的文件和资源。

设置路径后，单击右下角的“创建项目”按钮，然后等待 Unity 创建基础项目文件，这可能需要几分钟时间。在创建完毕后，Unity 编辑器就会自动打开。这个时候，全新的项目已经准备就绪，我们可以开始编辑了。

1.5 小结

本章要点回顾如下。

1. Unity Hub 可以用来下载新版本的 Unity 编辑器、卸载不再需要的旧版本、创建项目以及打开现有的项目。
2. 通过 Unity Hub 打开项目会自动启动 Unity 编辑器，我们将在其中使用 Unity 引擎来开发游戏。
3. Unity 游戏项目存储在本地计算机上，所有相关文件——包括我们自己创建的美术资源和代码——都被存储在以项目名称命名的“根目录”中。
4. 编写代码时，我们将使用专为编码设计的文本编辑器，后者提供了普通文本编辑器所不具备的许多实用功能，可以让我们方便地格式化代码和浏览代码。

第 2 章 Unity 基础

在安装 Unity 并创建一个新的项目后，是时候探索这个引擎的用户界面了。毕竟，在开发游戏的过程中，我们将频繁与之交互，所以越早熟悉 Unity 越好。

2.1 窗口

Unity 的用户界面（UI）由不同的窗口[①]组成，每个窗口都有自己的用途。每个窗口的左上角都有一个小标签，上面标明了窗口的类型。这些窗口都是独立的，我们可以任意调整它们的位置和大小，甚至可以直接关闭窗口。Unity 中还有一些其他类型的窗口，我们可以根据自己的需要随时将它们添加并显示在屏幕上。

项目　控制台

图 2-1 两个窗口标签并列

可以看到，如果用鼠标左键单击并拖动这些窗口的标签，我们便可以轻松地将窗口移动到程序的其他位置。通过这种方式，我们可以分割一个窗口的空间，把另一个窗口拖进来。如果想要改变窗口的布局，只需要拖动窗口，观察 Unity 如何响应。

此外，还可以将窗口挪到其他窗口旁边，将它们的标签并排放置（图 2-1）。“项目”窗口目前处于激活状态并在窗口中显示，但如果单击选中“控制台”标签，显示的窗口会变为“控制台”窗口。

Unity 还支持把当前所有窗口的大小和位置保存为自定义布局，并为这个布局命名。这个功能通过 Unity 编辑器右上角的 Layout（布局）下拉列表实现，单击即可查看所有可用的内置布局，如图 2-2 所示。

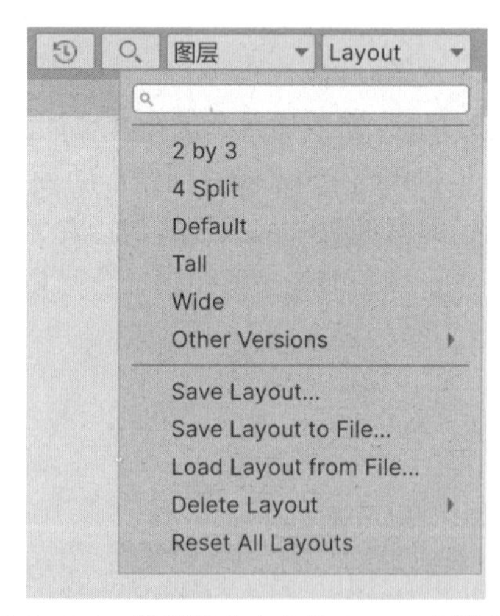

图 2-2 Unity 编辑器右上角的 Layout 下拉列表

① 译注：在 Unity 的 UI 元素中，窗口（window）是顶层容器，如“检查器”窗口；有自己的标题栏和边框，内部可包含多个面板（panel）。面板是用来组织 UI 元素的容器，可以包含其他 UI 组件（如按钮，文本或图像）。视图（view）通常指一个可视化的区域，用于显示内容，可以是面板的一部分。窗格（pane）是可滚动的区域，通常用于显示大量内容。

默认情况下，Unity 使用 Default（默认）布局。如果尝试切换到不同的布局，Unity 会自动重新排列各个窗口。如果按照自己的偏好对布局进行调整，则可以在下拉菜单中选择 Save Layout...（保存布局）选项，为当前布局命名并将它保存下来。如此一来，即使不小心关闭了一个窗口或意外打乱了布局，也可以通过加载保存的自定义布局来恢复原样。

布局在处理不同的游戏开发任务时尤其有用。不同的开发任务可能需要不同的窗口布局，而保存布局的功能能够让我们在不同工作流程之间轻松切换——简单点几下鼠标即可。

默认的布局包含所有重要的基本窗口，所以不更改布局也没关系。接下来，让我们来探索一下这些窗口的功能。

2.2 “项目”窗口

默认情况下，“项目”窗口位于编辑器底部的中间区域，与“控制台”窗口相邻——这个窗口将留到以后介绍，因为它与代码密切相关。可以在“项目”窗口中查看所有资源。资源（asset，也称为“资产”）指的是可以在游戏中使用的各种元素，比如美术、音效、音乐、代码文件、游戏关卡等。

开始创建资源时，它们会显示在“项目”窗口中。“项目”窗口的工作原理与计算机的文件系统类似，允许我们将资源存储在文件夹（或称“目录”）的地方。例如，可以创建一个文件夹来存放各种音效，再创建一个文件夹来存放所有代码文件（在 Unity 中称为“脚本”），等等。我们可以在这个窗口中任意组织这些资源，并且查找、选择和在 Unity 引擎中使用资源都是通过这个窗口来进行的。

我们创建的项目默认包含两个文件夹：Packages 文件夹（这个暂时不需要关注）和 Assets 文件夹，这是存放所有资源的根目录。单击文件夹旁边的箭头可以隐藏或显示其中的内容（如果有内容的话）。如果展开 Assets 文件夹，你会发现里面已经有了一个 Scenes 文件夹，其中包含一个名为“SampleScene”的资源。

2.3 “场景”窗口

“场景”窗口占据了屏幕的大部分空间，通常位于左上方，与“游戏”窗口相邻。它展示了游戏所发生的环境。游戏中的“关卡”在 Unity 中通常被称为“场景”。场景以资源的形式保存，所以在保存场景后，我们可以在“项目”窗口中找到它们。当前场景是项目默认包含的 SampleScene 资源。

每个场景都包含一系列对象。可以通过“场景”窗口来查看场景并在其中移动，通过一个类似于漂浮摄像机的视角观察游戏世界。这是查看和编辑游戏环境的主视口（viewport）。

目前打开的示例场景空空荡荡的，只有一个光源和一个摄像机。光源是一个不可见的对象，负责为场景中的所有游戏对象提供光照；而摄像机则是玩家在游戏中用来观察场景的工具。场景中还展示了基本的天空和地平线效果。

随着开发进程的推进，我们可能会创建更多的场景。所有的场景文件都存储在 Scenes 文件夹中。可以双击加载其他场景，以便查看或编辑相应的场景内容。

在“场景”窗口中，按住右键并移动鼠标可以旋转视角，类似于第一人称游戏中的转视角操作。保持按住右键不放，可以使用 WASD 键来控制摄像机的移动：W 键让摄像机向前移动，S 键后退，A 键向左平移，D 键向右平移。也可以使用 Q 向下移动，E 向上移动。此外，按住鼠标中键并拖动鼠标可以平移摄像机，而不改变其朝向。

2.4 “层级”窗口

“层级”窗口默认位于左上角，其中显示当前场景中的所有对象。如前所述，一个场景本质上是多个对象的集合。在从一个场景切换到另一个场景，实际上是把前一场景中的所有对象隐藏起来，然后显示新场景中的所有对象。

“层级”窗口中列出了之前提到的场景中的两个对象：Directional Light（定向光）和 Main Camera（主摄像机）。场景默认包含一个光源和一个摄像机，所以可以在“层级”窗口中看到它们（这个摄像机不是“场景”窗口中用来查看场景的摄像机，而是代表玩家视角的摄像机）。

这些对象被称为 **GameObjects**（游戏对象）。简单来说，游戏对象就是场景中的某个对象。它可以是一个道具，比如一个宝箱、一株植物或一棵树；也可以是玩家角色、敌人、放在地方上的强化道具或无形的光源。游戏对象甚至可以什么都不做，只是无形地存在于场景中。在最简单的形态下，它们可能只是空间中的一个带有名称的点。

2.5 “检查器”窗口

“检查器”窗口默认位于 Unity 编辑器的右侧，是一个经常会用到的重要窗口。

正如上一节所说的那样，“层级”窗口列出了场景中的所有游戏对象。如果在“层级”

窗口中单击任何一个游戏对象，“检查器”窗口就会相应地展示该游戏对象的相关信息。“检查器”窗口的顶部会显示一个包含游戏对象名称的文本框，可以通过单击这个文本框来重命名游戏对象。此外，文本框下方还显示了两个下拉菜单，分别是“标签”和“图层”，我们稍后将会探索它们的用途。

“检查器”窗口的主要作用是显示所选游戏对象上添加的所有组件。

2.6 组件

在 Unity 中，组件（component）指的是附加到游戏对象上的游戏功能。组件不能独立存在，必须添加到游戏对象上。

Unity 引擎默认包含许多不同种类的组件，每种组件都有不同的用途。例如，光源组件用于照明，它们可以是像太阳那样照亮整个场景的光源，也可以是像手电筒那样的光束。

现在，让我们详细了解一下光源组件。由于“检查器”窗口主要用于展示所选游戏对象的组件，所以我们需要在“层级”窗口中单击 Directional Light 游戏对象选中它。选中后，“检查器”窗口将会刷新，显示如图 2-3 所示的内容。

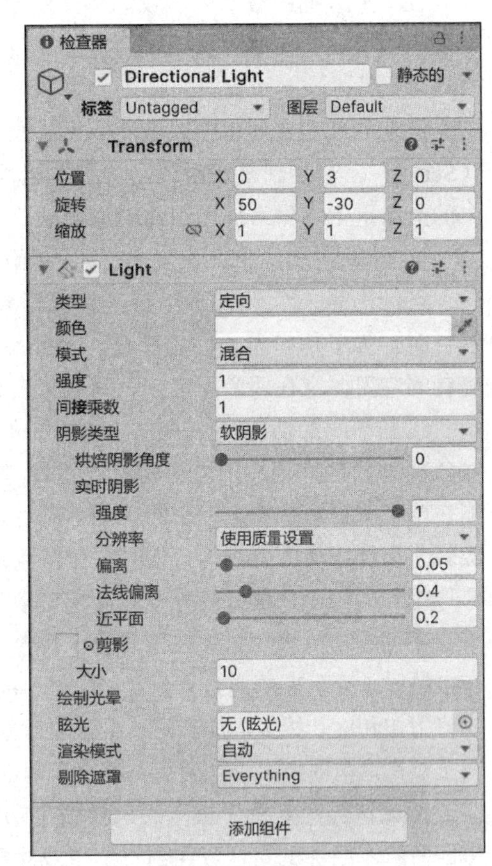

图 2-3 选中默认 Directional Light

在“检查器”窗口顶部的游戏对象名称等基本信息下方，有两栏，每一栏分别对应一个添加到游戏对象上的组件。图 2-3 中，这个游戏对象添加了两个组件：Transform（变换组件）和 Light（光源组件）。可以通过单击组件的标题栏（组件名称所在的位置）来隐藏（也称为“折叠”）或显示它们。组件标题下方列出了组件的各种属性，这些属性以可编辑的值字段的形式展现，可以通过修改这些值来调整组件，比如增强光线强度、改变颜色、调整阴影投射方式等。字段的名称显示在左侧，而字段的值则显示在右侧。Unity 中有许多种用于编辑不同类型数据的字段，这些字段值可能是数字，也可能是小的“滑块”，我们可以通过点击并拖动滑块来调整数值。

“检查器”窗口的主要功能是查看和编辑添加到游戏对象上的那些组件的属性。

另一个例子是 Camera（摄像机）组件。它是不可或缺的，其作用是在游戏运行时将场景渲染（“渲染”意味着“绘制到屏幕上”）到玩家的屏幕上。如果在“层级”窗口中选择 Main Camera 游戏对象，就可以在“检查器”窗口中看到 Camera 组件的详细信息。

在本书后面的章节中，我们将开始动手开发游戏，并尝试使用各种组件。Unity 提供了详尽的官方文档，单击“检查器”窗口中某一组件标题右侧的问号图标，即可在默认浏览器中打开该组件的文档页面。

游戏的代码文件也将以组件的形式添加到游戏对象上。在这种情况下，它们被称为“脚本”（Script）。添加到游戏对象上的脚本组件将负责执行其中的代码。因此，将代码整合到游戏中的方法是把它作为脚本组件附加到某个游戏对象上。

这意味着在编写和定义脚本时如果操作得当，我们将能够灵活地重用和组合不同的功能模块。

例如，第一个示例项目是一个障碍赛游戏，玩家必须避开各种障碍。在开发这样的游戏项目时，为了保持游戏的趣味性，可能需要设计多种障碍物，比如发射火球的障碍物、绕圈旋转的刀刃以及在两个固定点之间来回滚动的尖刺球。

这些不同的功能可以通过独立的脚本组件来实现：一个“射击”组件，用于定期在游戏对象前方发射火球；一个“旋转”组件，使对象不断旋转；还有一个“巡逻”组件，使对象能在两个或更多个点之间来回移动。然后还需要设计一个“危险品”组件，把它添加到火球、旋转刀刃和滚动的尖刺球，使其在接触到玩家时杀死玩家。

组件的一个炫酷之处在于，我们可以将不同的组件相互组合，创造出各种新型障碍物。

不同的功能模块封装在独立的组件中，所以任何游戏对象都可以具备射击、旋转、巡逻或在接触时杀死玩家的能力。而且，Unity 并不限制单个游戏对象上的组件数量，这意味着我们可以将射击和旋转组件添加到同一个游戏对象，从而创造出一个能够绕圈旋转的火球发射器。同理，还可以在这个对象上添加刀刃，甚至可以创造能够一边巡逻一边向前发射火球的尖刺球。

你应该已经掌握了重点：只要每个功能都封装在独立的脚本组件中，我们就可以轻松地将任意脚本组件的组合应用到一个游戏对象上，使其具备我们编写的各种功能。

这是 Unity 组件系统的主要优势之一。它提供了一个可以让我们自由组合不同功能的系统。

2.7 添加游戏对象

这一节将探索如何使用 Unity 创建和操作一些游戏对象。我们不会在 Unity 引擎中创建角色模型、宇宙飞船、枪支或其他花哨的东西。Unity 不是用于创建 3D 对象的建模软件，也不是用于创建 2D 对象的图像编辑器，它是一个游戏引擎，我们要在其他软件中制作模型和动画，然后将其直接导入 Unity 中。只需要将这些资源放入项目文件夹，Unity 就会自动处理它们，并让我们能够直接把资源拖到场景中。

为了专注于学习 Unity 引擎和编程，本书不会涉及复杂的美术工作。不过，Unity 中可以快速创建一些基本形状的游戏对象。Unity 编辑器的顶部（标题栏）下方分别是文件（File）、编辑（Edit）、资源（Assets）、游戏对象（GameObjects）、组件（Component）、服务（Services）、窗口（Window）和帮助（Help），单击即可展开包含更多选项的下拉菜单。[①]

可以使用“游戏对象”下拉菜单创建一些简单、常用的游戏对象，比如基本的 3D 形状、摄像机、光源等。

具体来说，可以通过选择“游戏对象”（GameObject）|“3D 对象”|“立方体”来创建一个如图 2-4 所示的立方体。或者，也可以在“层级”窗口中的任何位置单击右键（但不要单击现有游戏对象的名称），并在弹出的菜单中选择“3D 对象”|“立方体”。

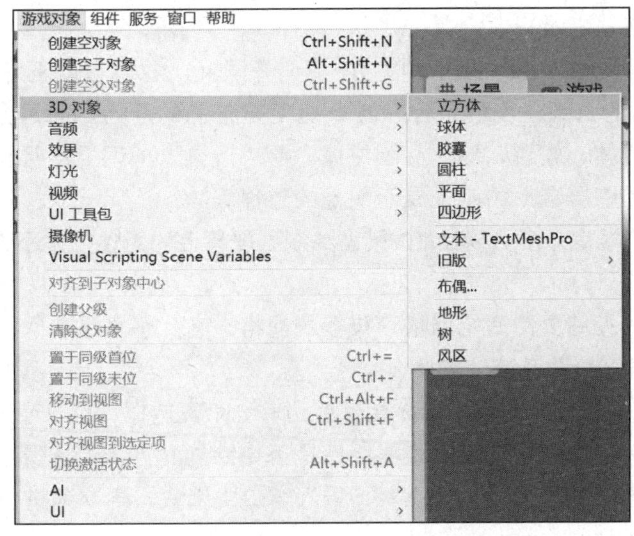

图 2-4 使用游戏对象菜单创建立方体

① 译注：由于 Unity（团结）引擎的汉化不完整，有些菜单中的命令还保留了英文，故在此提供英文名称供大家参考。

执行这些操作之后，就会看到“层级”窗口中出现了一个新的 Cube 游戏对象。此外，如果摄像机朝向它，我们就应该可以直接在场景中看到它。

如果我们没有在场景中看到这个立方体，则说明视图设置可能不正确。可以通过一系列简单的操作来调整视图，直接对准当前场景中的游戏对象：首先，在“层级”窗口中单击立方体对象选中它；其次，将鼠标悬停在“场景”窗口上使其成为焦点；最后，按下键盘上的 F 键。这是一个非常实用的快捷操作，它能够迅速将视图移动到选中的对象上，让我们可以清晰地看到它。如果在“场景”窗口中迷失了方向，距离游戏对象太远，那么简单使用这个快捷键即可快速定位。

为了扩展早些时候关于组件的讨论，让我们检查一下刚刚创建的这个新立方体中有哪些组件。确保立方体已经被选中，然后查看“检查器”窗口。

“检查器”窗口最上方的组件始终是 Transform（变换）组件。每个游戏对象都有一个 Transform 组件，后者决定了对象的位置、旋转和缩放，它对游戏对象来说是不可或缺的。其他组件都可以通过代码来动态地添加或移除，但 Transform 组件不可以。如果想移除 Transform 组件，就必须删除整个游戏对象。毕竟，场景中的每一个对象都需要有一个明确的位置，对吧？它总得存在于某处。

除了 Transform 组件，立方体还有其他的一些组件，比如 Mesh Filter（网格过滤器）和 Mesh Renderer（网格渲染器）。

在 Unity 中，“网格”一词几乎和“3D 模型”同义，我们可以把它看作是定义了构成 3D 模型的各个表面的资源。我们不会从零开始创建自己的网格，而是会使用 Unity 提供的默认形状，比如立方体、胶囊、球体和圆柱体。而“渲染”一词虽然听起来很花哨，但它的含义很简单，指的是在屏幕上绘制或展示图像的过程。

所以，网格渲染器是一个可以让 3D 模型绘制到屏幕上的组件，只不过实际绘制工作是由摄像机组件完成的。

网格过滤器用于存储要传递给网格渲染器的网格。它几乎总是与网格渲染器同时出现，因为过滤器负责指导渲染器应该渲染什么。

“检查器”窗口中的 Mesh Renderer 组件旁边有一个复选框。可以通过单击这个复选框来启用和禁用这类组件。如果想验证渲染器组件是否在绘制立方体到场景中，可以尝试单击复选框，若是取消勾选，立方体将立即从“场景”窗口中消失。再次勾选复选框后，它就会重新出现。

2.8 小结

本章要点回顾如下。

1. Unity 编辑器由多个窗口组成，每个窗口都有独特的用途。可以通过单击和拖拽窗口左上角的标签来重新排列它们或调整它们的大小。
2. 资源（Asset）是游戏中使用的文件，包括美术、音频和代码。这些资源都显示在“项目”窗口中，只需要简单地从“项目”窗口中拖放它们即可将其整合到游戏中。
3. 场景（Scene）资源代表一个游戏环境，例如一个单独的关卡。可以通过在“项目”窗口中双击场景资源来加载它们，加载之后，就可以在“场景”窗口中查看和编辑它们。
4. 游戏对象（GameObjects）是存在于场景中的对象。它们的功能由添加的组件来定义。Unity 提供的众多内置组件可以用来实现各种基本功能，比如渲染 3D 模型、投射光线、提供物理效果和碰撞检测等。
5. 可以通过“检查器”窗口来查看附加到游戏对象上的组件。在这个窗口中，可以通过编辑相关的字段来自定义组件的功能，例如调整光源的亮度。每个组件都是独立的实例，拥有自己的属性值，这些属性可以根据需要调整，以实现不同的效果。
6. 每个游戏对象都有 Transform 组件，这是一个不可或缺的组件，定义着对象的位置、旋转和缩放。其他类型的组件可以通过代码动态地添加和移除，但 Transform 组件不行，因为每个游戏对象只能有一个 Transform 组件，且该组件不能被删除。

第 3 章 操作场景

第 2 章介绍了 Unity 引擎中最重要的几个窗口，讲解了如何创建简单的对象并通过“检查器”窗口查看它们的组件。这一章将说明如何在“场景”窗口中对游戏对象进行移动、旋转和缩放等操作。

3.1 变换工具

第 2 章提到，Transform 组件（变换工具）是所有游戏对象都有的组件，它决定了对象在游戏世界中的位置、缩放和旋转状态。“场景”窗口中的变换工具让我们能够与选定游戏对象的变换进行交互。

变换工具按钮默认位于“场景”窗口的左上角，但也可以通过顶端的两条线在“场景”窗口内移动它们。此外，也可以将变换工具按钮拖放到“场景”窗口的标签栏中，与其他工具按钮一起固定在窗口顶部，如图 3-1 所示。

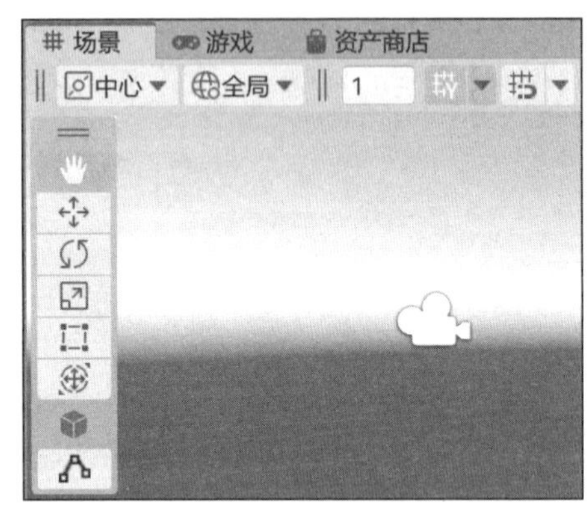

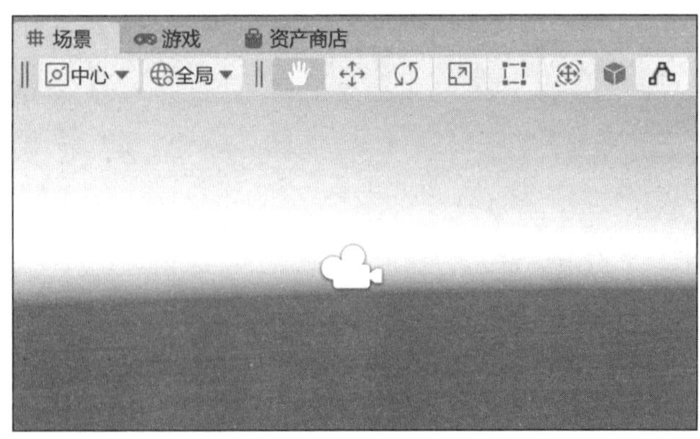

图 3-1 变换工具从“场景”窗口弹出（左图）并固定在窗口标签下（右图）

Unity 提供了 6 种变换工具来分别对应不同的操作功能，可以通过 6 个按钮快速切换。具体会显示哪些变换工具取决于当前选中的游戏对象，有些对象还有一个用于自定义编辑器工具的第 7 个按钮，但我们现在不必关注它，如果没有看到这个额外的按钮，也不用担心。

可以单击各个按钮切换到不同的工具。同一时间只能有一个工具处于激活状态，它们的用途各不相同。

通过快捷键 Q、W、E、R、T 和 Y，可以从上至下（或从左至右）在这些工具之间快速切换。

第一个工具是手形工具，它对应快捷键 Q，可以通过它在“场景”窗口中单击左键并拖动鼠标来移动场景摄像机。它不是用来编辑场景的，而是用来查看场景的。此外，按住鼠标中键拖动场景时，手形工具也会自动激活。

其他工具则可以用来编辑选中的游戏对象。在“场景”窗口中，不同的变换工具将在选定的游戏对象旁边显示相应的辅助图标（Gizmo）。可以通过单击和拖动这些辅助图标来使用变换工具以及与游戏对象交互。选中一个游戏对象并在这些工具之间切换，可以看到围绕该对象显示的辅助工具图标会随着所选工具的改变而变化。

快捷键 W 激活的是移动工具，它会在选中的游戏对象上显示箭头状的辅助图标。通过拖动这些箭头，可以沿着特定的方向移动对象。如果想同时沿着两个坐标轴移动对象，只需要点击并拖动箭头之间的矩形区域即可。

快捷键 E 对应的是旋转工具，它会在选中的游戏对象上显示圆形辅助工具。可以通过单击并拖动这些圆圈来让对象沿不同的轴进行旋转。如果拖动辅助工具中心，也就是圆圈之间的区域，对象可以同时沿多个轴进行旋转。此外，拖动最外层的灰色圆圈可以让对象相对于当前摄像机视角进行旋转。

快捷键 R 则对应着缩放工具，它的辅助工具类似于箭头，但端头是立方体。可以通过单击并拖动这些立方体箭头来分别调整对象的宽度（红色）、长度（蓝色）或高度（绿色）。拖动辅助工具中心的立方体可以对整个对象进行等比例缩放——即均衡地增加或减少对象的宽度、高度和长度。

快捷键 T 对应的是矩形工具。虽然这一工具主要用于 2D 项目，但在 3D 场景中同样有着独特的作用。所选对象周围会显示一个矩形的辅助工具，矩形的四个角上有圆圈。可以通过拖动矩形的边或角来使对象按照矩形的比例进行扩大或缩小，这一操作会同时影响对象的位置和缩放。这尤其适用于只调整对象单侧大小而不改变另一侧的情况，因为缩放工具默认会对对象的所有侧面进行等比例缩放。

辅助工具中心还有一个圆圈，可以单击并以沿矩形对齐的两个方向拖动对象。矩形辅助工具的操作始终为这两个方向。如果将视角移动到游戏对象的另一侧，矩形辅助工具将会随之翻转，再次正对摄像机。

快捷键 Y 对应的是变换组件工具，它结合了快捷键 W、快捷键 E 和快捷键 R 所对应的工具，同时显示用于移动位置的箭头、用于旋转的圆圈以及用于缩放的中心立方体。

3.2 位置和轴

3D 空间中的位置是如何定义的呢？由三个坐标值来定义，即 X 轴、Y 轴和 Z 轴的数值。

- X 轴代表水平方向，控制对象的左右位置。
- Y 轴代表垂直方向，控制对象的上下位置。
- Z 轴代表深度方向，控制对象的前后位置。

这些坐标位置通常以（X，Y，Z）的形式表示。例如，（15，20，25）的意思是 X 位置的值为 15，Y 位置的值为 20，Z 位置的值为 25。

如果坐标位置是（0，0，0），就意味着对象处于“世界的原点”，也就是宇宙的中心，或者至少是场景的中心。

- 在 X 位置的值上加 5，对象就会向右移动 5 个单位。
- 从 X 位置的值上减 5，对象就会向左移动 5 个单位。

Y 位置的值和 Z 位置的值同理：增加值使对象沿着相应的轴向正方向移动，而减少值则使其向相反方向移动。

- 增加 Y 位置的值使对象向上移动，减少它则使对象向下移动。
- 增加 Z 位置的值让对象向前移动，减少它则让对象向后移动。

这三个值的共同定义了对象在游戏世界中的位置。每一个值都对应一个轴，所以也有人会称其为“X 轴”或“Y 轴”或“Z 轴”。

缩放和旋转也基于相似的原理：它们同样沿着这三个轴进行，每个轴代表不同的方向。

- X 缩放代表宽度，左右方向。
- Y 缩放代表高度，上下方向。
- Z 缩放代表长度，前后方向。

不难猜到，旋转的工作方式和移动很相似。对象的方向由三个轴上 0 到 360 之间的角度值定义。

在 Unity 中，移动、旋转和缩放工具（快捷键分别是 W、E 和 R）对应的辅助工具都有颜色编码，X 轴总是用红色表示，Y 轴总是用绿色表示，而 Z 轴总是用蓝色表示。

这种颜色编码几乎算得上是通用标准。如果使用其他软件制作 3D 模型，应该会看到相同的颜色编码，尽管有些软件可能与 Unity 中的定义相反，将 Y 轴用于控制前后方向，Z 轴用于控制上下方向。

3.3 创建地板

现在，让我们应用前面学到的知识来创建一些立方体，并对它们进行移动和缩放。不过，在开始之前，先来制作一个地板。按照与上一章创建立方体类似的方法来创建一个平面：“游戏对象”|“3D 对象”|“平面”。

可以将平面看作是立方体的一面——一个没有厚度的平面。这些平面是单面的，从背面看是完全不可见的。如果试着将摄像机移动到平面的下方并向上看，会发现什么也看不到，就像这个平面完全不存在一样。但是，把它用作地板还是很合适的，因为我们不太可能从背面观察它。

地板应该放在哪里是显而易见的，这可以通过“检查器”来设置。在“层级”窗口中选择新建的 Plane（平面）对象，然后在“检查器”窗口中查看它的 Transform 组件。

如前所述，变换组件包含三个部分：位置（游戏对象在游戏场景中的具体位置）、旋转（游戏对象的旋转角度）和缩放（游戏对象的大小）。

请记住，“检查器”窗口的主要目的是与组件交互，而不仅仅是查看它们的数据：它允许我们直接编辑变换组件的位置、旋转和缩放的具体数值。只需要单击相应的字段并输入期望的数值，就能够轻松地调整各个轴的参数。

如果知道要设置的确切数值，这种设置方式就非常有用，因为使用变换工具来把位置和旋转调整到精确的值很麻烦。我们想让这个地板位于世界原点（即场景的中心），所以如果还没有把它的三个位置都设为 0 的话，可以通过“检查器”窗口进行更改。至于旋转，应该已经是（0，0，0），所以保持不变即可。

3.4 缩放和单位测量

先来谈谈“缩放”这个概念。有人可能会问：“空间的单位是什么？”把一个游戏对象的位置从 0 改为 1 时，实际上意味着什么？它移动的空间是多少？

这个概念可能会让一些人感到困惑。你可能期待得到一个明确的答案。Unity 开发者应该已经定义了它，对吧？它可能是 1 英尺（12 英寸，30.48 厘米），也许是 1 米，或者是 1 码（91.44 厘米）。

但事实并非如此。不过也不要担心，这仍然很容易理解，因为我们必须自行决定一个单位代表什么。举例来说，我们可以规定一个单位代表 1 英尺。只要在每次测量时都遵循这一标准，那么 1 单位就代表 1 英尺。还可以根据这个标准来设计人物的身高，这大约在 5 到 6 个单位之间。如果创建一个 1 英寸（2.54 厘米）大小的对象，就把它设置成一个单位的十二分之一

（大约 0.083 个单位）。如果想创建一个 1 码长的对象，就把它设置为 3 个单位。

不过，还有一个与组件的缩放有关的事情需要注意，那就是缩放值并不代表对象在宽度、长度和高度上各占多少单位，它实际上是一个系数，用于与网格（3D 模型）的尺寸相乘。

网格本身有自己的尺寸，而 Transform 组件的缩放值会与这个尺寸相乘。

对于立方体而言，这一点很容易理解。立方体的网格的宽、高和长均为 1 个单位。如果将其缩放值设置为 5，那么它在每个轴上都将是 1 单位的 5 倍，所以立方体的尺寸将是 5 个单位。

但对平面来说就有些麻烦了。平面网格宽度和长度都是 10 个单位（并且由于平面非常薄，所以它的高度可以忽略）。这意味着，当平面网格的缩放值被设置为（1，1，1）时，它的长和宽实际上都是 10 个单位。

如果创建一个平面和一个立方体，将它们的缩放值都保留为默认值（1，1，1），并将它们放到同一位置，你会发现平面比立方体大得多，如图 3-2 所示。

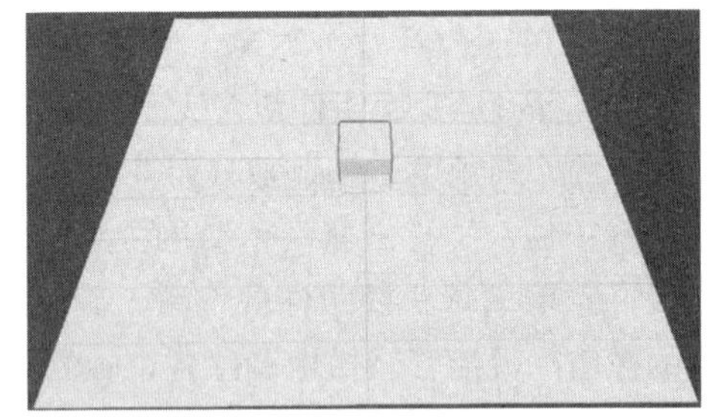

图 3-2 具有相同缩放值的平面和立方体放在完全相同的位置

这是因为它们的实际网格大小不一样。尽管缩放相同，但立方体网格的宽度和长度是 1 个单位，而平面则是 10 个单位。由于缩放值只是网格大小的一个系数，而不是游戏对象的实际大小，（1，1，1）的缩放值并不会改变网格的实际尺寸，它只是简单地将尺寸乘以 1，也就是保持原尺寸不变。

现在，如果将立方体的比例值改为（10，1，1），它的宽度将变成与平面一样的 10 个单位，如图 3-3 所示。

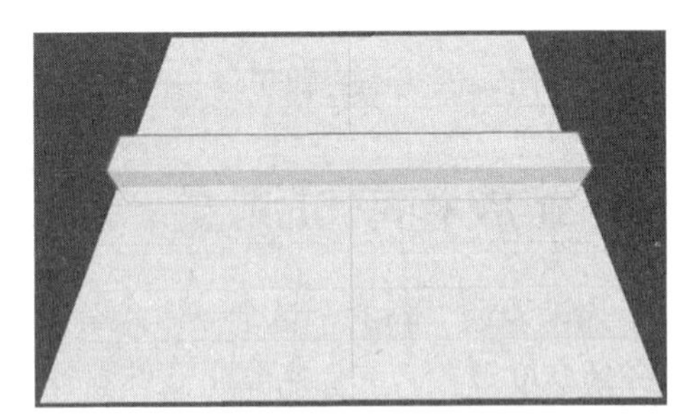

图 3-3 具有不同缩放值的平面与立方体放在同一个位置

总而言之，只需要记住一点：网格有自己的大小，缩放值只是网格大小的一个系数，而不是直接用于描述网格大小的值。

现在，让我们继续完成地板的设置工作。地板最好大一点，以便日后能方便地放置更多游戏对象。为此，需要将地板在 X 轴和 Z 轴上的缩放值设置为 10——注意，这实际上意味着地板的长度和宽度将增加到 100 个单位。当然，为了方便起见，这里最好不要使用缩放工具，而是通过“检查器”窗口来将 X 轴和 Z 轴的缩放值设置为 10。

3.5 小结

本章要点回顾如下。

1. 可以使用变换工具（快捷键 W、快捷 E 和快捷 R）来调整游戏对象的位置、旋转和缩放。
2. 游戏对象的位置通过 X、Y 和 Z 三个坐标值来表示。增加某个值会使其朝某一方向移动，而减少某个值会使其朝相反的方向移动。X 代表水平方向，向右为正，向左为负；Y 代表垂直方向，向上为正，向下为负；Z 代表深度方向，向前为正，向后为负。通过将这三个值组合在一起，可以精确地在三维空间中定位一个点。
3. 缩放是用于游戏对象的实际网格大小的系数，而不是游戏对象的宽、高和长。变换组件的 X、Y 和 Z 缩放值会与网格的原始尺寸相乘，以调整游戏对象的大小。
4. 默认情况下，单独的一个单位不对应于特定数量的英尺、英寸或米。我们必须自行决定一个单位代表什么，并在整个 Unity 项目中保持一致性，确保所有对象的大小比例是正确的。

第 4 章 父对象及其子对象

在设置好地板后，是时候探索 Unity 游戏引擎中一些重要的概念了。Unity 提供了一种被称为“父子关系”的机制，允许不同的游戏对象通过这种层级结构相互关联，其中“子对象”附加到“父对象”上，并随着父对象的移动、旋转和缩放而移动、旋转和缩放。这提供了两种方式来定义一个对象的位置：一是世界位置（world position），表示对象在场景中的位置；二是局部位置（local position），表示对象相对于其父对象的位置。此外，通过设置父子关系，还可以确定旋转的枢轴点（pivot point），以此来改变对象旋转时的中心点。

4.1 子游戏对象

“层级”窗口之所以被称为“层级”，有其特定的原因。虽然前面没有详细说明，但下文很快就会见分晓。

在 Unity 中，一个游戏对象可以包含任意数量的其他游戏对象，这种包含关系被称为“父子关系”（parenting）：一个游戏对象可以是多个其他游戏对象的父对象（parent），而这些被包含的游戏对象则被称为它的“子对象”（children）。

从技术上讲，Unity 通过变换组件的相互关联来实现父子关系，这是该概念的核心。将一个游戏对象设置为另一个游戏对象的子对象，相当于将它以物理方式附加到父对象上。因为变换组件负责处理游戏对象的位置、旋转和尺寸，所以这本质上意味着将两个变换组件绑定在一起。

当父对象移动时，子对象也会随之移动。当父对象进行旋转时，子对象会相应地围绕父对象的旋转中心转动，即使它们之间相隔很远。当父对象变小或变大时，子对象也会按比例跟着变化。

现在，让我们通过实际操作来看看这具体是如何运作的。

创建两个立方体，随意地将它们放置在任何位置，只要不完全重叠在一起即可——如果需要，它们可以紧挨着彼此或部分重叠。可以使用位置变换工具（快捷键 W）来调整它们的位置。

现在，将其中一个立方体放大。可以在“检查器”窗口中将它在各个轴上的缩放设置为 1.5，或是直接用缩放变换工具（快捷键 R）把它拉大一点。完成后，这个立方体应该与图 4-1 类似。

图 4-1 缩放后的立方体（左）和保持原始大小的立方体（右）

将较大的立方体设置为父对象。选中它后可在“层级”窗口中查看它是哪个 Cube（在选中后，它将被高亮显示）。然后，在“检查器”窗口中将其名称更改为 Parent，这样一来，就更容易区分了。

现在，单击“层级”窗口中的另一个 Cube 选中它，然后在“层级”窗口中将它拖放到 Parent 立方体上。

拖放完成后，就会看到“层级”窗口终于呈现出“层级”关系。被拖动的 Cube 现在成为 Parent 立方体的子对象，并且它在“层级”窗口中被包含在其父对象之内。这种关系是通过缩进来显示的：子对象会向右缩进一格。图 4-2 展示了父立方体、其内部的子立方体以及另一个不是子对象的游戏对象。注意，Cube 子对象向右缩进了一格，表示它是 Parent 的子对象。Cube 游戏对象是 Parent 游戏对象的子对象。第三个游戏对象不是子对象，这可以通过缩进来判断。

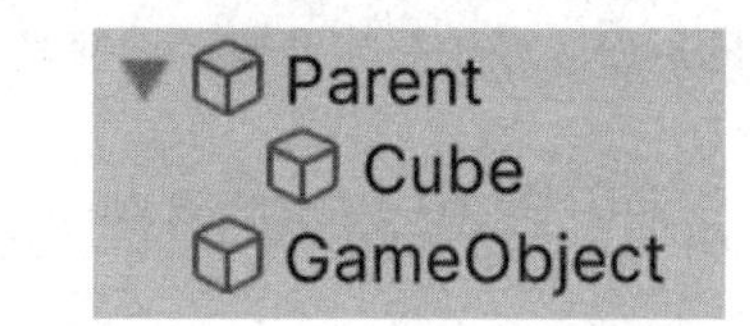

图 4-2 “层级”窗口中显示的立方体

此外，父对象左侧出现了一个小箭头图标，可以单击它在“层级”窗口中展开或折叠（收起）它的子游戏对象。折叠结构复杂的层级可以使窗口更加整洁。

由于 Cube 已经成为父对象的子对象，所以对父对象进行的任何变换操作都会影响到子立方体。子对象的变换不会影响到父对象——无论是移动、旋转还是缩放子对象，都不会对父对象造成任何影响。但对父对象进行的任何移动、旋转或缩放都将影响到子对象。

为了更好地理解这一点，我们不妨亲自实践一下。首先，在“层级”窗口中选择 Parent 立方体，然后在“场景”窗口中利用变换工具（快捷键 W、快捷 E 和快捷 R）对立方体进行移动、旋转和缩放。如果发现变换工具的辅助工具显示在两个立方体之间，那么可能是因为 Tool Handle Position（工具控制柄位置）被设置成了“中心”。按 Z 键将其设置为“轴心”，然后辅助工具应该会在 Parent 立方体上居中显示。

在移动和旋转父对象时，子对象将随之移动并围绕其旋转，就像有一根看不见的杆将它们连接在一起。在缩放父对象时，子对象也会相应地放大或缩小，并且它们之间的距离仍将保持相同的比例。

层级并不局限于简单的父子关系，还可以构建出复杂的层级，比如孙子、曾孙等——想设置多少层就可以设置多少层。可以添加另一个立方体并使其成为子立方体的子对象，这意味着它将成为 Parent 立方体的孙子。如此一来，移动 Parent 立方体时，其子对象和孙子对象也会随之移动。

如果想“解除”子对象的父子关系（使其不再拥有父对象），就可以在“层级”窗口中把子对象拖到父对象的上方或下方。请注意，在“层级”窗口中拖动游戏对象时，鼠标经过的任何其他游戏对象都会以浅蓝色高亮显示，表示我们正在将被拖动的游戏对象（即，被“捡起来”的对象）指定为高亮显示的游戏对象的子对象。如果鼠标指针下方没有游戏对象，就会显示一条带有圆圈的蓝线。这就是在“层级”窗口中移动游戏对象的方式：可以解除它的父子关系，将它重新放置到另一个父对象的子代中，或是更改它在现有子代中的位置。

请留意蓝线左侧的圆圈：在将游戏对象放置在另一个对象的子对象中时，这个圆圈会向右边进一步缩进。在游戏对象的层级结构比较复杂且具有多个级别的子对象时，更容易观察到这一点。就当前解除对象间父子关系的需求而言，只需要简单地将子对象拖到其他对象下方的空白区域中并松开鼠标，使其没有父对象即可。

4.2 世界坐标与局部坐标

现在，让我们来了解一下世界坐标和局部坐标之间的区别。当一个游戏对象具有父对象时，它的位置可以用两种方式来表示。

- 世界位置：该对象在场景中的绝对位置。
- 局部位置：该对象相对于父对象的位置。

如果一个对象没有父对象，“检查器”窗口中显示的位置就是世界位置，而如果有父对象，这个位置就会是局部位置。

在世界坐标中，位置为（5，0，0）意味着“在世界中心的右侧 5 个单位”。

但是在局部坐标中，同样的位置意味着“在父对象的右侧 5 个单位”。这与父对象的旋转相对应。注意，这里说的是“在父对象的右侧”，而不是“右侧”。在旋转父对象时，子对象的局部位置不会改变。在 X 轴上加 1 并不会使对象在世界空间中向右移动 1 个单位，而是会使对象相对于父对象向右移动 1 个单位。

基于此，在某些情况下，我们就可以使用局部坐标而不是世界坐标来表示方向。举例来说，在一个玩家可以旋转视角（比如通过鼠标来控制角色的朝向）的游戏中，当玩家角色发射了子弹时，子弹应该向玩家角色局部的前方射出，而不是世界坐标系中的前方。

为了形象地理解这一点，我们不妨将世界方向想象成指南针上的方位。可以将世界坐标系中的“前进”方向类比为北方（Z 轴正方向），“后退”方向类比为南方（Z 轴负方向），“向右”为东方（X 轴正方向），“向左”为西方（X 轴负方向）。想想看，从枪口射出的子弹或者魔术师手中喷出的火焰不是应该一直“向北”发射，而是应该是沿着枪口或手掌指向的局部方向发射，对吧？

局部位置的另一个复杂之处在于，它会受到父对象的缩放值影响。这意味着如果父对象的缩放值不是（1，1，1），那么在位置上增加 1 个单位时，增加的单位实际上并不是 1 个。局部位置会与父对象的缩放值相乘。举例来说，如果父对象的 X 位置缩放为 2，那么在 X 轴上增加 1 个单位实际上是在世界空间中增加了 2 个单位。

4.3 构建简单的建筑物

接下来，让我们使用立方体来搭建一个类似建筑物的结构——一个方形的摩天大楼，外部没有任何装饰，只有平坦的表面。我们将学习如何在创建对象时定位它们，并在此过程中练习使用父子关系的概念。

图 4-3 Skyscraper 的外观

这个建筑物由三个立方体组成。底部的立方体将作为基座，它将更厚且更短。中间和顶部的立方体则依次比下一层更细长、更高。我们将使这些立方体居中，使它们的 X 位置和 Z 位置（即前后和左右）相同，同时通过上下移动它们，形成一个类似塔状的结构，就像堆叠起来的积木一样。完成之后，它的外观将类似于图 4-3 所展示的那样。

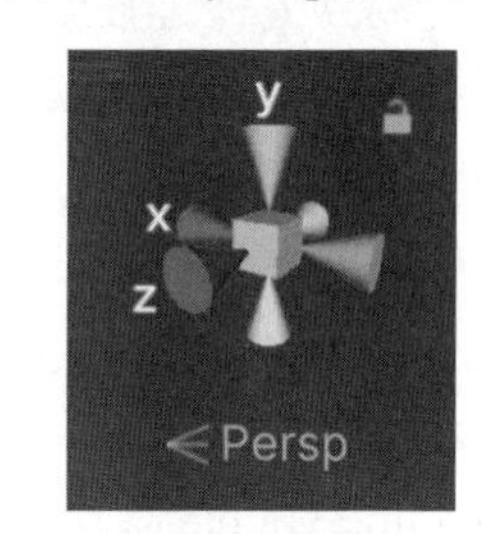

图 4-4 右上角的辅助工具

首先，在开始执行这项任务之前，请确保自己没有在“场景”窗口中迷失方向。可以使用右上角的辅助工具来观察摄像机是如何旋转的，它几乎就像是一个指南针（图 4-4）。箭头对应的轴旁边是其名称，且每个箭头都按照对应的轴进行颜色编码。

- X 轴是红色的，对应左右方向。增加 X 值向右移动，减少 X 值向左移动。
- Y 轴是绿色的，对应上下方向。增加 Y 值向上移动，减少 Y 值向下移动。
- Z 轴是蓝色的，对应前后方向。增加 Z 值向前移动，减少 Z 值向后移动。

这些彩色箭头都指向它们所对应的轴的正方向。灰色箭头则指向相反的方向，也就是轴的负方向。换句话说，彩色箭头指向实际的世界方向，即右、上和前。因此，对应 Y 轴的绿色箭头始终指向上方。如果它指向下方，就意味着摄像机是倒置的。辅助工具展示了真正的“上”在哪个方向。如果绿色 Y 轴箭头没有像图 4-4 中那样指向上方，请按住鼠标右键并移动鼠标来重新调整摄像机。

现在，创建一个立方体。确保选中它，并在“检查器”窗口顶部将其名称改为“Cube

Base”。我们会使它厚重但较短。在“检查器”窗口中将它的缩放值设置为（10，4，10）。这意味着 X 轴和 Z 轴为 10，但 Y 轴（高度）仅为 4。

在创建游戏对象时，有几种方法可以确保一个对象与另一个对象对齐。我们创建的每个对象都放置在摄像机前方的某个特定位置。如果在创建第一个立方体后没有移动过摄像机，那么在创建第二个立方体时，它们将位于相同的位置。

如果使用过前文介绍的快捷方式，即按下 F 键将摄像机聚焦于选定的对象上，那么也相当于间接设定了摄像机的位置，使得任何新建的对象都与聚焦对象处于同一位置。这样做的好处是，新建的对象会出现在聚焦对象的正上方。

因此，如果在创建 Cube Base 后移动过摄像机，请确保 Cube Base 被选中，然后将鼠标悬停在“场景”窗口上并按下 F 键。这将使 Cube Base 成为焦点对象，摄像机将会移动到能看到它的位置。此时创建的任何新对象都会和 Cube Base 位于同一位置。试着创建一个新的立方体，它应该出现在相同的位置上。或者也可以直接在“检查器”窗口中把 Cube Base 的位置值复制下来，粘贴到新建立方体的位置中。

但是，考虑到所有游戏对象最终都会连接到一起，我们无论如何都会用到父子关系。将上方的立方体连接到下方的立方体是很合理的，对吧？因此，在创建新的立方体时，可以将其命名为“Cube Middle”，并使它成为 Cube Base 的子对象。这样一来，就可以更轻松地判断它们是否正确地对齐了，因为“检查器”现在显示的位置是 Cube Middle 的局部位置。如果两个立方体处于同一位置，Cube Middle 的位置将会是（0，0，0）。

Cube Middle 需要在 X 轴和 Z 轴上居中对齐，所以如果它的 X 位置和 Z 位置值不是 0，请将它们设置为 0。接下来，可以直接使用位置（使用 W 键）和缩放（使用 R 键）变换工具将 Cube Middle 移动到 Cube Base 上方，并根据需要调整其大小。

可以对第三个立方体 Cube Top 执行同样的操作。可以直接对 Cube Middle 进行复制粘贴（快捷键 Ctrl+C 和 Ctrl+V）和重命名，使其与 Cube Middle 处于同一个位置；或者也可以创建一个新立方体，将其局部位置设置为（0，0，0），使其居中。注意，Cube Top 需要被设置为 Cube Middle 的子对象，而不是 Cube Base，因为 Cube Top 与中间的立方体相连，也就是说，在旋转或移动中间的立方体时，顶部的立方体应该跟随着它一起旋转或移动。

可以再次调整 Cube Top 的缩放和位置，就像之前对其他立方体所做的那样。保持其局部 X 位置和 Z 位置为 0 以使它居中，并把它放在 Cube Middle 上面。

就这样构建一个由 Cube Base 作为父对象、Cube Middle 作为中间层、Cube Top 作为顶层的层级结构。可以根据自己的喜好来调整这些立方体的缩放，如果希望它们的外观与图 4-3 中展示的摩天大楼版本相匹配，就可以如下设置它们的世界缩放值：

- Cube Base：（10，4，10）
- Cube Middle：（5，6，5）
- Cube Top：（2，5，2）

注意，这里说的是“世界”缩放。和位置一样，缩放也可以用“局部”或“世界”这两种方式来表示。局部缩放是相对于其父对象而言的。子对象的 X、Y 和 Z 缩放值会与父对象相应的 X、Y 和 Z 缩放值相乘。这可能会使事情复杂化，因为需要进行一些额外的数学运算才能计算出实际缩放的单位。

为了免去计算的麻烦，可以简单地解除立方体的父子关系，使其采用世界缩放，然后在设置好缩放之后再恢复它们的父子关系。如果仔细观察，会发现在为一个立方体设置父子关系或解除父子关系时，它的缩放值会发生变化，但实际大小却没有任何不同。和位置一样，缩放值只是从世界切换到局部（或相反），但它们代表的实际大小是相同的。

4.4 枢轴点

现在，立方体已经组装完毕，是时候探讨“枢轴点”（pivot point）这个与对象层级相关的重要概念了，它指的是对象进行旋转时所围绕的中心点。

选中 Cube Base 并切换到位置变换工具（快捷键 W）。正如之前提到的那样，变换工具的操作柄位置可以通过按快捷键 Z 在“中心”和“轴心”之间切换。此外，“场景”窗口的标签下方也有一个写着“中心”或“轴心”的按钮。

“中心”意味着辅助工具将位于对象及其所有子对象之间的中心点上。而“轴心”则意味着辅助工具将位于所选对象的枢轴点上。

这个设置不仅影响到辅助工具的位置，还会影响到旋转和缩放等变换工具的工作方式。如果选择一个父对象并使用“中心”模式旋转它，那么父对象及其子对象都会它们共同的中心点进行旋转。如果使用“轴心”，那么子对象都会围绕父对象旋转。

立方体的枢轴点位于它的几何中心。这意味着在旋转立方体时，它会围绕自身的中心点进行旋转。

枢轴点是对象在变换位置上的确切坐标点。如果立方体的位置是（5，5，5），就意味着它的中心位于（5，5，5），而不是位于它的侧面、底部或顶部。了解这一点对于精确地定位对象来说至关重要。

每个网格（三维模型）都有一个枢轴点。在 Unity 提供的基本形状网格中，如立方体、球体、平面和圆柱体，枢轴点通常位于它们的几何中心。但在一些情况下，枢轴点的位置可能有所不同，比如使用从网上下载的网格、由合作美术人员设计的网格或是自己制作的网格时。如果网格枢轴点的位置异于常规，在使用网格的时候通常很快就会被看出来。

例如，假设美术人员提供了一个手枪网格。我们为这把枪创建了一个游戏对象，并且通过代码把枪放到了玩家角色的手的位置。但是，枪并没有出现在玩家角色的手中，而是跑到了旁边的某个地方。

这个问题是枢轴点设置不当导致的。记住，对象的枢轴点是网格上实际与对象位置相对应的点。如果想把枪精确地放置在玩家的手中，那么枪的枢轴点应该位于枪柄。如此一来，无论怎样调整游戏对象的位置，出现在那里的都会是枪柄，而不是枪管。

幸运的是，我们目前只需要处理基本形状的网格，所以一切都应该是相当直观和可预测的。虽然有些情况下可能还是需要手动调整对象的枢轴点，但这其实并不难做到。

让我们通过游戏来说明这一点。对于之前创建的摩天大楼，我们想让玩家能够购买这些建筑并把它们任意放置在游戏场景中。摩天大楼的枢轴点将位于其底部立方体（它是最大的立方体，并且是所有其他立方体的父对象）。

这个枢轴点需要稍做处理，因为如果使用地板的表面位置来放置建筑，底部立方体的中心点将位于地板上，而它的下半部分会隐没在地板下，不会被摄像机渲染出来。为了将这些建筑整齐地放在地板上，我们必须每次都将它们向上移动半个底部立方体的高度。如果有多种不同的建筑，并且每个建筑的底部立方体高度各不相同，这种做法将使编程工作变得非常烦琐。

为了解决这个问题，枢轴点需要在建筑物的 X 轴和 Z 轴上居中，但在 Y 轴上处于最底部，如此一来，在指定建筑物的位置时，它的底部将会与这个位置完全对齐，并且不会穿透地板。

要实现这一点，有一个简单的解决方案，那就是创建一个空的游戏对象，这是一个除了变换组件之外不带任何组件的游戏对象——仅仅是空间中的一个具有缩放和旋转属性的点。当然，在必要的情况下也可以为它添加其他组件，但在本例中不需要这么做。

可以通过在菜单中选择“游戏对象”|“创建空对象”或使用快捷键 Ctrl+Shift+N 来创建空游戏对象。为了清晰起见，请给它起一个合适的名称，比如“Skyscraper”。它是建筑层级结构的根游戏对象（root GameObject）——这意味着它是一个包含所有相关游戏对象的主父（master parent）对象。在移动它时，整个建筑都会移动。因此，将其命名为它所代表的建筑类型，比如 Skyscraper（摩天大楼）是一个直观且有意义的做法。使用恰当的名称是一个值得培养的好习惯。

接下来，简单将这个空对象放到枢轴点的目标位置并将其设置为 Cube Base 的父对象即可。我将展示一个有助于准确进行定位的技巧。

还记得吗？前面提到过，局部位置是相对于其父对象的缩放值来确定的。如果 Skyscraper 的父对象在 Y 轴上的缩放值是 10，那么 Skyscraper 在 Y 位置的每一点都将计为 10 个单位。这个是与父对象的缩放值相乘得到的结果。此外，也可以使用分数来设置缩放值，比如我们也可以使用分数，例如 0.5 代表 Y 缩放值的一半，0.25 为四分之一，依此类推。

我们可以巧妙地利用这一原理。首先，将空对象 Skyscraper 设置为 Cube Base 的子对象。如此一来，Skyscraper 就会使用相对于 Cube Base 的局部位置进行定位。

根据之前的讨论，现在 Skyscraper 在 Y 轴上的 1 个单位相当于 Cube Base 的高度。我们知道，如果我们把 Skyscraper 放在（0，0，0）的位置，它就会与 Cube Base 位于一处。立方体的枢轴点位于中心，所以 Skyscraper 现在与枢轴点完全重合。接下来要做的是将 Skyscraper “向下”移动半个 Cube Base 的高度，使其与 Cube Base 的底部齐平。因为现在使用的是局部位置，所以只需要简单地将 Skyscraper 的 Y 位置设置为 -0.5 即可。就像前面提到的那样，增加 Y 坐标的值会使对象向上移动，而减少 Y 坐标的值则会使对象向下移动。因此，为了向下移动，必须确保在 Y 坐标前加一个负号“-”。

设置好位置之后，Skyscraper 对象应该恰好位于 Cube Base 的底部，同时在其他轴上居中。接下来要做的是将 Cube Base 设置为 Skyscraper 对象的子对象：先解除两者之间的父子关系，使 Skyscraper 成为没有父对象的独立对象，然后将 Cube Base 拖到 Skyscraper 上。

如此一来，Skyscraper 就成了位于整个建筑底部的根游戏对象。它现在成为新的枢轴点，在旋转 Skyscraper 对象时，所有关联的对象都会围绕它进行旋转，也就是说，整个建筑的旋转枢轴现在位于底部，而不是位于底部立方体的中心。现在，如果把 Skyscraper 挪到地板上的其他地方，整个建筑都会跟着挪过去，这正是我们想要的效果。下一章将说明这样做的另一个好处。

当然，也可以在“场景”窗口中使用变换工具来直接调整枢轴点的位置，从而省去数值调整以及建立和解除父子关系的麻烦。虽然这样做可能无法精确移到目标位置，但在当前应用场景中，这点小偏差不会有太大影响——但有些情况下要求做到百分百的精确，所以了解正规的做法是很有必要的。

4.5 小结

本章要点回顾如下。

1. 不同游戏对象之间可以建立父子关系。当父对象的位置、旋转或缩放发生变化时，子对象也会相应地移动、旋转和缩放，就像它们连接在父对象上一样。

2. 世界位置指的是游戏对象在场景中的位置，这与其他对象无关。局部位置则指的是游戏对象相对于其父对象的位置。两者可以用来表示同一个位置，只是参照的坐标系不同。
3. 枢轴点是对象的世界位置所对应的点。举个例子，如果想设置枪的位置，使枪柄正好位于玩家的手中，那么枪的枢轴点需要设置在枪柄上。如果枢轴点设在其他地方，比如在枪管上，那么玩家手中握着的将是枪管，而不是枪柄。
4. 旋转一个对象时，它的所有子对象都会围绕该对象的枢轴点旋转。这会对对象的旋转方式造成显著的影响。
5. 如果要重新设置游戏对象的枢轴点，就可以创建一个新的空对象并把它放在枢轴点的目标位置，然后让游戏对象成为空对象的子对象。

第 5 章 预制件

预制件（prefab）是 Unity 项目中的一种资源类型，类似于对象的蓝图。在为游戏中的某个对象设置一个预制件后，就可以把这个预制件的实例添加到游戏的任何场景中。这些实例都将与预制件之间保持关联，一旦修改预制件，这些修改就会自动更新到所有相关的实例上。

举例来说，我们可能会为某个类型的敌人制作一个预制件，并在游戏的各个关卡（场景）中放置数百个这样的敌人。随着游戏开发的进行，可能需要对这类敌人进行一些更改，比如放大它的个头、提高生命值或减慢它的移动速度。如果之前是通过复制粘贴来把敌人游戏对象放置到各个场景中，那么我们将不得不逐一更改每个场景中的每个敌人，并确保它们保持一致。这无疑是一项乏味且耗时的工作。但是，因为该对象有一个预制件，所以只需要更改预制件就可以一次性更改所有实例。预制件是项目中的一种资源，因此可以在“项目”窗口中找到它。对它进行编辑和更改，然后这些更改会自动同步到所有场景中的所有预制件实例上。

5.1 制作和放置预制件

如果想为场景中现有的游戏对象创建预制件，简单将该游戏对象从“层级”窗口拖到“项目”窗口并将其放入用于存储预制件资源的文件夹即可。一旦创建预制件，场景中的游戏对象就会自动与这个预制件关联起来。换句话说，这个游戏对象不再是场景中的一个随机的、一次性的对象，而是预制件的一个实例，并且作为项目中的资源而存在。即使在“场景”窗口中把它删掉，也可以通过“项目”窗口重新添加它。

现在，让我们为第 4 章创建的 Skyscraper 游戏对象创建一个预制件。将 Skyscraper 游戏对象从“层级”窗口拖到“项目”窗口中。注意，不要拖拽它的子对象，必须拖拽那个名为 Skyscraper 的根游戏对象。

新的预制件资源的名称和游戏对象相同，也是 Skyscraper。现在，如果想放置这个预制件的更多实例（即 Skyscraper 的副本），用鼠标左键将“项目”窗口中的预制件资源拖动到“场景”窗口中即可。在将预制件拖到“场景”窗口的过程中，Unity 会提供一个直观的反馈，展示 Skyscraper 将被放置到何处。它将自动放置在鼠标指向的其他对象的表面上，无论是另一个 Skyscraper 的实例还是之前创建的地板。松开鼠标左键后，实例就会被正式放置在场景中。

还记得第 4 章讲的关于枢轴点的知识吗？如果不更改枢轴点的位置，继续使用 Cube Base 的几何中心作为枢轴点，那么在放置预制件实例时，Skyscraper 将不会整齐地放在地板表面上，而是会穿透地板。由于枢轴点是游戏对象的位置所对应的点，如果想让 Skyscraper 底部与鼠标所指向的表面平齐（这的确是我们想要实现的效果），就必须把枢轴点设置在底部。幸运的是，我们已经完成了这项设置！现在，每次我们放置对象时，它都会正确对齐。

5.2 编辑预制件

这一节将讲解如何编辑预制件。先在游戏场景中的地板上放置几个 Skyscraper，观察这些实例在编辑预制件之后会发生什么变化。

简单在“项目”窗口中双击预制件资源，即可对它进行编辑。

这将在 Unity 中打开一个虚拟场景，其中只有预制件的一个实例。如果查看“层级”窗口，会发现之前场景中的其他游戏对象都不见了，取而代之的是窗口顶部的一个横条，上面显示着预制件的名称和一个代表预制件游戏对象的蓝色方块图标。这个横条的左侧有一个箭头，可以通过单击这个箭头来退出当前的预制件编辑模式，返回之前所在的场景编辑界面。

“场景”窗口的顶部也有一个相似的横条，它按照从左到右的顺序列出打开过的场景。当前场景位于最右侧，在那之前打开的场景则将位于左侧，如图 5-1 所示。

图 5-1 编辑 Skyscraper 预制件

目前看起来很简单：左侧是常规的“场景”窗口，我们可以在这里查看和编辑场景；右侧则是 Skyscraper 预制件，也就是当前打开的窗口，专门用来查看属于 Skyscraper 预制件的对象。在使用嵌套预制件并在查看一个预制件的同时打开另一个预制件的时候，这个路径将派上很大的用场。它按顺序展示打开过的所有环境，使我们随时可以单击其中的任意标签来切换环境。

现在，让我们在当前的编辑环境中对 Skyscraper 进行一些修改。“场景”窗口的功能没有改变，因此所有变换工具都可以照常使用。可以对 Skyscraper 应用一些大胆的改动，比如选中 Cube Middle 并让它脱离 Cube Base，高高地悬浮于半空。默认情况下，预制件会在进行更改后自动保存这些更改。如果不想使用自动保存功能，可以在之前提到的场景路径（图 5-1）的最右侧找到“自动保存”复选框并取消勾选。如果禁用了自动保存，记得在每次更改完毕后使用快捷键 Ctrl+S 保存预制件。

保存对预制件的修改后，就可以使用“层级”窗口顶部的横条（单击最左侧的箭头）或“场景”窗口中的场景路径（单击左侧的 Scenes）退出预制件编辑环境。

现在，屏幕中再次显示场景，并且所有 Skyscraper 均已更新，反映了预制件的最新改动。

还有另一种编辑预制件的方法。首先，直接对场景中的一个预制件实例进行更改，然后，为了将这些更改应用到预制件上，需要将这个实例从“层级”窗口拖放到“项目”窗口中的 Assets 文件夹里。如此一来，对实例进行的修改就会同步到预制件资源上。

5.3 覆盖值

有时，我们可能希望一个预制件实例的行为与原始蓝图略有不同——比如让一个敌人速度更快，或者让一个敌人手持斧头而不是锤子。

在对预制件的实例进行更改后，Unity 会跟踪各个实例之间的差异。这样的更改被称为“覆盖”（override）。从技术上讲，覆盖了预制件实例上的某些内容后，对预制件资源进行的任何更改都不会影响到已被覆盖的实例。

举个例子，假设有一个预制件 Soldier，它代表各个场景中放置的多个敌方士兵。现在，我们想让一个实例比其他士兵更强。为此，需要在“检查器”窗口中增加这个 Soldier 实例的生命值，并将其重命名为“Burly Soldier”（魁梧的士兵），以便把它和其他 Soldier 实例区分开来。

过了一阵子之后，我们发现所有士兵的生命值都太高了，需要稍微降低一点。为此，我们更改了预制件资源，降低了少量生命值。这一更改反映到 Soldier 预制件的所有实例上，降低了它们的生命值。这种方法免去了逐一修改每个实例的麻烦，大大节省了工作量。

然而，由于我们之前覆盖了 Burly Soldier 的生命值，它的生命值将不会随着预制件的改变而更新。Unity 会识别出这个值已被覆盖，并在预制件资源被修改时保留这个覆盖值（overriding value）。

如此一来，即使预制件资源被更改，此前对实例所做的任何更改也不会被撤销。

这个规则适用于与预制件相关联的游戏对象的组件中的值——包括嵌套的（子）游戏对象，此外，它也适用于变换组件，因此可以为预制件的根节点（即预制件的主父对象）的子对象设置位置、旋转和缩放。当然，预制件的根节点本身的位置和旋转始终被视为覆盖状态，因为实例与资源的位置或旋转往往并不相同。不过，根节点的旋转确实会影响到新实例首次被放入场景时的默认旋转方式——这个特性有时候很实用，但请记住，在放置了实例后，更改预制件的根节点的旋转就不会影响到实例的旋转。就像前面所说的那样，根节点的位置和旋转总是会被覆盖，但缩放不会。

然而，子对象使用的是基于根节点的局部位置和旋转，它们的位置和缩放不会默认被视为“已覆盖”。稍后将通过一个示例来解释这一点。

组件的值不是唯一可以覆盖的内容。删除组件、添加组件和添加额外的子游戏对象都被视为覆盖。因此，若是从预制件实例中的某个游戏对象里删除了一个组件，然后更新了预制件资源，被删除的组件将不会被重新添加到实例中。Unity 会识别并保留这种有意为之的覆盖操作。添加新组件也是同理：在编辑预制件后，实例上的新组件也不会被移除。

被覆盖后，组件的名称和值将会以粗体显示。这包括位置、旋转和缩放，因为 Transform 从技术上来讲是一个组件。

现在，让我们尝试覆盖场景中的一个 Skyscraper 实例。使用位置工具（快捷键 W），选中一个 Skyscraper 的 Cube Middle 并向上或向下大幅拖动，使它明显有别于其他 Skyscraper 实例。可以在“检查器”中观察到，这个实例的 Y 位置会加粗显示，这是因为它的局部位置已经被覆盖了。它现在所处的位置与预制件中定义的位置不一致，因此被标记成覆盖值。

有了一个独特的实例后，再尝试编辑预制件，以更改 Cube Middle 的位置。如果在前面 5.2 节“编辑预制件”中移动过它，请把它放回 Cube Base 上，但不必追求与之前完全一致。操作完成后，保存预制件并返回场景。

现在，除了更改过的实例，所有其他 Skyscraper 实例都应该反映预制件的变化。由于之前覆盖了一个实例的 Cube Middle 的局部 Y 位置，在预制件中更改这个值时，这个实例会忽略这一更改。我们赋予了这个实例一个独特的值，而 Unity 会尊重这一决定并把它保留下来。

可以用一种简单的方法来查看已应用于预制件实例的覆盖。选择覆盖过 Y 值的 Skyscraper 实例，如果选中的是根对象（名为 Skyscraper 的对象，而不是其他子对象），就可以在“检查器”的标题栏中看到一些额外选项（位于游戏对象名称下方）。一行文本显示“预制件”，下面则显示“打开”和“选择”等按钮，如图 5-2 所示。

图 5-2 Skyscraper 游戏对象的预制件选项

单击“打开”按钮可以打开相关的预制件资源以进行编辑，而单击“选择”则会在“项目”窗口中选中预制件资源。在大型项目中，这种方法可能比手动寻找预制件更为便捷。

这些按钮左侧有一个名为“覆盖”的下拉菜单按钮。单击此按钮将显示预制件中包含的游戏对象的层级结构。此外，它还会展示那些属性值已被覆盖的组件、被添加或移除的组件以及任何新增的游戏对象。

这个列表的主要功能是展示预制件实例与预制件资源之间的所有差异，并提供一个界面来恢复或应用这些更改。恢复意味着将实例的更改回退到与资源相同的状态；应用则意味着对资源进行同样的更改，让它不再是覆盖，而是常态。下拉菜单的底部还提供了“全部恢复”和“应用所有”按钮，正如它们的名称所示，这些按钮可以用来一次性撤销或应用所有的覆盖。

在修改过的 Skyscraper 实例中，可以看到层级结构中显示了几个条目：首先是 Skyscraper，它包含（向右缩进的）Cube Base；然后是 Cube Middle，Cube Middle 内部显示它的 Transform 组件。如果单击游戏对象的名称，左侧将弹出一个显示着“无覆盖”的窗口，而如果单击 Transform，弹出窗口将并排显示两个 Transform 组件，如图 5-3 所示。

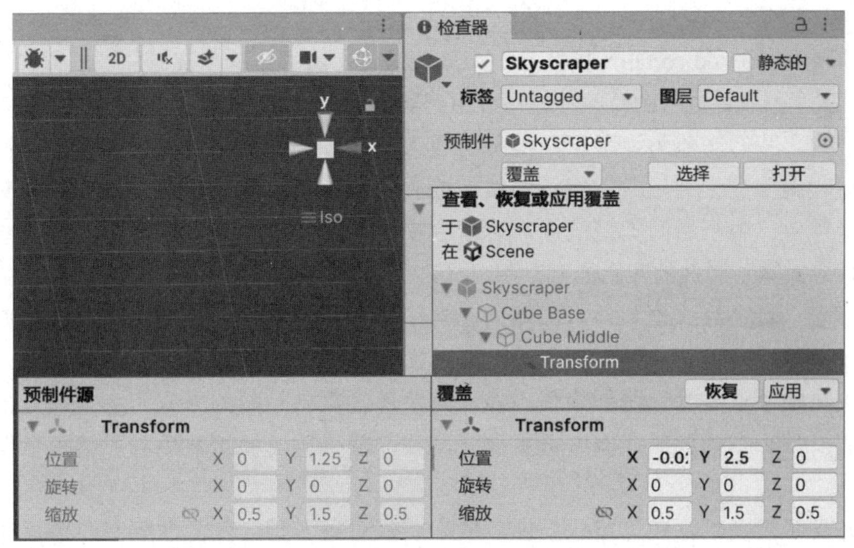

图 5-3 在“覆盖”下拉菜单中选中 Cube Middle 的 Transform 组件，弹出的窗口中有两个 Transform 组件

左边一栏的标题为“预制件源”，其中的值是无法编辑的，全部以灰色显示。它的目的只是展示这些值在预制件资源上是如何设置的，并不允许更改。右边一栏的标题为“覆盖”，用于显示变换组件的值，并且可以编辑。“覆盖”窗格的右上角提供了用于恢复和应用覆盖值的按钮。现在，请单击“恢复”，让这个摩天大楼回到正常状态，不再违背地心引力。

关于覆盖，还有一点需要补充：不能通过覆盖的方式来将一个游戏对象从预制件中移除。可以通过这种方式添加游戏对象，但不能移除，因为预制件实例的结构不能通过这种方式来改变。若想移除游戏对象，必须先解压缩实例，彻底解除它与预制件的关联，让它变成普通的游戏对象的集合。这可以通过在“层级”窗口中右键单击游戏对象，然后在弹出的快捷菜单中选择对应的选项来完成。此外，也可以通过编辑预制件资源来删除不需要的游戏对象，但这会影响到所有实例。这两个解决方案都有些不尽人意。为了有效地移除单个实例中的游戏对象，可以取消勾选“检查器”窗口顶部左侧的复选框，这可以在保留该对象的同时禁用它的组件：这个对象将不会被渲染，也不会进行碰撞检测，并且它的所有子对象也会被禁用。

使用上述方法来更改单个实例的设置是最合适的。以本章开篇提到的例子来说，如果想让敌人的一个实例挥舞斧头而不是锤子，可以禁用预制件中默认带有的锤子游戏对象，然后添加一个新的斧头游戏对象作为覆盖，并将它放置到锤子原来所在的位置。

5.4 嵌套预制件

嵌套预制件（nested prefab）指的是作为其他预制件层级结构一部分的预制件实例。在预制件资源中对嵌套预制件进行的更改会自动应用到实例上，即使这些实例嵌套在其他预制件内部。

举例来说，我们可能为许多不同类型的敌人创建预制件，比如男性士兵和女性士兵，穿重甲的士兵和轻甲的士兵，或使用不同技能或魔法的士兵。敌人能够装备的武器有几种，包括剑、矛或斧头。由于不同类型的敌人可能会使用相同的武器，最好为这些武器单独创建预制件，然后将武器预制件的实例嵌套到每一个敌人预制件中。

如此一来，每个敌人预制件内部都会包含一个武器预制件的实例。在需要对武器进行调整时，可以直接修改武器的预制件，随后所有使用这种武器的敌人预制件都会自动更新以反映这些更改。如果没有为武器创建预制件，而是通过复制粘贴的方式为各个敌人预制件配备武器的实例，那么在需要对武器进行更改时，我们就得逐一检查并手动更新每个使用该武器的预制件。

你或许已经注意到，在“层级”窗口中，游戏对象名称左侧的图标有时是蓝色立方体，有时则是灰色立方体。两者的区别在于，蓝色立方体表示该游戏对象是预制件的根对象，灰色立方体则相反。

此外，对象名称的颜色也存在一些差别。有些名称是黑色的，有些则是蓝色的。蓝色文本表示该游戏对象是预制件的一部分。黑色文本则表示该游戏对象不属于任何预制件——即使是作为覆盖而新增的游戏对象，名称也会是黑色的，因为它们不被包含在预制件资源中。

在嵌套了预制件后，蓝色立方体图标下方会出现另一个作为子级的蓝色立方体图标。这有助于区分游戏对象层级结构中的哪些部分属于另一个预制件。

除了上述内容，嵌套预制件的概念相当直观，它就是包含在预制件中的预制件。不过，在应用覆盖方面，嵌套预制件与普通的预制件存在着明显的区别。

“检查器”窗口中的“覆盖”按钮只针对预制件的根对象显示，不适用于嵌套预制件。

在使用“覆盖”下拉菜单来应用对预制件所做的更改时，Unity 会提供两个选项：一是将更改作为覆盖应用到根预制件上，二是将更改直接应用到嵌套预制件上。这里的主要区别是，更改是否会应用到嵌套预制件资源上。无论选择哪个选项，更改都会影响到根预制件，因为它包含嵌套资源的实例。问题在于，是要更改嵌套预制件及其所有实例（无论是嵌套的还是独立的），还是希望这一更改作为覆盖存在，只体现在根预制件的实例中。这取决于具体情况，但理解这一区别非常重要。

在“覆盖”下拉菜单中选择嵌套预制件的覆盖并单击“应用”按钮时，就会看到上述选项。之前单击“应用”按钮时只显示一个选项，而现在会显示两个选项：一个用于将更改作为覆盖应用到根预制件上，另一个则用于将更改直接应用到嵌套预制件上。

5.5 预制件变体

预制件变体是一种特殊的预制件资源，它覆盖另一个被称为“基础预制件”的预制件。它就像是一个副本，用于制作基础预制件的不同版本。在变体中，未被覆盖的属性会与基础预制件中的设置保持同步。

举个例子，假设我们为同一种敌人设计了不同的变体，比如一个体积更大、生命值更高但移动速度较慢的变体，或是装备不同武器的变体。所有基本功能——模型、动画以及控制其 AI 和逻辑的脚本——都保存在基础预制件中，而在变体中可以对组件值稍作修改，或是禁用原有的武器并替换为另一种武器。

这种方法不仅能高效利用预制件，还能提供一定的灵活性。我们可以通过“覆盖”窗格来创建多种变体，同时，基础预制件的任何更新都会自动反映到这些变体上，除非变体中的相应值已被覆盖。如果通过复制粘贴基础预制件来制作变体，那么在需要更改预制件及其变体中的共有属性时，就必须逐一更改每个变体，这正是预制件旨在解决的主要问题。

为了创建预制件变体，请右键单击“项目”窗口中的预制件资源，在弹出的快捷菜单中选择 Create，然后选择 Prefab Variant，这个选项只有在右键单击预制件时才是可用的。现在，“项目”窗口中的基础预制件旁边应该出现一个变体，并且可以为其命名。此外，也可以通过将预制件实例从“层级”窗口拖到“项目”窗口来创建一个新的变体，Unity 将弹出一个提示框，询问是要创建新的原始预制件还是现有预制件的变体。

如果需要，甚至可以创建一个将另一个变体用作基础预制件的变体。

在“项目”窗口和“层级”窗口中可以看到，预制件变体的图标也是蓝色立方体，但立方体的一侧带有条纹装饰，表明这是一个变体。

需要注意的是，变体在功能上类似于有覆盖的预制件实例。变体中任何不同于基础预制件的部分都被视为“覆盖”。因此，我们通常不需要应用覆盖，因为覆盖针对的是基础预制件，而不是变体资源本身。变体资源仅用于存储“覆盖”版本的预制件。只需要视情况进行覆盖（比如更改值、添加组件、移除组件、添加游戏对象或停用游戏对象等）并保存变体资源即可，不要专门应用覆盖。

举个例子，假设我们为某个敌人类型创建了一个名为Bulky（魁梧）的变体，增加了它的大小并降低了它的移动速度。这个时候，如果打开“覆盖”窗格并应用所有更改，基础预制件就会变得“魁梧”起来，而变体则和基础预制件完全相同——这么做完全失去了创建变体的意义。

5.6 小结

本章要点回顾如下。

1. 预制件是一种资源，可以通过将游戏对象从“层级”窗口拖至“项目”窗口以便将它保存为预制件。
2. 可以将资源从“项目”窗口拖至层级或“场景”窗口来放置预制件资源的实例。
3. 可以通过在“项目”窗口中双击预制件资源来进行编辑。在“编辑”视图中做的任何修改都会自动同步到预制件的所有实例上。
4. 如果打算创建某种类型的游戏对象并在场景中放置它的多个实例（比如敌人或强化道具），那么最好为它创建一个预制件并在场景中放置预制件的多个实例。这样一来，在编辑预制件后，所有实例都会相应得到更新。这可以省下许多麻烦。
5. 在预制件实例中对组件所做的任何更改都被视为“覆盖”。在更改预制件资源时，如果涉及实例中已被覆盖的内容，那么这些更改将不会同步到实例上。换句话说，被覆盖的值会被保留下来，使我们能够对特定实例进行一次性更改，这些更改不会在下次编辑资源时被撤销。
6. 预制件变体是一种基于另一个预制件资源创建的副本。可以利用变体来创建现有预制件资源的不同但又一致的版本，如装备不同武器或拥有更多生命值的敌人。未被覆盖的值将与基础预制件资源保持同步，被覆盖的值则受变体资源控制。

第Ⅱ部分 编程基础

第 6 章 编程入门
第 7 章 代码块与方法
第 8 章 条件
第 9 章 处理对象
第 10 章 使用脚本
第 11 章 继承
第 12 章 调试

第6章 编程入门

大多数人其实并不明白究竟什么是编程，他们只觉得“只有非常聪明的人才能学会编程”和“编程相当复杂”。本章旨在介绍一些编程的基本概念，为初学者打下基础。如果已经具备一定的编程经验，或者尝试编写过代码，可以直接跳到本章的最后一节，了解如何准备脚本来编写代码。

那么，作为程序员，我们应该做什么？编程的本质又是什么？简单来说，编程就是编写代码的过程，而代码则是用计算机能够理解的语言所写成的。

6.1 编程语言和语法

编程的目标和应用场景千差万别，所以没有任何一种编程语言能够包罗万象。由此诞生了形形色色的编程语言，每一种都是针对特定的目标而设计的。

本书将使用 C# 作为编程语言，因为我们的目标是用 Unity 引擎开发电子游戏，而 C# 是 Unity 支持且推荐采用的编程语言。如果目标是编写网页，那么选择 HTML 和 CSS 会比较好，HTML 用于定义网页的布局和内容，CSS 定义网页的外观。它们与 C# 语言完全不同，并且提供了一种独特的编程体验，但它们仍然属于编程的范畴。

我们已经教会计算机如何阅读用不同编程语言编写的代码，并将这些语言翻译成我们期望的结果。但因为代码是供计算机读取的，而计算机高度依赖于预设规则，并不具备自主思考的能力，所以我们在编写代码时，必须遵循一种被称为“语法”（syntax）的规则体系。

简单来说，语法指的是在编程语言中编写的内容及其所产生的效果。它是编程语言所遵循的一系列规则。计算机期望看到的是非常严格和明确的代码——尽管不同编程语言之间的严格程度可能存在差异。

计算机只认语法。它实际上并不具备猜测或推断人类意图的能力。如果在语法上出了差错（即使是一点小差错），计算机就会在读取代码时意识到这段代码不符合预期，此时，它只会报错。而在这种情况下，我们不能对计算机说：“拜托，你知道我想做什么！”因为它只是一台计算机而已。

每种编程语言都有自己的语法和规则，这些规则定义了如何输入代码和代码应该执行的操作。许多编程语言在语法结构上有相似之处。例如，熟悉了 C# 语言之后，就会发现学习 Java 变得相当简单，因为这些语言在很多方面都有共同点。

许多初学者会在选择学习哪种编程语言时非常纠结。或许，你在购买这本书之前也考虑过许多其他选择，犹豫是不是应该学习 C++，因为它在业界“更受推崇”，或者犹豫 Python 会不会是更好的选择，因为它“对初学者更友好”。

但实际上，从哪种语言开始学并没有那么重要。关键不是学习“正确”的语言，而是学习如何编程。一旦掌握编程的方法，学习新的语言基本上就等同于学习新语法。而语法不过是一组需要记忆的规则和关键字，这并不困难。

因此，在学习编程的过程中，最具挑战性的部分是掌握其核心原理。这个挑战对初学者来说尤为艰巨，因为这是他们首次学习编程语言的语法，他们必须适应这些烦琐的技术性规则。这也是为什么业界普遍建议初学者在选定一门语言后持之以恒地学习下去。尽量不要在不同的语言和语法之间频繁切换，也不要过分纠结于语法的细节，而是要专注于学习编程的基本原则。一旦掌握这些基础知识，学习一门新的编程语言就会变得容易得多：只需要学习新语言的语法规则和常见实践即可。

由于基础知识非常重要，我们将花费大量时间深入探讨这些理念，并在这个过程中动手编写代码。在本书的后文中，我们还将创建一系列示例项目，将这些编程知识付诸实践。

6.2 代码的作用

如果编程是编写代码的过程，代码是计算机能够理解的语言，那么我们是用代码来让计算机执行什么操作呢？

本书将要介绍面向对象编程（object-oriented programming，OOP）。它之所以得名，是因为这种编程方法主要涉及数据处理，而计算机将这些数据视为一个个“对象”。

对象本质上是数据，而数据又可以包含其他数据。

这些数据具有特定的类型。它们可以是简单的数字、文本（通常称为字符串）用于表示真或假的值（在 C# 语言中称为“布尔值”或 bool），也可以是程序员自定义的类型，用来模拟一些更复杂的数据。

在声明一个自定义数据类型时，需要赋给它一个描述性的名称，以反映这个类型的特性。举个例子，假设我们正在创建一个名为“Person”的类型。

这个类型可以存储某人的个人信息，比如名字、中间名、姓氏以及出生的日、月和年。这些都是存储在 Person 内部的数据，通常称为“字段”（field）或“成员”（member）。

在电子游戏的开发中，Person 可能还会包含每件装备的字段，比如角色所装备的手套、靴子、胸甲和头盔等。这些字段有自己的数据类型：Item 数据类型，其中存储装备名称、价值、防御力等字段。

编程工作中的一个重要部分是组织数据并与之交互。程序员的任务是确定如何在游戏中表示各种数据，比如敌人发射的一个弹丸。我们必须改变它的位置（这其实只是存储在弹丸中的数据），以使它在空中移动。虽然游戏引擎会协助处理碰撞检测等任务，但我们仍然需要自己决定弹丸与另一个对象发生碰撞时会发生什么，比如让玩家受到伤害，或是在撞击墙面后消散。

然后，当玩家受到伤害时，我们必须编写相应的逻辑来减少玩家的生命值，并在生命值耗尽时使玩家角色死亡。

构成游戏核心机制的众多功能都依赖编程来实现。为了通过代码实现这些功能，需要不断地提问并深入理解它们的工作原理，并确定需要在其中提供哪些类型的数据。一些需要考虑的问题包括：弹丸是否能穿透敌人（可以用一个布尔值来表示，即真或假）？它最多可以穿透多少个敌人（一个数值）？它的移动速度是多少？它在自行消散前可以飞多远？

6.3 强类型与弱类型

我们选择的 C# 语言属于强类型（strongly typed）的编程语言范畴。这意味着我们引用的任何对象都始终具有一个类型，而且在程序运行过程中，这个类型是不能被随意改变的。可以自己声明一个类型，也可以使用 C# 提供的一系列内置类型。如果想要创建对象，必须指定它的类型。举例来说，在声明 Person 类型时，需要定义它所包含的成员，比如 age（年龄）和 name（姓名）等。这些成员也有自己的类型：age 是数字类型，name 则是字符串类型。

这意味着一个对象的类型始终是已知的，它应该包含的成员也是预先定义好的。如果尝试访问类型中的成员，比如 name，那么代码将会正常执行；如果试图访问不存在于类型中的成员，编译器就会报错。类似地，如果我们尝试将错误类型的数据分配给一个成员，比如将一个数字或布尔值分配给 Person 的“姓名”字段，我们会得到一个错误。

通过这种方式，强类型语言对数据的使用施加了严格的约束。我们不能随意地为对象添加或移除成员，因为这将使对象不再符合原本的类型定义。同理，也不能将错误的数据类型赋值给对象的成员。一切都必须遵循既定的结构，一旦偏离了这个结构，代码将无法正常执行。

另一些编程语言并不关心数据类型。这类语言设置了数字、字符串、布尔值等基本的数据类型，但更复杂的类型都被视为“对象”。它们不需要严格的类型定义，而是可以灵活地存储任何类型的数据。如果想使用这种语言创建 Person，只需要创建一个对象并为它添加名字、中间名、姓氏等属性即可。

你可能已经猜到了，这种语言被称为“弱类型编程语言”。它们在处理数据时更加灵活。在这种语言中，可以随心所欲地为对象分配新的数据字段，甚至可以为某个字段分配其它类型的数据，而不会引发错误。

这种特性是一把双刃剑。强类型语言可能有些令人生畏，对于初学者来说，这些语言的学习门槛较高，不太容易上手。在使用这种语言时，计算机可能会频繁地发出警告，指出一些看似微不足道的小错误。然而，正是这种特性使得强类型语言能够帮助我们保持代码的一致性，并提前捕捉到潜在的错误。在执行代码之前，编译器就能够识别出错误，比如将不匹配的数据类型赋给某个字段，或引用一个在给定类型中不应存在的成员。

如果未能及时发现这些错误，它们可能会在特殊情况下触发而导致游戏出现故障或崩溃。强类型语言看似过于严苛，但这实际上只是为了确保程序能够按照预期运行。

本书不会讨论强类型和弱类型孰优孰劣，它们各有千秋，没有绝对的优劣之分。将来学习其他编程语言的时候，你可能会逐渐认识到它们之间的根本性差异。现在只需要记住一点：每个对象都有一种类型，并且类型中的成员不能随意更改。因此，在设计数据结构时必须更加谨慎和深思熟虑。

6.4 文件扩展名

正如前文所述，代码并没有什么特别的，不过是一些文本而已，是用计算机能够理解的语言写成的，仅此而已。同理，代码文件也只不过是文本文件，像 Unity 这样的软件之所以能识别出它是代码文件，完全是因为它有着正确的文件扩展名。

文件扩展名是位于文件名之后的小尾巴，它以句号开始，用于帮助计算机识别文件内容的类型。如果脚本是简单的文本文件，那么它的扩展名就是“.txt”，也就是 text（文本）的缩写。

每种编程语言都有自己的文件扩展名，这通常是语言的名称，如果名称太长，也可能是语言名称的缩写。举例来说，C# 语言的文件扩展名是“.cs”，因为文件名中不能包含“#”符号。

这个扩展名会被添加到代码文件的末尾，以便 Unity 将它们识别为代码文件并做出相应的处理。只需要在文件中编写一些代码，保存它，随便给它起个名字，然后在末尾添加“.cs”，一个代码文件就创建好了。不过，大多数软件都会自动添加文件扩展名，并且这个过程对用户来说通常是透明的。

6.5 脚本

Unity 将代码文件称为“脚本”（script）。虽然我们不直接使用 Unity 来编写代码，但 Unity 能够检测到代码的变动。

每次更改代码时，Unity 都会察觉到变动，并重新读取代码文件，以便进行编译。

编译（compile）指的是计算机解析代码并将其转换成机器能够理解的格式的过程。值得庆幸的是，作为开发者，我们并不需要深入了解这个复杂的过程。

我们只需要知道下面几点：

- 我们负责更改代码；
- Unity 会自动察觉到更改并尝试重新解析代码；
- 如果在解析过程中遇到问题，比如代码没有正确遵循编程规则，Unity 会在“控制台”窗口中说明出错的原因和位置；
- “控制台”窗口会列出代码中的所有编译错误；
- 只要代码中存在问题，Unity 就会抛出错误，指出问题所在，比如有的错误提示非常清晰明了，有的则含糊不清，这取决于具体的上下文。

现在，是时候动手编写代码了，毕竟这是最有趣的部分。

首先，打开 Unity 的“项目”窗口。右键单击 Assets 文件夹，单击 Create 菜单命令并选择 Folder。将新建文件夹命名为“Scripts”。右键单击新创建的 Scripts 文件夹，然后再次单机 Create 命令，这次选择 C# Script，并将其命名为“MyScript”。在这种情况下，Unity 会自动将其识别为代码文件，并在文件名末尾添加 .cs 扩展名。查看“项目”窗口中文件名旁边显示的图标，如果上面显示了“#”，则表示 Unity 把这个文件识别为脚本。

在打开文件之前，请确保 Visual Studio Code 是 Unity 的默认代码编辑器。单击左上角的“编辑”菜单，然后单击“首选项”。随后将弹出一个提供各种选项的 Unity 窗口。左侧列出了设置类别，右侧则显示了当前选中的类别的设置选项。单击左侧的“外部工具”，并单击右侧的第一个选项“外部脚本编辑器”，这将打开一个下拉菜单，在其中找到 Visual Studio Code。

如果这个选项不可用，请单击最底部的“浏览 ...”选项，随后将弹出一个窗口，让你在计算机上搜索 Visual Studio Code 的可执行文件。导航到 Visual Studio Code 的安装位置并选择它的可执行文件。

完成设置之后，请关闭“首选项”窗口，然后双击“项目”窗口中的脚本以便在 Visual Studio Code 中打开它。

打开这个文件后，你会看到一段代码，所有 Unity 脚本默认包含这段代码。这些基础代码是将代码逻辑“注入”（inject）到 Unity 引擎中的必要结构——也就是说，它让代码能在游戏中的某个特定时刻执行。

下一章将进一步学习相关内容。

6.6 小结

本章介绍了编程的基础概念，这些概念主要聚焦于如何组织数据和定义游戏的功能。程序员的任务是实现游戏机制并确保它们在游戏中能够顺畅运行。

本章要点回顾如下。

1. 代码其实就是一段文本，它告诉计算机需要执行哪些操作。
2. 编程语言要求我们遵循特定的语法规则来编写代码，这些规则定义了代码结构和预期效果。不遵循语法会导致错误发生，即使只是打错了一个字或遗漏了一个符号这样的小失误。
3. 脚本是包含代码的文本文件。我们通过它来将代码导入 Unity 引擎。可以在“项目”窗口中创建脚本并在代码编辑器中打开它们。
4. 如果脚本中存在错误，Unity 会在“控制台”窗口中显示这些错误。直到这些错误被修正，否则游戏将无法运行。

第 7 章 代码块与方法

本章将讨论代码语法的一些通用规则，讲解代码文件的结构，并介绍一些基本术语和概念。

7.1 语句和分号

“语句”（statement）本质上指的是代码中的单个指令。不同类型的语句有着不同的作用。

每个语句都以分号 ; 作为结束。这个分号标志着一个语句的结束和下一个语句的开始。有些编程语言不使用分号，而是通过换行来表示一个语句的结束。使用分号的好处是可以把一个长语句拆分为多行，因为在这种情况下，计算机不会在换行时停止读取，而是在遇到分号时才会停止。这样一来，即使面对冗长或复杂的语句，也可以自由地调整它的格式，把它拆分成若干行。

某些语句后面需要跟一个代码块，在这种情况下，语句的末尾不需要加分号。

7.2 代码块

在编程中，代码遵循一种类似层级结构的结构。其中一些代码可以嵌套在其他代码中，就像俄罗斯套娃一样层层相套。

我们称这种结构为“代码块”（code block）。在 C# 语言中，代码块由一对大括号 {} 来标识：大括号 { 和 }，前者标志着代码块的开始，后者标志着代码块的结束。这两个括号之间的所有内容都属于这个代码块的范畴。

可以看到，新脚本的默认代码已经定义了几个代码块（即，几组大括号），此外还有一些陌生的单词和符号。不理解这些单词和符号也没有关系，后文很快就会讲解它们的含义。

就像上一节所说的那样，当一个语句后面紧跟着一个代码块时，这个语句不会以分号“;”结束。代码块的开始和结束起到了类似于分号的作用：可以说，当代码块结束时，这个语句也随之结束了。当一个语句后面需要跟一个代码块时，可以说它是在“提示代码块”（prompting a block）。

代码块用于创建与之前的语句相关联的代码，这段代码往往在特定条件下才会运行。需要注意的是，“运行”代码指的是代码被执行，或者说“在做它该做的事情”。

在我看来，说明这一概念的最佳方式是通过例子来展示哪些语句会提示代码块，以及这些代码块的作用。后续小节将会更深入地探讨这些概念，而下面的例子旨在说明代码块为何在编程中如此重要和普遍。

- if 语句用于评估一个条件，判断它是真还是假。if 语句之后通常跟一个代码块，只有在条件为真时，代码块中的内容才会被执行。
- else 语句通常跟在 if 语句的代码块后面。else 语句本身也会提示一个代码块。只有当 if 语句的条件为假时，这个代码块中的内容才会被执行。换句话说，如果 if 代码块没有运行，那么作为替代，else 语句的代码块就会被执行。
- while 语句是一个循环。它像 if 语句一样评估一个条件并提示一个代码块。当条件为真时，while 将会执行代码块中的代码，然后再次检查条件，如果条件仍然成立，就继续执行。这个过程会一直循环往复，直到条件不再成立。如果条件永远不为假，就会形成一个无限循环，这会导致 Unity 卡死！
- class 语句用于声明数据类型（比如之前讨论的 Person 数据类型）。与 if 语句、else 语句和 while 语句不同，class 内部的代码不是用来立即执行的，而是用来声明数据类型内部的字段（比如 first name 或 last name）的。这些声明本质上是在定义一个将在代码的不同部分使用的模板，代码块则用于封装所有属于 class 语句的代码。

正如前文提到的那样，后文将进一步介绍这些语句的用法，并且我们将亲自动手编写它们，以便更加直观地理解它们的工作原理。但现在的这些例子应该已经充分说明了代码块的用途，也就是创建只在特定条件下执行或属于某个特定语句的代码。

7.3 注释

可以看到，默认脚本中的一些语句看起来与普通的英文句子无异。例如：

```
// Start is called before the first frame update
[...]
// Update is called once per frame
```

这些语句被称为“注释”（comment）[①]。注释不会被执行，只是程序员用来说明代码的功能或解释为何要执行特定操作的附注，这可能是程序员写给自己的，也可能是为阅读这段代码的其他程序员写的。注释非常有用，但它的重要性经常被低估。你现在可能觉得没必要

① 译注：关于注释，史蒂夫·麦康奈尔在《代码大全 2》（纪念版）一书的第 32 章对此给出了非常有价值的技巧和提示，甚至还提供了一个反映程序员日常的剧本。

写注释，但等过了几年再重新阅读自己写的代码时，你可能会对某些决策感到困惑。或者，你可能发现自己当初编写的注释完全不知所云，对理解代码没有丝毫帮助（这种情况很令人沮丧，因为你只能怪自己）。

注释以两个正斜杠 // 开始，相当于告诉计算机："忽略这部分内容，它与你无关。"在正斜杠后，就可以自由地写注释了，计算机会自动忽略它们。如果注释没有用斜杠开头，计算机会误认为它们是可执行的代码，并抛出错误。

两个正斜杠 // 标记的是单行注释，会在换行后自动结束。

除了单行注释，还可以使用多行注释，它们以 /* 开始，以 */ 结束。这两个符号之间的内容都被视为注释，换行符也不例外。这样一来，我们可以把较长的注释拆分为多行，而不需要在每一行前添加 //：

```
/*
这是一个
跨越多行的
注释。
*/
```

注释还可以用来暂时禁用代码。举例来说，可以用多行注释符包裹一段代码，使它不再被执行，根据需要再删除注释符号 /* 和 */，重新启用这段代码。这种做法通常被称为"注释掉"（commenting out）代码，在测试代码或尝试不同编程方法时非常有用。我有时会注释掉一大段代码，然后用全新的思路或方法重新编写代码。我相信许多其他开发者也是这么做的。

尽管如此，保留大量被注释掉的代码是一种糟糕的习惯。如果确定不再需要这些代码，就把它们删掉。如果现在用不上，但认为将来可能会派上用场，就把它们备份到其他地方。

7.4 方法

现在，让我们先跳过代码的前几行，来看看第一组大括号内的代码：

```
// Update is called once per frame
void Update()
{
}
```

这是一个"方法"（method），有一些编程语言中称之为"函数"（function），并且很多人都不区分这两个术语，但在 C# 的官方定义中，它被称为"方法"。

在 C# 以及许多其他编程语言中，方法都是非常重要的组成部分。

简单来说，方法是一个已命名的代码块，可以通过调用它的名称在代码的任何地方执行其内部代码。执行其内部代码的过程被称为“调用方法”（calling the method）。

通过将代码块定义为方法，并在代码中多处调用它，可以实现代码的复用（reuse）。有了方法，就不需要在项目中多次复制和粘贴同一段代码。更重要的是，未来需要对这段代码进行修改时，只需要修改方法的定义，就可以将这些修改应用到所有使用这段代码的地方。

值得注意的是，方法的声明只是一个声明，它并不会执行这个方法。如果编写了一个方法却从未调用过它，那么它在代码中几乎等同于不存在，因为没有发挥任何作用，因为它从未被使用过。

那么，如何声明一个方法呢？ Unity 声明的这个 void Update 方法是什么？它的名字是 void，还是 Update ？

void 的具体含义将留到后文讨论，现在只需要知道这是一个稍后要学习的特殊关键字即可。

跟在关键字 void 之后的 Update 才是方法的名称。在想要调用方法时，需要通过名称来引用它。Unity 脚本之所以默认声明这个方法，是因为 Unity 引擎会调用它。

前面的注释说“每帧调用一次 Update 方法”。换句话说，Unity 将不断地调用 Update，这意味着该方法内的代码将频繁运行。我们不需要手动调用该方法，因为 Unity 会为我们代劳。

■**补充说明：** *如果对游戏编程感兴趣，你或许早就已经熟悉了“帧”（frame）的概念。帧代表计算机进行的单次游戏逻辑计算——在游戏中，每一帧都会推进一小段时间。游戏在不断更新：在一个小的增量中运行其物理和其他游戏逻辑，然后再次渲染以在屏幕上显示这些更新。这些增量就是帧。你可能已经听说过 fps（每秒帧数，frames per second）或“帧率”（frame rate）的概念，它表示游戏每秒更新的次数。每一次更新都会使游戏时间向前推进一小段。如果 FPS 太低，游戏运行可能会显得不流畅——这通常是因为计算机在处理每一帧的操作上花费的时间太长。当 FPS 足够高时，游戏将会流畅而自然地运行，玩家几乎察觉不到游戏体验是由许多次小的更新组成的。*

现在，是时候动手编写一些代码了。第 6 章的最后一节详细介绍了如何创建脚本并使用代码编辑器打开它，如果跳过了第 6 章，请回过头阅读那一节，完成必要的步骤后再回到这里。

为了快速看到结果，最简单的方法就是自己调用一个会在“控制台”窗口显示消息的方法。为了验证 Update 方法是否真的在持续运行，这里将提供一段代码，并在之后解释它的作用。

在 MyScript 文件中，把以下语句添加到 Update 方法的代码块中（也就是 void Update 声明下方的大括号内）：

```
Debug.Log("Hurray!");
```

添加完成后，使用快捷键 Ctrl+S 或通过代码编辑器左上角的“文件”|“保存”来保存脚本。

返回 Unity 编辑器后，它将会弹出进度窗口，这表明 Unity 正在编译：它正在处理代码上的更改，并再次检查代码中是否存在错误。如果没有看到进度窗口，可能是因为编译得太快，所以窗口一闪而过（或者，也有可能是忘记在代码编辑器中保存对脚本的更改了）。

在运行游戏并查看结果之前，还有一件事需要完成。正如前文提到那样，Unity 通过脚本来将代码集成到游戏中，而脚本是可以附加到游戏对象上的组件。我们已经把代码写到了脚本中，其实就是项目中的一个普普通通的代码文件。现在，我们需要将脚本作为组件添加到场景中的某个游戏对象上。

这本质上就是“创建我们代码的一个实例”。我们可以在场景中的数百个游戏对象上添加相同的脚本，每个脚本的 Update 方法都会每帧被调用一次。每一个都是一个单独的实例，与其相关联的是它自己的数据——尽管我们还没有真正声明任何数据。

将脚本作为组件添加到游戏对象上的过程简单，只需要在“项目”窗口中左键单击脚本文件，然后将其拖拽到“层级”窗口或“场景”窗口中的游戏对象上即可，此外，也可以直接将它拖拽到已选中的游戏对象的“检查器”窗口中。

如果没有可用的游戏对象，可以随便创建一个新对象，比如一个简单的立方体或一个空对象，并将脚本添加上去。

现在，在选中这个游戏对象后，就可以在“检查器”窗口中看到作为组件的脚本实例，如图 7-1 所示。

图 7-1 添加了 MyScript 组件的空游戏对象

设置完成后，单击屏幕顶部的播放按钮。Unity 引擎将会启动游戏（尽管它现在还算不上是真正的游戏）。“场景”窗口将自动切换到“游戏”视图，后者和“场景”窗口很相似，但显示的是摄像机在游戏运行时的视角。

当游戏运行期间，场景中的所有脚本都会更新，所以可以看到“控制台”窗口中反复记录着“Hurray!”这条消息。现在，再次按下相同的按钮以停止播放。

这真是一个激动人心的时刻！你已经动手编写了第一行代码，并在 Unity 引擎中看到了它的运行效果。

7.5 调用方法

现在，让我们来看看这个放入 Update 中的 Debug.Log 调用究竟做了什么。

它其实只是一个方法调用。前文曾经提到，在某处声明并命名方法后，就可以通过名称来在代码其他部分调用这个方法，从而运行它内部的代码。

但是，Debug.Log Debug.Log 到底是什么呢？它是方法的名称吗？为什么它里面有一个句点 .（period）？

句点 . 在编程中非常重要，它使得我们能够“进入”对象内部，访问其中的字段。所以说，这个方法的名称不是 Debug.Log，而是 Log，而它是 Debug 对象内的一个字段。这意味着我们首先引用了 Debug 对象，然后通过句点访问其内部的 Log 方法。

那么，Debug 是什么呢？ debug（调试）一词本身指的是“查找并修复代码中的错误”，它在编程领域中很常见。调试代码其实就是找出问题的根源并解决它。

那 Debug 对象又是什么呢？它从何而来，能提供哪些功能？实际上，Debug 对象是一个“类”（class）。后文将会更深入地讨论这一概念，目前只需要知道，Unity 引擎的开发团队创建了 Debug 类，并且在其中提供了许多实用的方法和字段，使用户可以利用它们来调试游戏。Debug 类还包括一些其他实用的功能，比如 Debug.DrawLine 方法，它可以在场景中绘制直线。这个方法可以用于可视化代码的效果，确认它是否按照预期工作。

对 Debug 的讨论就到此为止，后文将进一步介绍。现在，让我们回到方法上。

要调用一个方法，需要通过键入它的名称（比如 Log）来引用它，然后加上一对括号 ()。如果没有添加括号，那么就不算是在调用方法，而只是在引用它（或者说，在指向它）。

在圆括号内，需要以字符串的形式提供数据。第 6 章简要介绍过字符串，它是一种基本数据类型，用于表示文本。它之所以如此得名，是因为它由一串字符组成，其中的字符可以是符号、字母或数字。

字符串在编程中非常常见，无论是用来存储名字、描述物品或技能、还是记录游戏角色之间对话，都会用到字符串。

编写字符串时不能直接输入文本，因为编译器会认为这是代码，并在解析失败后报错。需要使用一对双引号 " " 来表明这是字符串。引号内的任何内容都是字符串所代表的文本。

你可能已经猜到了为什么这里会提到字符串。如你所见，这正是 Debug.Log 方法调用在控制台中记录的文本。

这就是“参数”（parameter）起到的作用。参数是调用方法时“传递”给方法的命名数据字段。在声明方法时，可以指定它需要哪些参数，每个参数都有自己的名称和数据类型。一个方法可以有多个参数，也可以没有参数。在方法的声明中（也就是方法被调用时执行的代码块内）可以引用这些参数，以获取并使用它们的值。

前面的例子中的参数是一个字符串，用来表示想要记录到控制台中的内容。

参数的目的是让方法的调用变得更加灵活。这意味着，通过传递不同的参数，可以在不修改方法声明的前提下实现不同的功能。

假设有一个名为 Enemy 的脚本，其中定义了 TakeDamage 方法，用于使敌人受到伤害。

那么，敌人具体会受到多少伤害呢？

这可以通过参数来决定，它将是一个简单的数字。每次调用 TakeDamage 方法时，都需要提供一个参数。无论是 5 点伤害、20 点伤害还是其他任意数值的伤害，都可以通过简单改变传递给方法的参数来实现。

参数的优势在于，我们可以在代码的任意位置调用同一个 TakeDamage 方法，并根据需要获得不同的结果。这免去了为每种伤害值创建不同方法的麻烦，也避开了许多潜在的问题。

7.6 基本数据类型

7.5 节讲解了如何将字符串数据类型作为参数值传递，现在，考虑到基本数据类型在编程中扮演着非常重要的角色，是时候深入了解一下它们的定义和用途了。

在 C# 语言中，最常使用的基本数据类型是 int（整数）、float（浮点数）、bool（布尔值）和 string（字符串）。int 和 float 都用于表示数值，但它们之间存在一个关键的区别：float 可以存储包含小数的数值，而 int 则不能。

也就是说，int 类型的值可以是 4 或 5，但不能是 4.2 或 4.68。而 float 类型的值则可以是 4、5、4.2、4.68 或其他任何数值。

string 类型用于表示文本，正如前文所述，它必须用一对双引号 " " 包围。虽然也可以使用一对单引号 ' '，但要注意，如果用单引号包围单个字符，比如 'c' 或 '1'，那么它将被视为 char 类型，而不是 string 类型。char 是 character 的缩写，代表单个字符。与之相对的，字符串是“一串字符”，它是由一个或多个字符组成的文本。

bool（布尔）只有两种可能的值：true 或 false。在键入 false 或 true 时，实际上就定义了一个布尔值。它通常用来表示某种状态，例如玩家角色是否存活、某个物品是否可在游戏中的商店出售，或者某个技能是否已经被玩家解锁。

7.7 通过方法返回值

在一些情况下，调用方法的目的是从中获取一些数据，并在调用该方法的代码中使用这些数据。许多方法都是为了满足这种需求而设计的。每个方法都必须指定一个返回类型（return type），也就是它将返回的数据类型。

void 关键字用于表示方法不返回任何内容。调用这种方法时，将不会得到任何返回结果。这类方法用于执行操作，而不是返回值。前几节中使用的 Debug.Log 方法就是一个例子。它的目的只是在控制台记录信息，不需要返回任何内容。

方法可以返回基本数据类型（如 int、float、string 和 bool 等）或程序员定义的数据类型。Unity 引擎预定义了多种数据类型，并且许多内置方法会返回这些数据类型的实例。以碰撞检测方法为例，在发生碰撞时，它可能不会简单地在检测到碰撞时返回 true，在未检测到碰撞时返回 false，而是会返回一个特定的数据类型，其中包含详细的碰撞信息，比如碰撞发生的具体位置和碰撞对象的信息。我们可以利用这些信息来做其他事，比如绕开碰撞区域或阻止实体移动以避免发生碰撞。

声明方法

了解方法的工作原理之后，是时候学习如何声明自己的方法了。我们将以简单的方法作为起点，虽然它们的实际用途可能比较有限，但有助于了解声明方法的语法——也就是需要输入的内容以及这样做的原因。

方法的声明总是从返回类型开始，后跟方法名称和一对圆括号。如前所述，void 关键字表示方法不返回任何内容。至此，我们已经掌握了 Start 方法和 Update 方法的完整语法：

```
void Start()
{

}
void Update()
{

}
```

在掌握方法的工作原理后，这两个方法的作用就很清楚了：它们只是不返回任何内容的简单方法。

下面来看如何声明一个用于记录消息的方法。这个方法必须与 Update 方法和 Start 方法位于同一个代码块中。无论是位于这两个方法上面、下面还是它们之间，编译器都不会介意。但常规做法是将所有内置的 Unity 方法（比如 Start 和 Update）放在底部，将这个脚本特有的方法放在上面，如下所示：

```
void LogMyMessage()
{
    Debug.Log("Hurray!");
}
void Start()
{

}
void Update()
{

}
```

现在，可以将 Update 方法中的 Debug.Log 调用改为 LogMyMessage 方法，并且不需要提供任何参数。请注意，即使不提供参数，也需要加上一对空括号 ()，表示我们是在调用该方法，而不是引用它（或者说，指向它）：

```
void Update()
{
    LogMyMessage();
}
```

保存脚本并运行游戏，应该会看到控制台中记录了“Hurray!”消息，就像我们期望的那样。这样做其实增添了不必要的复杂性，但这主要是出于演示的目的。在透彻理解这个概念后，我们将学习如何更恰当、更巧妙地使用它。

接下来要学习如何使用参数。如前所述，在调用方法时，要传递的参数将会被放置在一对圆括号中。同理，在声明方法时，所需要的参数是在方法名称后的括号内指定的：

```
void LogMyMessage(/* 在此处添加参数 ...*/)
```

在声明参数时，首先要指定其数据类型，然后是它的名称。参数的数量不限，但每个参数必须用逗号分隔。举例来说，如果要声明前文中提到过的 TakeDamage 方法，那么就需要添加一个参数来表示造成的伤害（damage），此外，我们还想添加一个参数来表示伤害的“穿透”（penetration）属性。damage 参数是 float 类型，因为伤害值可以带小数，而 penetration 属性则是 int 类型。

可以如下声明这个方法：

```
void TakeDamage(float damage, int penetration)
```

掌握了这些知识后，应该很容易推断出如何为前面的消息记录方法添加一个参数：

```
void LogMyMessage(string message)
```

上述代码声明了一个类型为 string 的参数并将其命名为“message”。

说明： 在为参数命名时，要选择最恰当的名称。在前面的例子中，由于参数是要记录的消息，所以我们将其命名为“message”。虽然使用 porridge 或 heyThere 之类的名称看起来很有趣，但是选择一个恰当的名称对于提高代码的清晰度和可读性至关重要。实际上，如果保持良好的命名习惯，那么代码可能会非常清晰易懂，甚至都不需要编写注释，可以说这种代码具有“自注释”的能力。

那么，如何在方法内部使用参数呢？答案很简单，通过名称来引用它就可以了。在键入参数的名称时，计算机会将这个名称替换为参数中存储的值，也就是每次调用方法时提供的字符串。我们需要移除原先硬编码的字符串，并用参数的名称作为替代。注意，别忘了移除字符串两侧的引号，否则控制台将会记录参数的名称 message，因为编译器会将引号内的内容视为文本，而不是对参数的引用。

修改后的代码如下所示：

```
void LogMyMessage(string message)
{
    Debug.Log(message);
}
```

不难发现，这段代码会导致一个错误。因为删除了硬编码的字符串，所以现在我们在调用 LogMyMessage 方法时需要提供一个参数。如果我们现在保存代码并打开 Unity 编辑器，控制台将会显示一条错误提示，指出我们犯下的可怕错误，这个错误相当严重，甚至会直接导致程序崩溃。在修正这个错误之前，游戏将无法运行。这就是程序员的日常。

好消息是，这个问题很容易修复。再次修改 Update 方法，并在调用 LogMyMessage 时提供一个字符串作为 message 参数：

```
void Update()
{
    LogMyMessage("Hurray for parameters!");
}
```

7.8 操作符

在代码中，如果需要提供数据（例如，作为方法中的一个参数），则可以使用“操作符”（operator）来执行运算。操作符是像加号 + 或减号 - 这样的符号，它能够将两个数据结合起来，并在进行计算后返回一个结果。最典型的例子是基础的数学运算，比如加、减、乘、除。

等号 = 是一个非常重要的操作符，它通常被称为“赋值操作符”（assignment operator），可以用来为某个已命名的数据片段赋值。举个例子，如果要更改 message 参数的值，只需要键入参数名 message 和一个操作符 =，然后输入新的字符串值：

```
void LogMyMessage(string message)
{
    message = "Something else.";
    Debug.Log(message);
}
```

以上代码修改了 message，现在使用 Debug.Log 记录消息时，“控制台”窗口中将会显示“Something else.”的字样，而不是参数调用中指定的值（这种做法只用于演示目的，它实际上导致参数失去了意义）。

不同的数据类型支持的运算也各不相同。例如，字符串不支持除法、减法或乘法运算，但我们可以使用加号 + 使两个字符串相加，也就是将左侧字符串与右侧字符串“粘”在一起，并作为一个新字符串返回。举例来说，如果想要为记录的消息添加一个前缀，可以键入一个字符串，然后使用操作符 + 将 message 加到这个字符串的末尾，如下所示：

```
void LogMyMessage(string message)
{
    Debug.Log("A message is being logged: " + message);
}
```

如果需要的话，还可以通过 message 参数的值来为记录添加前缀，这一过程会同时使用操作符 = 和操作符 +。值得注意的是，我们在为 message 赋新值的同时也引用了它的值，当然，从引用中获得的是原本的值：

```
void LogMyMessage(string message)
{
    message = "A message is being logged: " + message;
    Debug.Log(message);
}
```

常用的数学操作符如下：

- +，加法
- -，减法
- *，乘法
- /，除法

单个表达式中可以使用多个操作符，并且还可以通过使用圆括号 () 来调整操作符的执行顺序。我们知道，那么乘法和除法会优先进行，按照从左至右的顺序，在完成乘法和除法之后才会执行加法和减法。

举例来说，请看下面的数学表达式：

A + B * C

根据操作符优先级，这个表达式会这样进行计算：

A + (B * C)

这里，操作符 * 和 / 会优先执行，并且遵循从左到右的顺序。在它们执行完毕后，操作符 + 和 - 将会执行，也是按照左到右的顺序。但是，这个计算顺序可以通过在 A + B 周围添加括号来改变，如下所示：

(A + B) * C

在这个表达式中，我们通过将 A + B 用圆括号括起来，改变了运算的顺序。现在，操作符 * 将在 A + B 的计算结果上执行，而不是先对 B 执行。

7.9 小结

下一章将讲解如何在代码中加入一些逻辑。本章要点回顾如下。

1. 代码块由一对花括号表示 { }，其中的所有代码都属于该代码块的一部分。
2. 注释是编程中用于解释代码的文本，它们会被编译器忽略。两个正斜杠 // 表示单行注释，而 /* 和 */ 表示多行注释。
3. 方法（也称“函数”）是命名代码块，可以在其他地方调用以执行其内部代码。它们可以声明参数，即在调用函数时需要提供的值。此外，方法还可以返回一个值，这意味着在调用方法时可以得到一个返回结果。
4. 操作符是位于两个值之间的符号，用来对这两个值进行操作并返回一个新的值，例如，加法操作符 + 用于将两个数值相加或是将两个字符串拼接在一起，乘法操作符 * 用于计算两个数值的乘积。

第 8 章 条件

本章要讲解如何使用布尔数据类型（即 true 或 false）来检查条件，以及根据条件的真假来决定是否执行特定的代码。

8.1 if 语句块

if 语句块[①]是一种判断条件的方式，如果条件为 true，就运行 if 语句块中的代码。它的语法相当直观：先键入关键字 if，然后在一对括号 ( ) 中键入要判断的条件，接着是一对大括号 { }，其中放置的是条件为 true 时需要执行的代码块：

```
if (/* 在此处添加条件 */)
{
    // 这段代码仅在条件为 true 时运行
}
```

条件（condition）指的是那些计算结果为布尔类型的值（或称“表达式”），而布尔类型的值只能是 true 或 false。

现在，让我们通过一个更具交互性的例子来演示如何使用条件。

我们将检测用户是否点击了一个按钮，并在用户进行点击时利用 Unity 内置的方法记录一条消息。

这个例子将要用到 Unity 内置的 Input.GetKeyDown 方法，它用于检测用户当前是否按下了一个键。如果是，则返回 true；如果不是，则返回 false。这个方法的一个变体是 Input.GetKey，它检测的不是按键是否被按下，而是按键是否被持续按住。这两个方法都接受一个参数，该参数指定了想要检测的键位。我们可以选择检测键盘上的任意键，无论是字母键、数字键还是功能键（如 F1 和 F2 等），任何键都可以。

为了有效地使用这样的方法，需要在 Update 方法中调用它。正如前文所述，Update 方法会不断被调用。更具体地说，它每帧被调用一次，即每当计算机执行游戏逻辑以推动游戏进展时，Update 方法就会被执行。

① 译注：if 语句块由一对大括号“{ }”包围，包含一系列根据条件表达式结果来执行的代码。if 语句通常由关键字 if、条件表达式和一个或多个代码块组成，其扩展形式有 if-else 语句和 if-else if-else 语句等。

一些游戏会设置帧率上限，比如每秒 60 帧（这意味着每帧之间大约有 0.016 秒的间隔）。即便硬件性能强劲，这些游戏也不会超过设定的帧率上限。另一些游戏，尤其是近期推出的游戏，并没有采用这种策略，而是允许游戏以计算机硬件所能达到的最大速度运行。对于我们目前所做的游戏来说，由于没有复杂的图形渲染或是需要计算的游戏逻辑，即便是配置较低的计算机也能够轻松地达到较高的 FPS。用户按下按键后，Input.GetKeyDown 函数便会在下一个 Update 方法调用中返回 true。而在用户按下键之前，该函数会持续返回 false，频率可能达到每秒几百次。

现在，让我们动手实践一下。在 Update 方法中添加以下代码：

```
void Update()
{
    if (Input.GetKeyDown(KeyCode.C))  // KeyCode.C 表示 'C' 键
    {
        Debug.Log("C key was pressed.");
    }
}
```

保存代码并运行游戏。按下键盘上的 C 键时，应该会在“控制台”窗口看到一条消息被记录下来。每次按下 C 键，消息都会被记录一次。

注意，“控制台”窗口顶部有一个“折叠”按钮，可以通过单击这个按钮来开启或关闭折叠功能。启用折叠功能后，所有重复的消息将被合并为控制台中的一条记录，并在该记录的右侧显示一个数字，表示这条消息被记录的次数。如果启用了这个功能，可能会误以为“C key was pressed”这条消息只记录了一次，但如果仔细观察，就会发现我们每按一次 C 键，计数就会增加 1。如果关闭折叠功能，将能够查看所有消息记录。

如果“控制台”窗口中有大量重复的消息，影响了阅读体验，那么启用折叠功能可以有效地解决这一问题。

让我们回到 if 语句块的话题。if 关键字之后的条件是一个表达式（也可以说是一个值），其结果是布尔类型——true 或 false。在前面的例子中，这个条件是通过调用一个返回布尔值的方法来提供的。

值得一提的是，如果想让代码更简洁，可以简化一下 if 语句。如果 if 语句块中只有一行代码（一条以分号结束的语句），则可以删去大括号。如此一来，if 语句将直接关联到紧随其后的语句，并在该语句执行完毕后自动结束：

```
if (Input.GetKeyDown(KeyCode.C))
    Debug.Log("C key was pressed.");
```

未来如果想要在这个 if 语句块中添加更多语句，就必须把大括号加回来。

在使用这种简洁的格式时，请务必在 if 语句后的语句进行适当的缩进，就像以上代码中展示的那样。虽然不添加缩进不会影响程序的运行，但正确的缩进可以清晰地表明这条语句与 if 语句相关联。如果恰当地进行缩进，与你合作的程序员可能会来找你的麻烦，至少我会这么做。

8.2 重载

在 C# 语言中，可以为同一个方法定义不同的“版本”，这些方法的名称相同，但接受的参数类型或数量可能不同。这被称为“方法重载”（overload）。它们的目的是提供调用同一方法的不同方式。Input.GetKeyDown 方法有两个重载，也就是两种调用方式。它们执行相同的功能，具有相同的方法名，但接受不同类型的参数。第一个接受一个字符串，其中应包含需要检查的键的字符。第二个接受一个由 Unity 定义的 KeyCode 数据类型（后面很快就会学习相关内容）。无论使用哪种数据类型作为参数，方法都会以相同的方式运行。

重载通常被用来创建包含额外参数、更具针对性的函数版本，以进一步定制函数的工作方式；它也可能用于创建接受或返回不同的数据类型的版本。一个常见的例子是与数学相关的方法，这些方法通常具有针对 int 类型和 float 类型的重载。一个重载只处理 int 类型，另一个则只处理 float 类型。

8.3 枚举

KeyCode 数据类型是一个枚举（enum）。枚举算是一种相对简单的对象，不过它们具有一些我们暂时还不会涉及的高级特性。枚举本质上是一组名称，每个名称都与一个数值相对应。由于名称比单纯的数值更有表达力，所以这样做可以提高代码的可读性。枚举经常被用来表示季节。我们可以使用 int 类型来表示，比如 0 代表春天，1 代表夏天，2 代表秋天，3 代表冬天。或者，也可以声明一个名为 Season 的枚举，它可以是以下四个值之一：Season.Spring，Season.Summer，Season.Fall 或 Season.Winter。

声明一个这样的枚举非常简单：

```
// 首先使用 'enum' 关键字，然后定义枚举的名称 'Season':
enum Season
{
    Spring, // 在大括号内列出所有可能的值
    Summer, // 这些值通过逗号分隔
    Fall,
```

```
    Winter // 最后一个值后面不应该有逗号
}
```

KeyCode 枚举提供的选项比上述例子多得多，但核心功能是相同的：让我们不必记忆每个键对应的数字代码，而是可以直接键入键的名称。计算机会自动将这些名称转换为数字来进行处理，但开发者能够直观地看到键的名称，而不是一些无意义的数字。举例来说，我们不必记忆 A 键对应数字 0，B 键对应数字 1，而是可以直接使用 KeyCode.A 和 KeyCode.B。

KeyCode 枚举为键盘上每一个可能的按键都预先定义了一个值，无论是字母键、数字键、箭头键还是各种符号键，都一应俱全。

使用 KeyCode 来指代输入函数中的按键参数是一种更为清晰和安全的方法。枚举中清晰地定义了所有可能的选项。如果编译时 KeyCode 没有报错，那么就可以放心了。但是，如果使用字符串，就存在着输入无效字符串的风险。举例来说，假设我们想输入 page up，却不小心在 page 和 up 之间输入了两个空格。如果使用了 KeyCode，代码会抛出错误并指出问题。但如果使用的是字符串，可能会导致它静默失败并总是返回 false（在调试时，这种错误非常棘手），或是等到执行相关代码的时候才抛出错误，具体取决于方法的实现方式。

现在，让我们将 Input.GetKeyDown 函数的参数类型从字符串改为 KeyCode。只需将字符串参数 c 替换为 KeyCode.C：

```
void Update()
{
    if (Input.GetKeyDown(KeyCode.C))
    {
        Debug.Log("C key was pressed.");
    }
}
```

保存并开始游戏，应该不会有什么明显的变化，一切都照常运行，就像之前一样。

枚举在许多情况下都非常有用，特别是在需要使用数字代码或自定义字符串的情况下。它可以处理那些有多种选项或配置可供选择，并且期望值是其中之一的情况。例如，在游戏中，枚举可用于定义角色的职业（如战士、弓箭手、牧师）或物品的类型（如护甲、武器、消耗品、材料）。

8.4 else 语句块

现在来看看一个与 if 语句块紧密相关的代码块 else。它的用途应该不难推断：在 if 条件不成立（即返回 false）时，else 语句块中的代码就会被执行。

声明 else 语句块非常简单，只需要在 if 语句块的闭括号 } 后键入关键字 else，就可以开始编写 else 语句块中的代码了。

为了进行演示，让我们将 Input 方法的调用从 GetKeyDown 改为 GetKey。重申一下，这两者之间的唯一区别在于，GetKey 方法会在用户按住按键时持续返回 true，而 GetKeyDown 则会在键被按下的那一帧返回 true，在键被释放并再次被按下之前，它不会再返回真。

让我们通过一个例子来说明：当用户按住 C 键时，输出一条消息；当 C 键未被按住时，输出另一条消息。注意，由于这个代码块中只有一条语句，所以这里为了保持简洁而省略了大括号：

```
void Update()
{
    if (Input.GetKey(KeyCode.C))
        Debug.Log("C is held");
    else
        Debug.Log("C is released");
}
```

由于 Update 方法可能以极高的频率被调用（大约是每秒数百次），控制台中会显示大量重复的消息。这是正常的。关键在于，在按住 C 键和释放时，输出的消息会相应地改变。

8.5 else if 语句块

如果想在最初的 if 条件未满足（即返回 false）时检查另一个条件并运行相应的代码，那么可以使用 else if 语句块。它本质上是一个 else 语句块，只不过带有自己的条件。

例如，可以用 else if 语句块来检测是否有其他键被按下：

```
void Update()
{
    if (Input.GetKey(KeyCode.C))
        Debug.Log("C is held");
    else if (Input.GetKey(KeyCode.D))
        Debug.Log("D is held");
    else
        Debug.Log("C and D are both released");
}
```

这段代码首先检查 C 键是否被按住，如果是，则记录一条消息。如果不是，就接着检查 D 键是否被按住，如果是，则记录一条消息。如果两者都没有被按住，就记录另一条消息。

注意，else if 语句块之后仍然可以使用 else。if 和 else 之间可以有任意个 else if 语句块。

最后的 else 并不是强制性的，如果不需要的话，也可以省略它。

在使用多个 else if 语句块时，请记住，一旦其中一个条件成立，那么在它之后的所有 else if 语句块将不会再进行条件检查。

如果 if 或第一个 else if 的条件被判断为 true，那么其中的代码将会运行，其余条件将被忽略。也就是说，如果同时按下 C 键和 D 键，控制台中不会同时显示“C is held”和“D is held”这两条消息，而是只有“C is held”，因为它在条件链中最上方——一旦它为 true，就不会检查后面的条件了。

8.6 条件操作符

正如前文所述，if 语句块后的条件只是一个值，或者说是表达式。它们本质上是一个结果为布尔值（true 或 false）的等式。它可以一个简单的布尔值，也可以是一个返回布尔值的方法，比如 Input.GetKeyDown 等。

可以利用操作符来构建更为复杂的条件。操作符是一个符号，它接受左右两侧的值，对它们进行特定的操作，返回一个新的值。有些操作符会返回布尔值，比如用来比较两个值大小的操作符。接下来的几节将会进一步介绍这些操作符。

8.6.1 等于操作符

等于操作符 == 由两个等号组成，用于判断左侧的值是否与右侧的值相等。需要注意 == 和 = 的区别，后者 = 是赋值操作符，用于将右侧的值赋给左侧的变量，而操作符 == 则专门用于比较两个值是否相等。

说明： 有时，过于复杂的布尔表达式会让人晕头转向。在这种时候，不妨将 true 想象成“是”，false 想象为“否”，而 if 语句则是询问：“我应该执行我的代码块吗？”

以比较数字大小为例，如果数字相等，则返回 true；如果不相等，则返回 false。比如，5 == 5 将始终返回 true。当然，在实际应用中，更典型的做法是检查玩家是否满血。比如 currentHealth == maxHealth。当玩家的生命值等于最大生命值时，这个表达式返回 true；反之，则返回 false。

字符串的比较也遵循相同的原则，两个字符串必须完全相同，才能返回 true。哪怕是一个字母的大小写不同，或者一个字符串多了一个空格，返回的结果都会是 false。

我们甚至可以比较布尔值，尽管这么做可能比较多余。举例来说，一些程序员会多此一举，在 if 语句块中的布尔值后添加不必要的 == true，如下所示：

```
if (Input.GetKeyDown(KeyCode.C) == true)
```

这么做没有必要，因为我们已经从方法调用中获得了一个布尔值。它会决定条件是否成立。如果它返回 true，那么条件判断自然就会通过，不需要额外的 == true 来确认。不过，如果想要检查一个键是不是没有被按下，可以通过使用 == false 来“反转条件”，如下所示：

```
if (Input.GetKeyDown(KeyCode.C) == false)
```

如果键被按下，该方法会返回 true，这意味着以上语句将变成 true == false。这个条件显然不成立，所以操作符 == 将返回 false，表示 true 不等于 false。因此，这个条件判断的结果是 false，if 语句块内部的代码将不会执行。

如果键没有被按下，该方法会返回 false，这意味着以上语句将变成 false == false。现在，由于 false 确实等于 false，操作符将返回 true，因此 if 条件成立，其中的代码将会得到执行。

与 == 相对的是操作符 !=，也就是不等操作符，它在两个给定的值不相等时返回 true。可以使用这两个操作符中的任意一个来以不同的方式达到同样的效果，如下所示：

```
if (Input.GetKeyDown(KeyCode.C) == false)
if (Input.GetKeyDown(KeyCode.C) != true)
```

第一个 if 语句只会在左侧的值等于 false 时返回 true，第二个 if 语句则会在左侧的值不等于 true 时返回 true——它们的结果其实是相同的。这两个 if 语句都只会在 C 键没有被按下时执行。

此外，还可以通过添加感叹号 ! 来反转布尔值——如果它为 true，就会变成 false；如果它为 false，就会变成 true。在方法调用前加上感叹号可以取反它返回的结果。

例如，如果想检查某个键是否未被按住，可以通过以下任意一种方式做到这一点：

```
if (Input.GetKey(KeyCode.C) == false)
if (!Input.GetKey(KeyCode.C))
```

第一个 if 语句简单使用等于操作符来检查值是否为 false，第二个 if 语句则在方法前添加了一个感叹号来反转它返回的值。如果键没有被按住，它将返回 false，而感叹号会将 false 反转为 true，从而使条件成立。

5.6.2 大于和小于

操作符 >（大于）和 <（小于）用来比较两个值的大小。操作符 > 会在左侧的值大于右侧的值时返回 true，否则返回 false。而操作符 < 则会在左侧的值小于右侧的值时返回 true，否则返回 false。

这两个操作符有对应的变体：>=，即大于或等于；<=，即小于或等于。这些操作符的功能与基本的大于和小于操作符类似，只不过在两个值相等时，它们也会返回 true，就像等于操作符一样。

8.6.3 逻辑或操作符

操作符||通常被称为逻辑或(or)操作符，一些编程语言甚至使用关键字 or 代替了这个符号。这个符号在日常生活中并不常用，它被称为“竖线”。它看起来有点像小写的 L。在标准的 QWERTY 键盘上，可以通过同时按下 Shift 键和回车键上方的反斜杠键来输入这个操作符。

我们在编程中会频繁使用这个操作符。它从左右两侧各接受一个布尔值，只要其中一个为 true，它就返回 true。换句话说，如果任一条件为 true，则整个表达式的结果就为 true；如果两个条件都为 false，则结果为 false。总而言之，它的功能就是表示“或”。可以通过它来将几个不同的条件连接在一起。例如，如果有一个存储在 key 参数中的 KeyCode 枚举，可以使用逻辑或操作符来检查它是否属于几个键之一：

```
if (key == KeyCode.A || key == KeyCode.B || key == KeyCode.C)
```

以上代码结合使用了不同的操作符。使用操作符 == 的目的是检查 key 值是否等于 KeyCode 的某个值。这个操作符会返回一个布尔值，恰巧能满足操作符 || 对左右两侧输入值类型的需求。

如果这看起来有些复杂，可以考虑用额外的括号把它们分隔开来(尽管这样做有点多余)：

```
if ( (key == KeyCode.A) || (key == KeyCode.B) || (key == KeyCode.C) )
```

这样的结构更清晰地展示了操作符 || 如何处理操作符 == 的结果。在这个表达式中，操作符 == 将首先进行比较，随后操作符 || 会根据操作符 == 的结果进行逻辑或的判断。

8.6.4 逻辑与操作符

操作符 && 也被称作逻辑与操作符，它从左右两侧各接受一个布尔值，只有当这两个布尔值都为 true 时才返回 true，如果任一侧为 false，则整个表达式的结果为 false。它非常适合用来将多个条件放入单个 if 语句中，而不需要单独为每个条件编写嵌套的 if 语句。

一个简单的例子是使用它来检查一个数字是否在某个范围内：

```
if (value >= 3 && value <= 6)
```

这行代码将检查给定的值（应该是浮点数或整数）是否在 3 和 6 之间。换句话说，它检查 value 是否大于或等于 3，并且同时小于或等于 6。

举一个更贴近实际应用且与游戏相关的例子，操作符 && 可以用来检查角色的生命值是否介于最大生命值的 50% 至 75% 之间：

```
if (health >= (maxHealth * .5f) && health <= (maxHealth * .75f))
```

在这个例子中，数字值 0.5 和 0.75 后有一个小写字母 f，指明了这些值应被视为浮点数。记住，整数没有小数部分，而浮点数有。只要不打算将数值表示为整数，就需要在它后面加上小写字母 f。

8.7 小结

本章进一步探讨了有关布尔操作符和条件检查的重要基础知识，要点回顾如下。

1. 可以使用 if 语句块来在表达式的结果为 true 时运行代码块。
2. 可以将 else if 语句块和 else 语句块与一个 if 语句块链接起来。注意，在这个链中，一次只有一个代码块会被执行！
3. 枚举是一个简单的名称集合，可以用来为不同的选项定义易于理解的名称，而不是使用不具描述性的数字代号或容易打错的字符串（打字错误是编译器无法捕捉的）。
4. 可以使用 Unity 内置的 KeyCode 枚举与 Input.GetKey 和 Input.GetKeyDown 方法测试键是否被持续按住（GetKey）或是否在当前帧被按下（GetKeyDown）。
5. 可以使用各种操作符，比如 +、-、||（逻辑或）、&&（逻辑与）、== 和 !=。

第9章 处理对象

如前所述，编程的核心就是组织和处理数据。我们通过对象与数据进行交互。每个独立的数据片段被视作一个对象，而一个对象内部可能存储着其他对象。举例来说，前面提到的Person数据类型就可能包含名字、姓氏、出生日期等。我们已经接触过一些基本数据类型（比如bool、int、float和string）的对象了，现在，我们将进一步探索如何创建自定义对象以及处理更复杂的数据类型。

9.1 类

类（class）是对象的一种类型，前面提到的Person或Item就可以被称为“类”。可以通过类来表示“我们打算使用这种数据类型，它包含这些成员”——这里的成员指的是内部存储的其他数据（有时也被称为“字段”）。类描述了内部存储了哪些对象、用于引用这些对象的名称以及各个对象的类型。我们通过声明类来创建一个对象的模板：首先声明类，然后在代码的其他部分创建该类的实例。每个实例都存储相同的成员，但它们都是独一无二的——可以说，每个实例都是基础模板的一个副本。因此，在声明一个类的时候，我们并没有立即创建一个对象，只是定义了一种对象类型。

要声明一个类，需要使用class关键字，后跟类名，然后是一个代码块：

```
class Person
{
}
```

需要注意的是，类只能在特定类型的代码块中声明，比如方法内部就不能声明一个类。

如果回顾之前的代码，会发现包括Update方法和Start方法在内的所有代码都位于类定义的内部：

```
public class MyScript : MonoBehaviour
{
    //etc.
}
```

这段代码还包含一些额外的语法：public关键字和末尾的 : MonoBehaviour。后文将会详细介绍它们的定义。

现在，让我们为游戏中的一个简单的物品编写一个类。我们将在刚刚提到的 MyScript 类定义的内部声明这个新类，并删去之前添加到 Update 方法和 Start 方法中的所有代码。在完成这些步骤后，脚本中的代码应该是下面这样的：

```
public class MyScript : MonoBehaviour
{
    class Item
    {
    }

    // Start is called before the first frame update
    void Start()
    {
    }

    // Update is called once per frame
    void Update()
    {
    }
}
```

Item 类就这样创建好了。我们可以创建它的实例，但这些实例目前不会存储任何数据。因为 class Item 之后的代码块为空，所以这些实例只是空对象。

9.2 变量

变量（variable）是一个具有名称的成员，用于存储对象。每个变量都拥有自己的类型，定义了它们能够存储哪种对象。变量的类型可以是基本数据类型（比如 int 和 bool 等），也可以是其他类型。例如，上一节创建的 Item 类就可以将另一个 Item 作为变量存储在内部，或是存储 Unity 引擎提供的类的实例。

现在，让我们在 Item 类的声明中添加一些变量，然后深入讨论这些语法：

```
class Item
{
    string name = "Unnamed Item";
    int worth = 1;
    bool canBeSold = true;
}
```

变量声明的格式为“[类型] [名称] = [值];”。

前面的代码声明了三个变量：

- name 变量，数据类型为 string，值为 Unnamed Item；
- worth 变量，数据类型为 int，值为 1；
- canBeSold 变量，数据类型为 bool，值为 true。

声明变量时，“= [值]”部分并不是必需的——例如，完全可以把变量声明改为“bool canBeSold;”。这么做的话，值将初始化为默认值。int 和 float 的默认值是 0；string 的默认值是 null，用于表示变量尚未指向任何对象；bool 的默认值是 false。

这些变量被视为“实例变量”（instance variable），它们存在于类的每个实例中。

此外，也可以在其他代码块中创建变量，这样的变量被称为“局部变量”（local variable）。它们的声明方式与实例变量相同，但并不依附于任何对象。局部变量可以通过名称来直接引用，但它们只存在于它们被声明的代码块内，并且只在变量声明语句之后生效。举个例子，如果在 Update 方法中声明一个局部变量，那么这个变量只存在于 Update 方法的代码块和其中嵌套的代码块中。这就是它们被称为“局部”变量的原因。

现在，我们来探索一下如何创建类的实例。为了进行实验，为了探索这一过程，我们将在脚本中默认提供的 void Start() 方法中编写代码。这个方法与之前讨论过的 Update 方法类似，也会被 Unity 引擎自动调用。Update 方法每帧调用一次，而 Start 只会在脚本首次初始化时调用一次。对于场景中的脚本，这意味着 Start 方法将在场景首次被加载时调用一次（也就是在游戏开始时）。如果在游戏运行过程中动态地创建一个游戏对象，那么它的脚本会在它被创建时立即调用 Start，然后再进行后续的 Update 调用。

通过 Start 可以便捷地测试代码，免去检查输入或在每一帧都执行代码（这可能意味着每秒执行数百次）的麻烦。

现在，在 Start 方法中添加以下代码：

```
Item item = new Item();
```

这段代码声明了一个变量。首先是 Item 类型，这是前文中声明的类型。然后，我们将变量命名为“item”。这是一个常见的命名规则——类型和方法的名称需要首字母大写（比如 Item），而变量的名称需要首字母小写，如果变量名由多个单词组成，除第一个单词外，后续单词的首字母都大写（如 canBeSold），这样做是为了提高可读性，这种命名风格被称为“驼峰式命名法”（Camel-Case）。

接着，我们使用操作符 = 为变量赋值，后面跟着关键字 new 和 Item()，就像是调用方法一样调用类，这会创建类的一个实例。这种做法被称为“构造函数调用”（constructor call）。

构造函数和方法非常相似，但它的作用是返回类的一个实例。本例中调用的是默认构造函数，而不是自定义的构造函数。后文将会介绍如何声明一个带有参数的构造函数（就像方法一样），以在创建类的实例时为其中的变量赋值。现在，让我们先来看看如何与 item 实例进行交互。

9.3 访问类成员

在声明局部变量并通过 new Item() 调用构造函数之后，就可以通过它的名称 item 来引用这个变量，并通过句点 . 来“进入”对象并访问其内部数据。当然，在本例中，item 对象中的数据将是类定义中声明的那些变量：name、worth 和 canBeSold。

可以通过访问这些成员并使用赋值操作符来为新变量赋值，如下所示：

```
void Start()
{
    Item item = new Item();
    item.name = "Goblin Tooth";
    item.worth = 4;
    item.canBeSold = true;
}
```

这段代码首先声明局部变量并创建了实例，其后的三条语句分别为 item 对象内的三个变量赋值。我们通过使用句点 . 来“进入”Item 实例并访问其中存储的数据。当然，这些变量都在 Item 类中声明过，如果试图访问未在类中声明的变量，程序将报错，阻止游戏的正常运行。正如之前讨论过的那样，C# 是一种强类型语言，它对类型有着严格的要求，例如，它不允许将字符串值赋给期望接收 int 类型的 worth 变量，这样的操作同样会触发编译错误。

说到错误，我们现在似乎有一些问题需要解决。如果在编写并保存了前面的代码切换回 Unity，你会发现“控制台”窗口中显示了三个错误。这引出了面向对象编程中的一个重要概念：访问修饰符（access modifier）。

访问修饰符是一组关键字，它们位于非局部变量声明之前。主要的访问修饰符有三种：public、protected 和 private。这些修饰符控制着外部代码对类成员（比如 Item 类中声明的三个变量）的访问权限。

- public 意味着类成员可以被类外部的代码自由访问。
- protected 意味着类成员只能从类内部访问，或者是从继承该类的子类中访问。“继承”（inherit）的概念将在后文中详细介绍，现在大家只需要有一个初步的印象。
- private 意味着类成员只能在定义它的类内部访问。

在声明这三个变量时，我们没有提供访问修饰符，在这种情况下，它们将被设置为默认的 private。这就是“控制台”窗口报错的原因，这些变量不能从类的外部访问，因为它们是私有变量。

解决这个问题非常简单。简单在 Item 类中每个变量声明前加上 public 关键字即可。修改后的代码如下：

```
class Item
{
    public string name = "Unnamed Item";
    public int worth = 1;
    public bool canBeSold = true;
}
```

再次保存代码，这次“控制台”窗口应该不会报错了。

现在，为了观察程序的执行结果并验证变量的值是否正确，让我们在 Debug.Log 调用中使用这些值。

把以下代码添加到 Start 方法中的变量声明和赋值语句之后：

```
Debug.Log(“This “ + item.name + “ is worth “ + item.worth + “ golden coins!”);
```

这行代码通过使用多个操作符 + 将多个引用的值拼接成一个完整的字符串。控制台最终输出的字符串应该是“This Goblin Tooth is worth 4 golden coins!”（这个哥布林的牙齿价值 4 金币！）。

值得注意的是，这里混合使用了不同类型的数据。item.name 是一个字符串，它与其他字符串相加是合理的；而 item.worth 是一个 int 类型的值，但我们仍然想要将它与字符串相加。它将会像我们期望的那样工作——整数值会被转换为数字字符，与其他字符串拼接到一起，最终返回一个新的字符串。一些基本数据类型可以像这样隐式地转换为其他类型。

保存更改并运行游戏。更改后的 Start 方法应该是下面这样的：

```
void Start()
{
    Item item = new Item();
    item.name = "Goblin Tooth";
    item.worth = 4;
    item.canBeSold = true;

    Debug.Log("This " + item.name + " is worth " + item.worth + " golden coins!");
}
```

运行游戏后，控制台应该会输出正确的消息。

9.4 实例方法

在类的内部声明的方法是实例方法。这些方法被封装在类的内部，所以在调用它们时，需要先引用类的实例，用句点 . 进入实例内部，然后通过方法名称进行调用。

实例方法与类的实例紧密相关，它们可以轻松访问类中的任何变量。在实例方法中，可以直接使用类成员的名称（比如 name、worth 或 canBeSold）来引用类实例中对应的变量。

现在，让我们将 Debug.Log 调用移到实例方法中。首先，我们需要在 Item 类的内部声明这个方法。虽然之前没有用过，但方法也有访问修饰符。在类内部声明方法时，需要将其指定为 public，以便从类的外部访问这个方法。这个方法的返回类型是 void（即不返回任何值），将被命名为“LogInfo”，并且不接受任何参数，所以方法名后是一对空的括号 ():

```
class Item
{
    public string name = "Unnamed Item";
    public int worth = 1;
    public bool canBeSold = true;

    public void LogInfo()
    {
        Debug.Log("This " + name + " is worth " + worth + " golden coins!");
    }
}
```

可以看到，Debug.Log 消息和之前相同，但这次省略了在 name 和 worth 引用前的“item.”。就像本节开头提到的那样，由于这个方法封装在类内部，它需要通过 Item 实例来调用，并且默认可以访问 Item 的所有成员。这里的“成员”不仅包括变量——如果在类中声明了其他方法，也可以直接通过名称来引用它们，即使是私有（private）或受保护（protected）的成员也不例外，因为我们处于类定义的上下文中。

当然，如果不调用这个新方法，将无法看到这个改动的效果。因此，请用以下代码替换 Start 方法中原有的 Debug.Log:

```
item.LogInfo();
```

保存并运行游戏。控制台中显示的消息应该与之前相同。你可能会觉得疑惑：“既然如此，这么做的意义何在呢？”毕竟，与之前直接在 Start 方法中使用 Debug.Log 相比，我们增加了额外的代码，还在类中声明了一个新方法，但得到的结果却并无二致。

一条重要的编程原则是“不要重复自己”（Don’t Repeat Yourself，简称 DRY）。这一原则的核心思想在于，在创建了一个方法后，在执行相同任务时就要调用这个方法。假设我们想在代码的其他位置为不同的物品记录相同的信息，但没有创建相应的实例方法。在这种情况下，只需要简单地复制粘贴 Debug.Log 调用就可以了，对吧？但如果需要改变日志消息的内容，就需要逐一修改复制的代码和原本的代码。如果复制粘贴了许多次，那么这项任务将会变得非常烦琐。

将代码集中在一处能带来很多好处，而这可以通过为功能创建一个方法来实现。如此一来，即使它在代码的多处被调用，也只需要在一处进行修改。这正是遵循 DRY 原则的好处之一。如果发现自己经常复制粘贴代码，或许应该考虑采用更高效和简洁的方法，以免埋下隐患。

这种方法还能让代码更有条理。现在，与物品相关的日志代码被整齐地存放在 Item 类内部，而不是在实现类的代码中。实现类的代码只需要简单地访问 item 并调用方法即可，无需传递任何参数。

接下来，让我们为这个方法添加更多功能。毕竟，凭借目前掌握的编程知识，我们完全有能力编写包含多行代码的方法，对吧？

我们将使这个方法根据物品是否 canBeSold（可以出售）来记录不同的信息。

这个逻辑可以通过一个简单的 if 语句块和 else 语句块来实现。注意，因为 canBeSold 是一个布尔值，所以可以直接写 if (canBeSold) 而不需要用 == true 来判断：

```
public void LogInfo()
{
    if (canBeSold)
        Debug.Log("This " + name + " can be sold for " + worth + " golden coins!");
    else
        Debug.Log("This " + name + " cannot be sold.");
}
```

if 和 else 之后都只跟着一条语句，因此，根据之前提到的最佳实践，不需要为它们添加大括号 {}。现在，记录的消息将根据物品是否可以出售而有所不同。如果不能出售，就没有必要告知玩家物品的价值了，对吧？

现在，保存代码并运行游戏。由于改变了字符串中的文本，现在控制台输出的消息应该与之前有所不同。为了确保条件语句按预期工作，可以在 Start 方法中将 item.canBeSold 的值从 true 改为 false，然后再次运行代码。消息应该如预期那样发生了变化。

9.5 声明构造函数

前面提到“构造函数”的概念。它们很像方法，但被用来生成一个类的实例。当一个实例被创建时，构造函数中的代码会在这个实例被返回之前执行。在调用构造函数（即创建一个类的实例）时，通常通过类名来调用它，就像调用一个方法一样，但类名前应该加上关键字 new。

使用构造函数来设置类的新实例是一个好习惯。通常情况下，构造函数会为类中的每个变量提供一个参数，以便在创建类的每个实例时初始化这些变量。每次创建类时，如果某些变量（自定义字段）需要不同的值，这些值就会通过构造函数的参数传入。举例来说，Item 类中声明的三个变量就应该设置为构造函数的参数。既然每次创建实例时都要设置这些变量的值，那么分别使用三个独立的语句来为这些变量赋值显然就不太明智。更重要的是，构造函数还能明确说明在创建类的实例时应该设置哪些值。构造函数使代码变得井然有序，并为类的使用设立了标准。

构造函数在类的内部声明，通常位于变量和方法之间。它的格式很简单：[访问修饰符] [类名]([参数]) {...}。这里要使用 public 作为访问修饰符，因为如果不指定为 public，构造函数将被默认设置为 private，而私有构造函数只能在类内部使用——这在某些情况下很有用，但本例除外。

在 class Item 代码块中如下声明构造函数：

```
public Item(string name, int worth, bool canBeSold)
{
    this.name = name;
    this.worth = worth;
    this.canBeSold = canBeSold;
}
```

在讨构造函数内部的具体语句之前，让我们先来看看它的声明。它以访问修饰符 public 开始，紧接着是类名 Item。可以把它看作是一个只声明访问修饰符的方法，它没有声明名称和返回类型——毕竟，构造函数总是返回类本身的类型，因为它们用于创建类的实例。然后，我们在一对熟悉的括号 () 中声明参数，就像为方法声明参数那样。

那么，这三个以 this. 开头的语句有什么作用呢？答案很简单，它们的功能是将参数值赋给类实例内部的变量。

9.4 节“实例方法”中提到，可以直接通过变量名来引用类中的变量。这一原则在构造函数中同样适用。类的新实例一旦被创建，构造函数便会立即在这个实例上执行。因此，在这个构造函数中使用 name 的话，会得到构造函数正在创建的类实例中的 name 变量的值。这个实例的所有变量都已经存在。

但由于参数和类中的变量使用相同的名称，所以 name 将同时指向参数和变量。我们不能简单地输入“name = name;”并期望计算机能够理解我们的意图，这会产生计算机无法自行解决的歧义——编译器不会做出任何猜测，而是需要我们来澄清。因为参数是构造函数声明的一部分，而变量则定义在构造函数的更高层的作用域中，所以它们会被参数的名称重写(override)。

简单地说，最新声明的名称优先于（有时称为“遮蔽”[shadowing]）类变量名称。这意味着输入“name = name;”实际上是在将参数的值赋给参数本身，而不是赋给变量。

为了避免这种歧义，可以使用关键字 this，它始终指向正在执行当前代码的实例。在构造函数中，this 指向正在被创建的类实例；而在实例方法中，this 将指向调用该方法的实例。

通过使用关键字 this，我们消除了歧义——在看到这段代码时，计算机不会再疑惑不解，而是能够清楚地理解我们的意思：“将参数 name 的值赋给类的实例变量 name。”

关键字 this 不仅在构造函数中很有帮助，在实例方法中也同样适用，它提供了一种直接引用当前实例的方式。它经常被用来避免名称冲突，就像前面的例子那样。

解决名称冲突的另一种方法是不要让参数的名称和类变量完全相同。例如，可以在每个参数名称前添加一个下划线，并删除 this.：

```
public Item(string _name, int _worth, bool _canBeSold)
{
    name = _name;
    worth = _worth;
    canBeSold = _canBeSold;
}
```

虽然可行，但它并不是最受推崇的方法。使用 this 才是标准实践，因为它清晰明了，简洁直观。既然参数直接应用于相应的变量，那何必另起他名呢？

现在，我们已经在 Item 类中添加了构造函数，它的代码应该是下面这样的：

```
class Item
{
    public string name = "Unnamed Item";
    public int worth = 1;
    public bool canBeSold = true;

    public Item(string name, int worth, bool canBeSold)
    {
        this.name = name;
        this.worth = worth;
```

```
        this.canBeSold = canBeSold;
    }
    public void LogInfo()
    {
        if (canBeSold)
            Debug.Log("This " + name + " can be sold for " + worth + " golden coins!");
        else
            Debug.Log("This " + name + " cannot be sold.");
    }
}
```

9.6 使用构造函数

在声明构造函数之后，如果保存代码并打开 Unity 编辑器，我们会在“控制台”窗口中看到一个错误。

报错的原因在于，如果一个类未声明任何构造函数，系统会自动提供一个默认的构造函数，它不接受任何参数，并且会返回一个所有变量都初始化为默认值（即在变量声明时指定的值）的类实例。而在我们声明了自己的构造函数后，这个默认的构造函数就会消失。现在，创建类实例的唯一方式就是使用这个需要三个参数的新构造函数，但 Start 方法仍然在尝试调用不带任何参数的构造函数。

找到 Start 方法中的这段代码：

```
Item item = new Item();
item.name = "Goblin Tooth";
item.worth = 4;
item.canBeSold = true;
```

这就是错误发生的地方。Start 方法试图在不提供任何参数的情况下创建一个 Item。你可能已经想到应该如何修改这个调用了。用下面这行代码替换原来的代码：

```
Item item = new Item( “Goblin Tooth” , 4, true);
```

现在，原有的 4 行代码被简化成一行。参数在构造函数调用时提供，就像调用方法时一样，当然，这些参数必须按照构造函数中声明参数的顺序提供：首先是 name，然后是 worth，最后是 canBeSold。

在声明 item 变量后的下一行代码执行前，所有构造函数的代码都将执行完毕。这可以确保在实例被返回之前，所有字段都已经被正确赋值。现在，实例已经准备就绪，能够以一种整洁而一致的方式得到使用。

现在，无论在游戏代码中多少个不同的地方创建过 Item 实例，当需要更改创建物品时的设置时，也只需要更改一个代码块——构造函数的声明。

9.7 静态成员

关于类，最后一个需要介绍的概念是“静态成员”（static member）。它们与前面小节中讨论的实例成员（instance member）截然不同。

实例变量（如我们为 Item 类声明的变量）是独立存在于每个 Item 实例中的数据。

实例方法（如 LogInfo 方法）需要通过 Item 类的实例来执行。这意味着我们需要通过一个 Item 实例来调用 LogInfo 方法。因为它是在 Item 实例中运行的，所以它能够使用实例变量，例如，LogInfo 方法通过使用实例变量来记录物品的名称和价值。

静态变量则与之不同，它们是作为整个类共享的单一实例存在的。如果想要从类的外部访问其静态成员，只能通过类名来实现，比如 Item。但这种访问只适用于公共的静态成员；如果它们是私有或受保护的，则完全无法从类的外部访问。

静态方法的工作方式与静态变量相同，由于它直接通过类名来调用，不需要创建类的实例，所以静态方法不能访问实例成员，因为没有具体的实例与它相关联。举例来说，如果把 Item.LogInfo 方法改为静态方法，将会导致编译器错误，因为 LogInfo 方法引用了 name、worth 和 canBeSold 这几个实例变量，而在静态方法的调用中，并没有实例与之关联。

为了阐明这个概念，让我们看看一个简单的例子，统计已创建的 Item 类实例的数量。

首先，在 Item 类中的变量旁声明一个静态变量来计算 Item 实例的数量：

```
public static int NumberOfInstances = 0;
```

这和常规变量的声明方式相同，只不过访问修饰符后添加了 static 关键字。

接下来，在 Item 构造函数中添加一行代码，用操作符 += 来递增实例的计数：

```
NumberOfInstances += 1;
```

现在，这个静态变量将在每次使用 Item 构造函数（也就是每次创建新的 Item 时）自动增加 1。由于这个变量是静态的，它与 Item 类本身直接关联，而不是与其任何特定实例关联。每个实例都可以在类内部访问这个变量，并且由于它声明为公共变量，我们也可以从类的外部（例如，在 Start 方法中）以 Item.NumberOfInstances 的形式访问它。这个静态变量代表的是一个所有实例共享的值。如果任意实例更改了这个值，那么所有实例都会受到影响。可以将这种情况想象为所有实例都“指向”同一个数值。

为了充分利用这个变量，可以声明一个静态方法来记录已创建实例的数量。在 Item 类中添加以下代码：

```
public static void LogInstanceCount()
{
    Debug.Log("Number of Item instances is: " + NumberOfInstances);
}
```

和前面的静态变量一样。这个方法被声明为 public 和 static。它的返回类型是 void，并且会简单地记录一条消息来说明已创建实例的数量。

注意，只有在从 Item 类外部访问静态变量的情况下，才需要在变量前加上 Item。在 Item 类内部，静态变量的使用与实例变量无异。如果要把 Debug.Log 调用移到 Start 方法中，需要将其更改为“Item.NumberOfInstances”，否则就会出现错误。

另外要注意的是，在静态方法内部，任何尝试访问实例成员的行为都会导致编译错误。也就是说，静态方法不能调用 LogInfo 或使用 name、worth 或 canBeSold 这几个变量，因为它并不与 Item 类的任何实例相关联，而上述变量只存在于实例中。

现在，让我们更新 Start 方法，以演示如何调用这个静态方法。为了演示创建第一个 Item 类后计数是如何增加的，我们将在创建 Item 类之前和之后各调用一次这个方法：

```
void Start()
{
    Item.LogInstanceCount();
    Item item = new Item("Goblin Tooth", 4, true);
    Item.LogInstanceCount();
}
```

可以看到，以上代码通过类名 Item（以大写字母 I 开头）来调用静态方法，而不是通过局部变量 item（以小写字母 i 开头）的实例来调用。这是因为静态成员不属于实例，而是属于类本身，所以必须通过类名来访问。

如果测试这段更新后的代码，应该会看到两条消息：

- Number of Item instances is: 0
- Number of Item instances is: 1

可以看到，在创建新的 Item 时，NumberOfInstances 的计数会随之增加。

理解静态成员和实例成员之间的区别后，你可能会意识到，前面的例子中多次调用过一个静态方法 Debug.Log。Debug 本身是一个类，而 Log 是其中声明的一个公共静态方法。因此，我们随时可以访问 Debug.Log。

许多内置方法都是通过这种方式提供给用户的，包括第 9 章中使用的 Input.GetKey 方法和 Input.GetKeyDown 方法。

9.8 小结

本章要点回顾如下。

1. 这一章探讨了类在面向对象编程中的作用，类提供了创建对象的模板。在类的定义中，可以添加变量和方法等成员，类的每个实例都将包含这些成员。
2. 可以通过使用关键字 new 调用构造函数来创建类的实例，并且可以为类声明构造函数，这提供了一种统一的方式来初始化新实例并为其变量赋值。
3. 本章还说明了实例变量（类内部的变量）和局部变量之间的区别。局部变量是在方法内部（以及其他地方）声明的，并且它们是临时创建的。一旦局部变量所在的代码块（如一个方法或 if 语句块）执行完毕，就不能再访问它们了。
4. 另一个需要记住的重点是，在类内部声明的方法是实例方法，意味着它们必须通过对类实例的引用来调用（如使用 item.LogInfo()）。在实例方法内部，可以直接通过名称访问类的其他成员（如变量）。如果将方法标记为 static，则需要通过类的名称来访问它，而不是通过实例。

第 10 章 使用脚本

完全掌握对象的基础知识后，现在是时候学习脚本了。容我友情提醒一句——我们离开始动手编写第一个游戏越来越近了。

脚本是代码文件所对应的组件，负责将代码逻辑嵌入到游戏中。在前面的章节中，我们已经使用一个脚本（MyScript）运行了代码，但还没有深入挖掘它们的潜力。

就其本质而言，脚本也是一种对象。它是一个包含了类定义的代码文件，这个类作为组件，允许我们像添加摄像机、光照、碰撞体、网格渲染器等其他游戏组件一样，将脚本添加到游戏对象上。

在创建自定义类实例时，需要使用构造函数和关键字 new，然而在创建脚本的实例时，则需要通过 Unity 的编辑器来创建，这不难做到，将脚本组件添加到游戏对象上即可。

此外，如果想通过代码来动态地创建脚本的实例，可以使用 Unity 内置的方法来完成。需要注意的是，作为组件，脚本必须添加到某个 GameObject 上才能发挥作用。

如前所述，脚本中可以声明像 Update 和 Start 这样的事件方法，以在游戏中的特定时刻执行代码。实际上，Unity 提供了许多其他的事件方法，有些可能永远不会用到，而有些则会在后面的示例项目中使用。

脚本旨在提供可以添加到游戏对象上的功能模块，它既可以封装复杂的逻辑——如控制玩家的行为，也可以用于简单的任务，比如让一个游戏对象持续旋转。

在实现这些功能时，脚本往往需要依赖于变量。就像在类中定义实例变量一样，我们可以为脚本定义实例变量，使每一个脚本实例都包含这些数据。由于脚本是组件，所以我们可以在 Unity 的检查其中查看这些变量，并单独调整各个实例的变量值。例如，一个控制对象不断旋转的脚本可能包含一个向量变量（包括 X 值、Y 值和 Z 值），用来定义它每秒旋转的幅度。通过在检查器中调整这些变量，我们可以使用相同的脚本来在不同的游戏对象上实现不同的行为，比如有的可能旋转得更快，有的可能围绕不同的轴旋转。

此外，我们还可以在游戏运行时通过检查器来实时修改这些脚本变量的值，而当游戏结束时，这些值会恢复到初始设置。这是一个非常便利的特性，让我们能够随意测试不同的游戏设置（比如调整玩家的跳跃高度或下落速度等物理属性），而不必担心丢失原有的设置。

现在，让我们动手实践，创建一个能够使游戏对象以一定速度持续旋转的简单脚本。这个脚本不需要太多代码，但它会让我们对游戏开发中的脚本有一个初步的了解。

选中“项目”标签，打开“项目”窗口，然后单击下方的加号按钮并创建一个 C# 脚本，如图 10-1 所示。

将新建的脚本命名为“SimpleRotation”。打开脚本后，你会看到一些熟悉的代码模板。考虑到你对编程越来越熟练，所以这次我们不妨从头到尾过一遍。

图 10-1 单击加号按钮，新建脚本

10.1 using 声明语句和命名空间

在脚本文件的顶部，首先映入我们眼帘的是以下代码：

```
using System.Collections;
using System.Collections.Generic;
using UnityEngine;
```

这些被称为“using 声明”的语句，用于告知编译器这个文件将用到其他哪些代码。using 声明以 using 关键字开头，后面跟的是对命名空间的引用。

命名空间（namespace）是一个简单的命名代码块，其中包含其他定义。从某种意义上说，它们就像是计算机上的文件夹。文件夹可以存储文件以及其他文件夹，而命名空间可以存储定义（比如类）以及其他命名空间。

命名空间的目的是将相关的代码块独立于不会使用它的其他部分。

通过命名空间，我们可以方便地引用其内部定义的其他命名空间或类，这个过程就像访问对象的成员一样简单，简单使用句点符号 . 即可。如果在一个命名空间内声明了某些内容，就必须通过命名空间来访问它。这意味着我们需要输入命名空间的名称、句点，然后是想要引用的定义（例如，一个类）。但是，这种做法可能显得有些烦琐，为了简化这一过程，需要引入 using 语句。

在代码中使用 using 语句相当于是在告诉编译器：“把这个命名空间里的所有东西都给我。”如此一来，我们就可以直接引用命名空间内的类，而不需要“进入”命名空间去获取它们。

简而言之，using 语句总是指向一个命名空间，并让我们能够直接引用该命名空间内的所有定义。这种做法不仅提高了编码效率，而且还使得代码更加简洁。

在前面的代码中，using 指向的命名空间是默认基础框架的一部分。

System.Collections 和 System.Collections.Generic 这两个命名空间包含可以用于存储其他对

象的“集合”的类。虽然这次动手实践不会用到它们，但它们的用途非常广泛，这也是为什么脚本会默认包含这些命名空间。

UnityEngine 命名空间包含使用 Unity 编写游戏时会用到的大部分核心定义，因此自然也是默认包含在脚本中的。

UnityEngine 中包括许多定义主要组件的类，其中有一些我们耳熟能详的组件，比如 Transform（变换）、Camera（摄像机）、Light（灯光）、Mesh Renderer（网格渲染器）和 Mesh Filter（网格过滤器）。当然，还有用于表示游戏对象的 GameObject 类。

如果脚本的开头没有 using UnityEngine; 这一行，我们将不得不通过输入 UnityEngine.GameObject 或 UnityEngine.Transform 等来引用这些类。但得益于 using 语句的存在，我们可以直接使用 GameObject 或 Transform 来引用它们。

尽管这次动手实践将不会使用其他两个命名空间中的任何内容，但保留这些 using 声明不会造成任何影响。

10.2 脚本类

继续阅读脚本，可以看到类的定义：

```
public class SimpleRotation : MonoBehaviour
```

这个类会自动采用和脚本文件相同的名称。这一点很关键。如果文件名和类名不匹配，就不能将脚本作为组件附加到游戏对象上！因此，请记住，在重命名脚本的时候，需要同时在“项目”窗口中重命名脚本文件以及脚本中声明的脚本类名称。

这一行的末尾涉及类继承的概念，这将在第 11 章中详细探讨。目前只需要了解一点——MonoBehaviour 部分非常关键，它使得这个类能够作为组件被添加，而不仅仅是一个普通类。尽管 MonoBehaviour 这个名字听起来可能有些古怪，但每次看到它的时候，我们把它理解成“脚本”即可。

类定义内部的代码块非常眼熟，它们和之前在 MyScript 中看到的代码完全相同。代码块中包含一些注释，这些注释以 // 开头，它们会被编译器忽略，只是一些供人阅读的附注。代码块中还定义了 void Start() 方法和 void Update() 方法，每个方法后面都有一个空的代码块。我们已经了解了这些方法的作用：Update 方法每帧被调用一次，而 Start 方法只会在游戏开始时调用一次。

现在，是时候开始为脚本声明变量了。这次会用到一种全新的数据对象——Vector3。Vector3 作为一个对象，能够存储三个浮点数：X、Y 和 Z。实际上， Transform 组件的位置、旋转和缩放都是通过 Vector3 的实例来表示的，因为它们都包含 X 值、Y 值和 Z 值。这只是我们第一次在代码中与这种数据类型打交道。

我们将使用 Vector3 来表示游戏对象每秒在每个轴上旋转的幅度。如你所知，三个轴（X、Y 和 Z）分别以不同的方式转动游戏对象。

在脚本类（SimpleRotation）的代码块内声明变量是编写脚本时的常规做法。虽然理论上讲，变量可以放置在脚本的任何地方，但最好把它们放在顶部。这样做的原因是，当开发者（包括我们在内）需要查看变量声明时，通常会在类的顶部寻找，而不是像无头苍蝇一样在各个方法之间寻找。

作为一名有经验的开发者，你应该已经知道如何声明变量了。既然如此，请试着声明一个公共的、类型为 Vector3、名为“rotationPerSecond”的变量：

```
public Vector3 rotationPerSecond;
```

声明了变量后，不妨顺手删去 Start 方法，因为本例不会用到它。不过，我们很快就会用到 Update 方法，因此请不要将其删除。

将变量声明为公共变量非常重要。受保护变量和私有变量在“检查器”窗口中是不可见的，所以如果不将变量设为公共的，就无法单独为每个脚本调整变量值。

现在，保存代码并打开 Unity 编辑器，在编辑器中找到一个想要旋转的游戏对象，比如在前面的章节中创建的 Skyscraper（如果还保留着它们的话），或者也可以在场景中新建一个平面或一个立方体，只能在场景中看到的游戏对象。

接着，将 SimpleRotation 脚本添加到游戏对象上。这可以通过多种方式来完成：一是将“项目”窗口中的脚本文件拖到“层级”窗口、“场景”窗口中的游戏对象上或游戏对象的“检查器”窗口中；二是在选中游戏对象后转到“检查器”窗口，单击所有组件下方的“添加组件”按钮，并在弹出的菜单中导航到 SimpleRotation 脚本，此外，也可以简单地通过在搜索栏中输入脚本名称来查找它。

成功添加脚本后，就可以在“检查器”窗口中看到刚才创建的变量了，后者将以一个可编辑字段的形式出现，如图 10-2 所示。

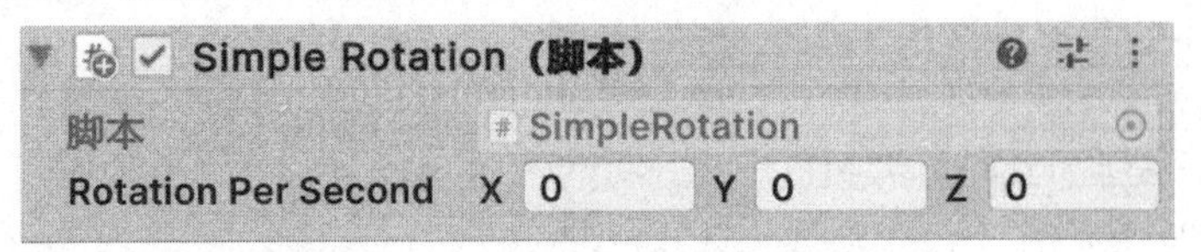

图 10-2 “检查器”窗口中显示的 SimpleRotation 脚本组件的实例

“检查器”窗口中，为这个变量添加适当的空格和大写字母，它现在变成了 Rotation Per

Second，它旁边显示着三个数字字段，每个字段对应一个轴。

如果没有看到这些字段，请确保将变量声明为公共的，并确保它位于脚本类代码块（class SimpleRotation 后的代码块）内。当然，还要确认一下在添加变量声明后是否保存了代码编辑器中的脚本文件！

10.3 旋转变换

现在，变量已经创建完毕，但我们还需要设法用它来旋转对象。好消息是，这可以通过在 Update 方法中添加一行代码来实现。利用之前声明的 rotationPerSecond 变量，在 Update 方法中添加以下代码：

```
transform.Rotate(rotationPerSecond * Time.deltaTime);
```

游戏对象的 Transform 组件负责处理其位置、旋转和缩放等属性。由此可以推断，旋转游戏对象需要通过 Transform 组件来实现。

SimpleRotation 的类是一个脚本，我们自然就获得了对所有脚本共有的某些成员的访问权限。其中之一便是 transform——请注意，这里的首字母是小写的。Transform 是 Unity 中的一个类，而 transform 则是脚本中的一个成员，它指向脚本附加的游戏对象的 Transform 组件。

类声明中指向 MonoBehaviour 的那一部分赋予我们访问这个成员的权限——它让 SimpleRotation 成为一个脚本，而不仅仅是 C# 语言中一个普通的类。这种机制被称为“继承”，将在下一章中进一步探讨。现在，只需要知道脚本类能够自动访问所有脚本共有的实用成员即可。另一个类似的成员是 gameObject，它指向脚本附加到的游戏对象。

综上所述，我们需要通过 transform 成员来引用 Transform 组件。幸运的是，Unity 贴心地在 Transform 类中提供了一个用于执行旋转操作的 Rotate 实例方法，该方法非常便捷实用。这个方法有几个重载，而我们将使用只接受一个 Vector3 类型参数的版本。它根据给定的 Vector3 的值来旋转 Transform 组件。鉴于旋转涉及 X、Y 和 Z 三个值，它理所当然地期望接受一个 Vector3 类型的参数，而不是单个浮点数。

现在，脚本中的代码应该是下面这样的：

```
using System.Collections;
using System.Collections.Generic;
using UnityEngine;

public class SimpleRotation : MonoBehaviour
{
```

```
    public Vector3 rotationPerSecond;

    // Update is called once per frame
    void Update()
    {
        transform.Rotate(rotationPerSecond * Time.deltaTime);
    }
}
```

保存更改后返回 Unity 编辑器。注意，由于没有在脚本中为 rotationPerSecond 指定默认值，所以在脚本的所有新实例中，它的值将默认为（0，0，0），这意味着对象根本不会旋转。选中之前添加过脚本的游戏对象，并在“检查器”窗口中将它的 rotationPerSecond 变量设置为（0，0，0）以外的值，无论是正数还是负数值都可以。作为参考，设置为 360 意味着每秒旋转一整圈。

现在如果运行游戏，应该会看到游戏对象旋转起来了。为自己的成就感到自豪吧！这只是一个开始，后面将探索更多有趣的功能，比如实现玩家的移动控制。

就像之前提到的那样，在游戏运行的过程中也可以实时调整 rotationPerSecond 的值。试着更改 rotationPerSecond 的值，游戏对象应该立即做出反应。在停止游戏后，这个值将恢复到游戏开始之前的状态。

10.4 帧与秒

可以看到，在将 rotationPerSecond 作为参数传递给 Rotate 方法时，我们进行了一些数学运算。这里使用了乘法操作符 *，后面跟着 Time.deltaTime，这是一个浮点数。将 Vector3 乘以一个浮点数意味着将向量的每个轴与该浮点数相乘，所以这实际上是在计算（x * Time.deltaTime, y * Time.deltaTime, z * Time.deltaTime）。那么，Time.deltaTime 这个浮点数代表着什么含义呢？

我们知道，Update 方法每帧被调用一次，而游戏的帧率可能并不稳定。当前的场景中没有什么会显著影响计算机性能的东西，所以帧率应该会维持在较高的水平，使得 Update 方法每秒钟被调用数百次。但在玩游戏的过程中，帧率可能会上下波动，并不是恒定不变的。

之所以将变量命名为 rotationPerSecond 而不是 rotationPerFrame，是因为它表示的是每秒的旋转幅度，而不是每帧的旋转幅度。如果直接将 rotationPerSecond 的值作为参数传递，那么游戏对象旋转的速度将远远超出预期。游戏对象将会每帧旋转一次，这意味着它每秒会旋转数几百次（这样做会产生很有趣的效果，可以试试看）。好消息是，将旋转频率从“每帧”改为“每秒”实际上相当地简单。

Time 是 UnityEngine 内置类，提供了一系列实用的静态变量和方法，而 deltaTime 就是其中之一。它是一个持续更新的静态浮点数，记录着自上一帧以来经过的时间（以秒为单位）。这个时间通常非常短。例如，如果游戏以每秒 100 帧运行，那么 deltaTime 就是 0.01 秒。我们将这个值与 rotationPerSecond 相乘，从而将旋转速度从“每帧”调整成“每秒”。

为了更好地理解，可以把这个例子简化一下，假设游戏的帧率是每秒两帧，那么每帧的时间就是 0.5 秒，对吧？所以每次调用 Update 方法时，Time.deltaTime 的值将是 0.5。将任何数值乘以 0.5，得到的结果都会是原数值的一半。这意味着每次调用时得到的结果都是 rotationPerSecond 的一半。如果旋转速度被设置为每秒 50 度，那么每帧的旋转幅度就是 25，两帧的旋转幅度就会是 50，完全符合我们的预期。

这种概念同样可以在移动游戏对象的时候用于确保它们以每秒为单位进行移动，而不是每帧。实现这一点非常简单，只需将移动量乘以 Time.deltaTime 即可。

为了更深刻地理解为什么选择按秒移动而不是按帧移动，让我们进一步探讨这种方法底层的逻辑。

这涉及“帧率独立”（framerate independence）的概念。在帧率独立的游戏中，即使帧率较低导致游戏运行时出现卡顿而影响玩家的体验，也不会让游戏看起来像是在进行慢动作一样。这是因为游戏使用了静态浮点数 deltaTime，根据实际流逝的时间来计算对象的移动。

另一方面，在“帧率依赖”（framerate dependent）的游戏中，所有的数值都是基于每帧来设定的，而不是每秒。开发者会设定一个“目标帧率”，例如每秒 30 帧或 60 帧，并在此基础上限制游戏的帧率，不允许它超过这个目标值。然后，开发者将会以“每帧”为单位来设定游戏的行为和事件，并期望游戏始终稳定在目标帧率上。如果实际帧率低于这个目标值，游戏就会呈现出慢动作的效果，因为所有操作都是基于每帧来执行的，而帧与帧之间的实际时间间隔并不被考虑在内。

这种做法尤其常见于针对游戏主机开发的游戏，因为开发者清楚地了解目标主机的硬件配置以及该硬件的处理能力，可以围绕着这些配置来开发游戏。

另一方面，PC 游戏需要适应各种不同的硬件配置，如果游戏过分依赖于特定的帧率，不仅会让硬件性能不足、达不到目标帧率的玩家体验很差，也会让那些硬件配置较高的玩家感到不满，因为他们的硬件本可以支持更为流畅的游戏体验，却受帧率限制在每秒 30 或 60 帧。

Unity 平台具有跨 PC 和游戏主机开发游戏的能力，以“每秒”为单位的话，我们能够为不同的平台采用统一的度量系统。

10.5 属性

属性（attribute）可以看作是附加到代码定义上的类实例。这听起来可能有些抽象，但它是将元数据引入代码中的有效手段。程序员可以声明属性来指定关于定义的某些特定信息，然后将属性的实例附加到声明的定义上（比如类、变量、方法等）。其他代码随后可以读取这些属性并执行相应的操作。

UnityEngine 命名空间提供了很多实用的属性。例如，HideInInspector 属性就是一个典型的例子。通过将它附加到变量，我们可以在 Unity 编辑器的“检查器”窗口中隐藏该变量。利用这个属性，我们可以在隐藏变量的同时保持它为公共变量，以便其他脚本能够通过引用访问它。在某些情况下，我们可能希望脚本中有 public 类型的变量，但又不想让它们能够在“检查器”窗口中被修改（或是不想让它们占用“检查器”窗口的空间）。

若想将属性应用到定义上，需要在定义前添加一对方括号 []，并在其中键入属性名称。

现在，让我们尝试通过添加属性来隐藏 rotationPerSecond 成员：

```
[HideInInspector] public Vector3 rotationPerSecond;
```

定义本身保持不变，唯一的区别是变量声明前多了一对方括号 [] 和一个属性名。保存代码并返回 Unity 编辑器，选中带有 SimpleRotation 脚本的游戏对象，可以看到 rotationPerSecond 已经从“检查器”窗口中消失了。

单个定义可以有多个属性，每个属性都需要有一对方括号 []。为了提高代码的可读性，可以将属性和定义分为两行：

```
[HideInInspector]
public Vector3 rotationPerSecond;
```

如果有多个属性，甚至可以为每个属性单独分配一行。

不过，在实际应用中，我们并不想对 rotationPerSecond 成员应用 HideInInspector 属性，因为我们需要在“检查器”窗口中编辑它。所以现在可以把这个属性删掉了。

现在再来看看另一个实用的属性 Header。通过将 Header 属性附加到变量上，可以在“检查器”窗口中的变量名上方添加一个粗体的标题。这个属性对于在“检查器”窗口中视觉上区分不同的变量组非常有用，能够让“检查器”窗口界面更加清晰、有序。举个例子，在一个定义玩家角色行为的脚本中，可能需要为控制移动、跳跃和攻击的变量组设置不同的标题。

Header 属性通过接受一个字符串参数来设置标题文本。声明带参数的属性的方式类似于调用方法或构造函数。在键入属性名称后，需要添加一对圆括号 () 并在其中添加字符串：

```
[Header("My Variables")]
public Vector3 rotationPerSecond;
```

保存并查看“检查器”窗口，我们会看到 rotationPerSecond 变量上方出现一个粗体显示的标题“My Variables”，如图 10-3 所示。

图 10-3 检查器中显示的 SimpleRotation 脚本实例[①]

如果试图将 Header 属性应用到在“检查器”窗口中不可见的变量上，比如带有 [HideInInspector] 属性的变量或私有变量，那么标题将不会出现在“检查器”窗口中。

这两个属性虽然简单，却在维护“检查器”窗口的整洁美观上发挥着重要的作用。

10.6 小结

本章讲解了如何将代码文件作为脚本组件附加到游戏对象上，学习了如何在“检查器”窗口中公开展示变量，以自定义每个实例的设置。要点回顾如下。

1. 在脚本类中声明的公共变量可以在“检查器”窗口中进行查看和编辑。如果想要测试不同的设置，可以在游戏运行过程中调整这些值，但这些调整在游戏停止后将不会被保存。
2. 脚本文件中声明的类必须与脚本文件同名。如果名称不一致，就无法将脚本作为组件附加到游戏对象上。
3. 脚本默认可以访问 transform 成员变量，它指向脚本附加到的游戏对象的 Transform 组件。
4. 属性（attribute）通过方括号 [] 来声明。Unity 提供了一些内置特性，通过将它们应用到变量上，可以实现多种实用的功能，比如在“检查器”窗口中隐藏变量或为变量添加粗体标题，使“检查器”窗口的界面更加整洁有序。

① 译注：当前版本的中文版 Unity 疑似有 bug，导致一些本来不该加粗的文本也会加粗显示。例如，这里的 Rotation Per Second 就不应该是粗体。

第 11 章 继承

继承（inheritance）是面向对象编程的核心概念之一。它是一种机制，允许新的数据类型（比如类）从现有的数据类型中继承字段（比如变量和方法）。

假设有两个类，它们拥有的字段几乎完全相同，只不过其中一个类多了一个字段或方法。分别编写这两个类的代码显然是一项重复且乏味的工作，因为它们的大部分功能是相同的。而且如果分别编写的话，在需要修改它们共有的某个属性时，就必须分别对两个类进行修改，并确保它们保持一致。如果这样的类不止两个的话，问题还会变得更加棘手。

继承提供了一种解决方案。我们可以创建一个基类，其中包含两个类共有的功能。然后，其他类可以从这个基类继承，自动获得其变量和方法。如此一来，就可以集中管理所有功能，确保它们在所有子类中保持一致。

11.1 继承机制的应用：RPG 游戏中的物品系统

在角色扮演游戏（RPG）中，继承的概念起着至关重要的作用，尤其是在构建物品系统的时候。游戏中的每个物品通常都包含下面几个字段：

- 一个整数值，表示物品在商店中的售价；
- 一个布尔值，表示物品是否“可出售”；
- 一个字符串，用于表示物品的名称。

此外，还可以根据需要添加其他字段，比如物品描述和物品重量。

除了这些通用属性，游戏中还存在一些具有特定属性的物品。假设我们想创建一些装备于特定槽位的盔甲和一些装备于其他槽位的武器，比如只能放入“鞋子”槽位的“雷霆战靴”。

这可以通过继承来实现。首先需要创建一个基类，其中包含所有物品共有的成员。由于这个基类是所有物品的组成部分，所以简单地将其命名为“Item”。在此基础上，我们可以创建多个从 Item 类继承的子类，但它们将拥有更具体的用途和特性。

假设每件装备——无论是盔甲还是武器——都有一个随着使用而逐渐消耗的耐久度。在装备盔甲并承受伤害时，盔甲的耐久度就会降低；在装备武器并攻击敌人时，武器的耐久度就会降低。

为了实现这个游戏机制，我们可以创建一个名为“Equipment”的子类。由于 Equipment 子类继承自 Item 类，它拥有 Item 类中的所有字段，比如物品名称和物品描述等。除此之外，我们还为其增加了两个整数字段：一个用于表示当前耐久度，另一个用于表示最大耐久度。每当装备承受了一定次数的攻击后，其当前耐久度就会下降一点。当前耐久度降为 0 时，装备就会损坏。玩家可以通过修理装备来使当前耐久度恢复到最大耐久度，以再次使用装备。

接着，我们需要创建一个名为"Weapon"的类，它继承自 Equipment，并额外添加了一些字段，比如最小和最大伤害值、攻击速度以及武器类型（一个枚举类型，包括斧、剑、锤子、刀、锋利的石片等选项）。

还需要创建一个名为"Armor"的类，它同样继承自 Equipment 子类，其中包含一个用于表示防御力的字段。此外，我们还需要一个枚举来表示盔甲的类型（如靴子、腰带、手套、胸甲或头盔），这将用来决定盔甲对应的装备槽。

如果还想为消耗品（如药水或食物）创建一个类，可以再创建一个直接从 Item 类继承的 Consumable 类。最终，这些类的层级结构如下所示，缩进表示它们之间的继承关系：

```
Item
    Equipment
        Armor
        Weapon
    Consumable
```

我们需要明确一些术语的定义。子类（subclass）比超类（superclass）更加具体。在这个例子中，Item 是超类，而像 Consumable 或 Equipment 这样更具体的版本是它的子类。Equipment 还有两个更具体的版本，分别是 Weapon 和 Armor。这构建了一个类的层次结构，其中越细分的子类就越具体。

11.2 声明类

我们可以使用之前声明的 Item 类作为基类。它目前还嵌套在我们的"老朋友"MyScript 类中，这意味着其他脚本无法访问 Item 类。如果一个嵌套类仅限于其所属的类内部使用，这么做就是合理的，但 Item 这样比较通用的类应该在独立的脚本文件中声明，以便在整个项目范围内访问。

由于我们目前只将 Item 类用作示例，为了简单起见，可以让它继续嵌套在 MyScript 类中。不过，我们需要删掉不会再用的一些构造函数和方法：

```
public class MyScript : MonoBehaviour
{
    class Item
    {
```

```
        public string name = "Unnamed Item";
        public int worth = 1;
        public bool canBeSold = true;
    }
}
```

以上代码定义了 Item 基类，这是物品的最基本类型，其中声明了所有物品共有的变量，并为它们设置了默认值。这些默认值其实不是必须要有的，因为我们稍后将为这些变量添加构造函数。不过，保留这些默认值也无伤大雅。

现在，让我们来定义 Equipment 类——它将被用作 Weapon 和 Armor 的共同基类。把 Equipment 类的定义放置在与 Item 类相同的代码块中，紧挨着 Item 类的定义。这意味着 Equipment 和 Item 是同一级的，都嵌套在同一个代码块中：

```
public class MyScript : MonoBehaviour
{
    class Item
    {
        public string name = "Unnamed Item";
        public int worth = 1;
        public bool canBeSold = true;
    }
    class Equipment : Item
    {
        public int currentDurability = 100;
        public int maxDurability = 100;
    }
}
```

继承的语法与常规类声明非常相似，唯一的区别在于 class Equipment 之后紧跟着一个冒号 :，这表明 Equipment 类将继承自另一个类。随后，我们指定要继承的基类名称，即 Item。这一小段代码便是能使 Equipment 继承 Item 所需要的全部代码。

接下来要声明 Armor 类。此外，这里还要运用到之前学习的知识，声明一个 ArmorType 枚举，用于区分不同类型的盔甲（如手套、头盔等）。将这两个定义放在 MyScript 代码块中，紧接在 Equipment 类之后：

```
enum ArmorType
{
    Helmet,
    Chest,
    Gloves,
```

```
    Belt,
    Boots
}
class Armor : Equipment
{
    public ArmorType type = ArmorType.Helmet;
    public int defense = 1;
}
```

枚举的声明非常简单直接，这在前面已经讨论过。

Armor 类继承自 Equipment，而 Equipment 又继承自 Item。这创建了一个继承链。通过这种方式，Armor 类最终继承了在 Item 类中声明的所有变量，以及在 Equipment 类中声明的变量。除此之外，Armor 类还包含一些额外的成员：一个用于存储 ArmorType 枚举实例的变量，其默认值设为 Helmet，代表头盔；还有一个用于表示盔甲防御力的 int 变量，其默认值为 1。

接下来声明 Weapon 类。将以下代码添加到 MyScript 代码块中，紧接在 Armor 类之后：

```
enum WeaponType
{
    Sword,
    Axe,
    Hammer
}
class Weapon : Equipment
{
    public WeaponType type = WeaponType.Sword;
    public int minDamage = 1;
    public int maxDamage = 2;
    public float attackTime = .6f;
}
```

Weapon 类的声明过程与 Armor 类相似。这段代码首先定义一个 WeaponType 枚举，它包含一系列基本武器类型。然后，这段代码声明 Weapon 类，它继承自 Equipment 并添加了一些额外的成员，包括武器类型、每次攻击的最小和最大伤害值以及执行单次攻击所需要的时间。

11.3 构造函数链

为了便利地创建实例并确保为所有成员赋正确的值，我们需要为这些类添加构造函数。可以想象，为每个类都单独声明一个构造函数是一项相当烦琐的工作，尤其是考虑到继承体系中子类通常需要设置在基类中定义的成员变量的值时。以 Item 为例，它的每一个子类都需要为 Item 类中定义的 worth 和 name 等成员声明参数并赋值。

幸运的是，有一个方法可以简化这个过程——构造函数链（constructor chaining）[①]。通过利用这个方法，子类的构造函数可以调用基类的构造函数，而基类的构造函数又可以调用它的基类的构造函数，依此类推。这个过程实质上是在构造函数的声明中直接调用基类的构造函数，并且即时传递所需的参数。

可以这样理解构造函数链的概念：尽管每个类的构造函数都必须声明它的所有基类的参数，但这并不意味着我们必须手动设置各个参数，因为这些任务可以交给基类中的构造函数来完成。也就是说，每个构造函数仍然要声明包括基类成员在内的参数，但那些并非该子类独有的参数会被“传递”给构造函数链中的上一层，由基类的构造函数负责赋值。例如，Equipment 类会把在 Item 中定义的成员的参数“传递”上去，由 Item 的构造函数来处理这些参数。

下面来看具体如何操作。首先要编写 Item 类的构造函数。在 Item 类的代码块中添加以下代码：

```
public Item(string name, int worth, bool canBeSold)
{
    this.name = name;
    this.worth = worth;
    this.canBeSold = canBeSold;
}
```

这是之前学习过的标准构造函数定义。由于参数名称与 Item 中声明的成员名称完全相同，在为这些成员变量赋值时，我们采用了 this 关键字来区分参数和变量。除此之外，我们所做的就是将参数值赋给 Item 类的变量。

接下来定义 Equipment 类的构造函数。这个构造函数声明位于 Equipment 类中，紧跟在变量声明之后：

```
public Equipment(string name, int worth, bool canBeSold, int maxDurability)
:base(name, worth, canBeSold)
{
    //应用最大耐久度：
    this.maxDurability = maxDurability;

    //使当前耐久度等于最大耐久度：
    currentDurability = maxDurability;
}
```

① 译注：指在一个类的构造函数中调用另一个构造函数，通常基于这样的考虑：代码复用以及使构造函数保持清晰。在 C# 语言中，这是通过 this 关键字和 base 关键字来实现的。

现在，情况开始复杂起来了。可以看到，参数后面紧跟着一个 :base。这就是构造函数链。base 关键字指的是正在继承的基类，在本例中，它指的是 Item 类。base 后面是一对括号，这相当于是在调用上一层的构造函数，也就是基类 Item 的构造函数。

在调用上一层的构造函数时，需要传递当前构造函数声明的初始参数，这些参数与上层构造函数中声明的参数相同。这些参数并非 Equipment 类专有，而是从 Item 继承来的，因此可以将它们传递给 Item 的构造函数来处理。毕竟，我们之前已经定义了 Item 构造函数来处理这些值，而作为程序员，我们总是力求避免重复劳动。

此外，Equipment 类的构造函数中还声明了一个新的参数 maxDurability。这个参数是 Equipment 独有的，所以不需要将它传递给 Item 类的构造函数。Item 并不负责处理耐久度，我们需要在 Equipment 类的构造函数中使用这个参数来设置耐久度。

可以看到，这里只为 maxDurability 定义了参数，而没有为 currentDurability 定义参数。这段代码首先将 maxDurability 参数的值赋给相应的类成员（this.maxDurability = maxDurability），然后直接将 currentDurability 设置为 maxDurability 的值，如此一来，武器将默认具有最大耐久度。请记住，由于 currentDurability 是当前类的一个实例成员，我们可以直接通过其名称来访问它。而且，由于构造函数中没有名为 currentDurability 的参数，所以在引用这个变量时不必添加 this 关键字。

接下来，我们将在此基础上进一步扩展，为 Armor 类定义一个链式构造函数。和之前一样，将构造函数添加到 Armor 类中的变量之后：

```
public Armor(string name, int worth, bool canBeSold, int maxDurability,
ArmorType type, int defense)
:base(name, worth, canBeSold, maxDurability)
{
    this.type = type;
    this.defense = defense;
}
```

这个构造函数的逻辑与之前的构造函数相同。先按照与基类相同的顺序声明初始参数（这部分可以直接复制过来），再把它们传递给基类的构造函数。这次还涉及 Equipment 类，所以 maxDurability 参数也被添加到对基类构造函数的调用中。接着，这段代码为 Armor 类独有的两个成员（type 和 defense）添加了额外的参数，并在函数体中应用它们。

为了更直观地展示构造函数的参数是如何沿着继承链向上传递的，下面列出每个构造函数，其中每个构造函数中的新增参数以粗体表示：

```
public Item(string name, int worth, bool canBeSold)
```

```
-   public Equipment(string name, int worth, canBeSold, int maxDurability)
-   -   public Armor(string name, int worth, canBeSold, int maxDurability, ArmorType
        type, int defense)
-   -   public Weapon(string name, int worth, canBeSold, int maxDurability, WeaponType
        type, int minDamage, int maxDamage, float attackTime)
```

那些“沿着链向上传递”的参数以普通文本的形式显示，而由当前构造函数直接处理的参数则以粗体显示。代码的缩进显示了类与类之间的继承关系。

现在，在 Armor 类和 Weapon 类中，currentDurability 参数的赋值将会自动实现，因为这些参数被传递给 Equipment 构造函数，让它代为处理。如果不使用构造函数链，我们将不得不到处复制粘贴各种代码，这不仅会让代码显得杂乱无章，而且在需要进行修改时还很容易出错。

接下来声明 Weapon 构造函数。到这里，你应该已经能够独立完成这项任务了：

```
public Weapon(string name, int worth, bool canBeSold, int maxDurability, WeaponType type,
int minDamage, int maxDamage, float attackTime)
:base(name, worth, canBeSold, maxDurability)
{
    this.type = type;
    this.minDamage = minDamage;
    this.maxDamage = maxDamage;
    this.attackTime = attackTime;
}
```

这个构造函数首先为 Item 类的成员声明参数，再为 Equipment 类的成员（maxDurability）声明参数，然后再声明它自己独有的成员。然后，它把除了独有参数以外的所有参数都传递过去，就像之前在 Armor 类中所做的那样。

好了，构造函数链至此就告一段落，我们已经为 Item、Equipment、Armor 和 Weapon 这几个类完成了所有构造函数和数据的设置。

11.4 子类型和类型转换

在处理涉及继承关系的类时，我们经常需要使用基类来存储对象，然后等到实际使用时再确定对象具体属于哪个子类，并据此做出相应的处理。

例如，我们可以将玩家装备的盔甲作为 Armor 类型的引用，并将武器作为 Weapon 类型的引用进行存储，因为玩家在盔甲槽和武器槽中只能装备这两种类型的物品。但是在管理玩家的物品栏时，情况就不同了。因为玩家可以拾取各种类型的物品，所以最好使用 Item 这一基类来存储玩家背包中的各个物品。

继承机制在这里提供了很大的帮助。如果创建一个类型为 Item 的变量，它将可以存储 Item 的任何子类型的引用。因此，在玩家的物品栏中，所有物品都可以作为 Item 类型存储，而这些物品实际上可以是 Item 的任何子类型，例如 Weapon 或 Armor，而不会导致编译器报错。不过要注意，在将这些物品视为 Item 时，我们只能访问 Item 类中定义的成员，比如 name 和 worth 等。试图访问子类特有的成员将会引发错误。

这时候就轮到类型转换（typecast）“出马”了。如果想访问 Weapon 或 Armor 等子类中定义的成员，就必须先将 Item 类型的引用转换为相应的子类型。

我们通过类型转换来告诉编译器期望的类型是什么，如此一来，编译器就可以将泛型类型（如 Item）的引用看作是对更具体的类型（如 Weapon）的引用。

请看以下代码。这段代码创建一个 Weapon，并为它的参数提供了一些泛型值，把它定义成了一个“Rusty Axe”（生锈的斧头）。最关键的是，它没有被存储为 Weapon 类型的变量，而是被存储在一个类型为 Item 的局部变量中：

```
void Start()
{
    Item item = new Weapon("Rusty Axe", 4, true, 40, WeaponType.Axe, 4, 9, .6f);
}
```

■**补充说明**：*虽然之前简要介绍过 f 的概念，但请容我再次重申一下它的作用。之所以在数值参数（例如 .6f）的末尾添加字母 f，是为了明确告知编译器该数值应被理解为 float 类型。本章的结尾将会解释为什么这一步是不可或缺的。*

这个变量声明应用了我们刚刚学到的知识。之所以能将 Weapon 存储在 Item 变量中，是因为 Weapon 是 Item 的子类。虽然 Weapon 更加具体，但仍然可以归类为 Item，因为它具 Item 中的所有成员，即使它有一些额外的成员也没关系。但反过来就不行了，我们不能将 Item 或 Equipment 的实例存储在 Weapon 或 Armor 类型的变量中。

原因在于，在引用 Weapon 或 Armor 的实例时，我们期望它们具有这些子类的所有成员。如果一个变量声明为 Weapon 或 Armor 类型，但实际上存储的却是 Item，那么在尝试调用 Weapon 或 Armor 独有的成员时，就不可避免地会引发错误。这就是为什么编译器从一开始就不允许我们这样做。使用强类型语言的一个好处就是，它能够强制我们遵守这些规则，以保持代码的清晰和整洁，以免引入错误。

我们之前已经将 Weapon 实例作为 Item 的类型进行了存储，让我们尝试将其转回 Weapon 引用，看看会发生什么。添加一行代码，声明一个类型为 Weapon 的局部变量，并将 Item 对象的值赋给这个变量：

```
void Start()
{
    Item item = new Weapon("Rusty Axe", 4, true, 40, WeaponType.Axe, 4, 9, .6f);
    Weapon weapon = item;
}
```

我们知道 item 变量中存储了一个 Weapon，所以这段代码理论上应该可以工作——但如果保存并回到 Unity，我们将会看到下面这样的错误提示：

Cannot implicitly convert type ‘MyScript.Item’ to ‘MyScript.Weapon’. An explicit conversion exists (are you missing a cast?)

意思是“无法隐式地将类型‘MyScript.Item’转换为‘MyScript.Weapon’。存在显式转换方式（你是否忘记进行类型转换了？）”这样的错误提示指出了我们想要进行的操作：隐式类型转换。

类型转换可以隐式（implicit）或显式（explicit）地进行。两者的区别在于，程序员是否明确下达了转换的指示。以上代码并没有告诉编译器“要把这个类型转换成那个类型”，因此被视为隐式转换，这种转换会在没有明确指示的情况下自动进行。

错误提示充当了一种防御机制，防止我们无意间执行本不该执行的类型转换。虽然我们知道这个 Item 中存储了一个 Weapon，但编译器并不知道，哪怕这就是在前一行代码中声明的。

因此，我们必须进行显式类型转换。这是一种在程序运行时（即在游戏过程中）即时进行的转换，需要通过特殊的语法来实现。这就是称之为“显式”转换的原因——我们知道代码会执行这种转换。类型转换是在我们的明确要求下进行的，而不是自动发生的。

实现这种类型转换有两种方法，它们的功能本质上是相同的，但在类型不匹配的情况下，它们的行为略有不同。

第一种方法是在 item 引用之前添加一对圆括号，在其中写上名称，表示想转换为什么目标类型：

```
Weapon weapon = (Weapon)item;
```

在采用这种方法的情况下，如果在运行时发现类型不匹配（例如 item 实际上并没有存储 Weapon 实例或者 Weapon 的子类实例），程序就会抛出错误。如果类型匹配，这个方法则可以成功地将 item 类型转换为 Weapon 类型。

第二种方法是使用 as 操作符：

```
Weapon weapon = item as Weapon;
```

这种方法在类型不匹配时不是抛出异常，而是返回 null，这相当于一个不指向任何内容的引用。如果匹配，它将成功返回 Weapon 类型。

当然，as 操作符不抛出异常并不代表程序能够正常运作。如果后续代码使用了这个 weapon 变量（比如尝试从中访问数据或调用方法），而它的值为 null，那么还是会产生错误——只不过是另一种类型的错误。

11.5 类型检查

在目前处理过的所有测试用例中，我们都对数据的类型了如指掌，所以不必担心出错。但在实际应用中，往往需要先确认引用的实际类型是否符合预期，然后才能与之交互。

假设有一个指向 Item 的引用。为了避免引入其他问题，暂且假设这个 Item 引用是由负责管理玩家物品栏的代码提供的。为了确定它应该具备哪些功能，我们需要先识别出它的具体子类型。

这可以通过几种方法来做到。假设我们有一个名为“item”的变量或参数，它的类型是 Item。那么，应该如何判断它是否为 Weapon 或 Armor 呢？

一种方法是使用操作符 is。它的左侧接受一个值，右侧直接引用一个类型。如果左侧的值正好是右侧指定的类型，或者是该类型的一个子类（即更具体的类型），那么它就会返回 true，否则会返回 false：

```
if (item is Weapon)
    Debug.Log("Item is a weapon.");

else if (item is Armor)
    Debug.Log("Item is an armor piece.");

else if (item is Equipment)
    Debug.Log("Item is some kind of equipment, but not Armor or Weapon.");
```

这段代码会根据不同情况记录不同的日志信息：如果 item 变量被识别为 Weapon 类型或 Armor 类型，系统将记录一条相应的消息；如果 item 变量既不属于 Weapon 也不属于 Armor，但被归类为 Equipment，我们将记录一条通用的消息；如果 item 变量不属于 Equipment 类型，那么系统将不会记录任何日志。

另一种方法是使用上一节提到的操作符 as 将 item 变量赋值给某个子类的新变量，然后通过 if 语句来测试结果是否为 null。如果为 null，就意味着 item 变量不属于那个子类；如果不为 null，则意味着 item 变量属于它或它的子类：

```
Weapon weapon = item as Weapon;
if (weapon == null)
```

```
{
    // 转换失败，'item' 不是 Weapon 的实例
}
else
{
    // 转换成功，可以继续使用 weapon 这个引用
}
```

有时，我们可能需要检查一个对象的实例是否与某个类型完全匹配。实现这一目标的代码相对没有那么直观。我们需要在对象上调用 GetType 实例方法来以获取它的具体类型，然后使用操作符 == 将这个类型与目标类型进行比较，看它们是否完全相等。不过，在进行这种比较时，不能直接使用类型的名称，而是必须使用 typeof(…) 将类型名称括起来，如以下代码所示：

```
if (item.GetType() == typeof(Equipment))
    Debug.Log("Item type is exactly Equipment.");
```

在声明 item 变量时，我们为它赋了一个 Weapon 实例，所以在检查 item 变量的类型是否为 Equipment 时，得到的结果将是 false，日志消息不会被记录。原因在于，Weapon 虽然是 Equipment 的子类，但它并不等同于 Equipment。

通过运用以上三种方法，我们几乎可以处理所有需要进行类型检查的场景。

11.6 虚方法

最后一个有关继承的关键概念是虚方法（virtual method）的概念。第二个示例游戏项目要用到虚方法，到时候我再详细介绍它们的语法和用途。但考虑到这里正在讨论继承的话题，我们不妨先来了解一下虚方法的定义和用途。

将方法声明为虚方法意味着它们可以被子类重写（override），如此一来，子类就可以添加自己的功能，甚至完全覆盖以便下一级类型可以增加自己的功能或甚至完全重载（overwrite）基类的功能。

让我们通过一个具体的例子来说明。假设我们创建了一些类来代表不同的物品类型，比如 Consumable:Item 类和 Food:Consumable 类。

Consumable 类用于表示像药水这样的可消耗物品，使用这些物品可以即时产生某种效果。它内部声明了一个名为“Use”的虚方法，该方法接受一个 target 参数，指向游戏中一个特定的实体，比如玩家或 NPC。当玩家或 NPC 使用药水时，他们会调用 Use 方法并提供自己作为 target 传入。虚方法决定着对 target 对象产生什么效果。

我们可以在此基础上创建一些子类，比如HealthPotion:Consumable和ManaPotion:Consumable，并在这些类中重写虚方法Use。虚方法的各个实现可以利用传入的target参数执行不同的操作。例如，生命药水（Health Potion）用于恢复target的血量，而法力药水（Mana Potion）用于恢复其法力值。每种药水都以不同的方式定义Use方法。

此外，还可以创建一个Food:Consumable子类。重写其中的Use方法，通过食物的tastiness（美味度）来降低target的饥饿度，这是Food类独有的成员变量。

然后，只需要引用Consumable，我们就可以在任何target对象上调用Use方法，而不用关心这个Consumable具体属于什么子类型。系统会自动选择并执行合适的方法重写——如果consumable是食物，则减少目标的饥饿度；如果是药水，则根据药水的类型来恢复目标的生命值或法力值。

这个功能非常强大，它允许子类针对特定事件做出独特的响应，或者以自己的方式实现一些共有的特性。

11.7 数字值类型

前面几个小节提到，本章的末尾要解释为什么需要在一些数值的末尾添加f（如0.6f），而现在正是做出解释的好时机。在C#语言中，f是一个“后缀”（suffix）。

后缀可以添加到数字值的末尾，用于指定数值应该以哪种数据类型存储。前文已经介绍过int和float这两种类型，但除了这两者，还有其他很多类型，它们在所能存储的数值范围上各有限制。此外，还有一些类型能够存储更广泛的数值范围，但会占用更多的内存空间；而另一些类型占用的内存相对较少，但能够存储的数值范围也比较小。

举例来说，sbyte类型的范围就比int类型小得多。int类型能够存储的数值范围极广，最高可达20多亿，最低可达负20多亿，而sbyte类型却只能存储-128到127之间的值。sbyte类型在计算机上占用的空间更少，但这也意味着在许多应用场景中，sbyte类型无法存储足够大的数值。

许多数据类型还有无符号（unsigned）版本，它们不能存储负数（它们的最小值为0），但相应地，它们能存储的正数值是标准版本的两倍。例如，sbyte中的s代表“有符号”（signed），而无符号版本则称为byte，同样，int的无符号版本被称为uint，其数值可以超过40亿，但不能小于0。

有些数字类型可以通过在数字后面添加一个后缀来表示，比如加f表示float。有些类型没有这样的后缀，需要通过显式转换来实现。例如，(byte)120可以将数字120从int类型转换为byte类型。

在默认情况下，没有小数部分的数值会被识别为int类型，除非该数值超出int类型的存储范围。如果数值超出 int 类型的范围，编译器会自动选择一个更大的数据类型来存储该数值。

带有小数部分的值将存储为 double（双精度浮点数或称双浮数），它是 float 类型的两倍大，通常在小数部分更为精确。如果参数期望得到一个 float 值，但我们直接传入了 0.6 这样的数字，那么这实际上是传入了一个 double 值。为了修正这个错误，我们需要在数字末尾加上 f 后缀，使它成为一个 float 值。

在大多数情况下，int 类型和 float 类型已经完全够用了，并且 Unity 引擎中的几乎所有内置方法都期望数值类型是这两种类型之一。Unity 的内置方法使用 float 类型来表示带小数点的值，所以你以后会经常看到数字后面的 f。

这个例子再次说明了类型转换的用途，并展示了隐式转换和显式转换的应用。那么，在需要 float 类型的时候，为什么 double 类型不能隐式（自动）转换成 float 呢？为什么我们必须亲手在数字后面加上这个 f 呢？

答案很简单：因为 double 类型存储的信息比 float 类型多。从 double 类型转换为 float 类型会丢失一些小数位的信息，而这些信息可能对程序很重要。因此，隐式转换是不被允许的——我们必须明确提出转换的要求。同样地，从 float 类型转换为 int 类型时，小数部分会被舍弃，所以这种转换也需要显式地进行。

然而，如果将一个 byte 类型的值——如前所述，这是一个从 0 到 255 的数字——赋值给 int 类型的变量，那么转换将能够隐式地进行。它将会自动发生，不需要我们干涉。这是因为 int 类型可以无损地存储 byte 的所有信息，因而这种转换不会有丢失数据的风险。

就像前面提到的那样，在 Unity 中，我们几乎只会处理 int 和 float 这两种数据类型。但如果需要使用其他数据类型，可以参考表 11-1，其中列出了整型数据类型及其后缀（请注意，有些类型没有后缀）。

表 11-1 整数数据类型及其后缀

数据类型	值范围	后缀
sbyte	–128 到 127	--
byte	0 到 255	--
short	–32 768 到 32 767	--
ushort	0 到 65 535	--
int	–2 147 483 648 到 2 147 483 647	--
uint	0 到 4 294 967 295	U
long	–9 223 372 036 854 775 808 到 9 223 372 036 854 775 807	L
ulong	0 到 18 446 744 073 709 551 615	UL

此外，还有三种不同的数据类型可以用来表示带有小数的数值，也就是浮点数：

- float（浮点数，也称为单精度浮点数或单浮数）通过 f 或 F 后缀来表示；
- double（双精度浮点数或双浮数）在未指定任何后缀时作为默认选择，如果没有后缀的话，可以使用 d 或 D 后缀来表示；
- decimal 通过 m 或 M 后缀来表示。

double 类型之所以被称为 double，是因为它占用的内存是 float 类型的两倍，而 decimal 占用的内存是 double 类型的两倍，也就是 float 类型的四倍。

浮点数值并不总是完全准确的，特别是在存储非常大的数值时。有时，在读取之前设置的某个值时，我们可能会发现它的小数部分有微小的偏差。比 float 类型更大的数据类型能够存储更大的数值，并在处理过程中保持更高的精度。不过，在大多数 Unity 开发场景中，float 类型已经足以满足需求了。只有在处理很大的数值时，才可能需要考虑使用更高精度的数据类型。

11.8 小结

现在，你已经对继承的概念有了初步的了解。这是一个很广泛的主题，我们尚未探索所有相关知识点，但对于开发简单的游戏，这些知识已经足够了。随着编程技能的不断提升，你将自然而然地掌握更多的专业知识。

接下来，我们将运用这些概念并深化对它们的理解，学习如何通过共享类之间的通用功能来避免代码重复。

本章要点回顾如下。

1. 子类是继承自基类的类型。举例来说，Armor 类型是继承自基类 Equipment 的子类。
2. 子类继承了基类的所有成员，比如变量和方法。同时，子类还可以声明自身特有的成员。这意味着子类型比上级类型更具体。
3. 构造函数链使得子类能够将其构造函数中与基类共享的参数“传递上去”，交给基类的构造函数处理。
4. 类型为基类的变量或参数可以存储该基类的任意子类的对象。例如，Item 类可以存储 Weapon 或 Armor 的实例，且不会引发任何错误。

第 12 章 调试

第 1 章简单介绍过调试的概念。现在，我们已经对编程有了一定的了解，是时候进一步探索代码编辑器的调试功能及其用法了。如果使用的代码编辑器不支持在 Unity 中进行调试，你将无法按照本章的步骤进行操作，不过，你仍然可以了解这些功能的工作原理和应用价值。本章将会使用 Microsoft Visual Studio Community 2019 来进行演示，但调试的基本功能在不同的编辑器中相差不大，所以即便使用其他编辑器（比如 JetBrains Rider），调试的界面和操作方式也应该是类似的。

调试是代码编辑器的一个强大功能，它允许开发者将代码中的任何一行标记为断点。当程序执行到这一行时，游戏或应用程序将会暂停，然后开发者就可以切换回代码编辑器并查看变量的值。这些值在暂停时是冻结的，并且可以在游戏暂停的情况下逐行执行代码。

在代码未能按照预期执行而需要找出原因时，就轮到调试功能大显身手了。它尤其适用于处理无法直接查看的数据的情况。一个常见的替代方法是通过调用 Debug.Log 来查看数据是否与预期不符。虽然这种方法有时候能够解决问题，但它通常既费时又费力。

利用调试功能，我们可以在问题区域放置一个断点，在程序执行到断点时，游戏就会暂停，我们可以方便地查看所有变量的当前值。举个例子，如果在脚本的 Update 调用过程中设置断点，则可以查看该脚本自身的实例变量（在脚本类中声明的变量）以及在 Update 方法内部声明的局部变量。然后，我们还可以逐行执行代码，甚至可以进入其他方法的调用中，逐行查看它们的执行情况。

12.1 设置调试器

如果还没有启动 Visual Studio，可以这样启动它：单击 Unity 编辑器窗口顶部的“资源”菜单按钮，然后单击下拉菜单底部的“打开 C# 项目”。如果之前通过 Unity Hub 与 Unity 一起安装了 Visual Studio，单击该选项应该会自动启动 Visual Studio。[①]

在 Visual Studio 中，顶部有一个按钮 Attach to Unity（附加到 Unity），如图 12-1 所示。

① 译注：如果在前面的章节中把默认编辑器设置成 VS Code，请在“编辑”|“首选项”|“外部工具”中的“外部脚本编辑器”里选择 Visual Studio。

图 12-1 圈出 Visual Studio 窗口顶部的“附加到 Unity”按钮

在 Unity 中进行调试之前，必须单击这个按钮，它会指示 Visual Studio 开始监听来自 Unity 编辑器的信号。

12.2 断点

在开始调试之前，先来探索一下通过设置断点来使程序在执行到某一行代码时暂停。如果不设置断点，即使将调试器附加到 Unity，也无法进行调试。

一种方法是单击代码行左侧的空白处（行号左边）设置断点。此外。也可以使用功能键 F9 来在文本光标（text cursor）当前所在的代码行上设置断点。

设置断点后，代码行左侧会出现一个红点。如果需要移除断点，可以再次单击这个点或再次按 F9。

让我们通过一个简单的例子来演示调试功能。新建一个名为“DebuggingTest”的脚本并将它的实例添加到场景中的一个游戏对象上。在这个例子中，游戏对象本身并不重要，所以随便选一个就可以。

这里不会用到 Update 方法，所以可以把它删掉。我们将使用 Start 事件来声明一个局部变量并将它的值更改三次，如下所示：

```
public class DebuggingTest : MonoBehaviour
{
    // Start is called before the first frame update
    void Start()
    {
        int a = 5;
        a += 5;
        a *= 2;
        a = 0;
    }
}
```

这段代码本身没有太大的意义，我们只是随意更改变量的值，以便通过调试器逐行查看它的变化。

在 int a = 5; 这一行添加一个断点，如图 12-2 所示。行号左边会出现一个点，同时这行代码会高亮显示。

图 12-2 在代码行左侧添加的断点

现在，请确保已经把 DebuggingTest 脚本附加到场景中的游戏对象上，单击 Visual Studio 中的“附加到 Unity”按钮，然后转到 Unity 编辑器并单击播放按钮运行游戏。

DebuggingTest 脚本实例中的 Start 方法将立即被调用，断点将使 Unity 编辑器中的游戏暂停运行。返回 Visual Studio，断点所在的代码行将高亮显示，表明代码已经执行到这里并暂停了下来。程序将不会执行后面的代码，除非我们给出指令。Unity 编辑器将会冻结，等待我们通过 Visual Studio 发出继续执行的指令。在那之前，游戏将保持暂停运行状态。

Visual Studio 底部的“局部变量”窗口显示了当前上下文中所有可用的变量——即断点所在的代码块中的变量。可以看到，目前变量 a 的值为 0，如图 12-3 所示。

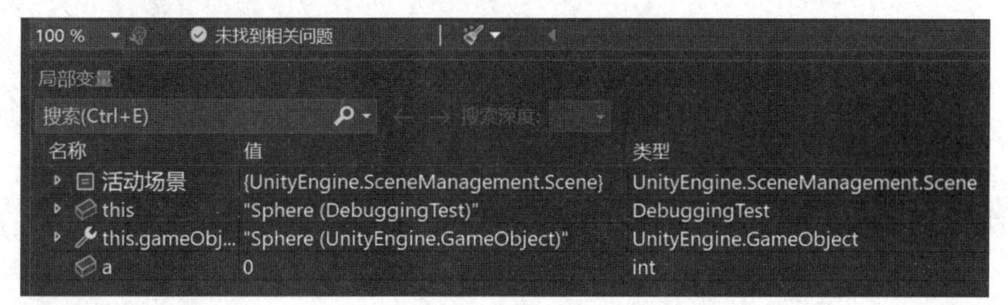

图 12-3 断点被激活，“局部变量”窗口显示当前上下文中的所有变量及其对应的值

窗口中还显示了关键字 this，它用于引用正在执行当前方法的类。由于关键字 this 关联的脚本包含许多成员，它旁边有一个小箭头，表示可以“展开”查看其内容。单击箭头就可以查看脚本的其他成员，不过这个例子比较简单，所以显示的成员并不多。在处理复杂的数据类型的时候，可以通过这种方式来查看其中的成员。

让我们把注意力放回变量 a 上。可以看到，它的值是 0。这是因为断点会在相关代码行执行之前暂停运行程序，而不是之后。因此，int a = 5; 还没有将值 5 赋给变量 a。

在程序被断点暂停后，原本的“附加到 Unity”按钮会变为“继续”按钮。按下这个按钮会使游戏继续运行并继续调试，也就是说，当程序运行到下一个断点时，游戏将再次暂停。但在这个例子中，游戏将不会再次暂停，因为 Start 方法中只设置了一个断点。

“继续”按钮右侧还有一些其他的选项，如图 12-4 所示。

图 12-4 Visual Studio 中的调试选项

下面将从左到右说明这些按钮的作用。

- 停止调试（快捷键 Shift+F5）：单击此按钮将结束当前的调试过程。游戏将在 Unity 中继续运行，并且不会在断点处暂停。
- 重新启动（快捷键 Ctrl+Shift+F5）：单击此按钮将重启调试器，但不会重启 Unity 编辑器中的游戏。在 Unity 开发环境中，这个功能可能不太常用，更常见的做法是单击“停止调试”按钮，在 Unity 编辑器中停止游戏，然后再次附加到 Unity 并运行游戏。
- 显示下一条语句（快捷键 Alt+Numpad *）：单击此按钮可以快速定位到即将执行的下一条语句。如果在调试过程中需要查看多个脚本文件，并希望快速回到当前断点所在的代码行时，这个按钮将很有帮助。
- 逐语句（功能键 F11）：在包含方法调用的代码行上暂停时，可以通过这个按钮让程序执行流程进入（步入）方法内部并在该方法的第一行代码处暂停（如果不包含方法调用，它的效果将与“逐过程”相同）。
- 逐过程（功能键 F10）：单击此按钮会运行当前代码行，然后再次暂停执行。这个按钮的英文是 Step Over（跳过），这可能会让人误以为它会直接跳过执行当前代码行，但实际上，这指的是它不会像“逐语句”那样步入当前代码行中的方法调用，而是会执行当前代码行，并移到下一行。
- 跳出（快捷键 Shift+F11）：单击此按钮可以执行当前方法的剩余部分然后再次暂停。如果不小心步入一个方法，就可以通过这个按钮跳出来。

这些调试控制工具都很实用。例如，在想要观察一个方法是如何逐步计算并最终返回结果的时候，可以通过“逐语句”按钮来逐行执行代码。执行完毕后，调试器将回到最初调用这个方法的代码行。如果一行代码中调用了多个方法，可以按照它们的执行顺序来逐一步入每个方法。假设我们在一行代码边设置了断点，这行代码不仅调用一个方法，还调用了许多其他方法来返回该方法的参数值，如下所示：

```
SomeMethod(A() + B(), C(), D());
```

在这种情况下，我们可以首先步入 A，再步入 B，然后是 C，接着是 D，最后是 SomeMethod 的调用。

现在，是时候将理论付诸实践了：我们已经设置了一个断点，不妨通过实际的操作来看看它的作用。在附加到 Unity 并运行游戏之后，程序将在声明变量的第一行代码处暂停。

单击“逐过程”按钮，可以看到当前代码行被执行，而下一行代码将会高亮显示。在“局部变量”窗口中，应该可以看到变量 a 的值更新为 5。

现在，程序在执行 a += 5; 前暂停了。再次单击“逐过程”按钮运行这行代码，可以看到变量 a 的值更新为 10。接着运行 a *= 2，可以看到变量 a 的值从 10 变成 20。

当 Start 方法中的所有可执行代码行执行完毕后，如果再次单击“逐过程”按钮，程序将会跳转到下一行需要执行的代码。这甚至可能不是我们自己创建的代码，而是 Unity 引擎的内部代码。在这种情况下，最好利用断点来标记要检查的代码行，并在检查完毕后单击“继续”按钮，否则可能在各种脚本文件中迷失方向。

最后需要注意的是，这些控制按钮其实都不会跳过执行任何代码。代码总是会被执行的，这些按钮仅仅决定了在再次暂停之前要执行多少行代码。

12.3 善用 Unity 官方文档

调试是自行查找问题原因的一种手段。解决问题是程序员的主要职责之一：我们必须识别出问题所并找出解决问题的方法。那么，作为程序员，我们应该如何寻找有用的资源呢？

本书可以事无巨细地指导你执行各种操作并讲解方方面面的知识，但总有一天，你需要独立探索，自行解决遇到的问题。这决定着一个程序员的成败。实际上，真正的学习主要发生在你开始自主编写代码并逐步构建解决方案的过程中。毕竟，你的最终目标是独立开发游戏，不是吗？

在开发过程中遇到挑战时，获取相关信息是至关重要的。任何像样的搜索引擎通常都会将 Unity 的官方文档作为第一个结果返回给你。只需要在搜索栏中输入“unity”和想要了解的类名或组件类型（比如 Light 或 Rigidbody）即可。

Unity 将其文档分为两种形式：手册和脚本 API（Application Programming Interface，应用程序编程接口）。

- 手册（Manual）更像是一个教学页面，详细介绍了组件的工作原理和使用方式，通常配有图片和示例。它的目的是向用户介绍新概念。
- 脚本 API（Scripting API）则是专为程序员编写的技术文档，它介绍了 Unity 中的类和它们的成员，包括变量、属性与方法等。这个文档包含专门介绍每个字段的页面，其中描述了字段的用途，并提供了更多重要信息，比如变量存储的数据类型，方法的返回类型、方法接受的参数的类型和名称，方法的各种重载以及它们之间的差异等。它旨在帮助程序员了解 Unity 的内置类型和方法，并且通常会提供代码示例，展示如何使用这些成员或类型或与之进行交互。

后一种形式的文档在各种编程环境中很常见。其他游戏引擎很可能也会提供具有类似结构和布局的 API 文档，说明类型及其成员详细信息。举个例子，微软——C# 编程语言背后的公司——就提供了有关 C# 内置类型的文档。

举个例子，如果想了解如何在用户的计算机上保存和读取文件，可以了解一下与 System.IO 命名空间相关的内容。如果在浏览器中搜索关键字“System.IO 命名空间”，微软的官方文档应该会出现在搜索结果的前列。官方文档中列出了保存和读取文件所需要的各种类和方法，还配有详细的说明和代码示例。如果不知道相关的命名空间是什么，也可以使用更宽泛的搜索词，比如“如何在 C# 中读取文本文件”，然后根据搜索结果顺藤摸瓜，找到完成这项任务的方式。

高质量的 API 文档能够显著提升使用特定开发环境时的编程体验。有时候，我们不想阅读关于如何使用某个组件的完整教程，只想快速了解一下将要使用的数据类型和它们包含的字段。有了优质的文档，我们只需要简单地搜索一下就可以获得相关信息并迅速开始工作。

独立查找信息的能力可以在独立解决问题和实现所需功能上产生巨大的效用。

12.4 小结

本章介绍如何运行调试器和使用它的控制功能。虽然它目前还没有发挥太大作用，但如果代码出现问题，调试器将有望成为我们的救命稻草。调试器可以逐行执行代码并读取变量在每一步中的值，与简单调用 Debug.Log 相比，调试器能够更加有效地识别问题。另外，本章还简要说明了 Unity 文档的结构，讲解了如何独立查找信息。

第Ⅲ部分
游戏项目 1：障碍赛

第 13 章　障碍赛游戏：设计与概述

第 14 章　玩家移动

第 15 章　死亡与重生

第 16 章　基本款危险物

第 17 章　墙壁和终点

第 18 章　巡逻者

第 19 章　漫游者

第 20 章　冲刺

第 21 章　设计关卡

第 22 章　菜单和用户界面

第 23 章　游戏内暂停菜单

第 24 章　尖刺陷阱

第 25 章　障碍赛游戏：总结

第 13 章 障碍赛游戏：设计与概述

现在，通过前面的描述，我们已经基本了解了 Unity 引擎的基础知识和编程的基本原理，是时候动手开发第一个示例游戏项目了。对于前面所学的知识，即使还没有完全的把握，也没关系，随着你逐步将这些概念应用到实践中，对它们的理解会愈发深刻。

在开始之前，请注意，我们开发的示例项目不会包含华丽的图形和音频。本书更侧重于这些元素背后的代码，而不是创建或导入美术资源和音频资源。我们这样做的目的是让你专注于游戏编程这一领域，直到你完全掌握。在读完这本书后，你可以根据自己的目标向不同的方向发展。许多独立游戏开发者对所有与游戏开发有关的领域（比如画画和作曲）均有涉猎，但你也可以利用互联网上丰富的资源（有些甚至是免费的），让自己有更多的时间来提升编程的技能。或者，也可以和一些志同道合的人合作开发游戏，把美术和音频方面的任务交给他们。

开发游戏是一项艰巨的任务，这涉及许多不同的部分和环节。在将这些部分组合到一起的过程中，情况可能发生变化——某些看似绝妙的点子在实际应用中可能不尽人意。这种情况在所难免，但这不足以成为不做准备就投入开发的借口。

过度计划和缺乏计划，两者之间存在一个微妙的平衡点，在这方面，我们可能永远无法做到完美。有时候，计划中的一些事项永远不会落地，原因可能很多，比如技术上无法实现、时间不够等。另一方面，一些开发者几乎不做计划，而是倾向于“佛系”推进项目。随着时间的推移，相信你会逐步找到适合自己的平衡点。

在本章中，我们将在动手开发之前做一些规划，这有助于我们更快达到预期目标，减少不必要的重复工作。

13.1 游戏玩法概述

先来看一看游戏的玩法。游戏将采用一个从上方俯瞰玩家角色的俯视角摄像机。玩家使用 WASD 键或箭头键来实现移动，在按住移动键的同时按空格键可以进行冲刺。每次使用冲刺技能后都有一个短暂的冷却时间，但除此之外，使用冲刺技能不会有任何消耗。

游戏关卡中的墙壁将用立方体来构建，并且这些立方体的颜色有别于地板的颜色，以便进行区分。玩家一旦接触这些墙壁就会触发碰撞机制，从而被有效地限制在预设的游戏场地内。

在游戏中，玩家的目标是避开障碍物，成功地抵达终点。每个关卡都设定了起点和终点，玩家从起点出发，最终需要到达终点（一个简单的圆形领奖台）。如果玩家因为碰到障碍物而死亡，他们将会从起点重新开始，在顺利抵达终点后，游戏才会结束（当然，玩家也有可能因为挫败感太强而退出游戏）。

障碍物包括以下几种。

- 巡逻危险物（Patrolling hazard）：它们会沿着预设的路线行动，完成一轮后返回起始点，并继续下一轮循环。场景中的每个巡逻障碍物都有不同的路线。作为危险物，它是致命的，会在接触玩家时杀死玩家。
- 投射物（Projectile）：投射物由障碍物发射，它们沿着直线飞行，直至撞到墙壁。投射物同样会在接触玩家时杀死玩家。
- 游荡危险物（Wandering hazard）：每个游荡危险物的行动范围都被限制在单独的矩形区域内，它们会时不时地随机选择一个新的目标点。在确定了新的目标点之后，这些障碍物会缓慢旋转以面向目标点，然后开始向它移动。开始移动之前的旋转是为了给玩家留出反应时间，以便及时闪避。
- 尖刺陷阱（Spike trap）：它们会定期激活，升起一圈致命的尖刺然后再降下来。玩家需要在尖刺降下时通过陷阱。

主菜单将提供选择关卡的功能，玩家可以逐一浏览各个关卡的地图，然后在准备就绪后，通过单击按钮来开始游玩当前选择的关卡。

在游戏过程中，如果玩家希望退出当前关卡，可以通过按下 Esc 键调出游戏内的菜单系统，并返回主菜单。

我们首先实现最重要的东西。游戏开发者通常会首先集中精力开发游戏的核心机制，因为直接决定了游戏是否好玩。如果游戏的核心玩法缺乏趣味性，菜单和关卡选择界面做得再好也无济于事，毕竟玩家是来玩游戏的。

这个游戏的核心机制包括玩家移动、障碍物设置以及玩家死亡和重生。我们将在同一个场景中实现这些核心机制，在确保它们能够如期工作后，再去实现关卡选择界面等细节。

13.2 技术概览

在着手开发游戏之前，还需要概述自己想要实现哪些内容，并思考如何在游戏引擎中实现它们。随着经验的积累，这个过程会变得越来越得心应手，但即使是新手，也应该尝试在着手开发之前弄清楚每个功能的基本实现思路。在这个过程中，很可能会发现一些之前未曾考虑到的问题或原计划的缺陷。此外，在脑海中对项目有一个整体认识，有助于指导游戏开发过程。

13.2.1 玩家控制

玩家角色由两个立方体组成：一个较大的立方体作为主体，顶部再放置一个不同颜色的小立方体，指向玩家角色的局部前进方向（否则很难看出玩家角色面向哪边）。如图 13-1 所示，底部的箭头标示玩家的局部前进轴。

图 13-1 玩家面向摄像机

Player 脚本将附加到根游戏对象——一个空的对象上。两个代表玩家的立方体将作为子对象添加到这个根对象上。在根据玩家的最新移动方向调整玩家角色的朝向时，只需要旋转这些立方体，根游戏对象则保持不变。

如此一来，就可以将摄像机设置为玩家角色的子对象，使其跟随玩家移动。由于根游戏对象本身不会旋转，摄像机也不会旋转——如果摄像机也跟着旋转的话，场面会相当尴尬。我们希望摄像机和玩家模型的相对位置保持不变，即使模型旋转时也是如此。

Player 脚本包含所有与玩家行为相关的功能，主要涉及玩家的移动和闪避。

考虑到不同玩家的操作偏好，玩家的移动操作可以通过 WASD 键或箭头键实现。我们将为移动设置动量，使玩家需要一定的时间来起步和停止。不过，这个效果不会太夸张，否则玩家可能会觉得路太滑。我们需要保持操作的精确性，以避免玩家角色在应该停下的时候滑出去太远，但也得有一点动量，不然玩家角色的移动会显得非常生硬。

玩家可以通过按下空格键来进行闪避，这将使角色迅速冲向前方。

这个动作很快会结束，但在此期间，常规移动不会被计算，以确保只有闪避速度会生效。此外，在按下空格键时，玩家必须正在朝着某个方向移动，否则闪避动作不会被触发。

13.2.2 死亡与重生

在玩家死亡后，他们会在一小段时间后在关卡的起点重生。为了避免玩家在死亡状态下继续控制角色移动，需要在重生之前禁用 Player 脚本。学习如何禁用脚本是一个重要的知识点，因为它在游戏开发中是一个非常有用的功能。

13.2.3 关卡

关卡的设计非常简单，其中，一个具有独特颜色的平面将被用作地面，被放置在玩家下方，平面上有一些被用作墙壁的方块，可以根据需要调整它们的大小。当玩家移动时，他们将与墙壁碰撞，因此不能离开游戏场地。这是一个俯视角游戏，将使用正交摄像机，这种摄像机不使用透视效果，有点像以 2D 的方式观察世界。因此，在玩家的视角里，墙壁和地板其实都是同样的平面，只能通过颜色来区分两者。玩家看不到墙壁的侧面（因为没有透视），游戏中也不会有阴影或光照效果。这听上去可能不太好理解，但不用担心，在进行到相关阶段时，这些概念很快会变得清晰起来。

这种关卡设计方法虽然稍显粗糙，但它的首要优势在于功能性强且能够迅速完成。如果目标是开发一款商业游戏，自然需要考虑使用更专业的美术资源和更精细的关卡设计，但这并不是我们当前的目标。

为了让玩家能够通关，需要使用一个 Goal 脚本来检测玩家何时走到（或者“滑到”）终点，并让成功通关的玩家返回关卡选择界面。

13.2.4 关卡选择界面

每个关卡都将拥有一个独立的场景。游戏启动时，默认加载的是主场景，这个场景中集成了游戏菜单代码。玩家可以通过菜单来逐一选择各个关卡，并且可以加载所选关卡的场景以进行预览。在加载新的场景时，游戏会自动清理并移除先前的场景。

每个关卡场景都将配备一个预览摄像机，它将被放置在关卡上方，让玩家能看到关卡的完整布局。

在玩家开始游玩某个关卡后，游戏禁用预览摄像机并切换到玩家摄像机。

13.2.5 障碍物

在前面的章节中，我们在刚开始学习组件的时候简单讨论过障碍物的设计概念。现在，是时候考虑如何为这些障碍物创建脚本了。

- Hazard 脚本：使游戏对象在接触玩家时杀死玩家。
- Wanderer 脚本：使游戏对象无规律地游荡。
- Patroller 脚本：用于为游戏对象设置循环移动的路径。
- Shooting 脚本：使游戏对象定期发射投射物。
- SpikeTrap：使致命的游戏对象迅速向外弹出，然后回到原位，恢复成无害的状态，在设定的等待时间过后再次激活。

通过在游戏对象上混合使用这些脚本，可以实现我们设计的所有障碍物。

13.3 项目设置

现在，准备一个新的 Unity 项目来开发这款游戏。打开 Unity Hub 并单击右上角的“新建项目”按钮来创建一个新项目。前面进行过类似的操作，所以这里弹出的窗口应该并不陌生。选择 3D 模板，把新建的项目命名为“ObstacleCourse”，并将其保存到合适的文件夹中，如图 13-2 所示。

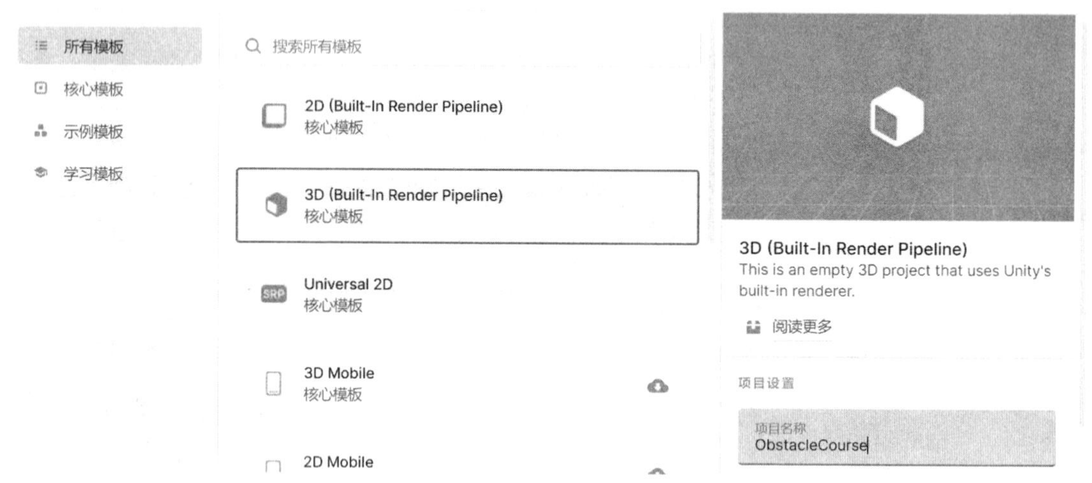

图 13-2 使用 Unity Hub 中默认的 3D 模板新建 ObstacleCourse 项目

在“项目”窗口中导航到 Assets 文件夹，可以看到其中已经有一个 Scenes 文件夹。为了给 Scenes 文件夹“做个伴儿”，我们再在 Assets 文件夹中新建三个文件夹，并分别将它们命名为 Materials、Prefabs 和 Scripts。

现在，将 Assets/Scenes 文件夹中默认包含的 SampleScene 资源重命名为“main”。这可以通过在“项目”窗口中右键单击资源然后选择“重命名”来完成。重命名完成后，Unity 可能会弹出一个窗口来询问是否想要重新加载场景，选择“继续”即可。

场景将默认包含一个 Directional Light 和 Main Camera，可以把它们保留下来。另外，我们还需要为游戏创建一个简单的地面。

- 依次选择顶部菜单左侧的游戏对象、“3D 对象”和“平面”。
- 如果尚未选中 Plane，请在“层级”窗口中选中它，然后查看“检查器”窗口。
- 将 Plane 重命名为“Floor”。
- 如果 Transform 组件的位置不是（0，0，0），请改为（0，0，0），以确保它位于世界原点。
- 为了确保地面足够宽敞，能容纳游戏关卡，将它的缩放值设置为（1000，1，1000）。

在设置完成后，“项目”窗口应该和图 13-3 一致。

图 13-3 新增文件夹并重命名场景后的“项目”窗口

13.4 小结

本章确定了这一示例项目的玩法：一个简单的俯视角障碍赛游戏，玩家将使用 WASD 键或方向键来移动，尝试避开危险的障碍物，顺利抵达关卡终点。对游戏玩法有了清晰的概念后，我们是时候开始循序渐进地实现游戏的各个组成部分了。

第 14 章 玩家移动

在新的项目中，我们首先着手实现玩家的移动操作。为了锻炼编程技能并学习一些新的方法，我们将采用一些比较花哨的设计。

就像第 13 章提到的那样，在理想情况下，玩家将能够流畅地移动——既不显得生硬，也不至于太滑。玩家从静止加速到最大速度以及从最大速度减速到停止，都应该有一个平缓的过渡期。这样的过渡不会太长，因为这种类型的游戏需要精确地操控角色，所以千万不能让玩家感觉自己刹不住脚。

接下来要讲到的内容涉及前面讨论过的概念，所以你应该不会觉得太陌生。

游戏将逐帧处理玩家的移动速度。速度由 Vector3 数据类型表示，它存储了 X、Y 和 Z 三个轴的值，用来描述玩家在移动过程中的位置变化。游戏使用“单位 / 秒”作为度量单位。例如，如果速度是（15，0，12），那么玩家将以每秒 15 个单位的速度向右移动，以每秒 12 个单位的速度向前移动。玩家不会在 Y 轴上移动，因为在这个游戏中，玩家不能上下移动，只能进行水平方向的移动，包括前进、后退、向左和向右。在游戏中，玩家可能会将 Z 轴上的移动称为“向上”和“向下”移动。这是因为在使用上下箭头操控角色时，实际上就是在 Z 轴上移动，但实际上，在世界空间中，Z 轴代表的是前进和后退。

由于游戏摄像机从上方向下俯瞰玩家，如果玩家真的在世界空间中“向上”，就意味着他们正在朝着摄像机移动。因此，在这个游戏中，玩家的速度不会涉及 Y 轴。玩家角色将始终位于平坦的地面上，Y 轴上的速度永远是 0，因为这只会使他们逼近或远离摄像机。

为了让玩家角色流畅地移动，我们将根据玩家的按键输入来提高或降低速度，并根据这个速度不断地更新玩家角色的位置（每秒一次）。WASD 和箭头键都可以用来控制角色，玩家可以根据自己的偏好进行选择。在按住相应的移动键时，速度将逐渐变化，从而实现理想的移动效果。

在移动时，玩家的角色模型需要朝向他们移动的方向。为了更直观地表示这一点，我们将创建一个由几个立方体组成的简单模型，其中一个立方体会指向玩家的局部前进轴，清晰地表明模型面朝哪个方向。虽然这可能不够美观，但它有效地完成了任务，让我们得以专注于编写代码的工作。

14.1 创建 Player 游戏对象

现在，是时候开始设置 Player 游戏对象了。在当前阶段，所有开发工作都将在 main 场景中完成，它将暂时充当一个试验场，用于进行各种开发和测试。

图 14-1 展示了设置完 Player 游戏对象后的“层级”窗口，稍后将逐步讲解创建各个游戏对象的过程。“层级”窗口中的 Floor 是在上一章中创建的，它将被用作游戏的地面。Floor 是一个简单的平面，其位置和缩放分别是（0，0，0）和（1000，1，1000）。

图 14-1 设置 Player 游戏对象

在移动玩家角色时，实际上移动的是根游戏对象 Player 的 Transform 组件。当然，这意味着 Player 的子对象也会随之移动。然而，游戏对象 Player 的 Transform 组件不会旋转，因为它关联着摄像机。请记住，子对象会表现得像是与父对象有物理上的连接一样，所以如果旋转 Player 游戏对象，摄像机将随之一起旋转，这无疑会使玩家感到大为震惊和疑惑。

为了避免这种情况，我们创建了空对象 Model 作为 Player 的子对象，它是“模型容器”（model holder），专门用来存放所有与模型相关的游戏对象。脚本引用空对象 Model 的 Transform 组件来进行旋转，使玩家模型面朝移动的方向。通过这种方式，（与摄像机相关联的）根游戏对象将不会旋转，只有玩家模型会旋转。

Model 有两个立方体作为子对象，分别为 Base 和 Top。以下是创建 Player 对象及其所有子对象的步骤。

1. 创建一个空游戏对象（在 Windows 系统上使用快捷键 Ctrl+Shift+N，在 Mac 系统上使用 Cmd+Shift+N）并将其命名为“Player”。
2. 为 Player 创建一个空的子对象（在选中 Player 的前提下，在 Windows 上使用快捷键 Alt+Shift+N，在 Mac 上使用快捷键 Opt+Shift+N）并将其命名为“Model”。确保它的局部位置是（0，0，0），与 Player 重叠。
3. 右键单击“层级”窗口中的 Model 并通过“3D 对象”➤“立方体”为 Model 创建一个子对象。将这个立方体命名为“Base”，并将其局部位置设置为（0，2.5，0），缩放设置为（1.4，5，1.4）。这里的缩放是局部的，但由于 Base 的所有父对象的缩放均为 1，所以它的局部缩放与世界缩放相等。Base 的局部 Y 位置的值被设置为 Y 缩放值的一半，以确保立方体的底部与枢轴点对齐，而不是以中心点对齐（枢轴点是 Player 游戏对象的位置）。

4. 创建第二个立方体作为 Base 的子对象，并将其命名为“Top”。把它的位置值设置为（0，0.5，0.5），缩放值设置为（0.33，0.1，0.7）。
5. Main Camera 游戏对象应该已经存在于场景中了。如果没有的话，就通过“游戏对象”➤“摄像机”来创建一个 Camera，然后将其重命名为“Main Camera”。将摄像机拖到 Player 游戏对象上，使它成为 Player 的子对象（注意，不要把它设置为 Model 的子对象）。现在，将它的局部位置值设置为（0，24，-5），旋转值设置为（70，0，0），这样的设置让摄像机位于玩家角色上方稍微靠后的位置，并向下倾斜了一定的角度。图 14-2 展示了 Main Camera 的 Transform 组件在“检查器”窗口中的设置。

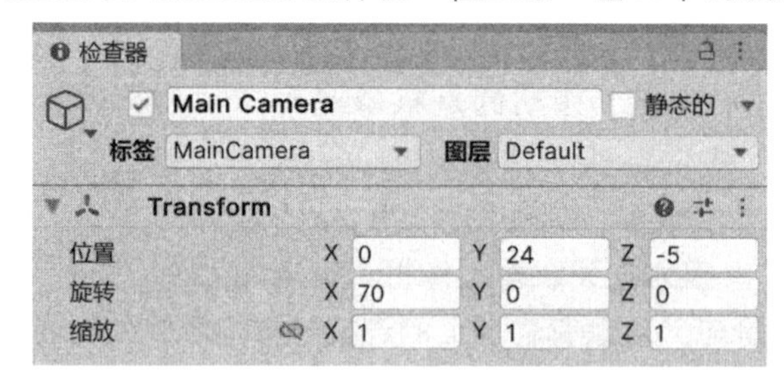

图 14-2 Main Camera 的 Transform 组件在“检查器”窗口中的设置

6. 最后，将 Player 游戏对象从“层级”窗口拖入“项目”窗口的 Prefab 文件夹，为 Player 创建一个预制件。

此时的“层级”窗口应该和图 14-1 相一致。

Top 立方体将指向玩家的前进轴（即玩家面向的方向），这样就能直观地识别出当前的方向。

14.2 材质和颜色

现在，是时候处理一下立方体的颜色了。两个立方体将有不同的颜色，以便轻松地区分 Top 和 Base。为了实现这一点，需要 Unity 中的一种内置资源——材质（material）。在 Unity 中，材质用于存储关于如何渲染网格（或 2D 图像）的信息。最值得注意的是，材料允许我们将纹理应用到网格上。纹理本质上是普通的 2D 图像，可以被拉伸并包裹到一个网格（即 3D 对象）上，从而为原本的单色平面对象赋予岩石、树皮、瓷砖地板、石膏墙等外观。不同游戏的美术风格各异，一些游戏会使用真实物体的照片，另一些游戏则可能采用风格化的图画。

材质提供了多种设置选项，但它们主要与将美术资源整合到游戏项目中有关。就像前面提到的那样，本书不会深入探讨这方面的内容。在这个项目中，我们只会使用材质最基础的功能——用它来改变游戏对象的颜色。

在“项目”窗口中，右键单击 Materials 文件夹并选择 Create，然后选择 Material。创建两个材质，并分别将它们命名为“Player Base”和“Player Top”。选中任意一个新创建的材质，会看到“检查器”窗口中显示了一对可编辑的字段，看上去十分复杂。幸运的是，我们只需要调整其中的一个小控件。“Main Maps”粗体文本下面的“反射率”一词右侧有一个颜色栏（参见图 14-3 中圈出的部分），旁边有一个滴管图标。

图 14-3 Player Base 材质的“检查器”窗口

这是材质的颜色字段，它默认是白色的。“反射率”右侧的矩形显示了材质当前使用的颜色。单击这个白色矩形将弹出一个“颜色”窗口，可以在其中更改颜色，如图 14-4 所示。除此之外，也可以单击滴管图标，然后单击屏幕上的任意位置来选取那里的颜色。

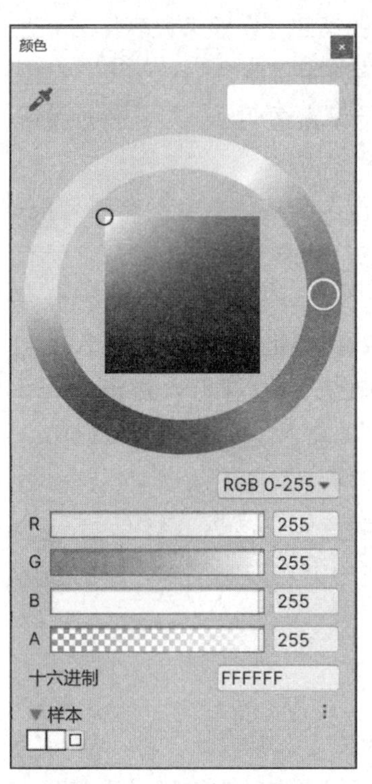

图 14-4 “颜色”窗口

现在来简单了解一下计算机是如何看待颜色的。这是游戏开发者经常遇到的概念，即使主要负责的是编程。别担心，这个概念并不复杂。

颜色弹出窗口的上半部分是一个交互式色轮，中间有一个矩形区域。单击色轮中的颜色可以改变色相，而单击矩形区域可以调节颜色的饱和度和亮度。

窗口的下半部分提供了几个可以设置数值的输入框。前三个字段对应着颜色的各个分量，它们的左侧都有一个字母标识，右侧有一个彩色方框，紧随其后是一个显示数字的小方框。数字代表了颜色分量的具体数值，字母则是对应的颜色属性的缩写。彩色方框是一个可视化工具，它形象地展示了当该分量的数值增加或减少时，颜色将如何变化。可以通过单击彩色方框或拖动方框内的滑块来改变颜色分量，或者如果对颜色数值比较熟悉，也可以直接编辑数字。

那么，颜色组件（color component）是什么呢？这取决于使用的颜色模型。计算机主要使用两种模型来描述颜色：RGB（红、绿、蓝）和 HSV（色相、饱和度、明度）。每种模型以不同的方式表示颜色，但它们之间可以轻松地相互转换。可以通过色轮下方的下拉菜单来更改颜色模型，它的默认设置是 RGB（0-255）。

HSV 模型往往更容易理解。色相（hue）指的是颜色——红色、绿色、蓝色、紫色、青色、黄色等。它是一个范围为 0 到 360 的值，与色轮上的角度相对应。饱和度（saturation）是一个范围为 0 到 100 的值，表示颜色的鲜艳度。饱和度越低，颜色就会显得越灰。明度（value）表示颜色的亮度。它的值越低，颜色就越接近于黑色。明度的范围也是 0 到 100。

RGB 模型则表示颜色中红色、绿色和蓝色的相对含量，其数值可以是从 0 到 255 的整数，或者是从 0 到 1 之间的分数。通过按照不同比例混合这三种原色，可以产生各种不同的颜色。例如，将 RGB 设定为（0，0，0）则可以显示黑色，设定为最大值（255，255，255）可以显示白色，黄色则是红色和绿色混合的结果（255，255，0）。如果一个颜色的三个分量都比较均匀，那么它的饱和度会相对较低；如果一个颜色的一个或两个分量比较高，就会显得比较鲜艳。这种颜色经常出现在玩具或豪华跑车上。如果所有分量的数值都比较低，颜色将会显得比较暗沉。

现在，前三个字段的含义已经很清楚了。那么，旁边写着字母 A 的第四个字段又代表什么呢？

这个字段代表 Alpha 值，它存在于所有颜色模型中。Alpha 值决定了颜色的透明度，范围是 0 到 100。现在更改它不会产生任何效果，因为这个材质不支持设置透明度。但在常规情况下，Alpha 越低，颜色就越透明。

至于最底部的字段，它表示颜色的十六进制（hexadecimal）颜色代码，有时被简称为 hex 颜色代码，这是一个用于描述颜色的字符串，由字母和数字组成。如果更改这个字段，所有颜色分量都会被更改。十六进制颜色代码对于用户来说可能不太直观，毕竟它看上去就像是一串随机的字符组合，但它提供了一种设置颜色的简便方式，只需要输入我提供的十六进制颜色代码，就可以获得我正在使用的颜色（如果需要的话）。因此，接下来我会使用十六进制颜色代码来描述材质的颜色。

我准备把 Base 设置为深蓝色，Top 设置为浅蓝色。你完全可以发挥自己的创意，选择自己喜欢的颜色，但如果想参考我的设置，那么 Base 的十六进制颜色代码是 7CBAD0，Top 的是 B6DAF5。只需要将这些代码输入到对应材质的颜色选择器中的十六进制字段，得到的颜色就可以与我的相同。

应用材质

设置好材质之后，就可以将它们应用于相应的立方体游戏对象了。从技术上讲，这是通过“检查器”窗口中的 Mesh Renderer 组件来完成的，但更为简便的方法是直接把材质资源从

“项目”窗口拖动到“层次”窗口或“场景”窗口中的目标游戏对象上，使材质自动应用于 Mesh Renderer 组件。注意，请把 Player Base 材质应用到较大的立方体上，将 Player Top 应用到顶部的小立方体上。

如果感兴趣的话，还可以创建一个新的材质并将其应用于 Floor 对象，把它设置成不同的颜色。我设置了一个十六进制颜色代码为 C3D7C4 的颜色，使 Floor 对象变成了类似薄荷绿的灰绿色。

至此，Player 对象的层级结构已经设置完毕，并且模型也变成了彩色。接下来，我们该动手编写代码了。

14.3 声明变量

在开始为玩家的移动编写代码前，需要先创建一个脚本，后者将作为组件添加到 Player 对象上。在“项目”窗口中的 Scripts 文件夹上单击右键，选择 Create ➤ C# Script 并将新建的脚本命名为“Player”。将脚本实例作为组件附加到名为 Player 的根游戏对象上，具体做法为将 Player 脚本从“项目”窗口拖到“层级”窗口中的 Player 对象上。

现在，在“项目”窗口中双击打开新建的 Player 脚本。如果代码编辑器没有启动，则可能需要在顶部菜单栏的“编辑”|“首选项”|“外部工具”中的“外部脚本编辑器”中选择想要使用的编辑器。

在脚本中，首先声明用于控制玩家移动的变量。这些变量的声明位于脚本类的开头处：

```
public class Player : MonoBehaviour
{
    // 引用
    [Header("References")]
    public Transform trans;
    public Transform modelTrans;
    public CharacterController characterController;

    // 移动
    [Header("Movement")]
    [Tooltip("每秒移动的单位数，最高速度。")]
    public float movespeed = 24;

    [Tooltip("达到最高速度所需的时间，以秒为单位。")]
    public float timeToMaxSpeed = .26f;
```

```
    private float VelocityGainPerSecond { get { return movespeed / timeToMaxSpeed; } }

    [Tooltip("从最高速度到静止所需要的时间，以秒为单位。")]
    public float timeToLoseMaxSpeed = .2f;

    private float VelocityLossPerSecond { get { return movespeed / timeToLoseMaxSpeed; } }

    [Tooltip("尝试向与当前行进方向相反的方向移动时的动量乘数(例如,玩家在向左移动时试图向右移动)。")]
    public float reverseMomentumMultiplier = 2.2f;

    private Vector3 movementVelocity = Vector3.zero;
}
```

这段代码涉及的大部分知识点都在之前的章节中讲过了，但 VelocityGainPerSecond 和 VelocityLossPerSecond 的声明比较陌生。它们是“属性”（property），[①] 我们还没有深入讨论过这个概念。现在不理解它们的含义也没关系，接下来我们很快就会解释清楚。

这段代码首先声明了对计划使用的其他组件的引用。声明组件类型（如 Transform）的变量后，就可以直接在“检查器”窗口中设置该变量的值，这样就不需要通过编写代码来获取特定的组件了。只需要在“检查器”窗口中设置一次引用，就可以在代码中的任何地方使用它们。为了让“检查器”窗口的布局更加清晰整洁，第一个引用 trans 设置了 Header 属性（attribute），为这些引用添加了一个粗体标题。

trans 变量指向 Player 对象的 Transform 组件，这样做主要是出于性能考虑——比起每次都使用 Unity 的内置成员 transform，脚本直接持有一个对 Transform 的引用会比较高效。modelTrans 引用了空对象 Model 的 Transform 组件。最后的 characterController 则引用了一个尚未创建的组件 CharacterController。这个组件是控制角色移动的关键，本章稍后会介绍并添加这个组件。

脚本的下一部分包含一个注释 // 移动和一个用于区分与移动相关的变量的新标题。这段代码还使用了 Tooltip 属性（attribute）来为每个变量提供描述。将鼠标悬停在 Unity“检查器”窗口中的变量字段上的时候，这些描述会显示出来。它们不仅像代码注释一样有助于理解代码，

① 译注：在 C# 语言中，虽然 property 和 attribute 都可以被译作“属性”，但两者的定义并不相同。property 是一个类的成员，用于控制对类的一个特定字段的访问。它包含 get 和 set 方法，用于获取或更新该字段的值。例如，在 Person 类中，Name 可以作为一个 property 存在，让我们可以方便地获取或设置一个人的姓名。attribute 则用于为程序的部分元素（如类、方法或属性）添加元数据。这些元数据可以在编译阶段或程序运行时发挥作用，指导程序的行为或提供有关信息。例如，“[Serializable]”就是一个 attribute，在类上添加这个 attribute 时，它会告诉编译器这个类的实例可以被序列化。

还能帮助在 Unity 引擎中显示变量的具体用途。在与其他人合作开发游戏时，这些描述可以帮助他们理解如何使用你编写的脚本。

虽然工具提示简单说明了各个变量的用途，但为了加深理解，让我们再集中回顾一下各个变量的定义。

- movespeed 是玩家每秒能达到的最大速度。
- timeToMaxSpeed 是玩家从静止状态加速至最大速度所需要的时间，单位是秒。
- timeToLoseMaxSpeed 是玩家松开移动键后，从最大速度减速到完全停止所需要的时间。
- reverseMomentumMultiplier 用于帮助玩家更容易地在一个方向上停止移动，并立即开始向相反方向移动。当玩家开始向反方向移动时（例如，玩家原本在向左移动，但突然调头向右移动），他们获得的反向速度将乘以这个数值。因此，如果希望玩家在反向移动时能够以双倍速度加速，就需要将 reverseMomentumMultiplier 其设置为 2。如果希望速度提升 50%，就将其设置为 1.5。虽然我们不打算这么做，但如果这个值低于 1，反向移动就会更加困难。设置这个变量是为了让玩家的移动操作更加灵敏。

这些变量都可以从 Unity 编辑器的检查器中访问。如果需要，随时可以通过更改这些变量来调整玩家的移动特性。随着游戏障碍物和机制的逐步完善，这些数值可能会根据实际体验进行优化。

代码最后一行的 movementVelocity 是一个私有的 Vector3 类型变量。Vector3 是 Unity 引擎提供的数据类型，用以表示 X、Y、Z 这三个轴的向量。正如前文所述，向量可以表示从旋转角度（每个轴在 0 到 360 之间）到位置和缩放的各种事物。在这里，它被用来表示玩家的当前速度，单位是每秒移动的单位数。它的值在 X 轴和 Z 轴上的范围是正负 movespeed，而 Y 值永远不会改变。

14.4 属性

VelocityGainPerSecond 和 VelocityLossPerSecond 是我们创建的第一批属性（property）。通过声明这些属性，我们把一些常用的数学运算“折叠”到更简洁且直观的名称中。如此一来，每次需要进行这些运算的时候，就可以直接输入名称而不是数学表达式了。记住，不要重复自己！

属性可以看作是变量和方法的结合体。属性的声明方式类似于变量，但后面跟的是代码块而不是分号，并且它们没有默认值。在引用和设置属性时，我们可以像处理变量一样对待它们：既可以读取属性的值，也可以给它们设置新的值。

但在声明属性时，需要定义在引用它们的值时返回的内容和 / 或在设置它们的值时发生的操作。在这方面，属性表现得很像方法。在属性的代码块中，可以声明getter和setter。顾名思义，它们分别使用get关键字和set关键字来声明，并且后面都跟着一个代码块。

getter是在属性被读取时执行的代码块。和方法一样，它必须使用return关键字来返回一个值。

setter则是在属性被设置为新值时执行的代码块。它不返回任何值。在setter代码块中，可以通过value关键字来访问即将被赋给属性的新值。

属性可以选择性地声明getter、setter或者两者都声明。声明了哪个就能执行哪种操作。也就是说，如果属性没有声明getter，就不能获取它的值；同理，如果属性没有声明setter，就不能设置它的值。前面的代码并没有声明setter，因为我们不打算设置这些属性的值，它们只是一个执行常用数学运算的快捷方式。因此，前面的代码只声明了get块，并在其中编写了一行代码来返回数学运算的结果。

由于格式的原因，这段代码看起来可能有些乱。就像之前提到的那样，C#语言并不真正关注换行和缩进，这不是语法的一部分。当计算机读取代码时，它并不会使用换行和缩进来判断语句和代码块的结束，而是会通过花括号和分号来判断。无论把一条语句拆成多少行，只要恰当地使用分号来结束那个语句（并且没有在任何名称中间插入空格、制表符或换行符），计算机就能够正确地理解代码的意图。使用换行和缩进只是为了保持代码的一致性和可读性，而不是因为语法的强制要求。

在一些情况下，可以根据需要对这些规则进行调整，甚至打破它们。在属性声明中，我们就是这样做的。由于它们只是get代码块中的一行简单代码，我们没有使用常规的格式，而是把声明写在了单行代码中。

常规的格式可能是下面这样的：

```
private float VelocityGainPerSecond
{
    get
    {
        return movespeed / timeToMaxSpeed;
    }
}
```

如果你喜欢的话，采用这种常规方式也是完全可以的。有些人认为只有这种方式才是“正确的方式”，但我认为单行声明更为简洁，所以更倾向于采取那种方式。不过，如果我的getter包含的代码多于一行，或者有setter，我肯定也会采用常规方式编写声明。这个例子很好地说明了一点：有时候，适当地打破一些传统的代码格式化“规则”是无伤大雅的，在开发个人项目的时候尤其如此。

14.5 跟踪速度

前几节充分地介绍了脚本中的可用变量，而在这一节中，我们将开始编写每帧更新的逻辑，赋予玩家角色移动的能力。这部分逻辑与 movementVelocity 变量紧密相关，因为它定义了每秒的移动距离。

在开始编写 Update 方法中的代码之前，最好先将 Update 方法中的不同逻辑块拆分成更小的方法——这是一个值得培养的好习惯。

例如，为了将移动逻辑与 Update 方法中可能存在的其他逻辑分离开来，可以通过 private void Movement() 来简单地声明一个方法，在其中编写所有与移动有关的逻辑，然后在 Update 方法中调用这个方法。这种做法对于处理特别复杂的脚本非常有帮助，因为代码编辑器提供了折叠代码块的功能，让我们能够把暂时不需要处理的代码隐藏起来。

在着手编写具体的移动逻辑之前，不妨先来看看 Movement 方法的大致结构。当然，所有这些代码都嵌套在脚本类的代码块中，位于前几节中声明的变量下方：

```
private void Movement()
{
    // 在此处编写实现移动的代码
}
private void Update()
{
    Movement();
}
```

Movement 方法被声明为一个简单的私有方法，它不返回任何内容，并且被紧随其后的 Update 方法所调用。如果未来需要在 Player 脚本中添加新的功能，也可以采用同样的方式来将新的逻辑单独放在一个代码块中。

现在，是时候开始为 Movement 方法编写代码了。请注意，这些代码每帧都会执行，因此它们会以小而频繁的增量持续运行。所以，任何需要以每秒为频率应用的值都必须乘以 Time.deltaTime，就像第 10 章中做过的那样。

首先，我们将使用一系列 if 和 else 语句块来根据玩家的按键输入以及 movementVelocity 变量的当前状态来更改 movementVelocity（以便在向相反方向移动时应用 reverseMomentumMultiplier）。之后，我们将检查在这一帧是否存在任何 movementVelocity，如果存在，就使用它来控制玩家的移动。

接下来，我们将从 Z 轴入手，逐步实现角色的前进和后退功能。第一个要实现的是 W 键或上箭头键的按键检测，以处理前进速度。为了确保速度不会超过任意方向上的 movespeed，需要使用简单的数学方法 Mathf.Min 和 Mathf.Max。它们各自接收两个浮点数参数，并返回这两个数值中的较小值（Mathf.Min）或较大值（Mathf.Max）。很好理解，对吧？

这种方法经常被用来对一个可变的值设置上限。与传统的先增加数值再检查是否超出上限的方法相比，使用 Mathf.Min 或 Mathf.Max 可以用一行代码简洁地实现相同的效果。我们不是通过增加或减少的方式来调整某个数值，而是直接将其设置为 Min 或 Max 调用的结果。以下是一个使用这种方法增加数值的示例：

```
value = Mathf.Min(maximumValue, value + addedAmount);
```

在这个示例中，value 变量的值被设置成 Min 方法的结果。Min 函数接受两个参数，并返回两者中较小的值。第一个参数是为 value 设定的最大值（maximumValue），第二个是 value 当前的值加上想要增加的值。如果相加后的 value 的值低于最大值，那么它就会作为结果返回。但如果超过最大值，maximumValue 就会作为结果返回。

同样的逻辑也可以应用于减法操作：

```
value = Mathf.Max(minimumValue, value - addedAmount);
```

这段代码使用了 Mathf.Max，并且执行减法操作而不是加法。在这种情况下，如果 value 减去某个值得到的结果高于最小值（minimumValue），它就会作为结果返回。反之，则 minimumValue 会作为结果返回：

- 在增加某个值时，使用 Min 函数来设置上限；
- 在减少某个值时，使用 Max 函数来设置下限。

将这些概念综合应用，可以通过以下代码实现玩家的向前移动：

```
// 如果按住 W 或上箭头键：
if (Input.GetKey(KeyCode.W) || Input.GetKey(KeyCode.UpArrow))
{
    if (movementVelocity.z >= 0) // 如果原本在向前移动
        // 使用 VelocityGainPerSecond 增加 Z 轴速度，但最高不能超过 movespeed：
        movementVelocity.z = Mathf.Min(movespeed, movementVelocity.z + VelocityGainPerSecond
        * Time.deltaTime);

    else // 如果原本在向后移动
        // 使用 reverseMomentumMultiplier 增加 Z 轴速度，但不能超过 0：
        movementVelocity.z = Mathf.Min(0, movementVelocity.z + VelocityGainPerSecond *
        reverseMomentumMultiplier * Time.deltaTime);
}
```

这段代码乍一看可能有些复杂，但不用担心，下文会一步步地解析它的作用。请记住，当玩家向后移动时，velocity.z 的值将是负数，而向前移动时则是正数。由于摄像机位于玩家上方俯视着玩家角色，所以在屏幕上，“前进”的方向对应于向上，“后退”则对应于向下。

如果 velocity.z 的值等于 movespeed，则意味着玩家正在以最大的速度向前移动。相反，如果 velocity.z 的值等于 -movespeed（即负的 movespeed），那么玩家就以最大的速度向后移动。

如果把这段代码翻译成大白话，可以像下面这样表达：

- 如果玩家按住了 W 键或上箭头键；
- ……并且如果当前具有前进（正）动量，就增加前进动量，但要确保它不会超过 movespeed；
- ……否则，如果玩家当前具有后退（负）动量，就增加并使用 reverseMomentumMultiplier。由于当前的速度是负数，它不能超过 0。一旦速度达到 0，就停止使用 reverseMomentumMultiplier。

掌握这些概念后，本章后续的内容就很容易理解了。每当需要改变速度的时候，都将利用 Min 和 Max 来确保在赋值过程中将数值限制在一个合适的范围内。

在增加速度时，前面的代码使用一个之前声明的属性：VelocityGainPerSecond。在不涉及反方向移动时，它是像下面这样应用的：

```
movementVelocity.z + VelocityGainPerSecond * Time.deltaTime
```

这个过程很好理解，因为这个属性的名称相当直观地描述了它的作用：以当前的 Z 速度为基础，然后加上每秒的速度增量。由于频率是“每秒”，所以它必须乘以 Time.deltaTime，就像之前学过的那样。前面还提到过另一个知识点：乘法操作符 * 的优先级高于操作符 + 或 -。这意味着乘法操作符左右两侧的数字会首先相乘，然后再基于乘法的结果进行加法或减法运算。由此可以推断出，与 Time.deltaTime 相乘的是 VelocityGainPerSecond，而不是 movementVelocity.z 与 VelocityGainPerSecond 相加后的结果。

如果想让代码更加清晰明了，我们可以使用括号来分隔它们。有些人认为没有必要这么做，因为它执行的操作是相同的，但如果觉得这样有助于阅读和理解，就尽管这么做：

```
movementVelocity.z + (VelocityGainPerSecond * Time.deltaTime)
```

继续往下看，在向相反的方向移动时，代码是下面这样的：

```
movementVelocity.z + VelocityGainPerSecond * reverseMomentumMultiplier * Time.deltaTime
```

这与前面的代码相差无几，只不过其中添加了一个操作符“*”以应用 reverseMomentumMultiplier。我们知道，在乘法算式中，乘数的前后顺序并不重要。无论如何调整后面三个引用的顺序，结果都将保持不变。

学习了这些概念后，你已经掌握了理解这个速度处理系统所需要的几乎所有知识。本章后面不会再涉及什么新知识了，最多也只是之前学习的知识的变体。

接下来要处理的是实现向后移动的代码。这段代码将紧跟在刚刚编写的 if 语句块之后（即检查 W 键或上箭头键是否被按下的那部分代码）：

```
// 如果按住 S 或下箭头键：
else if (Input.GetKey(KeyCode.S) || Input.GetKey(KeyCode.DownArrow))
{
    // 如果原本在向前移动
    if (movementVelocity.z > 0)
        movementVelocity.z = Mathf.Max(0, movementVelocity.z - VelocityGainPerSecond *
        reverseMomentumMultiplier * Time.deltaTime);
    // 如果原本在向后移动或没有移动
    else
        movementVelocity.z = Mathf.Max(-movespeed, movementVelocity.z -
        VelocityGainPerSecond * Time.deltaTime);
}
```

这段代码与之前处理向前移动的很相似，只不过有一些小修改。首先，它使用关键字 else if 而不是 if 来检查玩家是否按下了 S 或下箭头键。这是为了确保在玩家同时按住上下移动键时，其中一个键（在这里是向上移动键）会优先生效，而不会两个键同时生效。

此外，由于这里是对速度进行减法操作，所以使用的是 Max 函数而不是 Min 函数。

再次把这段代码翻译成大白话：

- 如果玩家按住 S 键或下箭头键；
- ……并且玩家当前具有前进（正）动量，则在应用 reverseMomentumMultiplier 的同时减少前进动量，但要确保它不低于 0；
- ……否则，如果玩家当前具有后退（负）动量或根本没有动量，则减少动量，但要确保它不低于负的 movespeed。

现在只剩下一个关键条件需要处理：当玩家既不按前进键也不按后退键时，速度应该如何递减。如果不处理这个条件的话，玩家角色在松开移动键后仍然会持续移动。这显然不是我们想要的。

为了解决这个问题，需要在检查向后移动键是否被按下的 else if 语句块之后添加一个 else 语句块，只要前进或后退这两个键均未被按下，这个 else 语句块就会被执行。当前动量如果为正，它就会逐渐被减少到 0；当前动量如果为负，则会逐渐增加到 0；动量如果正好为 0，则不执行任何操作：

```
else // 如果前进或后退键均未被按下
{
    // 必须逐渐将 Z 速度减至 0
    if (movementVelocity.z > 0)    // 如果原本在向前移动，
        // 将 Z 速度减去 VelocityLossPerSecond，但不能低于 0：
        movementVelocity.z = Mathf.Max(0, movementVelocity.z - VelocityLossPerSecond * Time.
        deltaTime);

    else // 否则，如果原本在向后移动，
        // 将 Z 速度加上 VelocityLossPerSecond，但不能高于 0：
        movementVelocity.z = Mathf.Min(0, movementVelocity.z + VelocityLossPerSecond * Time.
        deltaTime);
}
```

之后在实现左右移动的时候，直接应用类似的逻辑即可。比如，可以直接把处理前后移动的代码（即到目前为止在 Movement 方法中的全部内容）复制一遍，然后把键位改成 A/D 和左 / 右箭头。同时，还需要把所有对 Z 轴的引用都改成对 X 轴的引用，相应地修改即可。

在进行这些改动时一定要细心！如果忘记把某个地方的“.z”改成“.x”，游戏可能会出现一些意想不到的行为。向左 / 向右移动的实现代码如下：

```
// 如果玩家按住 D 键或右箭头键：
if (Input.GetKey(KeyCode.D) || Input.GetKey(KeyCode.RightArrow))
{
    // 如果原本向右移动
    if (movementVelocity.x >= 0)
        // 使用 VelocityGainPerSecond 增加 X 轴速度，但最高不能超过 movespeed：
        movementVelocity.x = Mathf.Min(movespeed, movementVelocity.x + VelocityGainPerSecond
        * Time.deltaTime);

    else // 如果原本向左移动，
        // 使用 reverseMomentumMultiplier 增加 X 轴速度，但最高不能超过 0：
        movementVelocity.x = Mathf.Min(0, movementVelocity.x + VelocityGainPerSecond *
        reverseMomentumMultiplier * Time.deltaTime);
}

// 如果玩家按住 A 键或左箭头键：
else if (Input.GetKey(KeyCode.A) || Input.GetKey(KeyCode.LeftArrow))
{
    // 如果原本在向右移动
```

```
        if (movementVelocity.x > 0)
            movementVelocity.x = Mathf.Max(0, movementVelocity.x - VelocityGainPerSecond *
            reverseMomentumMultiplier * Time.deltaTime);

        else // 如果原本在向左移动或没有移动
            movementVelocity.x = Mathf.Max(-movespeed, movementVelocity.x -
            VelocityGainPerSecond * Time.deltaTime);
    }
    else // 如果向左或向右键均未被按下
    {
        // 必须逐渐将 X 速度减至 0
        // 如果原本在向右移动
        if (movementVelocity.x > 0)
            // 将 X 速度减去 VelocityLossPerSecond，但不能低于 0：
            movementVelocity.x = Mathf.Max(0, movementVelocity.x - VelocityLossPerSecond * Time.
            deltaTime);
        // 否则，如果原本在向左移动
        else
            // 将 X 速度加上 VelocityLossPerSecond，但不能高于 0：
            movementVelocity.x = Mathf.Min(0, movementVelocity.x + VelocityLossPerSecond * Time.
            deltaTime);
    }
```

14.6 应用移动

现在只剩最后一步了——应用移动速度，让玩家能够真正地在游戏世界中移动。这将通过 Unity 内置的 Character Controller 组件来实现，后者主要用于为角色提供移动和碰撞检测。如果简单地通过设置玩家角色的 Transform 位置来进行移动，那么玩家角色将不会执行任何碰撞检测——它们会像幽灵一样穿过所有障碍物。而如果使用 Character Controller 组件来移动玩家角色，它们会与遇到的障碍物发生碰撞并沿其表面滑动——前提是这些障碍物带有碰撞体组件。在通过“游戏对象”菜单创建基本形状（比如立方体、球体等）时，Unity 会自动为它们配备与形状相匹配的碰撞体。

首先，让我们为 Player 游戏对象（带有 Player 脚本组件的那个对象）添加一个 Character Controller 组件。

在“层级”窗口中选择 Player 对象，然后单击“检查器”窗口底部的“添加组件”按钮，这将展开一个包含 Unity 所有组件的下拉菜单。在这个菜单中，可以通过依次单击 Physics 和

Character Controller 来添加 Character Controller 组件，也可以在下拉菜单中的搜索框里输入“character controller”，然后按下回车键直接添加这个组件，或 Character Controller 组件出现在搜索结果中时直接点击它。

Character Controller 组件采用的是胶囊碰撞体，这在“场景”窗口中看起来像是胶囊行形状绿色的线框，表示了玩家角色在当前 Character Controller 组件设置下的大小。

在“检查器”窗口中找到 Character Controller 组件的中心、半径和高度设置，并把中心改为（0，2.5，0），半径改为 1，高度改为是 5。这样的设置可以让碰撞体覆盖玩家模型的主要部分，并在模型两侧留出一点空间。其余的设置可以保持不变。修改完毕后，Character Controller 组件在“检查器”窗口中的设置应该与图 14-5 一致。

Character Controller	
斜度限制	45
每步偏移量	0.3
蒙皮宽度	0.08
最小移动距离	0.001
中心	X 0 Y 2.5 Z 0
半径	1
高度	5

图 14-5 “检查器”窗口中显示 Player 游戏对象的 Character Controller 组件配置

设置好 Character Controller 组件之后，就可以设置之前在 Player 脚本中声明的对变量的引用。在 Unity 编辑器中，可以通过多种不同的方式来为组件设置引用。

- 在“检查器”窗口中找到位于 Player 脚本中“角色控制器”字段右侧的小圆圈图标，单击它之后，会弹出一个窗口，其中列出场景中所有带有 CharacterController 的游戏对象。双击其中的一个。
- 在“检查器”窗口中找到 CharacterController 组件标题栏中的粗体文本“Character Controller”，左键单击这个文本并将它拖放到 Player 脚本中的“角色控制器”字段上，以建立引用。
- 从“层级”窗口中将 Player 游戏对象拖放到“检查器”窗口中的变量字段上。Unity 识别出该字段需要一个 CharacterController 引用，并在拖过去的游戏对象上找到对应的组件。

采用任何一种方式都可以达成目的，但一些方式有时会更加便捷。

设置好字段后，它将显示拥有 CharacterController 组件的游戏对象的名称，右边跟着

（Character Controller）表示实际存储的组件类型。

同样，我们还需要设置 Trans 和 ModelTrans 的引用，这两个字段应该位于刚刚设置的 CharacterController 字段的上方。

操作方式与之前相同。可以在“检查器”窗口中将 Transform 组件的标题拖动到 Trans 字段上，然后从“层次”窗口中将 Model 游戏对象拖到“检查器”窗口中的相应字段上。

现在可以回到代码中，开始应用移动功能了。在 Movement 方法的底部，将以下代码添加到所有处理输入和移动速度的代码之后：

```
// 如果玩家在任一方向上移动（左 / 右或上 / 下）：
if (movementVelocity.x != 0 || movementVelocity.z != 0)
{
    // 应用移动速度：
    characterController.Move(movementVelocity * Time.deltaTime);
    // 使 Model Holder 面朝最后移动的方向：
    modelTrans.rotation = Quaternion.Slerp(modelTrans.rotation, Quaternion.
    LookRotation(movementVelocity), .18F);
}
```

这段代码的逻辑相当直观。首先通过一个 if 语句来检查 X 轴和 Z 轴是否有移动：如果 X 不为 0 或（|| 操作符）如果 Z 不为 0。如果是，就通过访问 characterController 引用并调用其 Move 方法来应用移动。这个方法接受一个 Vector3 类型的参数，表示这一帧需要移动的距离。这就是创建 movementVelocity 的意义。但需要注意的是，由于移动速度是按“每秒”计算的，所以需要将它乘以 Time.deltaTime。

之后，我们需要旋转 Model Holder，以使其面向移动方向。这涉及到一些之前没讲过的旋转操作，所以看起来可能有点陌生。

Unity 采用“四元数”（quaternion）来表示旋转。尽管四元数背后的数学原理相对复杂（听起来甚至有些吓人），但好消息是，我们并不需要掌握这些原理就可以在 Unity 中使用它。大多数情况下，只需要调用 Unity 的内置方法就可以实现旋转。唯一需要了解的是，四元数本质上代表一种旋转，它可以表示一个对象指向的方向或者对象倾斜的角度。在 Unity 的“检查器”窗口中，为了便于用户操作，旋转被表示为 Vector3 类型，并且每个分量的值范围都是 0 到 360 度。然而，在 Unity 的内部，旋转是通过四元数来表示和管理的。

前面的代码用到了两个方法：Quaternion.Slerp 和 Quaternion.LookRotation。

Slerp 是游戏开发中一个常用术语，尤其是在处理向量和旋转的时候。它是 spherical linear interpolation（球面线性插值）的缩写。简单来说，Slerp 是一个接受三个参数的方法：

- 开始时的旋转状态（一个四元数）；
- 目标旋转状态（也是一个四元数）；
- 一个浮点数，表示希望以多快的速度到达目标旋转状态。

这个浮点数是一个介于 0 和 1 之间的乘数，它基本上意味着“这一帧需要完成目标旋转的百分之多少？”所以如果它被设置为 0，对象将不会旋转；如果设置为 1，对象将立即旋转到目标状态；而如果设置为 0.18，就意味着每一帧将旋转目标旋转的 18%。

可以亲自体验一下，观察它是如何实现平滑的旋转效果的。在每一帧的更新中，我们都通过调用 Slerp 方法来设置 Model Holder 的旋转。Slerp 方法的每次调用都以当前的旋转状态作为起点，并以目标旋转作为终点。例如，第一帧将旋转至目标旋转的 18%，然后下一帧又会旋转剩余部分的 18%，依此类推。随着每一帧的更新，当前旋转状态与目标旋转状态之间的差距会逐渐变小。这产生了一种自然的弹簧效果（spring effect）。一开始时的旋转更快更明显，但随着越来越接近目标旋转状态，旋转速度会逐渐减缓至停止。这样做不仅使旋转看起来比每帧旋转固定角度更加流畅，还使得完成 180 度旋转的时间和 90 度旋转相同。

为了获得目标旋转（Slerp 调用中的第二个参数），我们调用 Quaternion.LookRotation 方法，它接受一个 Vector3 参数，并返回一个使对象朝向 Vector3 的方向的旋转（Quaternion）。

总的来说，这段代码将 movementVelocity 作为参数传递给 Quaternion.LookRotation 调用，以获取一个四元数，使对象朝向当前速度所对应的方向。然后，这段代码利用 Slerp 方法，使对象每一帧都向目标旋转状态旋转 18%。

如果不需要平滑的旋转效果，可以如下修改代码：

```
modelTrans.rotation = Quaternion.LookRotation(movementVelocity);
```

这种方法会立即改变玩家模型的朝向，使其与移动方向一致。虽然效果没有那么差，但会显得有点突兀，特别是从静止状态突然转向相反方向的时候。

至此，玩家角色的移动功能已经实现完成。它看上去很不错。现在，我们终于可以运行游戏并观察它的实际效果了。保存对 Player 脚本的更改，并确保已经在 Player 脚本的引用部分正确设置了相关变量。此外，最好在玩家角色周围放置一些立方体或球体，否则在空荡荡的游戏场景中可能很难判断玩家角色是否在移动。

玩家角色应该可以通过 WASD 键和箭头键移动。摄像机应该固定在玩家上方，随着玩家的移动而移动（但相对位置保持不变）。玩家模型将平滑地旋转，指向当前的移动方向。

14.7 小结

在这一章中，我们赋予了玩家移动的能力。本章介绍了如何通过创建和应用基本材质来为游戏对象添加颜色，并讲解了如何使用 Mathf.Max 方法和 Mathf.Min 方法在调整数值时限制它们的范围，此外，本章还说明了如何处理玩家角色每帧的速度变化，使玩家角色能够根据 WASD 键或方向键的输入逐渐加速或减速。在前面的章节中，我们在创建 Player 对象时富有先见之明地把玩家模型和 Player 的其他部分分离开。这种做法的好处在本章中得到了体现——无论玩家模型如何旋转，摄像机始终都保持在相同的位置。

本章要点回顾如下。

1. 属性（property）和变量很相似，但它明确地定义了获取或设置变量时应该执行的代码。
2. 在数值增加的操作中，使用 Min 函数可以限制数值不超过预设的最大值。
3. 在数值减少的操作中，使用 Max 函数可以确保数值不低于预设的最小值。
4. Slerp 可以在两个表示旋转的四元数之间平滑差值。
5. 四元数是一种用于表示旋转的数据类型。Transform.rotation 成员是一个四元数，表示 Transform 组件当前的朝向。
6. Quaternion.LookRotation 方法接受一个 Vector3 作为参数并返回一个四元数，后者代表如何旋转才能使 Transform 组件朝向该 Vector3 所指向的方向所需要的旋转。

第 15 章 死亡与重生

本章将实现游戏中的一个基础系统，使玩家角色可以“死亡”（别担心，这一点也不暴力）并回到重生点。

重生点将被设置在游戏关卡的起点，无论玩家在死亡前位于场景中的什么位置，他们都会在此重生。这里暂时不会添加什么花哨的功能。当玩家死亡时，他们的角色模型将会消失，同时 Player 脚本也会被禁用，以防止玩家继续操控角色。经过几秒钟的等待（作为对失败的小小惩罚），玩家会回到重生点，Player 脚本将被重新启用。

首先，需要在 Player 脚本中声明一些变量。将以下代码添加到第 14 章声明的与移动相关的变量下方：

```
// 死亡与重生
[Header("Death and Respawning")]
[Tooltip("玩家死亡后等待多久（单位为秒）才会重生？")]
public float respawnWaitTime = 2f;

private bool dead = false;

private Vector3 spawnPoint;
```

由于这部分变量涉及新的系统，故这段代码添加了一个新的 Header 属性来保持“检查器”窗口整洁有序。此外，这段代码还声明了一个可以在“检查器”窗口中编辑的浮点数，用于设定玩家复活前需要等待的时间。

此外，这段代码还声明了两个私有变量，它们不会公开到“检查器”窗口中。

- dead：一个布尔值，表示玩家当前是存活（false）还是死亡。
- spawnPoint：一个 Vector3，表示玩家重生的位置。

接下来，需要在 Start 方法中将 spawnPoint 变量设置为游戏开始时玩家的位置。只需要添加一行代码即可：

```
private void Start()
{
    spawnPoint = trans.position;
}
```

这段代码很直观：在脚本首次启用时，将spawnPoint设置为玩家的Transform.position。之后就不会再对重生点进行更改了。

15.1 启用与禁用

前面简单介绍过如何启用和禁用脚本及游戏对象，考虑到接下来将把这些概念应用到实际开发中，让我们更深入地了解一下它们背后的工作原理。在Unity中，游戏对象和单独的脚本都可以“关闭”，但它们涉及的术语略有不同：游戏对象有活动（active）和非活动（inactive）两种状态，而脚本则有启用（enabled）和禁用（disabled）两种状态。

当游戏对象处于活动状态时，它的所有组件将正常运行并更新。如果想停用（deactivate）游戏对象，可以通过选中游戏对象并取消勾选“检查器”窗口顶部位于游戏对象名称左侧的复选框（图15-1）。

图15-1 在“检查器”窗口中取消勾选Player预制件名称左侧的复选框，即可停用游戏对象

停用游戏对象后，它的所有组件都将停止运行，包括渲染器、碰撞检测、与物理相关的组件、光照、摄像机等。这也意味着它的所有子对象都会变为非活动状态。在“层级”窗口中，停用的游戏对象的名称将会显示为灰色，以表示它们处于非活动状态。由于非活动游戏对象的子对象也会被停用，它们的名称也会变成灰色（图15-2）。

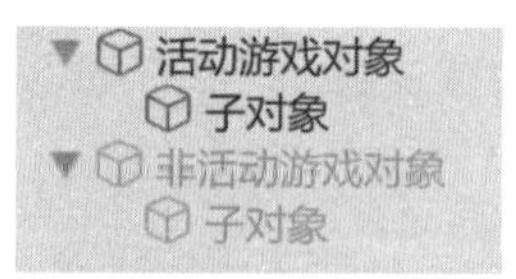

图15-2 “层级”窗口中的活动游戏对象和非活动游戏对象

同理，组件也可以启用或禁用，脚本组件也不例外。所有支持启用/禁用的组件旁边都有一个复选框（图15-3）。

Character Controller
Player（脚本）

图15-3 折叠的Player脚本组件和Character Controller组件。取消勾选，即可禁用组件

组件在默认情况下是启用的，但如果想让它们等到特定时间点再开始工作，可以在编辑器中禁用它们，然后再通过代码来控制它们的启用时机。

有些组件和脚本没有这个复选框，因为它们不包含任何可以随时启用或禁用的一致逻辑。举例来说，如果脚本没有声明任何内置的 Unity 事件，比如 Start 或 Update，那它们就不会有这个复选框。

就像前面提到的那样，停用一个游戏对象会同时停用它的所有子对象。然而，每个游戏对象都有一个独立的状态，表示自己处于活动还是停用状态。即使一个游戏对象本身处于活动状态的，如果它的任何父对象处于非活动状态，那么它实际上仍然是停用的。

Unity 会保留每个游戏对象的独立状态，但其“实际状态”依赖于其父对象的状态。这意味着，如果有一个被停用的子对象，在停用并启用其父对象后，这个子对象仍然会保持停用状态——它存储了自己的状态。

Unity 还提供了在代码中区分这些状态的能力。通过引用游戏对象，可以访问两个独立的布尔变量来确定游戏对象的状态。

- GameObject.activeInHierarchy 表示游戏对象当前的实际状态，如果它的任何父对象处于停用状态，它将为 false（非活动状态），如果父对象和游戏对象本身都处于活跃状态，它将为 true（活动状态）。
- GameObject.activeSelf 是游戏对象的独立状态。即使它为 true，如果游戏对象的任何父对象是非活动状态，游戏对象也可能是非活动的。简单地说，这个状态只有在所有父对象处于活动状态时才有用；一旦有一个父对象是非活动的，那么无论 activeSelf 是什么，游戏对象都将是非活动的。

从技术上来说，它们都是属性（property），就像第 14 章为移动创建的数学属性那样。它们只允许获取值，而不允许设置值。若想设置游戏对象的活动状态，就需要调用 GameObject.SetActive 方法，它接受一个布尔值作为参数，这个参数决定了游戏对象的状态应该被设置活动（true）还是非活动（false）。

既然谈到启用和禁用的话题，我们不妨顺便讲讲另一个概念：内置事件 Awake。它在脚本首次初始化时被调用，就像 Start 一样，但两者有一些微妙的区别。

- 当场景首次加载时，所有 Awake 调用都会在任何 Start 调用之前执行。如果需要确保一个脚本总是在另一个脚本之前初始化，则应该在前者中使用 Awake，在后者中使用 Start。
- Awake 会在脚本初始化时立即执行，无论脚本是否被启用，而 Start 只会在脚本首次启用的那一帧执行。
- 无论如何，如果脚本附加到的游戏对象在场景首次加载时处于非活动状态，那么 Start

和 Awake 都不会被调用，直到游戏对象首次被激活。这也适用于通过代码创建的预制件实例：如果预制件中的游戏对象处于非活动状态，那么在首次被创建时，它们的 Start 或 Awake 都不会被调用，只有在这些游戏对象首次被激活时才会被调用。

通常，如果不是必须使用 Awake，就应该使用 Start。如此一来，在真的需要在脚本初始化时执行一些必须在所有其他脚本之前完成的操作的时候，就可以使用 Awake 来轻松地实现这一点。

这就是为什么本书在绝大部分情况下都是用的是 Start。不过，为了以防万一，理解 Awake 和 Start 之间的区别非常重要。

15.2 Die 方法

15.1 节已经设置好重生点，而这一节的主要任务是编写一个在被调用时会杀死玩家的方法。这个方法将被定义为公共的，并且不返回任何值（void）：

```
public void Die()
{
    if (!dead)
    {
        dead = true;
        Invoke("Respawn", respawnWaitTime);
        movementVelocity = Vector3.zero;
        enabled = false;
        characterController.enabled = false;
        modelTrans.gameObject.SetActive(false);
    }
}
```

首先，这段代码使用一个简单的 if 语句来检查玩家是否存活，以避免在玩家已经死亡时再次调用 Die 方法的尴尬。记住，逻辑非操作符！可以反转布尔值，所以这段代码实际上是在检查“玩家还活着吗？”

确认玩家存活后，dead 变量立即被设置为 true，因为玩家角色在方法执行完毕时将处于死亡状态。接下来，这段代码引入了一个之前未曾用过的新概念——Invoke。

Invoke 用于在给定的等待时间后调用一个方法。在前面的代码中，首先提供字符串 Respawn 来指定要调用的方法的名称，然后提供一个浮点数来表示在调用方法之前要等待的秒数。

Respawn 方法暂时还没有被声明，但我们很快就会这样做。关键在于，Invoke 调用中使用的方法名称必须和方法的实际名称完全相同。即使只是大小写错误，例如将方法命名为"respawn"而不是"Respawn"，Invoke 也无法正确调用该方法。方法调用如果失败，Unity 就会在控制台中记录一条消息来说明失败的原因。

在使用 Invoke 调用一个方法时，不能向该方法传递任何参数。这也意味着被调用的方法在声明时也不能带有任何参数。如果定义了参数，Invoke 调用就会失败。

在 Invoke 调用之后，我们需要确保玩家在死亡时失去所有动量，使其重生时不会保留之前的速度。这里使用 Vector3.zero 将运动速度重置为（0，0，0）。这是 new Vector3(0，0，0) 的简写形式，它们的功能是一样的。技术上来说，Vector3.zero 是 Vector3 类型中的一个静态属性。它有一个 getter，但没有 setter，并且总是返回 new Vector3(0，0，0)。

接下来，这段代码将 enabled 设置为 false。enabled 是每个组件类型都有的实例变量，表示组件是否启用。由于脚本也是组件，所以将 enabled 设置为 false 后，脚本就会停止运行。是的，禁用脚本就是这么简单。这不会中断当前正在执行的代码，只会禁止内置事件（比如 Update）发生，直到脚本再次启用。即便脚本被禁用，之前通过 Invoke 调用的方法也仍然会被执行。

这段代码对 CharacterController 也做了同样的处理。由于这是负责处理玩家碰撞检测的组件，如果不禁用它，玩家角色在物理层面上就仍然存在，会与旁边的其他对象发生碰撞。

最后，为了不再显示玩家模型，这段代码调用了之前讨论的 GameObject.SetActive 方法。我们通过 modelTrans 访问它对应的游戏对象。请记住，Transform 只是组件的一个更具体的版本，而所有组件（包括脚本）都有一个 .gameObject 成员，指向它们所附加到的游戏对象。有了这个成员，就用不着单独声明对 Model 游戏对象的引用。

15.3 Respawn 方法

在上一节的代码中，Invoke 已经调用了 Respawn 方法，所以现在只需要声明这个方法。它将把 dead 设置回原来的 false，使玩家角色回到重生点，并重新启用脚本、CharacterController 和模型。最终，玩家恢复到可操作的正常状态，可以再次挑战关卡：

```
public void Respawn()
{
    dead = false;
    trans.position = spawnPoint;
    enabled = true;
    characterController.enabled = true;
```

```
        modelTrans.gameObject.SetActive(true);
    }
```

到这里，这个基础的死亡和重生系统差不多就构建完成了。现在，当致命的游戏对象碰到玩家时，只需要通过引用Player脚本来调用公共方法Die即可。这个问题将留到下一章处理。现在，为了提前测试一下这个系统是否有效，让我们编写一些简单的临时代码，通过一个快捷键来让玩家立即死亡。你已经是一个专业的程序员了，这项任务应该是小菜一碟。只需要在Update方法中添加以下代码即可：

```
if (Input.GetKeyDown(KeyCode.T))
    Die();
```

保存文件并运行游戏，操控玩家角色离开起点，然后按下T键。玩家角色应该会消失。由于我们停用的是模型而不是根游戏对象，所以摄像机不会受到影响。默认的重生等待时间为两秒（这可以在“检查器”窗口中调整），然后玩家角色应该会重新出现在重生点，并能够再次移动。

为了提升重生后的游戏体验，可以采取一个额外的步骤：将玩家的旋转角度重置为游戏开始时的角度，这样玩家就不会以死亡时面向的角度重生。这实现起来很简单。

在spawnPoint变量下方声明以下变量：

```
private Quaternion spawnRotation;
```

在Start方法中，将该变量设置为modelTrans.rotation：

```
spawnRotation = modelTrans.rotation;
```

这记录了模型在游戏开始时的旋转。接着，在Respawn方法中的某处将旋转应用到modelTrans上：

```
modelTrans.rotation = spawnRotation;
```

现在，如果想让玩家在重生时面向特定的方向，可以旋转把Model模型游戏对象旋转到相应的角度，它将在整个游戏中保持不变。如果需要的话，也可以为各个关卡设置不同的初始旋转角度，以确保玩家在开始关卡或重生时都朝向正确的方向。

再次强调，在处理玩家角色的旋转的时候，旋转的是玩家模型而不是根对象，因为摄像机是根对象的子对象，所以如果旋转根对象，摄像机也会随之旋转，这会改变摄像机的朝向。玩家的移动是基于世界坐标系的方向进行的，即使摄像机的朝向发生变化，玩家的移动方向也不会自动调整来匹配新的摄像机朝向。

这可以通过一个简单的实验来亲自体验一下。在“检查器”窗口中更改根游戏对象Player

的 Y 轴旋转，比如改为 90。然后开始游戏并尝试移动玩家角色。可以看到，现在按下 W 键或上箭头键时，角色会向左移动；按下 S 键或下箭头键时，角色会向右移动。这会让游戏体验大打折扣。

实验完成后，记得将 Y 轴旋转重置为 0，恢复正常的游戏设置。

15.4 小结

本章说明如何实现玩家的死亡和重生机制。有了这个机制，在第 16 章中编写致命障碍物时，我们就可以调用一个方法来“杀死”玩家。本章要点回顾如下。

1. 停用一个游戏对象会使其所有的组件都停止运行。此外，它的所有子游戏对象也将被视为非活跃状态。
2. 在选中游戏对象后，可以通过取消勾选“检查器”窗口位于对象名称左侧的复选框来停用该游戏对象。
3. Awake() 和 Start() 都是可以在脚本中声明的内置事件，其中的代码将在脚本加载完成并准备就绪时立即运行，每个脚本实例只运行一次。
4. 所有 Awake 事件调用都会在 Start 事件调用之前发生。但是，无论脚本是否启用，它们都必须等到游戏对象首次变为活动状态的那一帧才能执行。
5. 即使脚本被禁用，Awake 事件调用也仍然会执行。脚本可能在场景中默认被禁用，也可能在预制件中被禁用（这意味着在创建预制件实例时它仍将被禁用）。无论是哪种情况，Awake 事件调用都会照常执行。
6. 如果脚本被禁用，Start 事件调用将不会执行，它要等到脚本首次变为活动状态时才会被调用。
7. 利用 Invoke 方法，可以在指定的等待时间后通过名称来调用脚本中的函数。

第 16 章 基本款危险物

既然玩家角色已经可以死亡，就该着手为能够杀死他们的坏蛋编写代码了。这一章将编写一个名为“Hazard”的通用脚本，它将赋予游戏对象在接触时杀死玩家的能力。此外，这个脚本还会被用来创建致命的投射物和一个定期发射投射物的障碍物类型。

16.1 碰撞检测

在创建能够响应碰撞事件的脚本之前，我们不妨先来了解一下 Unity 是如何处理碰撞检测的。这涉及三个主要概念：Collider（碰撞体）、Rigidbody（刚体）和 Layer（图层）。

Collider（碰撞体）是附加到游戏对象上的组件，它赋予游戏对象一个不可见的形状，用于与其他碰撞体交互。碰撞体有多种类型，可以提供不同的形状，比如：球体、盒体、胶囊，甚至还有可以为复杂的网格形状添加碰撞检测功能的网格碰撞体。

可以看到，我们目前为止创建的所有实体对象都有某种类型的碰撞体组件。比如玩家模型脚下的 Floor（平面）和构成玩家模型的立方体。通常情况下，平面会配备网格碰撞体（Mesh Collider），而立方体则会配备盒形碰撞体（Box Collider）。

为了避免过早展开有关碰撞体的话题，我之前有一件事没说：实际上，构成玩家模型的立方体并不需要任何碰撞体，因为 CharacterController 组件会为整个 Player 对象提供碰撞检测。因此，为了保持简洁，请删除 Base 和 Top 这两个游戏对象上的 Box Collider 组件。可以单击“检查器”窗口中 Box Collider 组件右上角的三个点，然后通过单击 Remove Component（移除组件）来删除它，如图 16-1 所示。

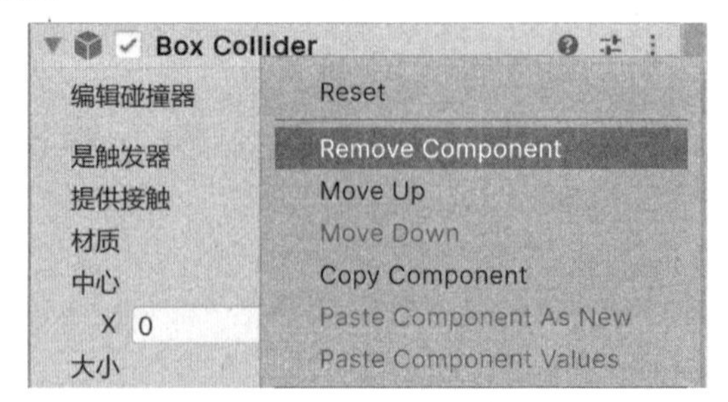

图 16-1 单击“检查器”窗口中组件标题右上角的三个点，选择 Remove Component 选项

可以通过“检查器”窗口中的一个复选框来将碰撞体设置为触发器模式。在触发器模式下，对象将允许其他对象穿越自身而不会触发物理碰撞——然而，触发器仍然会向附加的脚本组件发送特定的事件消息。因此，我们可以利用触发器来检测对象何时进入特定区域，或者在对象接近机关等情况下触发相应的逻辑。

Rigidbody（刚体）是一个为游戏对象添加物理行为的组件。在为游戏对象添加 Rigidbody 组件后，对象就会在受到碰撞时产生逼真的物理反应。例如，在受到其他游戏对象的撞击或挤压时，对象将会被推开和旋转。Rigidbody 组件还会为对象添加重力，并允许开发者通过脚本向对象施加力（运动）和扭矩（扭转和旋转）。

要实现碰撞效果，Rigidbody 组件还需要配合碰撞体组件使用，因为碰撞体定义了对象在物理引擎中的形状。如果一个对象只有刚体而没有碰撞体，那么它可以受到重力影响，也可以施加力和扭矩，但它会像幽灵一样穿过其他对象。

在使用刚体时，不应该在代码中直接对 Transform 组件进行移动或旋转操作。正确的做法是通过引用 Rigidbody 组件来施加力和扭矩来实现对象的移动和旋转。直接修改 Transform 可能会干扰 Unity 的物理引擎，导致意料之外的结果。

不过，这个障碍赛游戏并不需要非常逼真的物理效果。对于投射物等对象，我们将直接通过 Transform 来实现它们的移动，这种方法被称为“运动学移动”（kinematic movement）。

在 Unity“检查器”窗口中，可以通过勾选“是运动学的”（Is Kinematic）复选框将 Rigidbody 设置为运动学模式，使其不再受到力和扭矩的影响。如果需要对一个对象（比如玩家角色）实施精确的控制，最好将其标记为“是运动学的”。如此一来，它就可以通过 Transform 来实现移动，同时仍然能够与其他对象碰撞。

一般性的经验法则如下。

- 针对需要移动的对象，使用 Rigidbody 组件。针对静止不动的对象，则无需使用。
- 如果对象的移动是通过脚本或动画实现的，则应该将 Rigidbody 组件设置为“是运动学的”。如果它像真实的物理对象那样通过力和扭矩来移动，则不要这样设置。
- 如果需要脚本响应两个游戏对象之间的碰撞，则至少其中一个游戏对象需要附加 Rigidbody 组件。

Player 游戏对象并没有附加 Rigidbody 组件，因为我们使用 CharacterController 来移动玩家，而 CharacterController 起到了刚体那样的作用。

层（Layer）的概念也在 Unity 的碰撞检测系统中扮演着重要的角色。每个游戏对象属于一个层，这可以通过“检查器”窗口顶端的“图层”文本旁边的下拉菜单查看。默认情况下，新建的游戏对象会被分配到 Default 层。目前，我们的所有游戏对象都属于这个层。每个游戏对象都必须有对应的层。Unity 默认设置了一些层，如果想查看这些层，可以单击任意游戏对象的“图层”下拉菜单（图 16-2），其中列出所有可用的层。在其中选择一个层，就可以将其分配给当前游戏对象。

此外，还可以根据需要创建自定义层，并随意为其命名。要做到这一点，可以单击任意游戏对象的“图层”下拉列表，单击菜单底部的“添加层…”按钮。

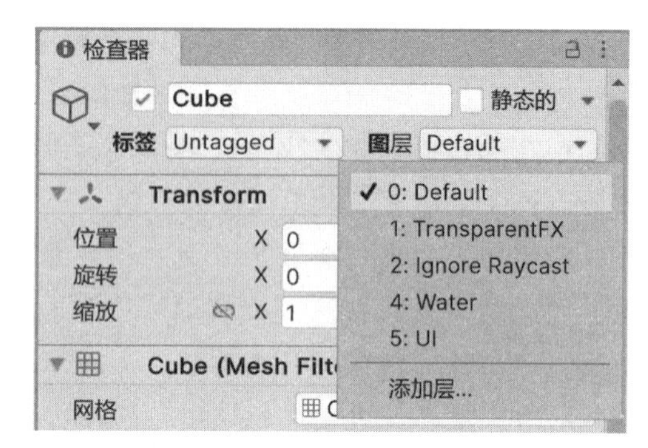

图 16-2 “检查器”窗口中的“图层”下拉列表

“检查器”窗口将改为显示所有层的列表视图，如图 16-3 所示。

Unity 总共提供了 32 个槽位来创建层。默认情况下，第 0 层、第 1 层、第 2 层、第 4 层和第 5 层无法重命名。其余槽位则可以由游戏开发者自定义。只需要在这些槽位中输入名称，就可以把它们分配给游戏对象。

这些层的用途主要有两个用途：渲染和碰撞。可以只让摄像机渲染特定层中的游戏对象，还可以让某些层只与其他特定层中的对象发生碰撞。例如，可以选择性地在玩家摄像机视角中隐藏一些游戏对象；或区分友方与敌方，使玩家不会被友方的攻击或投射物伤害；此外，还可以让玩家角色能够穿过队友的模型，但会与敌方发生碰撞。

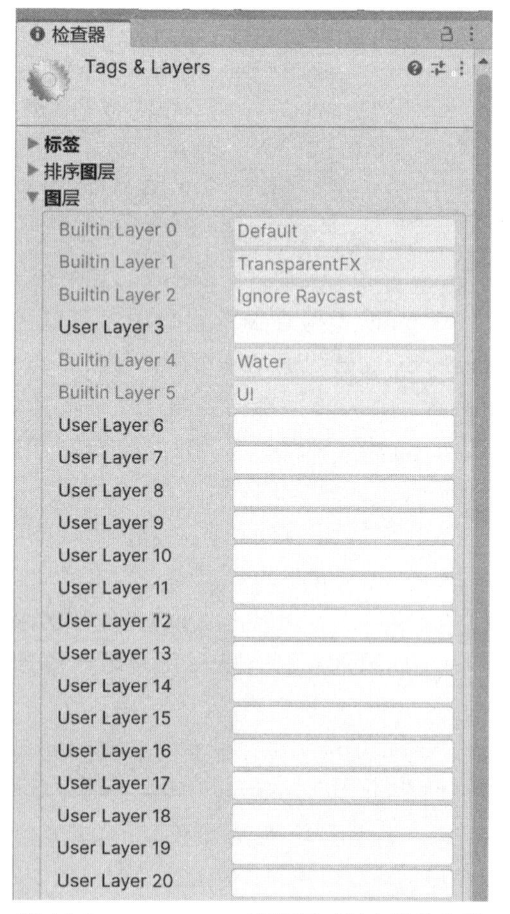

图 16-3 Tags & Layers 视图显示每个层的字段

现在，让我们为这个游戏声明一些层，以便精确地控制哪些对象之间会发生碰撞。将第 3 层命名为“Player”，第 6 层命名为“Hazard”。只需要在图 16-3 显示的字段中输入名称即可。

接下来，选中 Player 游戏对象，再次单击“检查器”窗口中的“图层”下拉列表（图

16-2）。可以看到，刚刚命名的所有层都出现在下拉列表中——也就是说，只需要命名即可“创建”新的层。在更改一个拥有子对象的游戏对象的层时，Unity 会询问是否也要更改子对象的层。这正是我们期望的，因此请选择“是，更改子对象”，这样 Player 游戏对象的所有子对象也会被放置在 Player 层中。

目前，所有层都会与其他层发生碰撞。这个设置可以通过“编辑”|“项目设置”来更改。单击 Project Settings（项目设置）窗口左侧的“物理”选项卡，在窗口右侧滚动到底部，可以看见倒置的阶梯状复选框，如图 16-4 所示。

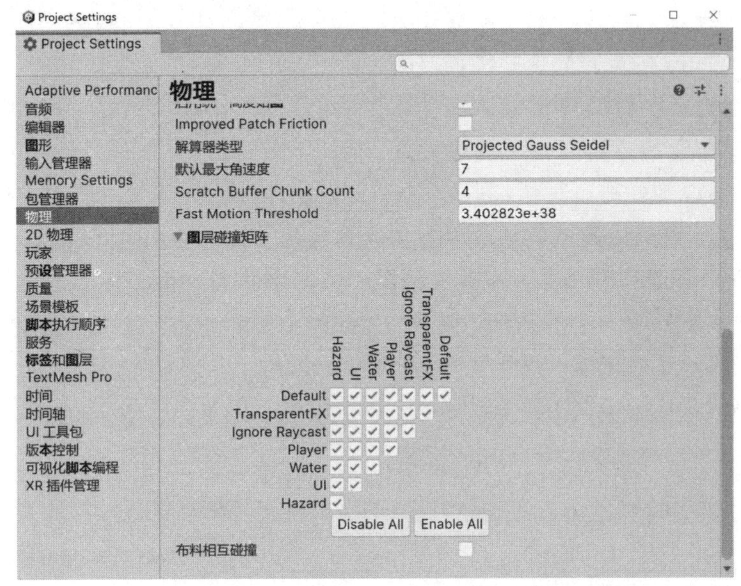

图 16-4 物理设置，底部的“图层碰撞矩阵”一栏显示一个与层名称对应的复选框矩阵

如果没有看到这些复选框，可能是因为这一栏被折叠。单击底部的“图层碰撞矩阵”即可将其展开。

图层碰撞矩阵决定着哪些层之间可以发生碰撞。矩阵的左侧和顶部分别列出各个层的名称，两个层的名称在矩阵中交叉时对应的复选框表示了这两个层是否可以相互碰撞。更方便的是，如果将鼠标悬停在任何一个复选框上，将会有一个浮窗显示与之关联的两个层，例如 Default/Player 或 Hazard/Player。如果复选框被勾选，这两个层之间就会发生碰撞。如果未被勾选，则表示这两个层会穿过对方。我们甚至可以使某一层无法与同一层的对象碰撞。

这对于确保 Hazard 层只触碰它们需要触碰的对象非常有用。在这个游戏中，危险物只需要与玩家、墙壁和地板发生碰撞。通常情况下，Default 层可以用于环境对象，因此我们计划将地板和墙壁留在 Default 层，并启用 Hazard 与 Player 以及 Hazard 与 Default 的碰撞。Hazard 层不需要与其他层发生碰撞。我们甚至可以禁用它们与自身的碰撞，以防止飞行中的投射物相互接触。设置完成后的图层碰撞矩阵应该与图 16-5 一致。

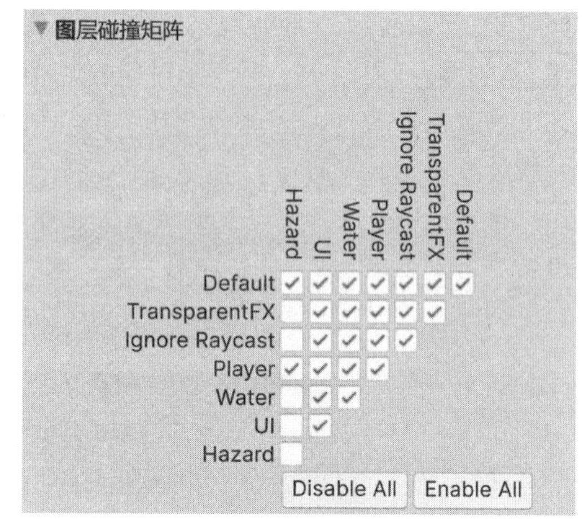

图 16-5 修改后的图层碰撞矩阵

现在，应该着手创建 Hazard 脚本。这个脚本会使一个游戏对象在触碰到玩家角色时立即杀死玩家。Unity 将负责处理碰撞检测的逻辑，而危险物的形状将通过碰撞体组件来设置。Hazard 脚本只需要定义在碰撞事件发生时应该执行的具体操作即可。

Unity 提供了一系列内置的脚本事件方法，这里将使用 OnTriggerEnter。这个方法会在触发器碰触到另一个碰撞体时触发。在首次触发后，如果两者一直保持接触的状态，这个方法将不会再次触发。它接收一个 Collider 类型的参数，由 Unity 引擎在调用事件时提供。这个参数指向碰触到的另一个碰撞体，这里将其命名为“other”。

创建一个名为“Hazard”的脚本，并填入以下代码（保留顶部的 using 行）：

```
public class Hazard : MonoBehaviour
{
    private void OnTriggerEnter(Collider other)
    {
        if (other.gameObject.layer == 3)
        {
            Player player = other.GetComponent<Player>();

            if (player != null)
                player.Die();

        }
    }
}
```

这段代码展示了 OnTriggerEnter 事件的实际应用。它被声明为一个私有方法，并带有一个类型为 Collider 的 other 参数，可以代表任何类型的碰撞体组件。这段代码利用 other 参数来获取碰撞体所附加到的 gameObject 成员，并通过它来检查该游戏对象所属的层。如此一来，就可以得到 other.gameObject.layer 这一整数类型的变量，它表示层的编号。正如“检查器”窗口中显示的那样：0 是 Default 层，3 是 Player 层，6 是 Hazard 层。

这段代码首先检查层的编号是否为 3，以确保碰触到的是玩家。如果是，则使用新建方法 GetComponent 来检查触碰到的碰撞体所在的游戏对象上是否附加了 Player 脚本。GetComponent 方法的作用是在游戏对象上搜索指定类型的组件；如果搜索成功，它会返回该组件作为 Component 类型的实例，Component 是 Unity 中所有组件（例如 Camera、Light、Transform 等）的基类；如果搜索失败，未找到相应类型的组件，则返回 null。

这里创建了一个局部变量 player，并将 GetComponent 方法的调用结果存储在这个变量中。随后，这段代码检查了 player 是否不等于 null（操作符 !=），以确认是否成功获取了所需组件。如果获取成功，就调用第 15 章中定义的 Die 方法，该方法负责处理玩家的死亡和重生逻辑。

GetComponent 方法可以通过任何 Component 类型的引用来调用。这个例子使用了 Collider 类型的 other 参数，但其实也可以通过直接引用游戏对象来调用 GetComponent 方法。这两种方法的效果是一样的，只不过通过 Component 类型调用时，操作的对象是组件的实例所附加的游戏对象。

GetComponent 调用中的 <...> 部分涉及一个新的概念——泛型。简单来说，C# 语言中的泛型允许我们通过在尖括号（<>）内指定类型参数，将类型作为参数传递给类和方法。

GetComponent 方法定义了一个泛型类型的参数，用于指定想要检索的组件类型。在 GetComponent 方法内，这个参数可以像实际的类型一样被引用，从而实现一些非常强大和灵活的功能。GetComponent 方法返回的不是固定的类型，而是在调用它时传递给它的泛型类型。

这意味着返回类型会根据调用方法时传入的类型而动态地变化。这是普通参数无法实现的。利用这一点，我们可以直接调用 GetComponent<Player> 并接收到一个 Player 的引用，而不是 Component 的引用。这样，我们不需要进行类型转换就可以将引用应用到新局部变量上，因为 GetComponent 方法知道我们请求的 Component 的具体子类型是什么——这个信息已经包含在泛型类型的参数中。

如果没有泛型类型的参数，就只能通过普通的参数来指定想要获取的组件类型，并最终得到一个 Component 类型的返回值。Component 没有 Player 那么具体，如果直接存储在 Player 引用中，将会引发错误，所以必须对其进行类型转换。总之，泛型类型的存在为我们省下了不少麻烦。

泛型是一个相对复杂的主题，这里讲到的只是冰山一角。但幸运的是，我们并不需要对泛型的内部工作原理有深入的了解，就能够在方法调用中使用它们。如果感兴趣的话，这个话题可以留待以后探索。

Hazard 脚本到这里就结束了。为了快速进行测试，我们将创建一个静止的危险物，并让玩家碰触到它。

1. 创建一个球体。将其缩放值设置为（3，3，3）。通过拖动位置控制柄（快捷键 W）来将它拖动到靠近玩家的位置，或将玩家的 X 位置和 Z 位置复制到 Sphere 游戏对象的位置中，然后稍微移动一下 Sphere，以避免两者重叠。将其 Sphere 游戏对象的 Y 位置设置为 1.5，以确保它没有与地板穿模。
2. 在“检查器”窗口中，将 Sphere 游戏对象的图层设置为 Hazard。
3. 在“检查器”窗口中勾选 Sphere Collider 组件的“是触发器”复选框。如果忘记勾选，它将不会响应 OnTriggerEnter 事件。
4. 将 Hazard 脚本作为组件附加到 Sphere 游戏对象上。

现在运行游戏，并操控玩家角色碰到 Sphere，这时，玩家角色应该会死亡。由于 Player 脚本中的 Die 方法还会调用 Respawn 方法，玩家在死亡后应该很快就会在重生点重生。

测试完毕后就可以删除 Sphere 了。或者，如果想将它用作一个静止的障碍物（比如，可以为它添加绿色材质，把它想象成一丛圆形灌木），可以把它从“层级”窗口拖到“项目”窗口中的 Prefabs 文件夹中，以创建一个预制件。

16.2 Projectile 脚本

在赋予了游戏对象杀死玩家角色的能力之后，我们离创建一个发射致命投射物的障碍物又近了一步。这一节将创建一个 Projectile 脚本，使投射物能够向前移动。我们之后还会创建一个 Shooting 脚本，它将生成投射物并确保投射物的前进轴指向正确的方向。因此，当前的任务是让投射物向前移动，直到达到其最大攻击范围。

首先创建一个 Projectile 脚本并在其中声明一些变量：

```
[Header("References")]
public Transform trans;

[Header("Stats")]
[Tooltip(" 投射物每秒将向前移动多少个单位。")]
public float speed = 34;
```

```
[Tooltip("投射物的最大攻击范围。")]
public float range = 70;

private Vector3 spawnPoint;
```

Tooltip 属性描述每个变量的用途，所以如果有疑问，请仔细阅读。在 Unity 编辑器中，在将鼠标悬停在检查器的变量字段上的时候，这些信息也会显示出来。这里还是采用了 trans 作为引用，这样不仅比直接引用 transform 更快，而且输入起来也更为简便。Start 方法中设置了 spawnPoint，以记录投射物生成时所在的位置：

```
void Start()
{
    spawnPoint = trans.position;
}
```

在 Update 方法中使用 spawnPoint 和 range 来确保它不会超出最大攻击范围：

```
void Update()
{
    // 沿着局部 Z 轴（向前）移动投射物
    trans.Translate(0, 0, speed * Time.deltaTime, Space.Self);

    // 如果投射物已经达到或超过最大攻击范围，则销毁它
    if (Vector3.Distance(trans.position, spawnPoint) >= range)
        Destroy(gameObject);
}
```

由于这一次没有像移动玩家时那样使用 CharacterController，所以使用了 Translate 方法来移动 Transform。Translate 方法有各种重载，允许输入不同的参数。这里选择了使用三个浮点值来指定 X、Y 和 Z 这三个轴上的移动量，并通过一个 Space 枚举来确定 Transform 是在世界坐标系还是局部坐标系中移动。Space 枚举只有两个选项：Space.World 和 Space.Self（self 意味着“局部”）。

Translate 方法的第 4 个参数有一个默认值：Space.World。这意味着即使省略该参数，它也会自动使用默认值，并且能够正常运行。但是，由于我们想让投射物能够旋转并始终沿着其自身的前进轴移动（也就是在局部坐标系中移动），所以必须明确指定这个参数。

应用移动之后，这段代码使用了另一个新的方法 Vector3.Distance。它接受两个 Vector3 实例作为参数，并以浮点数形式返回它们之间的距离。随后，这段代码检查了投射物的位置与重生点之间的距离是否大于 range 变量。如果是，则通过 Unity 提供的 Destroy 方法来销毁附

加了 Projectile 脚本的游戏对象。

现在是时候为投射物创建一个预制件了。我们将在“场景”窗口中设置它，然后将它拖放到“项目”中，以创建预制件资源。

这个过程相当简单。

1. 创建一个名为“Projectile”的球体。将它的图层设置为 Hazard。
2. 将其 Transform 缩放值设置为（2，2，2）。
3. 在碰撞体组件中勾选“是触发器”复选框。
4. 为它添加 Hazard 和 Projectile 脚本。将 Projectile 脚本中的 trans 引用设置为引用自身的 Transform。
5. 单击检查其底部的“添加组件”按钮来添加 Rigidbody 组件。勾选“是运动学的”复选框。可以顺便取消勾选“使用重力”复选框，但是重力其实不会影响到运动学的刚体。
6. 在“项目”窗口中创建一个名为“Projectile”的新材质。通过“检查器”窗口中的“反射率”字段来设置材质颜色。作为参考，我选择的是一个稍微偏红的颜色，十六进制颜色代码为 EE3C3C。
7. 将新材质从“项目”窗口拖放到“场景”或“层级”窗口中的 Projectile 游戏对象上。
8. 现在，将 Projectile 游戏对象从“层级”窗口拖放到“项目”窗口中的 Assets｜Prefabs 文件夹中，为 Projectile 游戏对象创建预制件。

如果所有设置都正确无误，Projectile 的“检查器”窗口应该与图 16-6 一致。

如果愿意的话，可以测试一下它的表现。将投射物放置在场景中的某个位置，然后运行游戏，观察它是如何移动的。还可以试着操控玩家角色站在它的移动路径上，再次体验一下 Hazard 脚本的效果。

完成测试后，就可以将 Projectile 实例从场景中移除了。但在此之前，别忘了创建它的预制件！

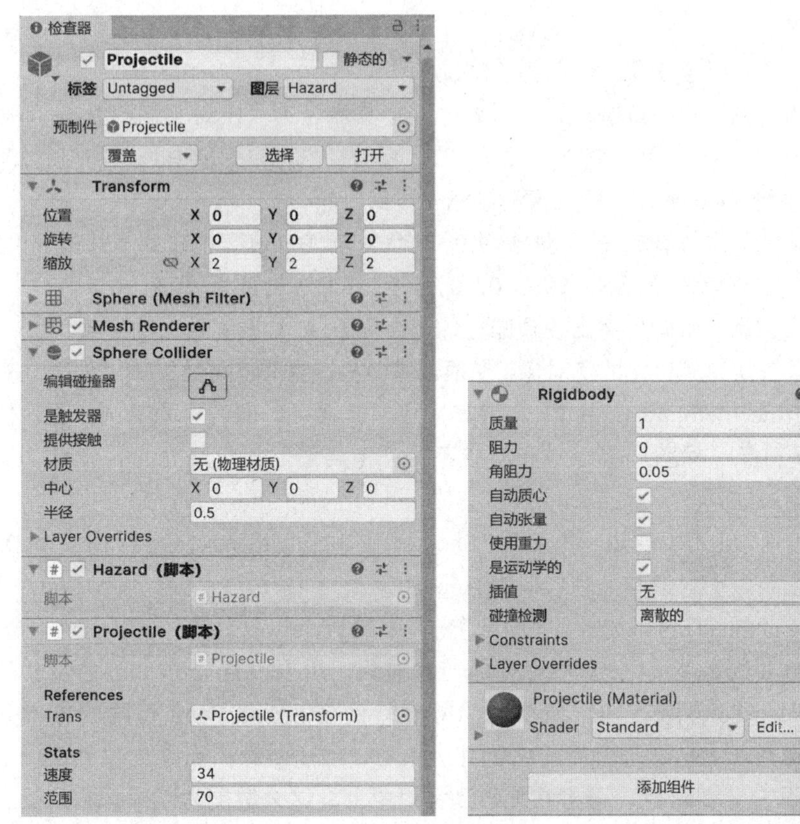

图 16-6 设置完成后，Projectile 游戏对象在“检查器”窗口中的视图

16.3 Shooting 脚本

下面将创建一个 Shooter（射击装置）障碍物和一个用于发射投射物的 Shooting 脚本。在 Shooting 脚本中，我们将首次尝试通过代码动态生成游戏对象。

先来构建 Shooter 游戏对象。我们不会在它的外观上太花心思。Shooter 将是一个简陋的小型炮台，其中有一个作为基座的立方体，和一个作为从基座伸出的“炮管”的圆柱体。在完成后，它的外观应该类似于图 16-7。

图 16-7 Shooter 的最终形态

构建步骤如下。

1. 创建一个空游戏对象并将其命名为“Shooter”。
2. 创建一个立方体作为 Shooter 的子对象，并将其命名为“Base”。把 Base 的局部位置设置为（0，2，0），局部缩放设置为（2，4，2）。可以保留 Base 的碰撞体不变，这样在玩家撞到 Shooter 时，就会像撞到墙一样滑过去。
3. 创建一个圆柱体作为 Base 的子对象，并将其命名为“Barrel”。把它的局部位置设置为（0，0.2，0.7），局部旋转设置为（90，0，0），局部缩放设置为（0.8，0.2，0.4）。现在，它看上去应该是一个向外突出的短圆柱体，位于 Base 立方体靠上的位置。
4. 创建一个没有初始父对象的空对象（在顶部菜单栏选择“游戏对象”|“创建空对象”）。命名为“Projectile Spawn Point”。将其拖放到“层级”窗口中的 Barrel 上，使它成为 Barrel 的子对象。保留局部缩放和旋转不变，将局部位置设置为（0，1.5，0），使其位于炮管前方。
5. 如果愿意的话，还可以创建一个名为“Shooter”的材质，并将其应用到 Base 和 Barrel 上。我选择了紫色，十六进制颜色代码为 A669BE。
6. 将 Shooter 从“层级”窗口拖放到“项目”窗口中的 Prefabs 文件夹中，以创建一个预制件。

Projectile Spawn Point 将是一个不可见的游戏对象，用于设置 Projectile 的位置和旋转。Projectile 将在 Spawn Point 所在的位置生成，并旋转到与 Spawn Point 相同的方向。注意，这里没有直接右键单击 Barrel 来直接将它创建为 Barrel 的子对象，而是先将 Projectile Spawn Point 创建为没有父对象的对象，再将它拖放到父对象上。这么做是为了确保它不受父对象的旋转或缩放的影响。如果直接将它创建为 Barrel 的子对象，它将受到 Barrel 的缩放和旋转的影响，并且默认情况下不会沿着世界坐标系朝向前方。

现在可以开始编写代码了。创建一个名为“Shooting”的脚本并打开它。

Shooting 脚本相当简短，而且你应该已经驾轻就熟了，所以这里将直接给出脚本的全部内容（省略了顶部的 using 部分）：

```
public class Shooting : MonoBehaviour
{
    [Header("References")]
    public Transform spawnPoint;
    public GameObject projectilePrefab;

    [Header("Stats")]
    [Tooltip("投射物的发射间隔，单位为秒。")]
```

```
    public float fireRate = 1;

    private float lastFireTime = 0;

    //Unity 事件：
    void Update()
    {
        // 如果当前游戏时间大于上次发射时间与射速之和：
        if (Time.time >= lastFireTime + fireRate)
        {
            // 生成一个投射物并记录当前时间：
            lastFireTime = Time.time;
            Instantiate(projectilePrefab, spawnPoint.position, spawnPoint.rotation);
        }
    }
}
```

脚本包含对Spawn Point Transform和Projectile预制件的游戏对象实例的引用。和往常一样，它们将在“检查器”窗口中设置。

此外，脚本还声明了一个公共变量 fireRate 和一个私有变量 lastFireTime，后者用于存储上一次发射投射物时的游戏时间。两者的数据类型都是 float。为了控制两次射击之间的时间间隔，这里使用了 Time.time 变量，后者能提供游戏开始以来经过的总秒数。Time.time 从 0 开始计时，随着游戏的进行而递增。要判断是否到了发射新投射物的时间，只需要检查当前时间（Time.time）是否大于上次发射的时间（lastFireTime）与发射间隔（rateOfFire）之和。为了让这个逻辑生效，每次发射后，都需要将 lastFireTime 更新为当前的 Time.time。

为了通过代码来动态生成预制件，我们使用了 Unity 内置的 Instantiate 方法。它接受三个参数：一个指向想要实例化的对象的指针（pointer）、一个表示对象的初始位置的 Vector3 以及一个表示对象的初始旋转的四元数。我们将指向 Projectile 预制件，并使用重生点的位置和旋转来使投射物与炮管对齐。

Shooting 脚本到这里就结束了。现在，保存脚本并将其附加到 Shooter 游戏对象上。通过将 Spawn Point 从“层级”窗口拖到“检查器”窗口中的 Spawn Point 字段，以设置脚本的引用。同样，将 Projectile 预制件从“项目”窗口拖到脚本中的相应字段。

现在可以进行测试了。如果按照上述说明设置了 Shooter，后者就会不断在 Spawn Point 的位置生成投射物，并沿着前进方向（也就是炮管指向的方向）发射它们。如果在运行游戏时切换回“场景”窗口，可以看到投射物在到达最大攻击范围后就会消失。如果 Shooter 游戏对象的垂直位置不对，请将 Shooter 游戏对象的 Y 位置设为 0（前提是 Floor 对象的 Y 位置为 0）。此外，也可以删除它并将 Shooter 预制件的实例拖放到场景中，它应该自动对齐到正确的 Y 位置，因为它的枢轴点设置在底部。

16.4 小结

本章为危险物实现了一个基础系统，使玩家在碰触危险物时会被击杀。本章还创建了第一个障碍物类型——一个定期发射投射物的固定炮台。本章要点回顾如下。

1. Rigidbody 组件可以为游戏对象提供逼真的物理模拟效果，这包括重力以及能够推动、扭转和旋转游戏对象的各种力。
2. 标记为运动学的 Rigidbody 组件不受物理系统的控制。如果要直接操控 Transform 的位置，就需要将对象的 Rigidbody 组件设置为运动学类型；否则，直接操控 Transform 可能会导致 Unity 引擎中的物理行为变得不可预测。
3. 要在脚本中触发与碰撞相关的事件，至少有一个参与碰撞的对象必须附加 Rigidbody 组件，即使是运动学的 Rigidbody 也可以。
4. CharacterController 被视为运动学刚体。因此，如果游戏对象已经有 CharacterController 组件了，就不需要再添加 Rigidbody 组件了。
5. 每个游戏对象都属于一个层。层可以用来设置哪些对象之间可以发生碰撞，哪些则不会。
6. 触发器首次检测到与另一个碰撞体的碰撞时，会调用内置事件 OnTriggerEnter。
7. Transform.Translate 方法可以按照指定的 X 值、Y 值和 Z 值来移动 Transform。可以通过该方法的第四个参数来指定移动是在世界坐标系还是本地坐标系中进行。
8. 可以在脚本中调用 Destroy 方法来销毁指定的游戏对象，将其从游戏世界中彻底移除。
9. 可以在脚本中调用 Instantiate 方法来创建预制件的新实例，它接受初始位置和旋转作为参数。

第 17 章 墙壁和终点

我们在前面几章中实现了玩家角色的移动并创建了一些障碍物。在这一章中，我们将开始着手设计关卡，并为玩家设定一个胜利条件：触摸到一个目标对象。

在构建关卡的过程中，我们将使用基于预制件的简单立方体，通过调整它们的缩放和位置来满足关卡的设计需求。这看起来可能有点粗糙，但我们的首要目标是学习如何编程和搭建游戏的整体框架。

17.1 墙壁

创建一个立方体并将其命名为“Wall”。制作一个同名的材质，选择自己喜欢的颜色并将它添加到 Wall 游戏对象上。这里，我选择一个深灰蓝色，十六进制颜色代码为 687D89。

保留立方体的碰撞体设置不变。不需要将它设置为触发器类型，因为它将以实体形式存在，从而阻挡玩家的移动。也不需要为它添加 Rigidbody 组件，因为它不会移动。

将 Wall 游戏对象的 Y 缩放设置为 10，并让它的底部接触地面。在创建 Floor 平面时，它的位置被设置成（0，0，0），这意味着地面的 Y 位置为 0。因此，可以通过将 Wall 对象的 Y 位置设置为其 Y 缩放的一半（5）来使墙壁的底部紧贴地面。

在游戏过程中，Y 缩放对墙壁外观的影响不大，所以设置为 10 就可以了——毕竟，如果墙壁太高，它可能会碰到摄像机。提醒一下，最好不要单独更改某个 Wall 对象的 Y 缩放，以确保所有 Wall 对象的顶部都在同一水平面上。这样不仅更加美观，还避免了因高度不一致而带来潜在的问题。

现在可以为 Wall 对象制作一个预制件。在后续的关卡布置中，所有新增的 Wall 对象都是这个预制件的实例。虽然创建 Wall 对象的过程非常简单，但如果每次都创建新的墙壁，或在每个关卡中都单独创建墙壁，就无法根据需要对所有墙壁进行统一的调整。

为了构建关卡并限制玩家的活动范围，可以复制粘贴（快捷键 Ctrl+C 和 Ctrl+V）或复制（快捷键 Ctrl+D）这个预制件的实例，然后根据需要调整它们的位置、旋转以及 X 轴 /Z 轴的缩放，让它们紧密贴合。

每次制作新的关卡的时候（每个关卡都有单独的场景），只需要放置一个 Wall 预制件的实例，适当调整其 Y 轴位置（由于 Wall 对象的枢轴点位于中心，所以放置时不会与地面对齐），然后就可以通过复制粘贴来快速制作更多实例。

矩形工具（快捷键 T）在快速调整 Wall 对象的缩放时特别有用。只需确保将 Tool Handle Rotation（快捷键 X）设置为局部而不是全局即可。如此一来，在处理旋转过的 Wall 对象的时候，矩形工具就能与 Wall 对象的旋转角度保持一致。如图 17-1 所示，Tool Handle Rotation 按钮位于“场景”窗口上方的工具栏中。

然后就可以拖动 Wall 对象的边或角来调整它们的缩放了。请注意，矩形工具根据“场景”窗口中的摄像机角度来改变它调整立方体的方式。为了达到最佳效果，建议从上方向下俯瞰，以模拟玩家在游戏中的视角。

一个快速切换到这种视角的方法是使用“场景”窗口右上角的“方向”辅助图标（图 17-2）。

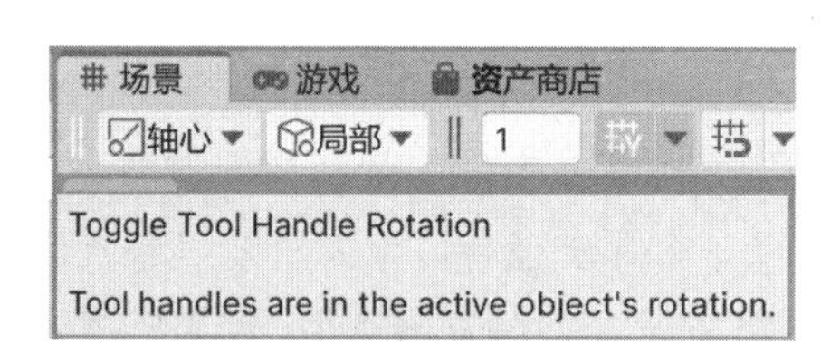

图 17-1 目前设置为“局部”

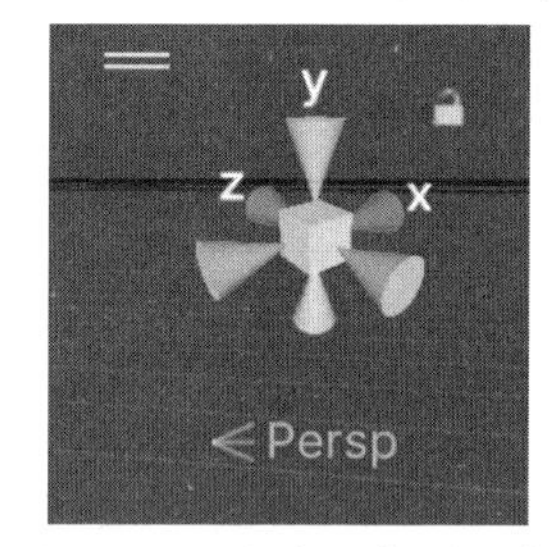

图 17-2 “方向”辅助图标

前面的章节简单介绍过这个辅助图标，但考虑到它即将发挥极大的作用，让我们进一步讨论它的功能。

单击辅助图标中心的灰色立方体可以在透视（Perspective）和等距（Isometric）摄像机模式之间切换。当前设置显示在辅助图标下方（Persp 或 Iso）。在 Iso 模式下，场景中的所有内容看起来都“更 2D”；而 Persp 模式则比较标准，并且视场角（field of view）会拉伸接近屏幕边缘的对象。在需要对齐对象的情况下，Iso 模式更为适用。

辅助图标还包含几个指向中心立方体的小圆锥，其中的三个圆锥配有颜色编码和标签，并对应不同的轴向（红色代表 X 轴，绿色代表 Y 轴，蓝色代表 Z 轴）。单击任意圆锥即可将摄像机旋转到相应的角度，从圆锥的正面查看场景。可以通过这些圆锥来使摄像机旋转到顶部、底部、左侧、右侧等，具体取决于选择是哪个圆锥。例如，单击绿色圆锥即可切换到从世界顶部向下的鸟瞰视角，在编辑关卡的时候很方便。

尝试切换到 Iso 模式，单击绿色圆锥，在“层次”窗口中选中 Player 对象，然后按 F 键将视图聚焦在 Player 上。向下滚动鼠标滚轮，把视图拉远一点。接着，选中一个 Wall 对象并使用矩形工具（快捷键 T）拖动它的边和角。利用这种方式，可以方便地为关卡布置墙壁。如果想要移动摄像机，可以按住鼠标中键并拖动鼠标，或按 Q 切换到手形工具并按住左键拖动鼠标。如果想要快速把“场景”窗口（或任何当前激活的 Unity 窗口）切换成全屏模式，可以使用快捷键 Shift+Space。

随着游戏功能和障碍物的逐步完善，你将能够自由地探索并发挥创意，设计独特的关卡。

17.2 终点

下面将创建一个简单的 Goal 脚本来定义玩家通关的方法。这个脚本的逻辑类似于 Hazard：能够检测到玩家的接触并在接触发生时执行特定代码。

在创建终点（Goal）前，需要先为它们定义一个新的层。第 16 章讲解过如何为 Player 和 Hazard 创建层，你应该还记得如何操作。如果需要复习，不妨回顾一下第 16 章的内容。

在 User Layer 7 中添加一个名为“Goal”的新层，这个层应该位于之前设置的 Hazard 层下方。接着，进入“编辑”|“项目设置”，在“物理”部分找到碰撞检测矩阵，并设置 Goal 只与 Player 发生碰撞。

接下来为终点创建一个游戏对象。

1. 创建一个空对象，并将其命名为“Goal”。
2. 为 Goal 游戏对象创建一个圆柱（Cylinder）作为子对象，并将后者的缩放设置为（4，0.1，4），看起来就像一个薄薄的圆盘。将 Cylinder 的局部位置设置为（0，0.1，0）。勾选其碰撞体中的“是触发器”复选框。这一步很重要——如果不这么做，它将作为一个实体碰撞体存在，导致玩家可以在其上行走而不会触发任何效果。
3. 如果想添加颜色的话，可以创建一个名为“Goal”的材质并应用到 Cylinder 上。如图 17-3 所示，我选择了一种亮绿色（毕竟在电子游戏中，绿色往往象征着成功），十六进制值为 2CFF28。

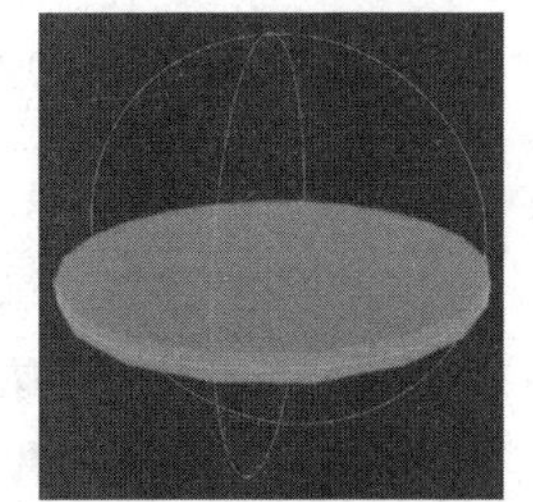
图 17-3 碰撞体的轮廓

4. 把 Goal 游戏对象的图层设置为 Goal。这应该会弹出一个提示框，询问“是否也要将所有子对象的层设置为 Goal？”选择：“是，更改子对象。”
5. 给 Goal 游戏对象添加一个运动学 Rigidbody 组件。虽然 Goal 游戏对象本身没有碰撞体，但 Rigidbody 组件将利用它的子对象 Cylinder 的碰撞体，而不需要进行额外设置。

现在，在“项目”窗口的 Scripts 文件夹中新建一个名为“Goal”的脚本。将新建脚本的一个实例附加到根游戏对象 Goal 上。然后，将 Goal 游戏对象从“层次”窗口拖到“项目”窗口的 Prefabs 文件夹中，以制作预制件。

新建的 Goal 脚本非常简单：在玩家触碰 Goal 时，系统将重新加载 main 场景。虽然我们目前还没有创建其他场景，但最终每个关卡都会有一个专属的场景，而 main 场景将成为用户启动游戏时看到的主菜单界面，允许玩家在其中选择想要进行的关卡。目前，当玩家获胜时，他们会直接返回 main 场景。虽然这可能没有什么成就感，但重在参与，不是吗？

为了实现这一功能，需要在脚本文件顶部添加一个新的 using 语句，和其他 using 语句放在一起。虽然前面简单介绍过这类语句，但你可能没太关注它们。简而言之，它们存在的目的是告诉编译器这个脚本文件会使用其他哪些命名空间（用于存储相关代码定义的整洁容器）。

为了能在游戏过程中切换场景，需要引入一个新的命名空间。将以下 using 语句添加到 Goal 脚本顶部的其他 using 语句后：

```
using UnityEngine.SceneManagement;
```

现在，删除默认的 Start 方法和 Update 方法，然后添加一个 OnTriggerEnter 方法（第 16 章在 Hazard 脚本中使用的内置事件）。当 Goal 脚本检测到与 Player 层的对象发生触碰时，就意味着玩家顺利过关，需要重新加载 main 场景。以下是 Goal 脚本的示例代码（不包含 using 语句）：

```
public class Goal : MonoBehaviour
{
    void OnTriggerEnter(Collider other)
    {
        // 如果 other 位于 Player 层
        if (other.gameObject.layer == 3)
            SceneManager.LoadScene("main");
    }
}
```

这里的大部分代码之前都已经出现过：首先通过触发器检测是否与其他对象发生碰触，并确保 other 游戏对象位于 Player 层（编号 3），如果是，则运行 LoadScene 方法来加载名称为 main 的场景。如果还没有把当前场景命名为“main”，请在“项目”窗口中为其重命名（右键单击当前场景并选择 Rename），或者在调用 LoadScene 方法时，在传入的字符串中输入当前场景的名称（注意保持大小写一致，并确保没有拼写错误）。

这个方法还提供了一个可以自定义的 Additive 参数，让我们可以“叠加”加载场景，这意味着新加载的场景将与当前场景共存，并且当前场景的所有游戏对象都不会丢失。但是如果不指定此参数，新的场景将会完全替换当前场景（包括玩家角色）。目前我们只是简单地重新加载同一个场景，以便将一切重置回初始状态。这正是我们所需要的，即使在实现主要菜单功能后也是如此。

但事情到这里还没完。为了能够在游戏过程中加载场景，必须先将场景添加到 Build Setting（构建设置）中。下一节将介绍具体的操作。

17.3 场景的构建设置

如果想将游戏变成一个独立的程序，让玩家无需 Unity 编辑器即可游玩，就需要“构建”（build）游戏项目。这会将 Unity 项目转换成一组可以独立于编辑器运行游戏的文件——例如，一个可执行文件（.exe）。但在那之前，需要先将所有游戏场景都添加到 Build Settings（构建设置）中。如果场景没有被添加到构建设置，它们就不会被包含在最终的构建文件中，也就无法在游戏中加载。尽管在 Unity 编辑器中可以打开并运行这些场景，但如果想通过脚本动态地加载它们，就必须先把这些场景添加到构建中。

可以通过在菜单栏选择“文件”|“生成设置”[1]，或者使用快捷键 Ctrl+Shift+B（在 Mac 系统中为 Cmd+Shift+B）来打开 Build Settings 窗口，如图 17-4 所示。

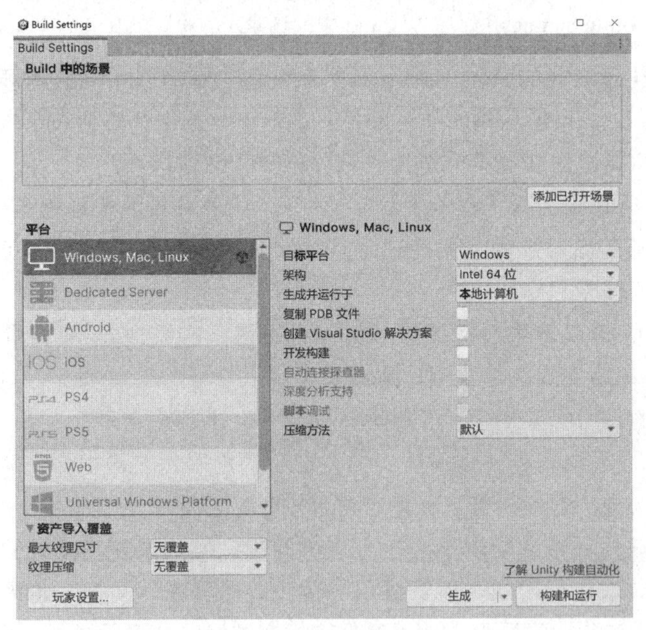

图 17-4 Build Settings 窗口

① 译注：虽然菜单栏里写的是“生成”设置，但 Unity 官方术语表里将 Build 翻译为“构建”，而且这也是更广为人知的说法。因此，本书只会在提到特定的菜单选项时才会将“Build Settings”翻译成“生成设置”，在其他情况下则会保留原文或称之为“构建设置”。

可以在这个窗口中设置目标平台，默认选择的应该是“Windows, Mac, Linux”。窗口右侧提供了一些选项，用以指定项目的构建方式，例如具体的目标平台（Windows、Mac 或 Linux，如果看到的选项和上图不一致，可能需要 Unity Hub 中安装相关的构建模块）。窗口左侧列出了所有可选的平台。如果需要的话，可以通过这个窗口把目标平台改为 WebGL（让游戏能够在网络浏览器中运行）或是特定的游戏主机。不过，我们目前并不会深入讨论这些话题。

Build Settings 窗口中有一个“Build 中的场景”方框，它目前是空白的。单击右下方的“添加已打开场景”按钮即可将当前打开的 main 场景添加到方框中，如图 17-5 所示。

图 17-5 Build Settings 窗口中“Build 中的场景”方框，其中添加了 main 场景

如此一来，在构建游戏的时候，main 场景就会包含在游戏中。只需要添加一次，场景就会一直留在该列表中。如果想从列表中删除场景，就可以选中场景并按下键盘上的 Delete 键，或右键单击场景并从弹出的快捷菜单选择“移除选择”命令选项。

main 场景这一项的最右侧，有一个数字“0”，代表场景的构建索引（build index）。构建索引从 0 开始，随着新添加的场景而递增。如果列表中有多个场景，可以通过左键拖动场景名称来调整它们的顺序。

构建索引是在 Goal 脚本中加载场景的另一种方法。在添加 main 场景后，可以回到 Goal 脚本并将 main 字符串替换成构建索引，也就是传递一个 0 作为参数。在这个例子中，这两种方法的效果是一样的。

不过，将 main 场景添加到构建设置中的主要目的是确保它被包含在构建中，并且被设定为项目中的第一个场景，这意味着当玩家启动游戏时，它将最先被加载。在 Unity 编辑器中，我们可以随意加载任何场景，所以不必担心这个问题，但如果要将做好的游戏发布给玩家，就必须确保他们在首次运行游戏时能够被引导至正确的场景。同样，也需要把所有想让玩家加载的关卡场景都添加到构建设置中，以确保它们在游戏的构建版本中可用。

构建索引为 0 的场景将始终是游戏构建版本启动时首先加载的场景。鉴于 main 场景将被用作玩家选择关卡的主界面，所以把它设置成首先加载的场景是很合适的。

现在，main 场景已经成为构建设置的一部分，Goal 脚本应该能够正常工作了。运行游戏并测试一下，触碰 Goal 对象后，场景应该会重置为初始状态，所有游戏对象都会被重新加载。这个过程可能有一点延迟，这是正常现象，因为加载场景需要一定的时间。

如果遇到问题，请依次检查以下几处是否符合要求：Goal 对象及其子对象 Cylinder 的图层都设置为“Goal”；根游戏对象 Goal 具有 Goal 脚本和一个运动学 Rigidbody 组件；Cylinder 的碰撞体已勾选了“是触发器”。此外，请确保 Goal 对象的 Y 位置为 0，以确保它在垂直方向上与 floor 对齐。

17.4 小结

本章讲解了如何设置关卡的墙壁以及如何使用矩形工具来便捷地编辑它们。本章还说明了如何编写 Goal 脚本并为终点创建一个 Goal 预制件，当玩家到达终点时，就会返回 main 场景。本章要点回顾如下。

1. 若想在脚本中调用加载场景的功能，需要在脚本文件的最顶部添加 using UnityEngine.SceneManagement;。
2. 如果想在游戏中加载一个场景，就必须在 Build Settings 窗口中把场景添加到“Build 中的场景”列表中。
3. 在“Build 中的场景”列表中，每个场景都根据它们在列表中的顺序被分配一个构建索引。
4. 在脚本中，可以调用 SceneManager.LoadScene 方法来加载场景。可以通过场景名称的字符串或者场景的构建索引编号来指定目标场景。

第 18 章 巡逻者

随着游戏的逐步完善，我们需要更丰富的障碍物类型。本章将实现 Patroller（巡逻者）类型的危险物，并在这个过程中将一系列重要的编程概念付诸实践。

Patroller 将按照一系列路径点移动。它们从起点出发，依照顺序逐一经过每个巡逻点，并在到达终点后返回起点，并开始新一轮的循环。我们可以随意设置巡逻点的数量和位置。比如，如果要让一个障碍物在一条直线上来回移动，只需要设置两个点：一个作为起点，另一个作为终点。如果想让障碍物沿着更复杂的路线前进，也可以设置许多巡逻点。

18.1 巡逻点

首先需要解决的是如何管理巡逻点。我们应该如何在 Patroller 脚本中有效地表示和访问每个巡逻点？

创建巡逻点所需要的唯一数据就是位置——毕竟，这就是它们的本质。所以，我们可以在“检查器”窗口中公开 Vector3 实例，并手动输入每个巡逻点的位置。但这并不是一个高效的解决方案。

为了提高效率，我们可以在场景中使用空对象来表示巡逻点。如此一来，就可以使用变换工具来调整它们位置，并在“场景”窗口中直观地查看。之后，我们可以为每个巡逻点的 Transform 设置引用，并获取它们的 .position。

如果选择在“检查器”窗口中公开 Vector3 的方法，将无法直观地查看各个巡逻点位置。在这种情况下，我们必须先创建一个游戏对象，把它放置在适当的位置，然后再将它的位置复制到检查器的相应字段中。与这个方法相比，使用空对象来表示巡逻点不是更好吗？

接下来要解决的难题是如何在 Patroller 脚本中高效地引用这些巡逻点的 Transform。一种方法是为每个巡逻点单独声明一个变量，例如 patrolPoint1、patrolPoint2 等，然后在 Unity 的“检查器”窗口中将它们分别指向各个巡逻点的 Transform。举个例子，假设我们觉得这个游戏最多只会用到 10 个巡逻点，因此声明了 10 个这样的变量。如果某个变量没有被复制（即值为 null），那么这个巡逻点将被系统忽略，导致 Patroller 在遇到最后一个非空点后直接返回起点。

但是，这种方法并不理想。原因有几个：首先，编写从一个点到下一个点的转换逻辑会非常繁琐；其次，它限制了能够设置的巡逻点的数量；最后，我们还需要为每个巡逻点单独设置一个引用。

这时，就轮到数组登场了。

18.2 数组

数组提供了一种在单个对象中存储特定数据类型集合的方式。在创建数组时，需要为它指定数据类型（如 Transform）和长度（length），即数组能容纳的元素个数。

如果创建一个长度为 20 的 Transform 类型数组，就会得到一个存储了 20 个独立的 Transform 引用，这些引用都默认设置为 null。

如何访问数组中的特定元素呢？

可以通过索引机制（indexing）来实现。数组中的每个元素都对应一个索引。索引是一个整数值，类似于 ID，用于指向数组中的特定位置。数组中第一个元素的索引是 0，第二个元素的索引是 1，依此类推，在长度为 20 的数组中，最后一个元素的索引是 19——由于索引从 0 开始计数，因此最后一个索引总是数组长度减 1。

声明数组的语法和声明普通变量类似，但要在数据类型之后加上一对空的方括号 []：

```
public Transform[] arrayOfTransforms;
public Vector3[] arrayOfPoints;
```

创建数组实例的过程类似于调用构造函数创建类的实例。不同之处在于，类型名后面跟的是方括号 [] 而不是圆括号 ()。方括号内包含的参数定义了数组将要存储多少个元素，它代表数组的长度，可以通过 .Length 成员随时访问：

```
// 创建一个存储 5 个 Transform 的数组：
Transform[] arrayOfTransforms = new Transform[5];

// 记录长度：
Debug.Log(arrayOfTransforms.Length); // 这将记录数字 5
```

以上代码声明了一个最多能存储 5 个 Transform 的数组。第一个 Transform 的索引为 0，其余 Transform 的索引分别是 1、2、3 和 4。请注意，最后一个索引值总是等于数组长度减去 1，即 Length -1，而不等于 Length 本身，因为索引从 0 开始而不是从 1 开始的。这一点在处理数组索引时至关重要。

要通过数组访问 Transform 对象时，首先需要引用该数组，然后通过索引器——一个包含整型值的方括号 []——来指定想要检索的元素的索引。例如：

```
Transform first = arrayOfTransforms[0];
Transform last = arrayOfTransforms[4];
```

在实际应用数组时，我们通常不会直接使用像 0 或 4 这样的具体数值作为索引，因为这样做不太符合使用数组的初衷。

为了更加灵活地使用数组，我们可以在 Patroller 类中定义一个名为“currentPointIndex”的整型变量，用于跟踪下一个巡逻点的索引。

每次抵达一个巡逻点时，就将 currentPointIndex 变量的值增加 1，然后利用这个新的索引值来访问数组中的下一个巡逻点。

如果使用超出数组范围的索引或者负数去访问数组，程序将抛出错误。由于数组不会自动返回开头，所以我们必须自己处理这个问题。

好消息是，这不难做到。只需要在准备切换到下一个巡逻点时，检查 currentPointIndex 是不是数组中的最后一个索引，即是否等于“array.Length - 1”。如果是，就 currentPointIndex 重置为 0；如果不是，就将它的值增加 1。

通过这种方式，我们能够创建一个优雅地遍历数组元素的循环，而且无论在数组中存储多少元素，它都能正常运行。

18.3 设置巡逻点

在开始编写代码之前，有必要先确定如何设置对巡逻点的引用。

数组可以像其他数据类型一样进行序列化（只要它们存储的类型也支持序列化）。序列化的值将会显示在“检查器”窗口中，可以直接在 Unity 编辑器中查看和编辑。

当数组被序列化时，可以将它的长度设置为任意值，Unity 会为数组中的每个元素（索引）提供一个字段。然后，我们可以将巡逻点的 Transform 各个元素拖放到这些字段中，以设置数组。序列化的数组在“检查器”窗口中看起来是这样的，数组长度被手动设置为 5。目前没有设置任何引用，因此字段显示为“无”（相当于 null）如图 18-1 所示。

图 18-1 “检查器”窗口中显示的序列化 Transform 数组

但通过手动拖拽的方式来设置巡逻点太过烦琐了，并不是理想的做法。因此，我们将通过编写代码来自动化设置这些引用。

自动化这部分工作的目的是更方便地设置巡逻障碍物，但这样做可能导致性能略有下降。从速度上来讲，在游戏运行时寻找巡逻点总是不如在游戏未运行时直接在场景中设置引用。但这种影响几乎可以忽略不计，特别是在游戏规模较小的情况下。有时候，为了使游戏开发过程更加顺畅，牺牲一点性能也是值得的。过分追求性能可能会让开发过程变得痛苦不堪，甚至导致项目半途而废。

那么，究竟应该如何设置巡逻点并在代码中获取它们的引用呢？

为了通过代码找到与单个 Patroller 实例关联的所有巡逻点，我们将获取附加 Patroller 脚本的游戏对象的所有子对象。这意味着所有代表巡逻点的空对象都必须是 Patroller 的子对象。这不仅使得它们在层级结构中井然有序，而且便于在代码中管理和引用，所以这是双赢的。

但是，这些巡逻点不应该随着 Patroller 一起移动或旋转，所以在找到它们并设置好引用之后，就需要立即解除它们与父对象的关系。如此一来，无论 Patroller 如何移动和旋转，这些巡逻点的位置都将是固定不变的。如果忽视了这一关键步骤，场面将变得很混乱。Patroller 将不断向与它保持固定距离的第一个巡逻点移动，永远无法到达。

为了将巡逻点和 Patroller 的其他子对象区分开来，我们将把所有代表巡逻点的对象都命名为“Patrol Point”并在其后加上一对包含巡逻点索引值的括号。例如，(0) 表示第一个巡逻点，(1) 表示第二个巡逻点。

因为 Patroller 脚本将使用这些索引值在数组中对巡逻点进行排序，所以确保索引值的准确性相当关键。

好消息是，在复制粘贴游戏对象的时候，Unity 会自动进行编号。

我们不妨亲自体验一下这个功能。在场景中新建一个立方体，然后用快捷键 Ctrl+C 和 Ctrl+V 来复制粘贴它几次。可以看到，Unity 会自动为新建的立方体重命名，比如在第一个副本的名称后加上 (1)，第二个副本后加上 (2)，以此类推。

利用这个功能，可以轻松地布置许多巡逻点。只需要将第一个巡逻点命名为“Patrol Point (0)”，然后在每次复制和粘贴的时候，Unity 就会自动递增索引值。但是，在序列中间添加或删除一个巡逻点时，还是得手动更改索引值。这个问题只能自己处理。

现在，为了直观地展示这个过程，我们将创建一个 Patroller 游戏对象。

Patroller 的结构与 Player 游戏对象类似。一个与地面对齐（即 Y 轴位置固定为 0）的空对象将作为父对象，Patroller 的模型将是它的子对象，并且在需要旋转的情况下，旋转的将是模型而不是空对象。

- 创建一个名为“Patroller”的空对象。将它放置在 Player 附近，并确保它的 Y 位置为 0。
- 创建一个名为“Model Base”的立方体，并把它设置为 Patroller 的子对象。将它的局部位置设为（0，1.5，0），缩放设为（3，3，3）。1.5 的局部 Y 位置确保了模型底部与地面是紧密贴合的。

- 由于这是一个危险物，需要勾选 Model Base 的 Box Collider 组件的“是触发器”复选框。
- 创建第二个立方体，命名为“Model Top”，并将其设置为 Model Base 的子对象。将它的局部位置设为（0，0.5，0.5），并将局部缩放设为（0.2，0.2，0.7）。它将会在模型上突出，清晰地指示它的前进方向，就像玩家角色一样。接着删除 Model Top 的 Box Collider 组件，以防止玩家被这个突出的部分击杀。
- 将 Patroller 的图层设置为“Hazard”，并在 Unity 弹出确认框时选择“是，更改子对象”。
- 为根游戏对象 Patroller 添加一个 Rigidbody 组件，并勾选“是运动学的”复选框。
- 为根游戏对象 Patroller 添加一个 Hazard 脚本作为组件。它将自动使用其子对象 Model Base 中存在的 Box Collider 来检测与玩家的碰撞并杀死玩家。
- 如果愿意的话，可以为模型创建一个新材质。我打算把巡逻者以及之后将要制作的漫游者设置成相同的颜色，所以我给材质起了一个更通用的名字：“Mobile Hazard”。我选择了一种深粉色，十六进制颜色代码为 EF7796。把这个材质应用到 Model Base 和 Model Top 立方体上。

最终的模型如图 18-2 所示。

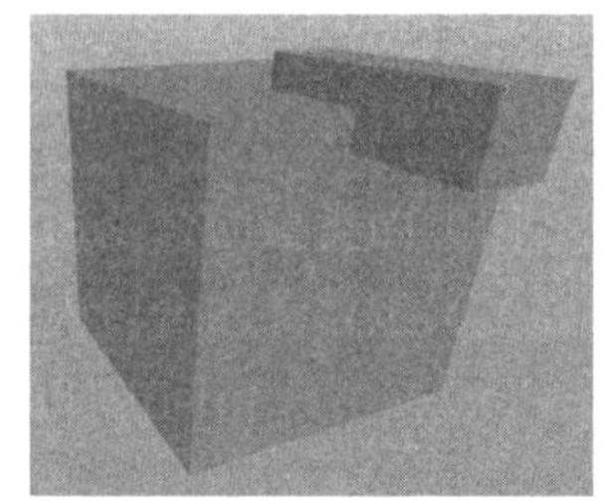

图 18-2 Patroller 模型

现在，让我们先把巡逻点设置好，这样之后就能直接测试用于检测巡逻点的代码了。创建一个空对象作为 Patroller 的子对象，这可以通过使用快捷键 Alt+Shift+N（Mac 用户使用 Option+Shift+N）来实现，也可以在选中 Patroller 后，通过在菜单栏中选择“游戏对象”|“创建空子对象”来实现。把这个子对象命名为“Patrol Point (0)”，就像之前所说的那样。这个巡逻点将成为起点。使它位于 Patroller 游戏对象当前所在的位置，保持局部位置（0，0，0）。如此一来，Patroller 在巡逻完毕后总是返回场景中的初始位置。这个设置很方便，因为我们可以在任何地方放置新的 Patroller 对象，然后通过复制粘贴第一个巡逻点来创建新的巡逻点，并根据需要修改位置，而不需要担心 Patroller 如何回到起点。

现在，我们已经为如何使用 Patroller 做好计划，不妨先为 Patroller 创建一个预制件，因为接下来可能会出于测试目的对它进行一些修改。

创建预制件之后，复制粘贴 Patrol Point (0) 并更改新的巡逻点的位置。新巡逻点的名称中的索引应该会自动加 1，变成“Patrol Point (1)”。如果需要，可以不断重复这个过程，直到规划出一条令人满意的巡逻路线（也可以只设置两个点，形成一条直线巡逻路线）。请记住，在 Patroller 到达最后一个点（即索引值最高的巡逻点）之后，Patroller 将返回“Patrol Point (0)”并重新开始巡逻。

如果创建 4 个巡逻点，“层级”窗口中的显示应该与图 18-3 中展示的相似。

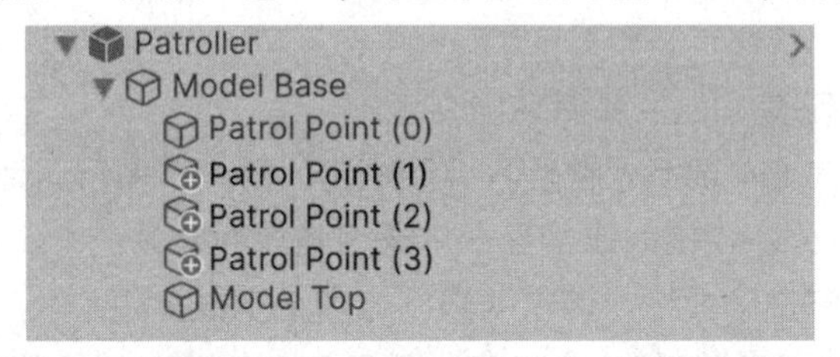

图 18-3 创建 4 个巡逻点后，Patroller 游戏对象的层级

18.4 检测巡逻点

现在，是时候开始编写 Patroller 的代码了。创建一个脚本，命名为“Patroller”并将其附加到根游戏对象 Patroller 上。

在实现其他部分之前，先来处理一下与数组相关的部分：设置巡逻点。这一节将涉及一些重要的新概念，所以请耐心阅读。

在 Patroller 脚本中声明一个 Transform 数组，命名为“patrolPoints”：

```
private Transform[] patrolPoints;
```

可以看到，它被设置为私有的，因为我们不打算在“检查器”窗口中设置它。

接下来需要在 Start 方法中设置这个数组。为了保持代码的整洁，这个功能将会被分成几部分。我们将在 Start 方法内部声明一个私有方法，它将获取 Patroller 的所有子对象，并返回名称以“Patrol Point”开头的子对象。

为了做到这一点，需要先了解一些新的编程概念。首先，使用 Unity 的内置方法 GetComponentsInChildren<T>，它可以从游戏对象或组件中调用。<T> 意味着它接受一个泛型类型的参数，就像之前在 Hazard 脚本中使用的 GetComponent<T> 方法一样。它的工作方式与 GetComponent<T> 方法类似：它询问我们想要查找哪种类型的组件，然后在调用该方法的游戏对象的所有子游戏对象中搜索，并返回一个数组，其中包含所有匹配的组件实例。

每个游戏对象都有 Transform 组件，所以可以在根游戏对象 Patroller 上调用 GetComponentsInChildren<Transform> 来获取其中每个子对象的 Transform 组件。这样，我们就能够轻松地通过 Transform 组件的 .gameObject 属性来引用每个子对象，因为 Transform 组件（就像所有

Component 类型一样）都有一个 gameObject 成员，指向 Transform 组件所属的游戏对象。因此，找到所有 Transform 组件就相当于找到了所有游戏对象。

然后，我们需要遍历该数组中的每个元素，并筛选出那些名称符合特定格式的元素（即巡逻点）。

这种时候，就轮到列表（list）和循环出马了。

我们将用到一个名为 List 的类，它是我们接触到的第一个采用泛型参数的类。严格来说，它的正确写法应该是 List<T>，因为它接受一个泛型类型的参数。

列表在性能上可能略逊于数组，但它的限制比数组少很多。

在创建数组时，必须为其指定一个长度，并且一旦指定，就不能再改变了。数组中的元素数量将严格等于 Length，不会增多也不会减少。如果不需要使用其中的一些元素，就可以将它们设置为 null，但它们仍然存在于数组中。

相比之下，在创建列表时并不需要为其指定长度，并且随时可以添加和删除其中的元素。这非常符合我们的需求，因为我们目前并不确定巡逻点的具体数量，所以无法预先定义一个固定长度的数组来存储它们。

除了这个区别，列表的行为与数组的很相似。同样可以使用方括号 [] 来索引并获取列表中的项，并且如果尝试访问一个不存在的索引，同样会抛出错误。

我们将创建一个仅包含巡逻点的 Transform 的列表，并在私有方法中返回这个列表。

至于循环，将被用来遍历初始数组中的所有 Transform，以便筛选出巡逻点元素并把它们添加到列表中。

下文很快就会介绍具体的实现过程，但在那之前，不妨先为列表定义一个方法，并为添加循环做好准备。前面介绍过泛型在方法中的使用，但在下面的代码中，我们将首次把泛型用到类的定义中：

```
private List<Transform> GetUnsortedPatrolPoints()
{
    // 获取 Patroller 的每个子对象的 Transform:
    Transform[] children = gameObject.GetComponentsInChildren<Transform>();

    // 声明一个用于存储 Transform 的局部列表：
    List<Transform> points = new List<Transform>();
}
```

这段代码声明了一个私有方法，命名为“GetUnsortedPatrolPoints”，它的返回类型是列表。在使用一个泛型类作为类型参数时，需要写出 <T> 部分，并将 T 替换为实际的返回类型。

这样编译器就能知道应该在列表中存储哪种类型的对象，在这个例子中，它将返回一个包含 Transform 对象的列表。

方法内部调用了前面讨论过的 GetComponentsInChildren 方法，只需要传入泛型类型的参数 <Transform> 即可。为了存储 GetComponentsInChildren 方法返回的 Transform 数组，这段代码声明了一个局部变量，命名为“children”。

接着，这段代码声明了一个新的局部 List<Transform> 来专门存储巡逻点。这行代码看起来有些冗余：它先通过 List<Transform> 指定变量类型，紧接着在创建新实例时又重复了一遍。

这种冗余可以使用“语法糖”（syntax sugar）来避免。可以用 var 关键字替换变量类型，让编译器自行推断变量的类型。在这个例子中，使用关键字 var 非常直观：因为紧接着就对变量进行赋值操作，而这个值显然是 List<Transform>：

```
var points = new List<Transform>();
```

语法糖只是语法层面上的优化，并不会影响变量的功能。变量存储的仍然是 List<Transform>，并没有改变。语法糖的作用仅仅是告诉编译器我们懒得打字，让它根据上下文自动推断变量的类型。

for 循环

现在，终于可以开始设置循环了。简单来说，循环是一种可以执行多次的代码块。存在多种类型的循环，它们分别适用于不同的场景，而这个例子将会使用 for 循环。

先通过一个简单的例子初步了解一下 for 循环的用法：

```
for (int i = 0; i < 5; i++)
{
}
```

首先出现的是关键字 for，然后是一对圆括号 ()。括号内有三个独立而简短的语句，虽然都位于同一行，但每个语句之间都通过分号 ; 进行了分隔。

第一个语句是初始化器（initializer）。它在循环的起始处执行一次，用于声明一个整型变量，命名为“i”。i 变量仅存在于循环内部，不能在循环外部访问。

第二个语句 i < 5 用于条件判断。它是一个布尔表达式，只返回 true 或 false。

第三个语句 i++ 是一个迭代器。这是一种简写形式，等同于 i = i + 1。在数字后使用操作符 ++ 可以使数字的值加 1。同理，也可以使用 --（两个减号）来使数字的值减 1。

那么，这个循环有什么作用呢？

首先，初始化器的代码在循环开始时执行一次，以声明变量。

接着是循环的主要环节，这个过程会根据条件反复执行：

- 检查条件是否成立（i < 5）；
- 如果条件为 true，则执行代码块内的代码，接着执行迭代器更新（i++），然后再次回条件检查的步骤。
- 如果条件为 false，则退出循环（即循环终止）。

在这个例子中，代码块会执行 5 次。每一轮循环后，i 变量的值都会增加 1。当它的值达到 5 时，条件将不再为 true，循环就此终止。

循环结束后，它后面的代码将按照正常流程继续执行。

在循环过程中，随时可以通过访问 i 变量来获取它当前的值。

你可能已经想到如何将这种机制应用到目前面临的问题上。

我们想要遍历 children 数组中的每个 Transform 元素，并且一次只处理一个元素。为此，可以使用 i 变量来引用循环中的当前项，也就是想要从数组中获取的元素的索引。它从 0 开始，每次迭代时递增 1，正好可以用来逐个遍历数组中的元素。

为了遍历数组中的所有索引，我们需要确定数组的长度，以确保在到达最后一个索引时，循环就会停止（否则，程序将会因为试图访问不存在的索引而抛出错误）。因此，children.Length 的值将会被用作循环条件：

```
for (int i = 0; i < children.Length; i++)
{
    ...
}
```

这是遍历数组或列表中的各个项并逐一处理它们的标准方法。要获取特定项，只需要将 i 变量用作索引即可，比如 children[i]。

那么，我们要在循环中对每个项执行什么操作呢？

循环将会检查游戏对象的名称是否以 Patrol Point () 开头，如果是，就将它添加到 18.3 节创建的 points 列表中。

添加了 for 循环的 GetUnsortedPatrolPoints 方法如下所示：

```
private List<Transform> GetUnsortedPatrolPoints()
{
    // 获取 Patroller 的每个子对象的 Transform:
    Transform[] children = gameObject.GetComponentsInChildren<Transform>();

    // 声明一个用于存储 Transform 的局部列表:
```

```
    var points = new List<Transform>();

    // 遍历子对象的 Transform:
    for (int i = 0; i < children.Length; i++)
    {
        // 检查子对象的名称是否以 "Patrol Point (" 开头:
        if (children[i].gameObject.name.StartsWith("Patrol Point ("))
        {
            // 如果是，则将其添加到 points 列表中:
            points.Add(children[i]);
        }
    }

    // 返回 points 列表:
    return points;
}
```

循环内部使用 children[i] 来获取循环中的当前 Transform，然后获取它的 .gameObject 并进一步访问子对象的名称。名称是字符串，而字符串有一个方便的 StartsWith 实例方法，如果字符串以给定的字符串参数开头，StartsWith 方法就会返回 true。

如果名称符合条件，就调用 points 列表的 Add 实例方法，并传入需要添加到列表中的项作为参数。这个项将被添加到列表的末尾（意味着它具有当前最高的索引值）。

在循环结束后，底部的 return points; 语句将返回 points 列表。

至此，GetUnsortedPatrolPoints 方法已经创建完成。接下来，我们将把它集成到程序中并开始使用它。

18.5 巡逻点排序

18.4 节创建了一个能够获取未排序的巡逻点列表的方法，而接下来的任务是获取该列表，并再次利用 for 循环。在遍历列表中的各个巡逻点的过程中，我们将从每个巡逻点的名称中提取出索引，将其转换成整数类型，并根据索引来将巡逻点存储到 patrolPoints 数组中。

请记住，设置 patrolPoints 数组才是主要目标。这个数组在脚本中被声明，用于存储拥有正确顺序的巡逻点。在获取 Patroller 的所有子对象时，它们的顺序会根据层级结构中的排列而定，这并不能保证它们的顺序是从第一个巡逻点到最后一个巡逻点的正确顺序。这就是为什么要根据索引对它们进行排序，而不是简单地依照它们在层级结构中的顺序将它们存入数组。

现在，让我们定义 Start 方法并审视它的结构：

```
void Start()
{
    // 获取未排序的巡逻点列表：
    List<Transform> points = GetUnsortedPatrolPoints();

    // 只有存在至少一个巡逻点时才继续：
    if (points.Count > 0)
    {
        // 准备 patrolPoints 数组：
        patrolPoints = new Transform[points.Count];

        // 遍历所有巡逻点：
        for (int i = 0; i < points.Count; i++)
        {
            // 快速引用当前点：
            Transform point = points[i];

            // 从名称中提取出巡逻点编号：
            string indexSubstring = point.gameObject.name.Substring(14, point.gameObject.
            name.Length - 15);

            // 在 patrolPoints 数组中设置引用：
            patrolPoints[int.Parse(indexSubstring)] = point;

            // 解除巡逻点和 Patroller 的父子关系，以防它们随着 Patroller 移动：
            point.SetParent(null);

            // 在“层级”窗口中隐藏巡逻点：
            point.gameObject.hideFlags = HideFlags.HideInHierarchy;
        }
        // 从数组中的第一个点开始巡逻：
        SetCurrentPatrolPoint(0);
    }
}
```

首先，这段代码再次利用 var 关键字声明一个局部变量 points 来存储调用前一小节编写的私有方法后得到的结果。如此一来，所有 Patrol Point 游戏对象就都被存储到一个 List<Transform> 中。

其次，这段代码首次使用 List<T>.Count，后者相当于数组的 .Length 成员，用于获取列表中存储了多少个数据项。虽然作用相同，但两者的名称不一样。在使用列表时要注意这一点。

这段代码利用 Count 成员设置一个 if 条件判断，以确保仅在列表中存在项的情况下继续执行代码。

现在,有了 points.Count 提供的巡逻点总数,就可以用这个数值来设定 patrolPoints 数组的长度了。

如此一来，数组就会根据列表中的巡逻点数量进行初始化，每个巡逻点对应数组中的一个元素。这些元素最初都被设置为 null，但随后的 for 循环会逐一为它们赋值。

for 循环遍历 points 列表中的每个项，而 points.Count 将被用作循环的总迭代次数。

这个循环的开头执行一个编程中很常见的操作：

```
// 当前点的快速引用：
Transform point = points[i];
```

这样便创建了一个局部变量来存储当前迭代的点。之后如果再引用当前点，就用不着完整输入 points[i]，而是可以简洁地输入 point。

从列表和数组等集合中直接获取项比引用赋值变量要慢一些，因此，如果要在循环中多次访问某个项，将其存储在局部变量中可能是更高效的选择。此外，这样做也减少了编码的工作量，特别是需要通过多层对象的引用来访问目标数组时。

接下来的部分涉及与字符串相关的一些新的概念：

```
// 从名称中提取出巡逻点编号：
string indexSubstring = point.gameObject.name.Substring(14, point.gameObject.name.
Length - 15);
```

为了理解这段代码，需要对字符串有更深入的了解。前面简单介绍过字符串的概念，但考虑到接下来会频繁地用到它，让我们再次复习一下。

字符串是字符的集合，其中的每个字符都是一个字母、数字或符号。从技术上讲，这些字符被视为 char 数据类型。

与数组和列表类似，字符串允许通过索引来从中获取特定的字符。字符串的索引同样从 0 开始，代表第一个字符，随后每个字符的索引依次递增。字符串甚至也有一个 .Length 成员，可以用来获取字符串中的字符总数。

Substring 方法接收两个整数作为参数：起始索引和字符数量。它返回字符串的一部分（即子字符串）。Substring 方法从指定的起始索引开始，截取并返回包含指定字符数量的新字符串。

简单来说，Substring 方法会从 startIndex 开始，截取长度为 count 的片段，并返回这个片段作为新的字符串。这个过程不会对原始字符串产生任何影响。

我们的目标很简单，就是获取一个新字符串，其中仅包含巡逻点名称中的一对圆括号 (和) 之间的字符。如果数一数 Patrol Point (中的字符，会发现其中有 14 个字符。重新数一遍，但这次要从 0 开始计数，因为索引的计数方式就是如此。这次，数到 13 时对应的是字符 (，这意味着它的索引是 13。所以，从索引 14 开始截取，就可以得到字符 (之后的字符。

Substring 方法的第二个参数 count 定义了想从原始字符串中提取的字符数。我们的目标是获得一个只包含索引值的字符串，其中不能有结尾的) 或其他任何内容。这一点必须非常精确。

我们已经知道 Patrol Point (这部分的字符数是固定的（14 个），并且可以确定字符串的末尾有一个) 字符。但我们无法确定括号之间的数字是一位数、两位数，还是三位或以上的数字。

不过，我们可以利用字符串的 .Length 成员来获取整个字符串的长度，而用字符串的总字符数减去 Patrol Point 字符 (和)，就可以得出索引值的位数。由于已经确定了要从索引 14 开始提取（即紧跟在 (字符之后的字符），所以 Length 减去 15 就等于索引部分的长度。

例如，假设字符串是 Patrol Point (26)。Patrol Point (这部分有 14 个字符，因为字符串索引从 0 开始计数，就像数组一样，所以索引 14 对应的字符是 2。如果只提取一个字符，就只会得到 2。但是，这个字符串的总长度是 17 个字符，减去 15 后余 2，正好能提取出 26。如果索引是三位数（虽然这可能意味着巡逻路径异常复杂），那么字符串的总长度会相应增加，而提取的字符数也会相应地增加。

继续浏览下一段代码，可以看到这些数据有什么用处：

```
// 在脚本中设置对 patrolPoints 数组的引用：
patrolPoints[int.Parse(indexSubstring)] = point;
```

这段代码利用索引器 [...] 把巡逻点添加到了 patrolPoints 数组中。由于索引器需要一个整数类型的参数，而不是字符串，这里使用了 int.Parse 静态方法，它接受一个字符串并将其转换为整数。

如果字符串中存在任何非数字字符，程序将会抛出错误。这就是为什么在创建子字符串时必须非常精确。

通过这种方式，我们确定了每个巡逻点在 patrolPoints 数组中的正确索引，保证所有巡逻点都按照应有的顺序排列。

接下来有这样一段代码：

```
// 解除巡逻点和 Patroller 的父子关系，以防它们随着 Patroller 移动：
point.SetParent(null);

// 在“层级”窗口中隐藏巡逻点：
point.gameObject.hideFlags = HideFlags.HideInHierarchy;;
```

第一行代码很直观。它调用了 point 的 SetParent 方法（还记得吗？它是一个 Transform）。这个方法接受一个参数，即希望设置为 point 的父对象的 Transform 对象。这里传入了 null，意味着“没有父对象”。这样的设置确保了巡逻点不会随着 Patroller 的移动而移动。

接下来的一行代码引入了一个新的概念：HideFlags。

Unity 提供的 HideFlags 枚举允许我们指定有关对象的销毁和可见性的一些细节。它可以隐藏脚本，使它们在“检查器”窗口中不可见，还可以在“层级”窗口中隐藏游戏对象，这就是上述代码的作用：将每个巡逻点的 hideFlags 成员设置为 HideInHierarchy，它的功能和名称一致——在“层级”窗口中隐藏游戏对象。

隐藏巡逻点主要是为了让界面更加整洁。在运行游戏时，巡逻点将解除与 Patroller 的父子关系，所以它们将在“层级”窗口中分散显示，看起来可能会乱糟糟的（尤其是一个场景中存在多个 Patroller 时）。通过隐藏这些巡逻点，可以有效地避免这种混乱。

Unity 的一个便利之处在于，一旦停止运行游戏，它就会将所有设置恢复到原始状态，这意味着巡逻点将重新显示在“层级”窗口中。

最后一行代码调用了稍后即将声明的一个方法：

```
// 从数组中的第一个点开始巡逻：
SetCurrentPatrolPoint(0);
```

正如其名，SetCurrentPatrolPoint 方法将当前的目标巡逻点——即 Patroller 将要前往的点——设置为 patrolPoints 数组中的第一个点。这个方法的声明将留到下一节讲解。

这一节学习了一些新概念，并且现在巡逻点将能够在游戏中自动进行正确的初始化设置了。但是，由于还没有实现巡逻者的移动逻辑，也没有定义 SetCurrentPatrolPoint 方法，我们目前还不能在游戏中看到这些工作成果。

18.6 Patroller 的移动

在编写用于控制 Patroller 移动的代码之前，需要先在脚本顶部声明一些必要的变量。脚本目前只定义了 patrolPoints 这一个变量。找到它所在的代码行，并在其上方添加以下代码：

```
// 常量：
private const float rotationSlerpAmount = .68f;

[Header("References")]
public Transform trans;
public Transform modelHolder;

[Header("Stats")]
public float movespeed = 30;

// 私有变量：
private int currentPointIndex;
private Transform currentPoint;
```

第一个变量声明涉及一个新的概念：常量（constant，缩写为 const）。简单来说，常量指的是“不能更改的变量”。

常量的声明方式与普通变量相同，但是类型名称之前有一个 const 关键字，它将变量标记为常量。必须在声明常量时立即为它赋值，并且不能在代码中的其他任何地方为它重新赋值，否则编译器就会报错。

常量可以用来确保那些不应该被修改的值保持不变。通过这种方式，我们可以为代码中将要使用的某些值分配一个名称，如果将来需要更改这些值，只需要在定义常量的地方进行更改即可。同时，这也清楚地表明了这些值在代码执行过程中是固定不变的。

稍后在实现 Patroller 面向移动方向的旋转功能时，我们将会看到这个常量的用途。现在，先继续探讨脚本的其他部分。

引用部分应该并不陌生，因为前面已经做过很多次了。第一个引用指向当前对象自身的 Transform 组件，这样做比通过 .transform 访问更加高效；第二个引用指向模型的 Transform 组件，这样就可以只旋转模型部分，而不是根游戏对象，这种处理方式与对玩家角色的处理方式相同。

接下来的代码定义了代表每秒移动的单位数的 movespeed，然后又声明两个私有变量。

- currentPointIndex 是一个整型的变量，用于索引当前目标巡逻点在 patrolPoints 数组中的位置。
- currentPoint 是指向当前目标巡逻点的 Transform 的引用。

通过引用 currentPoint，我们可以确保只在每次切换到新的巡逻点时，从 patrolPoints 数组中获取一次目标点的信息。另一种方法是在 Update 方法中使用 currentPointIndex，在 Patroller 每次向巡逻点移动时从数组中获取目标点：

```
patrolPoints[currentPointIndex]
```

但是，这种方法的效率比一次性检索并存储目标点的方法要低。

在开始编写 Patroller 的移动代码之前，先来声明上一节中提到的 SetCurrentPatrolPoint。这个方法仅由两行代码构成，用于设置刚刚讨论过的两个私有变量。它的主要目的是确保我们在设定当前目标点时遵循 DRY（不要重复自己）原则。

在 Start 方法的上方声明此方法：

```
private void SetCurrentPatrolPoint(int index)
{
    currentPointIndex = index;
    currentPoint = patrolPoints[index];
}
```

这很简单，对吧？它接受一个索引作为参数，并利用该索引来设置 currentPointIndex。接着，它从数组中获取目标点并将其赋值给 currentPoint 变量。

现在，终于可以开始编写移动逻辑了。这部分代码将位于 void Update() 方法中——这才是真正施展魔法的舞台：

```
void Update()
{
    // 仅在有 currentPoint 时执行操作：
    if (currentPoint != null)
    {
        // 将根游戏对象移动到 currentPoint 的位置：
        trans.position = Vector3.MoveTowards(trans.position, currentPoint.position,
        movespeed * Time.deltaTime);

        // 如果已经到达 currentPoint 的位置，则更换 currentPoint：
        if (trans.position == currentPoint.position)
        {
            // 如果已经到达最后一个巡逻点 ...：
            if (currentPointIndex >= patrolPoints.Length - 1)
            {
                // ... 则切换回第一个巡逻点（折返）：
                SetCurrentPatrolPoint(0);
            }
            else // 否则，如果尚未到达最后一个巡逻点：
                SetCurrentPatrolPoint(currentPointIndex + 1); // 前往下一个索引。
        }
        // 否则，如果尚未到达 currentPoint 的位置，则将模型旋转至面向当前 currentPoint 的方向：
        else
        {
            // 计算 lookRotation：
            Quaternion lookRotation = Quaternion.LookRotation((currentPoint.position -
            trans.position).normalized);

            // 平滑过渡至 lookRotation：
            modelHolder.rotation = Quaternion.Slerp(modelHolder.rotation, lookRotation,
            rotationSlerpAmount);
        }
    }
}
```

首先，这段代码使用 Vector3.MoveTowards 方法将根游戏对象的 Transform 移动到 currentPoint。这个方法接受三个参数：一个表示当前位置的 Vector3；一个表示目标位置的 Vector3；一个表示移动距离的 float。这个方法会让第一个 Vector3 向第二个 Vector3 移动指定的距离，然后返回结果。如果指定的移动距离大于与目标点的实际距离，它将返回目标点的位置，而不会超过目标点。这避免了 Patroller 偏离巡逻路线的尴尬情况。

完成移动后，这段代码通过一个 if 语句来检查当前位置是否等于目标点位置——换句话说，检查 Patroller 是否已经到达了目标点。由于 MoveTowards 方法在到达目标点时会准确返回 currentPoint.position，而不会超过目标点，因此用它来比对位置是比较靠谱的。

如果已经到达目标点，就检查当前巡逻点的索引是否大于或等于 patrolPoints 数组的长度减 1（减 1 是因为索引从 0 开始）。换句话说，这是在检查 Patroller 是否到达了数组中的最后一个巡逻点。如果是，就调用 SetCurrentPatrolPoint 方法并传递索引 0 作为参数，将当前巡逻点设置回数组中的第一个巡逻点；如果不是，仍然要调用 SetCurrentPatrolPoint 方法，但这次传递 currentPointIndex + 1 作为参数，以便按照顺序移动到数组中的下一个巡逻点。

如果尚未到达目标点，就将模型旋转到面向目标点的方向。这一过程与旋转玩家模型的方法类似，也使用了 Slerp 来将模型的当前旋转平滑过渡到面向目标点所需的旋转。注意，之前声明的 rotationSlerpAmount 常量在这里派上了用场。

不过，这里获取 LookRotation 的方式和玩家模型不同，它涉及一些向量运算。考虑到这是我们的第一个项目，所以这里将不会深入讨论。在后面的项目中，我们将有更多机会来处理方向和其他内容。目前只需要记住，如果想得到从一个向量 from 指向另一个向量 to 的方向，可以使用以下公式：

```
(目标位置 - 当前位置).normalized
```

在当前项目中，“目标位置”是目标点的位置，而“当前位置”是 Patroller 当前的位置。我们的目标是获取从当前位置指向目标点位置的方向向量，因此可以采用如下表达式：

```
(currentPoint.position - trans.position).normalized
```

就像前面讲过的那样，Quaternion.LookRotation 可以将这个方向向量转换成一个四元数，从而使游戏对象旋转到正确的方向。

在这段代码中，括号内的两个 Vector3 实例执行减法运算并返回一个新的 Vector3，然后，我们可以直接访问这个结果的 normalized 成员。未来在深入研究 3D 移动系统的时候，将会更详细地讨论标准化向量。目前只需要知道，如果需要获取从一个点指向另一个点的方向向量，可以使用“(目标位置 - 当前位置).normalized”这个公式。

现在，在经过一番努力之后，我们终于可以观察 Patroller 的实际表现了。确保在代码编辑器中保存脚本，并将 Patroller 脚本附加到根游戏对象 Patroller 上，同时确保所有的引用都已经正确设置。和 Player 类似，trans 应指向 Patroller 本身的 Transform 组件；而 Model Holder 应指向 Patroller 的子对象 Model Base。

至少设置两个巡逻点，分别命名为“Patrol Point (0)” 和 “Patrol Point (1)”，然后运行游戏并观察 Patroller。在游戏开始时，这些点会自动定位，Patroller 随即开始移动。在向目标巡逻点移动的过程中，Patroller 的模型会正确旋转到正确的方向。

注意，为了让 Patroller 在接触时杀死玩家角色，我们需要为它设置一个运动学 Rigidbody 组件。此外，还需要勾选 Model Base 立方体的碰撞体组件中的“是触发器”复选框，并确保 Patroller 及其所有子对象都在 Hazard 层（当然，巡逻点不在 Hazard 层其实也没关系）。

现在，Patroller 脚本已经编写完成，别忘了更新 Patroller 预制件以保持同步。回想一下，在创建 Patroller 预制件时，我们还没有附加 Patroller 脚本，可以使用“检查器”中的 Prefab 覆盖下拉列表来应用此更改，如我们在第 5 章中讨论的那样。选择 Patroller 游戏对象，单击“覆盖”下拉列表（在 Layer 下方），选择 Patroller 脚本，然后单击“应用”按钮，如图 18-4 所示。

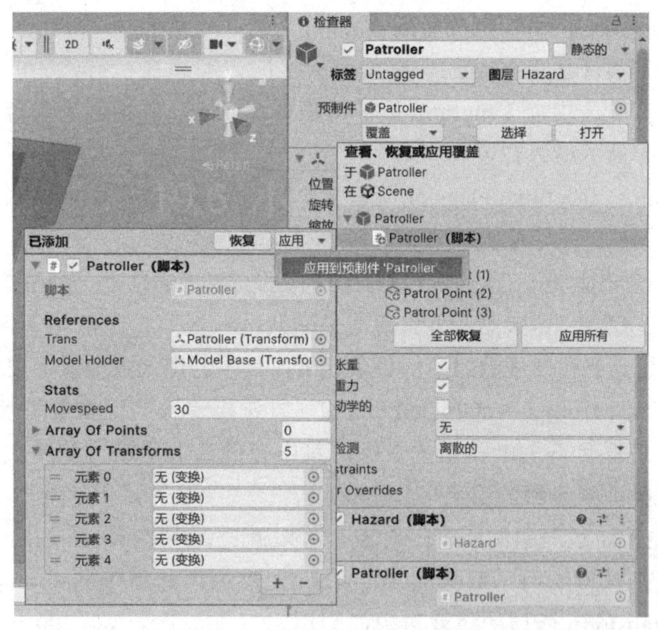

图 18-4 使用“覆盖”下拉菜单将脚本覆盖应用到预制件上

这里只应用了 Patroller 脚本的覆盖，而没有选择“应用所有”按钮，目的是确保这个 Patroller 实例中额外的巡逻点子对象不会被添加到预制件中。如此一来，每个新 Patroller 实例的初始巡逻点都将只有一个。

18.7 小结

本章介绍了一系列非常实用的技巧，阐述了许多至关重要的新概念。在本章中，实现了一种新的障碍物类型，探索了如何使用数组和 for 循环，并进一步了解了泛型方法和类（以尖括号 <> 表示）。本章要点回顾如下。

1. 数组是一个存储同一类型的多个实例的集合。数组中的实例被称为“元素”。
2. 可以使用方括号 [] 来访问数组中的特定元素。这被称为“索引器”（indexer）。在方括号中提供一个整数，即目标元素在数组中的索引。索引是一个数值，用于表示元素在数组中的位置。
3. 数组的长度反映数组中具体存储多少个元素。创建完成后，数组的长度就固定不变了。
4. 数组中第一个元素的索引总是为 0，最后一个元素的索引是数组长度减 1。
5. 当数组被序列化后，会显示在 Unity 编辑器的“检查器”中，这样一来，就可以方便地在“检查器”中设置数组的长度，并对数组中的每个元素进行赋值。默认情况下，公共变量会被序列化，而私有变量则不会。
6. 列表相当于长度不固定的数组。在使用列表时，可以在执行代码的过程中动态地添加或移除项。在列表中，.Length 成员被替换成 .Count，它返回当前存储的列表项数量，而不是能够存储的最大数量。
7. 可以通过 GameObject.hideFlags 成员来在“层级”窗口中隐藏游戏对象。
8. 循环是一种编程结构，它允许我们根据特定条件重复执行一段代码。
9. for 循环是一个代码块，它通过声明一个迭代器变量（通常是一个整数）来控制循环的次数。在每次迭代中，迭代器变量会递增或递减。for 循环广泛应用于各种编程任务，但最常见的用途是遍历和处理数组中的每个元素，其中的迭代器变量将被用作元素的索引。
10. GameObject.GetComponentsInChildren<T> 方法接受一个泛型类型参数（T），可以调用这个方法来返回一个 T 类型的数组，其中存储着调用该方法游戏对象之子对象的找到的所有 T 类型的元素的引用。
11. 若要获取给定游戏对象的所有子对象，可以通过调用 GetComponentsInChildren<Transform>() 方法来获取所有子对象的 Transform，然后再利用 Transform.gameObject 成员来获取每个 Transform 所属的游戏对象的引用。
12. Substring 方法可以从一个字符串中截取特定部分。它接受两个参数：起始字符的索引和要截取的字符数量。
13. const 关键字用于声明常量，常量一旦被赋值，就不能更改。

第 19 章 漫游者

本章将实现一种新的障碍物 Wanderer（漫游者）。它们的外观设计与第 18 章开发的巡逻者相似，但它们的行动模式有所不同。漫游者不会沿着固定路径重复移动，而是会在一个矩形区域内随机选择一个位置作为新的目标点。可以在同一个区域内放置多个漫游者，它们会独立行动，每隔一段时间就会前往随机的新目标点。这里将用到一些随机数生成技术，使漫游者在再次移动前，会随机等待一段特定范围内的时间。这个时间范围的最小值和最大值可以通过检查器进行调整。

为了提升玩家的游戏体验，使玩家不会因为漫游者的移动太过突然而频繁死亡，我们将使漫游者先向目标点的方向旋转，等待片刻，然后再开始移动。这样的设计留给了玩家更多的反应时间。

19.1 漫游区域

我们将利用 Wanderer 脚本来创建限制在特定矩形区域内的漫游者障碍物，并让它们在矩形区域内随机选择新的目标移动点。选择和前往新目标点的过程被称为“重定向”（retargeting）。它们会向新目标点的方向旋转，等待一段时间，然后开始向目标点移动。到达目标点后，它们就会停下来等待下一次重定向。

与之前创建的障碍物一样，它们将利用 Hazard 脚本来在接触玩家时将其杀死。

首先要定义的是漫游者的活动区域。

我们将创建一个 WanderRegion 游戏对象，并通过脚本来把它定义成漫游者的活动区域。新建一个脚本，命名为“WanderRegion”，同时新建一个脚本，命名为“Wanderer”，后者将附加到漫游者障碍物上。

让我们先从 WanderRegion 脚本入手。

WanderRegion 脚本有两个作用。

- 定义一个矩形区域并提供获取区域内的随机点的方法，Wanderer 游戏对象将在这个区域内活动。
- 所有 Wanderer 游戏对象都将是它的子对象。在 Start 方法中，它会找到所有这些子对象，并向它们提供对一个对自身（WanderRegion）的引用。Wanderer 游戏对象将通过这个引用来在需要重定向时获取一个新的移动目标点。

为了可视化 WanderRegion 并确定它的大小，我们将使用一个平坦的立方体来表示这个区域。它不会有碰撞体——它只是一个彩色的方板，向玩家清晰地界定了漫游区域的边界。这样，玩家就能够意识到哪个区域潜藏着危险。

我们先来设置 WanderRegion 游戏对象。

1. 创建一个空对象并命名为“Wander Region”。确保它的 Y 轴位置始终为 0。
2. 添加一个立方体作为 WanderRegion 的子对象，并将其命名为“Region”。把 Region 的缩放设置为（25，0.2，25)，并将它的局部 Y 轴位置设置为 0.1（Y 轴缩放的一半），以确保它与地面贴合。
3. 将 Region 的局部 X 轴坐标和 Z 轴坐标设置为 0。
4. 在“检查器”中，通过右键单击 Region 这个立方体的 Box Collider 组件的标题并选择“移除组件”来移除它。
5. 创建一个材质，命名为“Wander Region”，通过十六进制颜色代码 6C9179 来把材质设置为深绿色，并将其应用到 Region 立方体上。

现在我们得到了一个颜色与地板稍有不同的立方体。由于它没有碰撞体，任何游戏对象都可以穿过它。它的主要作用是标示区域范围，同时，我们也会利用它的局部缩放来在区域内生成随机点。

图 19-1 Wander Region 材质

最终，Wander Region 材质应该与图 19-1 一致。看起来很普通。

将以下代码添加到 WanderRegion 脚本的类定义中：

```
[Header("References")]
public Transform region;

public Vector3 GetRandomPointWithin()
{
    float x = transform.position.x + Random.Range(region.localScale.x * -.5f, region.
    localScale.x * .5f);
    float z = transform.position.z + Random.Range(region.localScale.z * -.5f, region.
    localScale.z * .5f);
    return new Vector3(x, 0, z);
}
```

```
void Awake()
{
    // 获取所有子对象中的 Wanderer 脚本
    var wanderers = gameObject.GetComponentsInChildren<Wanderer>();

    // 遍历所有 Wanderer
    for (int i = 0; i < wanderers.Length; i++)
    {
        // 将它们的 .region 引用设置为当前脚本的实例
        wanderers[i].region = this;
    }
}
```

先从熟悉的 References 标题开始看起。这部分只声明了一个简单的变量：对 Region 立方体的 Transform 组件的引用。

然后，这段代码声明了 GetRandomPointWithin 方法。漫游者将调用这个方法，利用随机数生成技术来在矩形区域内获取某个点。

这里使用的随机数生成方法是 Random.Range。这个方法使用起来很简单，只需要指定一个最小值和一个最大值，它便会返回这两个值之间的一个随机数。

为了设定漫游者的活动范围，这里引用了 Region 立方体的 Transform 组件并使用了 .localScale 成员，它会返回 Region 的缩放，和在“检查器”中的缩放一样。由于 Region 以 Region Wanderer 为中心，我们将生成一个介于正负半缩放之间的随机值，然后根据这个值来调整 Wanderer 的位置。通过这种方式，就可以得到一个位于 Region 立方体内的点。

这里只设置了 X 的位置和 Z 的位置，因为在整个游戏中，Wanderer 的 Y 位置应始终为 0（与几乎所有游戏对象一样）。这就是为什么我们只向新创建的 Vector3 中传递了 X 值和 Z 值，而 Y 值则设置为 0。

需要注意的是，这个方法不支持旋转 Region 立方体。因为即使旋转 Region 立方体，Wanderer 仍然会在以 Wanderer Region 为中心的矩形区域内移动。虽然有一些方法可以解决这个问题，但为了不使事情过于复杂，这里将不会多做讨论。只需要记住一点：Region 立方体的旋转应始终为（0，0，0），否则 Wanderer 有可能会走到 Region 立方体之外。

代码中接下来的部分是 Awake 事件。第 18 章刚刚讲解过数组和 GetComponentsInChildren 方法，所以这部分看起来应该很熟悉。回想一下，this 关键字可以用来引用代码正在执行的对象实例——在本例中为 WanderRegion 实例。所以这里实际上是在通过引用 Wanderer 脚本来找到 Region 的所有子 Wanderer，然后遍历这些脚本实例，并给每个 Wanderer 设置一个对当前 WanderRegion 的引用。

我们还没有在 Wanderer 脚本中声明 .region 变量，因此编译器会报错。但没关系，我们很快就会声明它。

选择在 void Awake() 中执行这个操作是因为 Awake 发生在 Start 方法之前。这样一来，就可以确保在 Wanderer 的 Start 方法被调用时，它的 .region 引用已经被设置完毕了。而之所以要确保这一点，是因为我们将在 Wanderer 的 Start 方法中指示它们立即设定新的目标点。

设置好 WanderRegion 脚本后，将它附加到 Wander Region 游戏对象，并把引用设置为 Region，然后为 Wander Region 创建一个预制件。这样就随时可以在场景中放置新的游戏对象 Wander Region。

19.2 创建 Wanderer 游戏对象

在编写脚本之前，先来创建一个 Wanderer 游戏对象。

Wanderer 的层级结构与 Patroller 非常相似，并且两者的模型也是相同的。按照以下步骤创建 Wanderer 游戏对象。

1. 创建一个空的游戏对象，命名为“Wanderer”。
2. 为 Wanderer 对象附加 Hazard 脚本和运动学 Rigidbody 组件。
3. 把第 18 章创建的 Patroller 的 Model Base 及其子对象 Model Top 复制粘贴到 Wanderer 中。将 Model Base 设置为 Wanderer 的子对象，并将其局部位置设置为（0，1.5，0）。保持缩放不变。如果之前删除了 Patroller 对象，只需要在场景中放置一个 Patroller 预制件的实例并从中复制 Model Base 即可。
4. Model Base 的 Box Collider 组件上应该已经勾选了“是触发器”，如果没有，请务必勾选。
5. 确保 Wanderer 及其所有子对象的图层都设置为“Hazard”。

Wanderer 必须成为所属 Wander Region 的子对象，所以别忘了把它放入其中。

19.3 Wanderer 脚本

现在，经过充分的准备，我们终于可以开始为漫游者编写脚本了。

先来详细说明一下 Wanderer 在编程逻辑中的行为方式。

Wanderer 有三种可能的状态：Idle（待机）、Rotating（旋转）或 Moving（移动）。

- 在待机状态下，它们会静止不动。
- 在旋转状态下，它们的位置不会移动，但会朝下一个目标点的方向旋转。旋转完成之后，它们会再等待一段时间，给玩家留出一定的反应时间。等待结束后，它们将开始移动。
- 在移动状态下，它们会向目标点移动，在到达目标点后，它们会停下来，并再次切换到待机状态。

在之前的实践中，我们使用过几次枚举，例如用于检测用户输入的 KeyCode，在 Translate 方法中使用的 Space.Local 以及上一章中用于隐藏巡逻点的 HideFlags。而接下来，我们将创建一个自定义枚举来管理 Wanderer 的三种状态。

枚举经常被用来处理对象在不同行为模式之间的切换。在 Update 方法中，我们将使用 state 的当前值来确定 Wanderer 的当前状态。

现在，在 Wanderer 脚本类中声明以下变量：

```
private enum State
{
    Idle,
    Rotating,
    Moving
}
private State state = State.Idle;

[HideInInspector] public WanderRegion region;

[Header("References")]
public Transform trans;
public Transform modelTrans;

[Header("Stats")]
public float movespeed = 18;

[Tooltip(" 重定向前需要等待的最短时间。")]
public float minRetargetInterval = 4.4f;

[Tooltip(" 重定向前需要等待的最长时间。")]
public float maxRetargetInterval = 6.2f;

[Tooltip(" 在确定目标点后，开始移动前进行旋转所需要的时间。")]
public float rotationTime = .6f;
```

```
[Tooltip("旋转完成后，开始移动前需要等待的时间。")]
public float postRotationWaitTime = .3f;

private Vector3 currentTarget; // 当前目标位置
private Quaternion initialRotation; // 初始旋转
private Quaternion targetRotation; // 目标旋转
private float rotationStartTime; // 开始旋转的时间
```

这段代码开头处的 enum 关键字声明了枚举类型，随后是枚举的名称“State”，后面的代码块则列出了所有枚举项，其中的条目对应着 Wanderer 的状态。每个条目之间以逗号分隔，最后一个条目后面不需要逗号。

由于 State 是在这个脚本类内部声明的一个私有枚举，它只能在当前脚本类中被访问。因此，没有必要将其命名为“WandererState”或其他更具体的名称——我们知道，只有 Wanderer 类会使用它。

在声明枚举后，这段代码声明了一个存储枚举实例的 state 变量和一个 region 变量，也就是上一节中的 WanderRegion 尝试引用的变量。这意味着那个提示“变量尚未定义”的编译器错误终于可以消失了。

为了让 WanderRegion 能够设置这个变量，需要将它设为公共变量。但与此同时，我们不想让这个变量显示在“检查器”中——之所以在 WanderRegion 脚本中进行检测，就是为了省去在“检查器”中手动设置变量的麻烦。因此，这里用到了第 10 章中简要介绍过的 HideInInspector 属性，它的作用正如其名：它允许我们将变量设为公共变量，同时保证这些变量不会被序列化（序列化的变量会在检查器中显示出来，并允许进行编辑）。通过这种方式，我们可以确保这些字段不会出现在“检查器”中，避免意外的麻烦。

接下来的 trans、modelTrans 和 movespeed 等变量的用途应该很好理解，这里就不再赘述了。

随后的代码负责设定重定向的时间间隔，这里定义了两个浮点数，一个表示最小时间，另一个表示最大时间。随后，这段代码将利用 Random.Range 函数在这两个时间值之间生成一个随机时间，并使用 Invoke 方法来在这段时间结束后进行重定向。

rotationTime 指的是向目标点旋转所花费的时间。

postRotationWaitTime 指的是旋转完成后和开始移动前的间隔时间。因此，在开始重定向后，Wanderer 需要等待 rotationTime 和 postRotationWaitTime 的总和。

注释已经简要说明了私有变量的作用，我们将等到实际使用这些变量时再进一步探讨它们的用途。每次重定向时，这些变量都会被重新设置，因为它们存储了执行重定向所需要的数据。

19.4 处理状态

接下来的部分将会更加有趣。我们将利用方法调用和状态变化来在待机、旋转和移动状态之间创建一个循环。

先来在 Wanderer 脚本中声明一些方法。将以下代码添加到变量声明之后：

```
void Retarget()
{
    // 在区域内选择一个随机点作为当前目标点
    currentTarget = region.GetRandomPointWithin();

    // 标记初始旋转
    initialRotation = modelTrans.rotation;

    // 标记面向目标点所需要的旋转
    targetRotation = Quaternion.LookRotation((currentTarget - trans.position).normalized);

    // 开始旋转
    state = State.Rotating;
    rotationStartTime = Time.time;

    // 在旋转结束后，等待 postRotationWaitTime 秒后开始移动
    Invoke("BeginMoving", rotationTime + postRotationWaitTime);
}
void BeginMoving()
{
    // 确保模型的旋转与 targetRotatio 一致
    modelTrans.rotation = targetRotation;

    // 将状态设置为 Moving
    state = State.Moving;
}
```

这段代码声明了一个用于重定向的 Retarget 方法，其内部调用了先前在 WanderRegion 脚本中定义的方法，以获取新的随机点并将其分配给私有变量 currentTarget。随后的代码保存当前旋转位置，并使用第 18 章中提到的 (目标位置 - 当前位置).normalized 公式来获取从当前位置指向目标位置的方向向量，然后利用 Quaternion.LookRotation 方法将这个方向向量转换成四元数，也就是目标旋转。然后，Wanderer 在 rotationTime 时间内达到这个目标旋转。

接着，这段代码记录开始旋转的时间，并将状态设置为 Rotating（也就是旋转状态）。在这个状态下，Wanderer 不再移动，而是在原地朝目标点的方向旋转（这将在后续代码中实现）。

随后的代码通过 Invoke 调用后面声明的 BeginMoving 方法，在经过 rotationTime 和 postRotationWaitTime 之后发生移动。

BeginMoving 方法只有几行代码：将状态设置为 Moving，并确保 Wanderer 与目标旋转相符，目的是防止帧数不稳定。

重定向的逻辑已经写好，接下来只需要在 Start() 方法中调用 Retarget()：

```
void Start()
{
    // 在游戏开始时立即调用 Retarget()
    Retarget();
}
```

19.5 根据状态做出响应

现在还需要创建一个逐帧更新的逻辑，以根据当前的 state 值来移动或旋转 Wanderer（漫游者）。为此，需要用到 Update 方法：

```
void Update()
{
    if (state == State.Moving)
    {
        // 按 deltaTime 向目标点移动
        trans.position = Vector3.MoveTowards(trans.position, currentTarget, movespeed *
        Time.deltaTime);

        // 到达目标点后变为待机状态，然后调用下一个 Retarget
        if (trans.position == currentTarget)
        {
            state = State.Idle;
            Invoke("Retarget", Random.Range(minRetargetInterval, maxRetargetInterval));
        }
    }
    else if (state == State.Rotating)
    {
        // 计算从旋转开始到现在所经过的时间，以秒为单位
        float timeSpentRotating = Time.time - rotationStartTime;
```

```
            // 从 initialRotation 旋转到 targetRotation
            modelTrans.rotation = Quaternion.Slerp(initialRotation, targetRotation,
            timeSpentRotating / rotationTime);
        }
    }
```

作为一名经验丰富的程序员，你应该很熟悉这里的移动逻辑。第 18 章对 Patroller 做了同样的事情：使用 Vector3.MoveTowards 来控制根 Transform（第一个参数）以每秒 movespeed（第三个参数）的速度向目标点（第二个参数）移动。

在到达目标点后，Wanderer 将切换到 Idle 状态来停止移动——同样，MoveTowards 不会让 Wanderer 越过目标点，但为了避免不必要的计算，最好还是在确定到达目标点后停止调用它。这时，代码会再次调用 Retarget 方法，并使用 Random.Range 函数来生成一个范围内的随机时间。

不过，旋转 Wanderer 模型的方式和之前的模型有所不同——特别是在 Slerp 的使用方式上。

回想一下，Slerp 会按照指定的比例来一个旋转向目标旋转变化，并返回一个结果。

以下是一些示例：

- 如果比例为 0，则表示没有变化，因此返回第一个旋转；
- 如果比例为 0.5，则返回两个旋转之间的中点；
- 如果比例为 1，则完全旋转至目标旋转，因此返回目标旋转（第二个参数）。

到目前为止，我们一直将对象的当前旋转作为第一个旋转参数传入 Slerp，并将其旋转到目标旋转，以实现比每秒旋转固定角度或没有任何过渡的旋转更平滑的旋转效果。

但这不是唯一的方法。在这款游戏中，我们可以用一种更好玩的方式来实现这一机制。漫游者之所以要朝目标点旋转，是为了确保玩家有足够的时间做出反应。因此，无论要旋转的角度是多少，旋转的时间都需要保持一致，而之前使用的方法不能做到这一点。

为了解决这个问题，每次我们调用 Slerp 方法时，都会使用两个固定旋转值，并将得到的结果不断地应用到 Transform。之前，我们都是通过 Slerp 操作使“当前”旋转逐步接近目标旋转。在每一帧的更新中，当前旋转都在向目标旋转靠拢，随着时间的推移，每次旋转的幅度变得越来越小。而现在，我们改为记录漫游者开始旋转时的“初始”旋转，并通过 Slerp 操作让这个初始旋转平滑过渡到目标旋转。

棘手的部分是确定作为第三个参数传递的比例。前面的代码已经准备好了完成这一操作所需要的变量，即预期旋转时间（rotationTime）和开始旋转的时间（rotationStartTime）。

我们期望传递给 Slerp 的比例在开始旋转时为 0，并在旋转的过程中逐渐增加到 1。换句话说，就是从初始旋转状态起步，在预期旋转时间内平滑过渡到目标旋转状态。

这可以通过获取“从旋转开始到现在所经过的时间”来实现，即“当前时间 - 开始时间”。例如，如果开始时间是 16.2 秒，当前时间是 16.6 秒，那么就已经旋转了 16.6 - 16.2 = 0.4 秒。

接着，我们需要把这个时间转换为它在预期旋转时间中的占比（一个介于 0 和 1 之间的值）。

在需要确定“X 相对于 Y 的比例是多少？”时，只需要执行“X 除以 Y”的操作即可。为了更直观地理解这个概念，来考虑一个具体的例子：假设我们在开发一款角色扮演游戏，并需要确定玩家角色的当前生命值在最大生命值中的占比。

这可以通过 currentHealth / maxHealth 简单计算出来。这个计算结果是一个介于 0 到 1 之间的小数，但只要将其乘以 100 并添加一个百分号（%），就可以轻松地将其转换为百分比形式。

Wanderer 的旋转也是同理。将“从旋转开始到现在所经过的时间”除以“期望旋转时间”，就可以得到一个从 0 开始，在旋转过程中逐渐增至 1 的值。

这就是全部了——现在，Wanderer 已经功能齐备，接下来只需要设置脚本。将 Wanderer 脚本附加到根游戏对象 Wanderer 上。在“检查器”中把 Trans 设置为 Wanderer 的 Transform，并将 modelTrans 设置为 ModelBase 的 Transform。

确保 Wanderer 是 WanderRegion 的子对象，并且这个区域足够宽敞。运行游戏并观察 Wanderer 的行为。

别忘了为 Wanderer 创建预制件，以便快速放置更多 Wanderer。

19.6 小结

本章创建了一种新的障碍物。在这个过程中，我们学习了一些基本的随机数生成技术，以及使用 Quaternion.Slerp 方法的新方式，还创建了自定义的枚举类型。本章要点回顾如下。

1. Random.Range 方法接受接收两个整数或浮点数作为参数，并随机生成一个介于两个参数之间的数值。如果传递的是两个整数，请注意第二个参数（即最大值）是不被包含在内的——它不会被作为结果返回。如果想把这个数值包含在范围内，在原先的基础上加 1 即可。
2. 如果需要确定自某个事件发生以来经过的时间，可以在事件第一次发生时将一个 float 类型的变量设置为 Time.time，然后计算 Time.time - floatVariable 就可以得到自事件发生以来经过的秒数。
3. 若想确定浮点数 X 相对于另一个浮点数 Y 的比例，只需要计算 X / Y 即可。如果 X 是 Y 的一半，则返回 0.5；如果是 Y 的 75%，则返回 0.75，以此类推。

第 20 章 冲刺

为了提升玩家的游戏体验，使其在游戏中的移动更具策略性，这一章将引入一个新功能——冲刺（dash）。玩家将能够向当前移动的方向——或者说得更精确一些，向他们按下的移动键所对应的方向冲刺。例如，如果玩家同时按住 W（向前）和 D（向右）键，玩家角色将沿着对角线向右前方冲刺。

在冲刺过程中，玩家的常规移动控制将被替换为冲刺。在冲刺动作结束后，常规移动控制将会恢复，并且玩家角色会以最大速度沿着冲刺的方向继续前进。这样一来，玩家在冲刺结束后不会突然停止，而是会继续沿着冲刺方向移动。在冲刺结束后，如果玩家不再按下任何移动键，动量会逐渐降至 0，和往常一样。

20.1 定义变量

为了实现冲刺功能，让我们先定义一些变量。在Player脚本中的变量声明下方添加以下代码：

```
// 冲刺
[Header("Dash")]
[Tooltip(" 执行冲刺时移动的总距离。")]
public float dashDistance = 17;
[Tooltip(" 执行冲刺所需的时间，以秒为单位。")]
public float dashTime = .15f;

[Tooltip(" 冲刺完成后到再次执行冲刺之前的时间间隔，以秒为单位。")]
public float dashCooldown = 1.8f;

private bool CanDashNow
{
    get
    {
        return Time.time > dashBeginTime + dashTime + dashCooldown;
    }
}

private bool IsDashing
{
```

```
        get
        {
            return Time.time < dashBeginTime + dashTime;
        }
    }
    private Vector3 dashDirection;
    private float dashBeginTime = Mathf.NegativeInfinity;
```

可以看到，只有 dashDistance、dashTime 和 dashCooldown 这几个变量需要在“检查器”中公开。冲刺动作允许角色在指定的 dashTime 秒内，沿当前移动方向快速移动 dashDistance 单位的距离。冲刺结束后，角色将进入 dashCooldown 秒的冷却时间，在这段时间内无法再次冲刺。

公共变量下方定义了几个实用的属性（property），以便将复杂的数学计算转换为易于理解的语言。

- CanDashNow 属性用于判断冲刺是否处于冷却状态。每次执行冲刺时，私有变量 dashBeginTime 都会被设置为当前时间（Time.time）。在检查是否能够冲刺时，只需要检查当前的 Time.time 是否大于开始冲刺的时间与冲刺冷却时间之和，此外，还要加上冲刺时间本身，以确保冷却在冲刺结束后才开始计时。
- IsDashing 属性用于判断角色是否正在冲刺。如果当前 Time.time 小于冲刺开始时间和冲刺时间的和，该属性就会返回 true，表示正在冲刺；如果大于这个值，属性将返回 false，从而使角色停止冲刺。这意味着我们只需要设置开始冲刺的时间就可以进行冲刺了。和使用一个需要在冲刺开始和结束时显示地设置为 true 和 false 的布尔变量相比，这种方法简洁而优雅。

接下来，这段代码定义了 dashDirection 变量——它代表当前冲刺的方向，每次冲刺时都被会重新设置——以及默认设置为 Mathf.NegativeInfinity 的 dashBeginTime 变量。Mathf.NcgativcInfinity 是 Unity 内置的快捷方式，表示负无穷大的值。

使用 Mathf.NegativeInfinity 是一个安全措施：如果在游戏开始时将 dashBeginTime 设置为 0，那么在 IsDashing 将会为 true，导致玩家角色在游戏开始时立刻进行冲刺。通过将 dashBeginTime 设置为一个负无穷大的值，可以确保即使 dashTime 非常长，IsDashing 也不会为 true。

实际上，使用 -5 之类的值或许也可行，毕竟冲刺时间不太可能比 5 秒还长，但谨慎一些总是好的。总之，Mathf 类中存在 NegativeInfinity 这一静态变量，它的正数版本是 Mathf.Infinity，用于表示正无穷大的值。

再来看看 dashDirection。它在 X 轴和 Z 轴上将被设置为 0、1 或 -1。当玩家角色移动时，每秒的移动距离将与这个方向向量相乘。例如，如果玩家只按下 D 键或右箭头键，那么

dashDirection 将被设为（1，0，0）。利用这种简单的方式，可以确保移动只会作用于相应的轴：另外两个轴的值为 0，因此不会发生移动。

如果玩家同时按下 D 键和 W 键，那么 dashDirection 将变为（1，0，1），这样移动也会作用于 Z 轴，这适用于玩家使用 WASD 或箭头键组合出的所有可能的移动方向。

20.2 Dashing 方法

Dashing 方法将与之前创建的 Movement 方法非常相似。它将负责管理所有与冲刺相关的逻辑，并将这些逻辑封装在一个单独的私有方法中，由 Update 方法调用。我们将在 Movement 方法下方声明 Dashing 方法。

Dashing 方法的逻辑非常简单。

- 如果角色当前没有处于冲刺状态，我们将检查空格键是否被按下。
- 如果空格键被按下，则检查玩家按住了哪些移动键，以确定冲刺方向。如果未按住任何移动键，则不执行冲刺；只要有一个键被按住，就执行冲刺。
- 如果角色当前处于冲刺状态，它将利用 CharacterController 组件沿着冲刺方向移动，和常规移动一样。由于 IsDashing 属性会在冲刺时间结束后自动返回 false，所以不必担心冲刺如何停止。

接下来是实现这一逻辑的代码。请记住，Dashing 方法将在 Update 方法中调用。在 Player 脚本中，将下面的 Dashing 方法添加到 Movement 方法之后：

```
private void Dashing()
{
    // 如果当前没有处于冲刺状态：
    if (!IsDashing)
    {
        // 如果冲刺不在冷却中，并且空格键被按下：
        if (CanDashNow && Input.GetKey(KeyCode.Space))
        {
            // 找出玩家按住了哪些移动键：
            Vector3 movementDir = Vector3.zero;

            // 如果按住 W 或者上箭头键，将 z 设为 1：
            if (Input.GetKey(KeyCode.W) || Input.GetKey(KeyCode.UpArrow))
                movementDir.z = 1;

            // 否则，如果按住 S 或者下箭头键，将 z 设为 -1：
            else if (Input.GetKey(KeyCode.S) || Input.GetKey(KeyCode.DownArrow))
```

```
                movementDir.z = -1;

            // 如果按住 D 或者右箭头键，将 x 设为 1：
            if (Input.GetKey(KeyCode.D) || Input.GetKey(KeyCode.RightArrow))
                movementDir.x = 1;

            // 否则，如果按住 A 或者左箭头键，将 x 设为 -1：
            else if (Input.GetKey(KeyCode.A) || Input.GetKey(KeyCode.LeftArrow))
                movementDir.x = -1;

            // 如果至少有一个移动键被按住：
            if (movementDir.x != 0 || movementDir.z != 0)
            {
                // 开始冲刺：
                dashDirection = movementDir;
                dashBeginTime = Time.time;
                movementVelocity = dashDirection * movespeed;
                modelTrans.forward = dashDirection;
            }
        }
    }
    else // 如果当前处于冲刺状态
    {
        characterController.Move(dashDirection.normalized * (dashDistance / dashTime) *
        Time.deltaTime);
    }
}
```

鉴于之前已经积累了不少经验，这段代码大部分内容对应该都很好理解。现在，来仔细研究一下这段代码，并探讨一些容易引起疑问的地方。

这段代码声明了一个 Vector3，并根据玩家当前按下的移动键设置了它的 X 值和 Z 值。只有在至少按下一个移动键的情况下，它才会执行冲刺。这一逻辑包含在 if 语句中，后者确保了玩家当前能够进行冲刺（并且玩家已经按下空格键，试图进行冲刺）。

然后，这段代码通过设置冲刺的方向和记录冲刺开始的时间来开始冲刺。设定了开始时间后，IsDashing 将会持续返回 true，直到 Time.time 的值超过了冲刺开始时间与冲刺持续时间之和，这标志着冲刺的结束。

接下来的代码设置移动速度（movementVelocity）。设置它的目的不是为了让玩家移动，而是为了确保在冲刺结束后，玩家不会立即停下来。玩家角色将继续沿着冲刺方向移动，如果玩家在冲刺结束后仍然按住移动键，角色将继续移动；如果玩家松开了所有移动键，角色将逐渐减速至停止。这样的设计让冲刺动作显得流畅而自然。

接下来的一行代码 modelTrans.forward = dashDirection; 涉及一个新概念。属性 .forward 是 Transform 的成员之一，它可以用来获取或设置 Transform 面向的方向。在设置这个属性时，需要传入一个 Vector3 类型的方向向量，它将旋转 Transform，使其正面（即正 Z 轴）朝向这个方向。

与属性 .forward 类似的还有另外两个熟悉的属性 .right 和 .up，它们分别用于控制 Transform 组件的右侧和顶部面向的方向。如果想让 Transform 组件的背面、底部或左侧朝向某个特定方向，仍然可以使用属性 .up、属性 .forward 或属性 .right，但要将传入的方向向量乘以 -1 来反转朝向。换句话说，如果希望左侧朝向某个方向，只需要让右侧朝向相反的方向就行了，对不对？这就是为什么 Transform 组件只提供了 forward、right 和 up 这三个方向的成员。

接下来是一个用于移动 CharacterController 的 else 语句，这与处理常规移动的方式相同。为了达到设定的冲刺距离，需要按照 dashDistance / dashTime 的速度进行移动，并一如既往地乘以 Time.deltaTime，以确保移动速度是按每秒计算的。

else 块里的成员 .normalized 可能会引起一些困惑。其实，在处理漫游者的重定向时，我们就已经接触过了。简单来说（别担心，后文会进行更深入的讨论），将一个向量 normalize（归一化）就是将其“转换成一个纯粹的方向”。如此一来，在将一个（打算用作方向的）Vector3 乘以某个浮点数值时（如 movespeed * Time.deltaTime），每乘以 1 个单位的数值，得到的就是 1 单位长度的距离，不多也不少。

举个例子，如果玩家角色向右冲刺，那么移动方向可以用 Vector3（1，0，0）来表示。而如果玩家向右上方冲刺，移动方向将是 Vector3（1，0，1)。在将这个向量乘以移动量时，玩家将同时在两个方向上移动，而这会导致玩家移动的距离比单纯地向右冲刺要多。

将向量归一化确保了无论是斜向冲刺还是沿单一坐标轴（如直接向上、向下、向左或向右）冲刺，得到的距离都是相同的。

再次强调，最后一个示例项目将进一步讨论与向量相关的细节并将其付诸实践，所以即使现在还没有完全理解这些概念，也不用太过担心。

20.3 最后一步

现在，只需要再进行一些简单的调整，就可以完全实现冲刺功能了。

首先找到 private void Movement() 方法，并将所有与移动相关的代码都放入 if (!IsDashing) 块中：

```
// 只在没有冲刺时才移动：
if (!IsDashing)
{
    //... 剩下的移动代码放在这里
}
```

这便确保了在执行冲刺动作期间任何移动逻辑都不会被执行。

接着，还需要在Update中添加对Dashing方法的调用，如下所示：

```
void Update()
{
    Movement();
    Dashing();
}
```

这一步特别容易遗漏。有时，我在测试代码时会惊讶地发现什么都没有发生，结果却发现自己忘记在Update中调用新创建的方法！

最后，为了增强程序的健壮性，还需要添加一个额外的检查，确保一旦角色死亡，就立即终止冲刺动作。如此一来，即使冲刺时间大于重生时间，玩家角色也不会在重生后继续进行冲刺。

在public void Die()方法的if (!dead)块中的任意位置添加以下代码：

```
dashBeginTime = Mathf.NegativeInfinity;
```

重申一下，之所以将dashBeginTime设置成Mathf.NegativeInfinity而不是0，是为了保证安全性。

好了，现在应该可以在游戏中测试冲刺功能了：只需按住任意移动键（至少需要按下一个键），然后按下空格键，就可以进行冲刺了。

如果感兴趣，可以尝试在“检查器”窗口中调整冲刺距离和冲刺时间。还记得之前编写的，在冲刺时控制CharacterController移动的代码吗？在冲刺时，每秒移动的实际距离是通过dashDistance / dashTime计算得来的。所以如果想调整冲刺距离和时间以使冲刺速度明显高于正常移动速度，就可以利用这个公式来进行计算。

20.4 小结

这一章为玩家增添了一项躲避障碍的新技能——快速冲刺。这标志着玩家移动功能的开发可以告一段落，不需要再增加任何新的特性了。

另外，本章还讲解了如何使用Transform的面向方向属性.up、.right和.forward将Transform的某一侧朝向特定的方向。

第 21 章 设计关卡

如前所述，通过混用组件和脚本的功能，可以创造出多样化的障碍物。现在，我们终于有机会将这些概念应用到实际的游戏开发中了。

这一章将探索如何使用现有的脚本来创建一些独特的危险物，并且研究如何利用预制件来为玩家提供协调一致的游戏体验。

此外，本章还将讲解如何创建新的关卡，为第 22 章做好准备。第 22 章将创建一个关卡选择菜单，允许玩家从主场景中选择他们想要玩的关卡。

每个关卡都将有一个单独的场景，并在其中放置一个从上方俯瞰关卡的摄像机，以便在选择界面预览关卡。在第 22 章中创建了菜单之后，我们将处理玩家的激活逻辑，并在游戏开始时移除这个预览摄像机，避免两个摄像机在游戏场景中出现冲突。

21.1 混用组件

我们已经创建了多个功能组件：在接触时消灭玩家的 Hazard 脚本、定期发射投射物的 Shooting 脚本以及 Wanderer 和 WanderRegion 脚本。

现在仔细想想基于现有资源可以构建哪些类型的危险物。我们可以创建一些“复合危险物”，以便在设计关卡时提供更多有趣的选择。

21.1.1 四向射击装置

目前的射击装置只能朝一个方向射击。我们可以创建一种新型射击装置，它能够同时朝四个方向射击，基座立方体的每一侧都有一个枪管。

- 在“层级”窗口中添加 Shooter 预制件的一个实例，并将其重命名为“Four-way Shooter”。我们将在现有的 Shooter 的基础上进行改进，从而简化开发过程。
- 在“层级”窗口中右键单击 Four-way Shooter，从弹出的菜单中选择“预制件”，再选择“解压缩”。这将解除该实例与 Shooter 预制件的关联，使 Four-way Shooter 和它的子对象成为场景中的独立游戏对象。如此一来，就可以自由地在 Shooter 的基础上构建 Four-way Shooter，无须担心影响到原始预制件。
- 从 Four-way Shooter 上移除 Shooting 脚本组件。

- 将 Shooting 脚本添加到 Barrel 子对象上。在“检查器”中，把 Spawn Point 设置为 Barrel 的子对象 Projectile Spawn Point。另外，别忘了设置 Projectile Prefab 的引用——从“项目”窗口中将 Projectile 预制件拖放到该字段上。
- 现在，Barrel 有了一个独立的 Shooting 脚本。复制并粘贴 Barrel，将新 Barrel 的局部 Z 位置从 0.7 改为 -0.7，将其放置在 Four-way Shooter 的另一侧。
- 注意，新 Barrel 的 Shooting 脚本引用的 Spawn Point 指向的 Projectile Spawn Point 是它自己的子对象，而不是之前的那个。Unity 已经自动设置好了。不过，为了确保新 Barrel 的 Spawn Point 朝向正确的方向，需要将它的 Y 旋转设置为 180，把它翻转过来。
- 新建一个空对象，将其设为 Four-way Shooter 的子对象，并将其局部位置和旋转设置为（0，0，0）。保持缩放不变。
- 复制并粘贴两个 Barrel 实例，将它们设为刚刚创建的空对象的子对象，并将空对象的局部 Y 旋转设置为 90。这样，第三和第四个 Barrel 将被放置在立方体剩余的两个面上。
- 现在将第三个和第四个 Barrel 设为 Base 的子对象，然后删除空对象。它只是用来辅助旋转的。
- 记得为 Four-way Shooter 制作一个预制件！

就这样，一个四向射手就创建好了。它的每一侧都有一个带有 Shooting 脚本的枪管，它们会同时发射子弹（图 21-1）。但要注意，在调整射速时，需要先同时选中四个 Barrel，然后再开始调整；否则它们的射击节奏将无法保持一致！

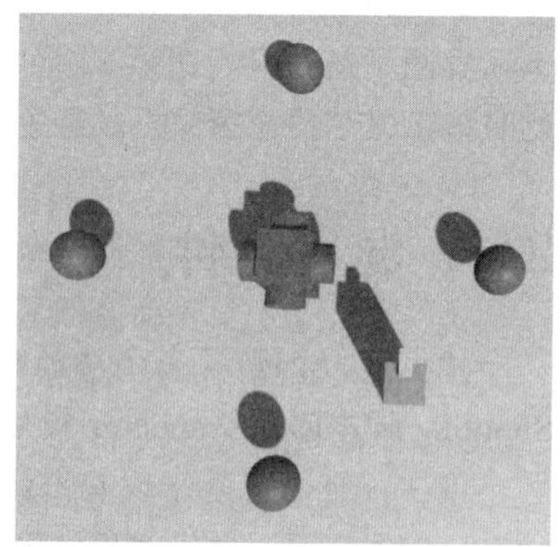

图 21-1 四向射手正在玩家附近开火

21.1.2 旋转刀片

在前面刚开始学习编程的基础知识时，我们编写过一个使 Transform 组件持续旋转的简单脚本。现在，我们重新编写这个脚本，并利用它来创建一种新型危险物——一个不断旋转的悬浮“刀片”。

凭借目前已经掌握的知识，我们编写这个脚本应该是轻而易举的。新建一个脚本并将其命名为“ ConstantRotation”：

```
public class ConstantRotation : MonoBehaviour
{
    public Transform trans;
    public Vector3 rotationPerSecond;
```

```
    void Update()
    {
        trans.Rotate(rotationPerSecond * Time.deltaTime);
    }
}
```

这个脚本的作用是向引用的 Transform 组件施加一个每秒旋转量，确保将引用的 Transform 设置为脚本所附加到的游戏对象的 Transform 组件。

现在来创建一个 Spinning Blade 游戏对象。

- 创建一个空对象，命名为“Spinning Blade”。
- 为 Spinning Blade 添加一个 Cube 子对象，将缩放设置为（4，0.5，0.5），局部位置设置为（0，2.5，0），以确保 Spinning Blade 在地面上，而 Cube 立方体悬浮在空中。
- 勾选 Cube 立方体的 Box Collider“是触发器”复选框。
- 复制并粘贴 Cube，并将其局部 Y 旋转设置为 90，这样两个立方体就会组成十字交叉的形状。
- 为 Spinning Blade 添加运动学 Rigidbody 组件、 Hazard 脚本和 ConstantRotation 脚本，将 ConstantRotation 脚本组件中的 trans 设置为 Spinning Blade 的 Transform，并修改 Rotation Per Second 的 Y 旋转，使刀片旋转起来。我把它设置成 460，这样它每秒会旋转一圈多一点。
- 将 Spinning Blade 的层设置为 Hazard。
- 我对 Spinning Blade 模型应用与 Patroller 和 Wanderer 相同的 MobileHazard 材质。
- 为 Spinning Blade 制作一个预制件。

现在，一个看上去很危险的十字形障碍物就创建好了，它将不断旋转，并在触碰时杀死玩家。是，我知道它看起来很钝，不太像是真正的“刀片”，但关键是要发挥想象力。

21.1.3 旋转刀片木马

这一节将以更有趣的方式使用刚刚创建的 Spinning Blade。我们将创建一个简单的障碍物，并将几个 Spinning Blade 设为它的子对象，环绕在它的四周。Spinning Blade 和中心障碍物的相对位置不变，但中心障碍物本身会不断旋转，使这些 Spinning Blade 像旋转木马一样绕着它旋转。这个新障碍物也可以通过 ConstantRotation 来实现。

我把中心障碍物设计成了一个高大的圆柱体。可以把它想象成一个魔法图腾，它操控刀片，使其围绕自己旋转。

创建它的过程非常非常简单。

- 创建一个空对象，命名为“Carousel”（旋转木马）。将其 Y 位置设置为 0，并添加 ConstantRotation 脚本作为组件，将 Rotation Per Second 设为（0，150，0）。别忘了设置 Carousel Transform 的引用。
- 添加一个 Cylinder（圆柱）作为它的子对象，将缩放设置为（2，3，2），局部位置设置为（0，3，0）。这里使用了相同的 Y 轴位置和缩放，因为圆柱体的高度是其 Y 轴缩放的两倍，这与立方体有所不同。
- 创建一个新材质，命名为“Carousel”，它将是淡紫色的，十六进制颜色代码为 C16BE0。将该材质应用到 Cylinder 上。
- 将四个 Spinning Blade 添加为 Carousel 的子对象，并把它们的局部位置分别设置为(-10，0，0)、（10，0，0）、（0，0，10）和（0，0，-10），使它们以相等的距离均匀地分布在 Carousel 的四周，如图 21-2 所示。
- 别忘了为 Carousel 制作预制件。

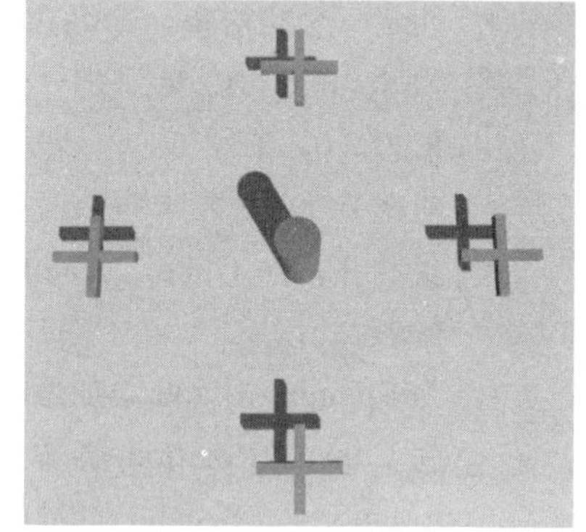

图 21-2 上下左右各有一个 Spinning Blade 实例的 Carousel

现在，一个旋转刀片木马就做好了。中心的圆柱体不会在触碰时杀死玩家，但会阻挡玩家的移动。旋转速度可以根据需要进行调整。

请注意，这是嵌套预制件的一个实例。刚开始探索预制件时，提到过“嵌套预制件”的概念。Spinning Blade 本身是一个预制件，而这个预制件的实例又被嵌套在 Carousel 预制件中。这意味着对 Spinning Blade 预制件的任何修改——例如调整它的旋转速度——都会自动应用到所有 Spinning Blade 的实例，无论这些实例在场景中是独立存在，还是作为 Carousel 预制件的一部分。

21.2 预制件和变体

我们已经为关卡创建了许多类型的障碍物，是时候考虑如何在游戏开发过程中对它们进行一些小调整，以确保游戏的平衡性。之前的章节讨论过预制件及其变体的重要性，而现在正是回顾这些知识的好时机——这可能会在后续的开发过程中省下不少麻烦。

我们总是可以在预制件实例上执行覆盖操作，以创造特殊的障碍物，比如速度极快的巡逻者、射击频率各异的射击装置，或是大小和移动速度各异的投射物。

然而，如果需要对原始预制件进行更改，那么一些更改可能无法同步到所有被覆盖的实例上，导致出现不一致的情况。

更明智的做法是为障碍物的不同版本制作预制件变体，即使它和原始预制件的差别很小。如果坚持这样做，这些障碍物的变体将能够在所有关卡中保持一致，便于玩家识别和记忆。例如，可以为 Projectile 预制件设计快速和慢速两种变体；为 Patroller 预制件设计一个行动缓慢且体型较大的变体；为 Wanderer 设计一个行动迅速且体型小巧的变体。

这种做法不仅有助于规范游戏设计流程，让玩家能够更轻松地预测和应对游戏中的挑战，而且还让我们能够通过简单地调整预制件及其变体，轻松地在所有关卡中实现统一的修改。假设我们在 15 个不同的关卡中对 50 个 Shooter 实例分别做了一些调整。在修改了玩家的移动速度后，我们意识到 Shooter 的射击速度也需要相应的调整，而由于我们覆盖了一些设置，无法通过原始预制件来一次性完成所有修改。这种情况非常令人头疼。

制作游戏的乐趣之一就是调整各种参数，直到找到完美的平衡点，所以这部分工作将留给读者探索。不过，我会简单讲讲如何创建一个 Shooter 的简单变体，使它的射击频率高于标准预制件。

右键单击“项目”窗口中的 Shooter 预制件资源，展开 Create 菜单并选择 Prefab Variant，如图 21-3 所示。

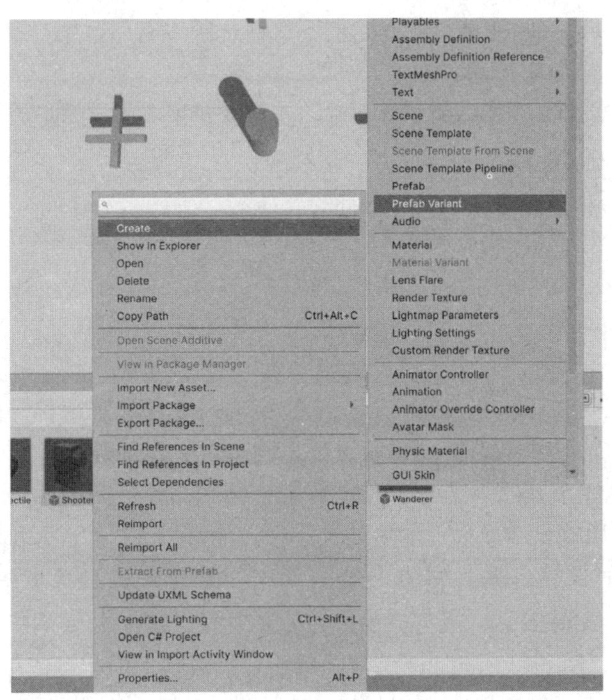

图 21-3 右键单击 Shooter 预制件为它创建一个变体

这将创建一个作为 Shooter 预制件变体的新资源，将它命名为“Shooter (Fast)”。如果打算为许多障碍物的预制件创建变体，最好考虑一下如何使文件夹井然有序。例如，这里之所以将变体命名为“Shooter (Fast)”而不是“Fast Shooter”，是为了确保变体在“项目”窗口中和原始 Shooter 挨在一起——因为名称是按字母顺序排序的。总之，变体的名称最好与基础预制件足够相似。如果愿意的话，也可以为每种类型的障碍物的预制件及其变体创建专门的文件夹，例如 Shooters 或 Patrollers 文件夹。

新创建的变体在功能上与预制件相同，因此如果需要更改其中的子对象，可以通过在“项目”窗口中双击它来进行编辑。这里只需要更改 Shooter 的射击频率，因此可以在“项目”窗口中单击 Shooter (Fast) 预制件，并在检查器中把 Fire Rate 改成一个较低的值，比如 0.5。

设置完成后，可以将 Shooter (Fast) 拖入场景并进行测试。如果希望在视觉上区分射击频率不同的 Shooter，可以为 Shooter (Fast) 应用不同的材质。记得要打开变体资源并在那里应用新材质，而不是把新材质应用到场景中的实例上。

如果感兴趣的话，可以继续探索更多的可能性。以下是一些关于如何进一步利用变体的点子。

- 为 Projectile 预制件创建速度和大小各异的变体。然后再为 Shooter (Fast) 预制件创建使用不同 Projectile 的变体，这样它们不仅射击频率有所区别，而且发射的投射物在速度和大小上也会有所不同。
- 为 Wanderer 创建体型更小的变体，它将更频繁地进行重定向、移动速度更快并且重定向后很快就会开始移动。
- 为 Patroller 创建移动速度和大小各异的变体。
- 利用 ConstantRotation 脚本来为 Shooter 或 Four-way Shooter 创建会持续旋转的变体。

21.3 创建关卡

下面不会详细说明如何从头开始构建一个完整的关卡并添加各种障碍物，因为这是一项烦琐的工作，而且你可能并不想复制我的设计思路。现在，创建关卡所需要的工具都已经准备好，所以是时候发挥个人的创造力了。本节将给出一些设计关卡的建议，并探讨每个关卡需要包含哪些内容，以确保游戏过程的协调性和一致性。

先来看看如何创建新场景并将其设置成关卡。新建场景的方式有两种：按下快捷键 Ctrl+N（Mac 用户为 Cmd+N）；或打开 Unity 左上角的“文件”菜单并选择“新建场景”，在弹出的窗口中选择“Basic（Built-in）”场景模板，然后按下回车键或单击窗口右下角的“创建”按钮即可。这样，一个包含 Directional Light 和 Main Camera 的新场景就创建好了。

创建新场景后，在“层级”窗口中选中并删除默认的 Main Camera。

首先，所有关卡都应该包含以下内容。

- 位于世界原点（0，0，0）的 floor 平面。它的 X 轴和 Z 轴缩放需要进行调整，以确保它在游戏过程中能覆盖整个屏幕。可以直接把缩放设为 1000。别忘了应用 Floor 材质。如果想简化工作流程，可以考虑将 floor 创建为预制件。
- 让玩家能够通关的 Goal 预制件实例。毕竟，没有胜利条件的关卡是不完整的。如果还没有为 Goal 创建预制件，可以回到 main 场景快速创建一个。如果在没有创建预制件的情况下删除了 Goal，请重新创建一遍（再次阅读第 17 章）。
- 用于确保场景有全局光源的 Directional Light。我们之前一直在使用场景自带的默认光源，但如果感兴趣的话，可以在 Directional Light 的检查器中调整 Light 组件的设置。两个最关键的设置是颜色（默认为浅黄色，模仿太阳光）和强度，后者影响光的亮度。
- 最后是放置在重生点的 Player 预制件的实例。可以将它的初始位置设为（0，0，0），后面再根据需要进行调整。

如果觉得新场景的光照效果与之前不同，可以通过使用顶部工具栏访问“窗口”|“渲染”|“照明”，然后在弹出的窗口底部单击“生成光照”，如图 21-4 所示。

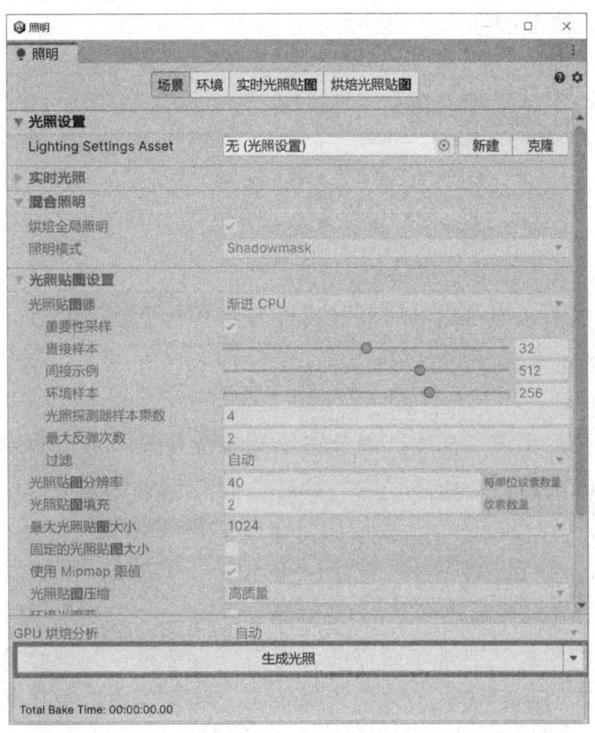

图 21-4 “照明”窗口，已圈出“生成光照”按钮

21.4 添加墙壁

完成以上设置后，就可以开始布置关卡了。先放置 Wall 预制件的实例，以限制玩家的行动路径。放置 Wall 实例后，调整它的位置，以使它的底部与地面贴合。这总是通过将其 Y 轴位置设为其 Y 轴缩放的一半来实现。

为了避免每次创建新 Wall 时都需要调整 Y 位置，从现在开始，只需要复制粘贴这个已有的 Wall 实例就好。如果想把 Wall 在“层级”窗口中折叠起来，可以创建一个空对象，命名为“Walls”，把它的位置设为（0，0，0），然后把所有 Wall 都设为它的子对象。如此一来，就可以“层级”窗口中把它的子对象都折叠起来。如果想要保持层级结构干净整洁，可以用这种方法来管理所有障碍物。

就像之前讨论的那样，矩形变换工具（快捷键 T）在移动 Wall 和调整它的大小时非常有用。在从上方俯视 Wall 时，这个工具的效果最好。别忘了，随时可以使用“场景”窗口右上角的辅助图标来快速切换到俯视图，只需要单击绿色圆锥即可。

布置好墙壁后，就利用之前创建的障碍物来填充其中的区域。发挥自己的想象力，为玩家设计一些挑战，并为所学的知识开始融会贯通而感到兴奋吧！

21.5 预览关卡的摄像机

那么，如何在开始游戏前预览关卡呢？这将通过一个简单的摄像机游戏对象来实现。我们将调整它的视角，使它以合适的角度预览关卡。当玩家在关卡选择菜单（将在下一章创建）预览各个关卡时，使用的就是这个摄像机。

如果之前没有删除默认摄像机，请删除它，并创建一个新摄像机。将其重命名为“Level View Camera”（不带引号）。确保名称完全正确（包括大小写），因为我们稍后将在代码中通过名称来查找它，记住，字符串是相当严格的。

为了把摄像机调整到合适的视角，请按住鼠标右键并使用 WASD 键移动场景摄像机来查看关卡。在找到合适的视角后，在“层级”窗口中选中 Level View Camera，并在顶部菜单栏中选择“游戏对象”|“对齐视图”，或使用快捷键 Ctrl+Shift+F（Mac 为 Cmd+Shift+F）。这将把 Level View Camera 设置为场景摄像机所在的位置，并朝向相同的方向。这种方法比使用变换工具拖动和旋转摄像机要高效得多。

一旦在关卡场景中设置这些基本必需品，可以保存场景。如果愿意，可以将此场景保存为关卡模板，然后每次创建新的关卡时，只需要在“项目”窗口中复制粘贴场景即可，借此跳过设置步骤。

21.6 小结

本章通过混用现有脚本和预制件创建了一些新型障碍物，并说明了如何利用预制件和变体来创造协调一致的游戏体验。此外，本章还讲解了如何正确设置新的关卡。

每个关卡都应当包含以下要素：

- floor 平面；
- Level View Camera 摄像机，放在适合预览关卡的位置；
- Directional Light（使用默认的即可）；
- Player 预制件的实例，放置在关卡的起点；
- Goal 预制件的实例，根据自己的喜好来决定放在哪里。

第 22 章将探索如何在关卡选择菜单中从一个场景过渡到另一个场景，以便预览各个关卡。此外，第 22 章还将说明如何让玩家能够通过菜单系统游玩不同的关卡。如果喜欢设计关卡的话，请不要让这些关于进度的讨论限制了你的创意——继续享受设计的过程。如果想要切换关卡，在 Unity 中打开场景并单击“播放”按钮即可。

第 22 章 菜单和用户界面

Unity 提供了三种不同的 UI（用户界面）系统，分别是 IMGUI、uGUI 和 UI Toolkit，每一种都具有其独特的优势和应用场景。本章将会逐一介绍这些系统，并为障碍赛游戏实现正确的场景流，以便通过游戏首次运行时打开的 main 场景访问多个关卡场景。此外，main 场景还会提供一些显示着场景名称的按钮，玩家可以通过单击按钮来加载对应的场景。

22.1 UI 解决方案

我们先来了解 Unity 提供的三种 UI 解决方案，并探讨它们各自的优势。

22.1.1 IMGUI

IMGUI（Immediate Mode GUI，立即模式图形用户界面）是障碍赛项目将要采用的系统。它通过 C# 脚本实现，是 Unity 平台最早提供的用户界面解决方案。如果具备编程能力，那么可以快速而简单地通过 IMGUI 实现用户界面，但它通常不适合用来创建最终产品的 UI。IMGUI 创建的 UI 不够美观，而且自定义 UI 外观比较麻烦。

它之所以被称为“立即模式”GUI，是因为脚本会立即、不断地在每次调用 Unity 事件“OnGUI”时绘制 GUI。IMGUI 也是创建 Unity 编辑器的扩展工具时使用的默认系统，这意味着可以用 IMGUI 来创建自定义检查器和自定义窗口等工具，以扩展 Unity 编辑器的功能。

利用 IMGUI，可以通过编写简单的代码来快速在屏幕上生成可交互的按钮，所以我们将学习如何在本项目中使用它。它提供了一个快速创建 GUI 以测试特性的 GUI 解决方案，虽然它可能不够美观，但在早期开发阶段，UI 的外观通常并不重要。

下一个示例项目将会转向 Unity UI（简称 uGUI），制作更精美的 UI。

22.1.2 Unity UI（uGUI）

作为 Unity UI 解决方案的后起之秀，uGUI 通过游戏对象及其组件来构建 UI，这与依赖于 C# 脚本中的方法调用来绘制 UI 的 IMGUI 截然不同。它还支持 3D UI——换句话说，我们可以在场景中布置 3D UI 元素，以创建与游戏世界融为一体的 UI，例如在游戏中设计一个可交互的电脑屏幕或“全息”显示屏。

由于它与无处不在的游戏对象和组件系统一起工作，uGUI 也能够与那些需要在“检查器”窗口中引用 MonoBehaviours（C# 脚本组件）的 UI 无缝地集成。

22.1.3 UI Toolkit

UI Toolkit 是 Unity 最新推出的 UI 解决方案。它的操作方式与创建网站时使用的技术非常相似，例如 HTML、CSS 和 JavaScript。Unity 有意将其打造成未来项目开发的首选 UI 系统，但与 uGUI 相比，UI Toolkit 缺少了一些特性，比如游戏内的 3D UI。UI Toolkit 当前仍在持续开发和改进，而其他两个系统则已经进入了稳定期，未来不太可能有大的变化或改进（除了潜在的 bug 修复）。

本书不会讲解如何使用 UI Toolkit，因为它比较复杂，而且使用其他 UI 系统可以更方便地完成书中的所有项目。UI Toolkit 引入了一种全新的编码语言来定义 UI 的视觉元素，这种语言与 C# 大相径庭（对于还在学习使用 C# 编写游戏代码的人来说，再学习一门新语言可能有些吃力）。

22.2 场景流

在为 UI 编写代码之前，先来快速了解一下游戏中场景加载的预期流程。

构建设置中的第一个场景——即游戏启动时首先加载的场景——将是主菜单场景。这个场景里只有一个基础摄像机和一个附带主菜单 GUI 脚本的空游戏对象。

这个脚本将被命名为“LevelSelectUI”。它调用一个内置方法，指示 Unity 在加载新场景时不要销毁它所附加到的游戏对象。通过这种方式，LevelSelectUI 脚本就可以在关卡场景加载后继续运行。

每个关卡都会有一个独立的场景。这些场景将根据它们在构建设置中的索引编号进行排序，只有在添加到构建设置中的情况下，它们才会在菜单中显示。

每个关卡场景都包含一个 Player 预制件实例，但 Player 脚本将默认处于禁用状态（通过在“检查器”窗口中取消勾选脚本名称旁边的复选框）。此外，Player 内部的 Main Camera 游戏对象也将处于非活动状态——也就是说，不仅是 Camera 组件，整个 Main Camera 对象都将处于非活动状态。

执行以下步骤在 Player 预制件中进行更改。

1. 首先，确保已经更新关卡场景中的 Player 预制件，应用所有想要保留但尚未应用的覆盖。例如，如果调整了 Player 的移动速度、冲刺时间、冲刺速度等，就需要应用这些覆盖，以确保它们在所有关卡中保持一致。在“层级”窗口中选中 Player，然后在“检查器”

窗口顶部的“覆盖”下拉菜单中选择“应用所有”，或者选择性地应用特定的覆盖。

2. 在“项目”窗口中双击 Player 预制件以打开它。
3. 选中 Main Camera 游戏对象，在“检查器”中取消勾选其名称旁的复选框，使其默认处于非活动状态。
4. 选中 Player 游戏对象，在“检查器”中找到 Player 脚本，并通过取消勾选脚本组件标题左侧的复选框来默认禁用该脚本。

现在，这些更新同步到所有关卡场景中的 Player 游戏对象，使它们具有恰当的初始状态。

就像第 21 章提到的那样，每个关卡场景中应该都有一个 Level View Camera。这个摄像机默认处于活动状态，因此当 LevelSelectUI 加载场景时，我们看到的是关卡的预览，而不是玩家在游戏中的视角（因为我们禁用了玩家的摄像机）。Player 模型仍然显示在关卡中，但由于 Player 脚本被禁用，导致玩家无法进行移动或任何操作。

只要玩家不处于 main 场景，UI 脚本就会绘制一个可以用来开始游戏的按钮。

单击该按钮后，游戏将禁用 Level View Camera，启用 Player 脚本，然后激活玩家的摄像机，让玩家正式开始挑战关卡。这时候不再需要 UI，所以持有 LevelSelectUI 脚本的游戏对象将会被销毁。

在玩家成功通关或使用退出菜单退出关卡（我们将在下一章中实现）时，他们将回到 main 场景。由于 main 场景会重新加载，所以那个带有 LevelSelectUI 脚本的游戏对象会再次出现，允许玩家选择下一个想要挑战的关卡。

在设置 main 场景前，需要先对之前在 main 场景中创建的多余的游戏对象进行清理。如果在这个场景中布置了关卡，并且不想丢失它，请按照以下步骤操作。

1. 为“项目”窗口中的 main 场景重命名，比如可以重命名为“Level 1”。
2. 使用“文件”|“新建场景”或快捷键 Ctrl+N 新建一个场景，并在弹出的窗口中选择 Basic（Build-in）模板。
3. 将新建的场景保存（快捷键 Ctrl+S）到 Scenes 文件夹中，并将其命名为“main”。

如果场景中只是随意摆放了一些用于测试的游戏对象，并且不介意把它们清理掉，请确保为所有重要的游戏对象制作预制件，并应用重要的覆盖，然后删除所有游戏对象。

现在，新建一个脚本并将其命名为“LevelSelectUI”，为场景创建一个名为“Level Selection”的空对象，并将 LevelSelectUI 脚本的实例附加上去。

场景默认包含一个 Main Camera 游戏对象，如果没有，请通过“游戏对象”|“摄像机”来创建一个基础摄像机。为了正确地渲染 GUI，场景中的摄像机是不可或缺的。

现在，请打开 Build Settings（“文件”|“生成设置”）并确保 main 场景位于构建索引 0

的位置，并且其他所有关卡都位于它的下方，如图 22-1 所示。

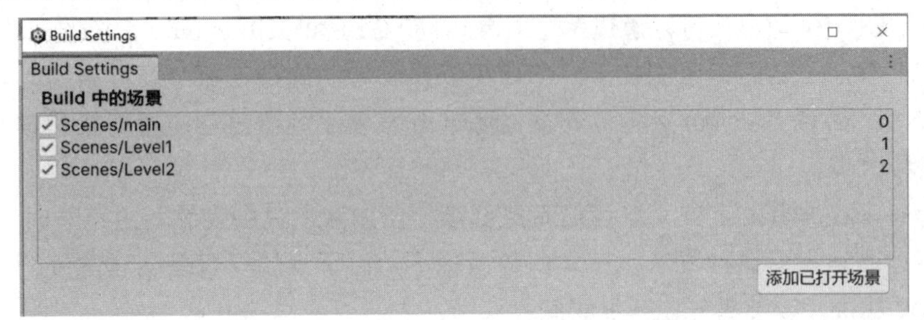

图 22-1 Build Settings 窗口中，main 场景位于构建索引 0（右侧）的位置，下方有几个场景

最后一步是配置 main 场景中的摄像机，使其背景只显示纯色。在“检查器”中找到 Camera 组件，将“清除标志”字段（Camera 组件的第一个字段）从“天空盒”更改为“纯色”。然后在下面的“背景”字段把颜色改成自己喜欢的颜色。现在，摄像机将在背景中绘制这个颜色，而不是默认的天空盒。我将背景颜色设置成了深蓝色，十六进制颜色代码为 2D3644。

22.3 LevelSelectUI 脚本

在 LevelSelectUI 脚本中，首先得确保它所属的对象在加载新场景时不被销毁，因为这个脚本需要在加载并预览关卡后继续显示用户界面。

这只需用到一个简单的方法调用。如下修改 LevelSelectUI 脚本中的 Start 方法：

```
void Start()
{
    // 确保此对象在场景变换时持续存在：
    DontDestroyOnLoad(gameObject);
}
```

这就是实现这个目标所需要的全部代码了。现在，在游戏中加载新的场景时，这个对象将在新的场景中保留下来。但这也意味着在加载该对象的原始场景时，场景中会出现它的两个副本。所以，在玩家选好了要游玩的关卡后，这个对象将会被销毁。

现在，是时候开始为创建 UI 编写代码了。

为了使用 IMGUI，需要声明内置事件处理方法 OnGUI。每当发生新的 GUI 事件时，OnGUI 就会被调用。这些 GUI 事件包括一系列不同的动作：鼠标移动、鼠标按钮按下或键盘按键按下。最常触发 OnGUI 调用的事件是 Repaint（重绘）事件，它每帧发生一次，以更新和绘制 GUI。

与GUI有关的方法只能在OnGUI方法中调用。

这些与GUI有关的方法可以通过两个对象访问：GUI和GUILayout。它们的功能大体相同，都具有相同的静态方法。但区别在于，GUI需要开发者明确指定每个要绘制的元素在屏幕上的位置和尺寸，而GUILayout会自动布局，除非开发者手动覆盖它，否则它会自行决定GUI元素的位置和大小。

通过代码来在屏幕上定位元素可能有点麻烦，所以我们只会在编写主菜单时（将在第23章中讨论）适度地采取这种方法。在大多数情况下，由于目的仅仅是创建占位符GUI，我们将让系统自动布局，以节省一些开发时间。

现在，在LevelSelectUI脚本文件的顶部添加以下using语句：

```
using UnityEngine.SceneManagement;
```

之前在Goal脚本中使用过这个语句，它使得脚本能够访问加载新场景需要用到的SceneManager对象。

然后，在LevelSelectUI脚本类的顶部声明一些变量：

```
// 当前场景的构建索引。
private int currentScene = 0;

// 当前场景的 Level View Camera（如有）。
private GameObject levelViewCamera;

// 当前正在进行的场景加载操作（如有）。
private AsyncOperation currentLoadOperation;
```

当前场景的构建索引（即Build Settings中与之关联的数字）将被跟踪，以便在GUI的文本标签中向用户展示当前关卡的编号。索引从0开始，因为主菜单UI对应的索引就是0。每当加载新场景时，这个索引都会相应地更新。

我们还将存储对当前场景的Level View Camera的引用。对于main场景而言，这最初将为null，但它会在加载新的场景时被正确设置。

最后一个变量是一个之前没有使用过的新类型AsyncOperation。AsyncOperation表示异步（asynchronous）执行的操作，这个操作会在游戏运行的同时执行，不会影响到正常的游戏进程。

如果计算机处理器上的任务过于繁重，程序可能会卡住，直到任务完成为止。这通常会给用户带来不好的体验。为了避免这种情况，可以只占用部分处理能力，在后台逐步执行操作。这就是异步的含义。与之相对的是同步（synchronous），这是代码执行的传统方式：处理器一次只会执行一项任务。如果调用了一个包含复杂循环的方法，那么在该方法处理完成之前，程序可能会暂时卡住。

加载场景的时候可能会出现明显的卡顿——这是一个相当占用资源的任务。这就是 Unity 提供异步加载场景的原因。不过，我们往往需要在场景加载完成时做出响应，所以需要有一种方法来跟踪加载的进度。为了解决这个问题，可以利用异步加载场景的函数返回的 AsyncOperation 实例来检查加载操作是否已经完成。这样，我们就知道何时应该切换到 Level View Camera。

现在，让我们利用刚刚学到的 OnGUI 方法来编写一些代码，以显示基本 GUI 并允许加载新场景。将以下代码添加到 LevelSelectUI 脚本类中：

```
void OnGUI()
{
    GUILayout.Label("OBSTACLE COURSE");
    // 如果当前场景不是 main 场景：
    if (currentScene != 0)
    {
        GUILayout.Label("Currently viewing Level " + currentScene);
        // 显示一个 PLAY 按钮：
        if (GUILayout.Button("PLAY"))
        {
            // 如果按钮被单击，则开始运行当前关卡：
            PlayCurrentLevel();
        }
    }
    else // 如果当前场景是主菜单
        GUILayout.Label("Select a level to preview it.");

    // 从构建索引为 1 的场景开始，循环遍历剩余场景索引：
    for (int i = 1; i < SceneManager.sceneCountInBuildSettings; i++)
    {
        // 显示一个带有 Level [level number] 文本的按钮
        if (GUILayout.Button("Level " + i))
        {
            // 如果单击该按钮，并且目前未在等待场景加载：
            if (currentLoadOperation == null)
            {
                // 开始异步加载关卡：
                currentLoadOperation = SceneManager.LoadSceneAsync(i);
                // 设置当前场景：
                currentScene = i;
```

```
            }
        }
    }
}
```

因为这是 OnGUI 方法，所以可以在其中调用 GUILayout 方法。在使用 GUILayout 方法时，不需要指定在屏幕中的哪里绘制结果。它们会自动按照顺序垂直排列，每个结果都在前一个结果的下方。

这段代码第一个调用的 GUI 方法是 GUILayout.Label。它的作用是在屏幕上渲染一些文本。在这个例子中，它绘制了游戏的标题“OBSTACLE COURSE”。

然后，这段代码会根据 currentScene 变量的值来显示不同的内容，具体取决于玩家是位于主菜单界面还是在预览某个关卡。

主菜单的索引为 0，因此只要索引不为 0，就意味着玩家正在预览关卡。

在玩家预览关卡时，菜单中将会显示一个写有关卡编号的标签，以便玩家查看。

接下来是一个 if 语句块，其中有一个 GUILayout.Button 方法。

这个方法会在屏幕上显示一个按钮，并且在按钮被点击时返回 true，未被点击时返回 false。在 GUILayout.Button 方法中，if 语句块内的代码将在按钮被点击时执行。在这个例子中，这将调用一个将在稍后声明的方法 PlayCurrentLevel。

如果没有在预览某个关卡，那么玩家必然处于主菜单界面。这时会显示一个不同的标签，指引玩家选择一个关卡来进行预览。

然后，这段代码会绘制用于选择不同关卡的按钮。这通过一个 for 循环来实现，但这次从索引 1 开始，而不是 0。这个循环将遍历构建设置中除了索引为 0 的场景（主菜单）以外的所有场景。为了获取构建设置中场景的数量，这里通过 SceneManager 引用了 .sceneCountInBuildSettings 成员。

每个关卡场景都对应一个写着“Level”加上关卡编号的按钮。如果其中一个按钮被点击，并且当前尚未开始加载场景，脚本就会利用 SceneManager.LoadSceneAsync 方法，开始异步加载当前索引（i）的场景。之前的 Goal 脚本利用 LoadScene 方法来同步加载场景，然而这次我们要异步加载场景，因此调用的是 LoadSceneAsync 而不是 LoadScene。

如前所述，这个方法会返回一个异步操作对象 AsyncOperation，它被存储在 currentLoadOperation 变量中，这样稍后就可以通过检查 currentLoadOperation 变量来确定场景是否加载完毕。

确定场景加载完毕后，currentLoadOperation 变量就会被设置为 null 以便为加载新的关卡做准备。在场景加载完成之前，if 语句会持续检查这个变量是否为 null，以防止用户在当前场景仍在加载时尝试加载另一个场景，因为一旦有关卡按钮被单击，currentLoadOperation 变量将不再为 null。

现在，我们需要创建一些基于帧的逻辑来检测加载操作是否完成，以便进行一些必要的设置。这将使用 Update 方法来实现：

```
void Update()
{
    // 如果当前加载操作已经完成：
    if (currentLoadOperation != null && currentLoadOperation.isDone)
    {
        // 将 currentLoadOperation 设置为 null：
        currentLoadOperation = null;

        // 在场景中查找 Level View Camera：
        levelViewCamera = GameObject.Find("Level View Camera");

        // 如果未找到 Level View Camera，则记录错误信息：
        if (levelViewCamera == null)
            Debug.LogError("No level view camera was found in the scene!");
    }
}
```

AsyncOperation 的 .isDone 成员是一个布尔值，可以用于判断加载操作是否已经完成。只要存在 currentLoadOperation，脚本就会持续检查这个属性。在检查 .isDone 属性之前，if 语句会先检查 currentLoadOperation 是否为 null，因为在它为 null 的情况下尝试获取 .isDone 成员会引发运行时错误。

加载操作完成后，currentLoadOperation 将被设置为 null，然后脚本调用 GameObject.Find 方法，尝试从新加载的场景中获取 Level View Camera。

GameObject.Find 方法接收游戏对象的名称字符串作为参数，并在场景中搜索它。如果找到了，它就会返回该对象；如果没有找到，它将返回 null。需要注意的是，这个方法无法搜索到处于非活动状态的游戏对象。

如果未在场景中找到 Level View Camera，脚本将通过 Debug.LogError 抛出一个错误提示。Debug.LogError 在功能上类似于 Debug.Log，但它会在控制台中把信息显示成显眼的红色。这将帮助我们发现忘记添加摄像机的问题。

现在只剩下最后一个任务：确定在玩家点击 Play 按钮时要执行的操作。

前面的代码已经包含 PlayCurrentLevel 方法的调用，现在，是时候正式声明这个方法了。

在 LevelSelectUI 脚本类的变量声明下方添加以下代码：

```
private void PlayCurrentLevel()
{
    // 停用 Level View Camera：
    levelViewCamera.SetActive(false);

    // 尝试找到 Player 游戏对象：
    var playerGobj = GameObject.Find("Player");

    // 如果未找到 Plyaer 游戏对象，则记录错误信息：
    if (playerGobj == null)
        Debug.LogError("Counld't find a Player in the level!");

    else // 如果找到了 Plyaer 游戏对象：
    {
        // 从中获取 Player 脚本并启用它：
        var playerScript = playerGobj.GetComponent<Player>();
        playerScript.enabled = true;

        // 通过 Player 脚本访问 Main Camera 游戏对象并激活它：
        playerScript.cam.SetActive(true);

        // 销毁自己；等到 main 场景再次被加载时，
        // 这个附加了 LevelSelectUI 脚本的游戏对象将会再次出现：
        Destroy(this.gameObject);
    }
}
```

首先，这段代码停用 Level View Camera，使其不再渲染。这样做的目的是避免两个摄像机产生冲突。

接着，这段代码尝试通过名称查找 Player 游戏对象。每个关卡都有一个 Player 游戏对象。如果未找到 Player 游戏对象，就记录一条错误信息；如果找到了，就使用 GetComponent<T> 来从中获取 Player 脚本组件，并将其存储到一个局部变量中。然后，这段代码启用 Player 脚本，因为它在预制件中被默认设置为禁用状态。

之后，这段代码将通过 Player 脚本访问 cam 成员——这是我们尚未声明的一个变量。为了避免代码在运行时出现错误，最好立即添加这个变量的声明。在 Player 脚本类的开头处，将以下代码添加到引用部分的其他变量下方：

```
public GameObject cam;
```

添加这行代码之后，应该不会有任何错误了。

cam 变量将被用作指向 Player 游戏对象的 Main Camera 子对象的指针，后者在默认情况下处于非活动状态，因此不能通过 GameObject.Find 来查找。之所以选择依赖 Player 脚本中的一个引用，是因为我们本来就需要获取 Player 脚本并启用它。不过，我们需要设置一下玩家摄像机的引用。打开 Player 预制件，并在脚本组件中将 Main Camera 子对象分配到 cam 一栏，以确保这个修改被应用到所有 Player 实例上。

激活玩家摄像机之后，剩下的最后一件事是销毁包含 LevelSelectUI 脚本的游戏对象。记住，如果不销毁它，它会继续绘制 GUI，即使重新加载 main 场景，也仍然会存在，导致两个独立的实例同时运行，造成不必要的混乱。

现在，菜单系统应该能够正常运行了。从 main 场景启动游戏，我们会在左上角看到如图 22-2 所示的 GUI。在这个例子中，Build Settings 中添加了两个关卡场景，分别对应 Level 1 和 Level 2 两个按钮。虽然它的外观很朴素，而且看上去有点小，但它确实能够正常工作。

图 22-2　main 场景的 GUI

单击任何一个关卡按钮即可加载相应的游戏关卡。如果一切设置正确，那么 Level View Camera 就应该默认处于活动状态，玩家摄像机则不然。这意味着玩家首先会通过 Level View Camera 来查看关卡。

加载关卡预览后，GUI 自动显示一个 Play 按钮。单击这个按钮之后，Level View Camera 将停用，转而激活玩家摄像机，并启用 Player 脚本，允许玩家操控角色。

玩家到达关卡终点之后会回到主菜单，可以通过相同的方式玩其他的关卡。

22.4　小结

本章增强了游戏的健壮性，并展示了如何利用 IMGUI 快速将简单的 GUI 集成到游戏中。这一章为玩家创建了一个可以选择关卡的菜单，玩家在到达终点后，会返回这个菜单。我们还默认禁用了 Player 脚本，并提供了关卡预览，只有在玩家单击 Play 按钮后，才启用 Player 脚本，让玩家可以操控角色。

在下一章，将在游戏中实现一个可以中途退出的功能，让玩家能够在未到达终点的情况下直接返回主菜单。

本章要点回顾如下。

1. 在游戏过程中，如果要使一个游戏对象在加载新的场景后仍然保留下来，就应该调用

DontDestroyOnLoad 方法，并将游戏对象作为参数传入。

2. OnGUI 是一个内置事件，我们可以在其中调用特定的方法来在屏幕上绘制 GUI。
3. GUI 和 GUILayout 是两个包含静态方法的类，可以在 OnGUI 中调用。它们包含的方法大体相同，不过，使用 GUI 时需要在参数中指定元素的位置和尺寸，而 GUILayout 则会自动处理位置和大小。
4. 异步操作指在后台执行的任务，有时需要数帧才能完成。与此相对的是同步操作，它们会立即执行，如果操作过于耗费资源，可能会导致帧率显著下降（甚至使游戏卡住）。
5. 调用 SceneManager.LoadSceneAsync 方法可以异步加载场景，会返回一个 AsyncOperation 实例。
6. AsyncOperation 有一个 .isDone 布尔属性（property），该属性的值为 true 的话，表示场景加载已经完成，若为 false 则表示加载尚未完成。
7. 通过 SceneManager.sceneCountInBuildSettings 方法，可以获取已添加到构建设置中的场景总数。
8. GameObject.Find 方法接受一个字符串作为参数，并尝试在场景中查找名称与之匹配的游戏对象。如果找到，它将返回该对象；如果未找到，则返回 null。注意，它无法找到处于非活动状态的游戏对象。
9. 为了确保关卡能够正常运行，关卡中必须包含一个摄像机，命名为“Level View Camera”。只要摄像机的名称有一个字母不匹配，GameObject.Find 方法都无法找到它。

第 23 章 游戏内暂停菜单

这一章中，我们将在游戏中实现一个便捷的功能，允许玩家通过按下 Esc 键来返回主菜单。此外，我们还将探索如何在打开菜单时暂停游戏。

23.1 时间暂停

游戏中的一切都与时间密切相关。我们利用 Time.deltaTime 来衡量游戏对象在一帧中的移动距离，使用 Time.time 来记录事件发生后经过的时间，还通过 Invoke 来控制玩家角色重生和 Wanderer 重定向的时间。

这一切都可以通过 Time.timeScale 成员来调整。

它的值决定了游戏内时间的流逝速度，随时可以通过调整它来使时间流逝的速度变慢、变快或停止。

默认情况下，它设置为 1。如果想让时间流逝速度减半，就将其设置为 0.5；如果想让时间的流逝速度加快一倍，就将其设置为 2；如果想要使时间暂停，就将其设置为 0。

timeScale 属性可以调整被调用方法的时间、Time.deltaTime 变量和 Time.time 变量的计时，不需要对它进行任何调整，就可以让它与现有的游戏特性协同工作。

也就是说，只需要一行代码就可以使时间暂停：

```
Time.timeScale = 0;
```

我们想通过一个由 Esc 键触发的暂停菜单来使时间暂停。这个菜单将会很简单，就像第 22 章中创建的关卡选择菜单一样，但它将显示在屏幕中央，并提供两个选项：一个用来继续游戏，另一个用来返回主菜单。

为了确保只有在关卡开始后（而不是预览关卡时）才能调出暂停菜单，我们将在 Player 脚本中实现它。因为 Player 脚本在关卡开始之前是禁用的，所以当玩家位于关卡选择菜单时，将无法打开暂停菜单。

首先，在现有的变量下声明一个布尔值变量，命名为“paused”：

```
private bool paused = false;
```

在 Respawn 方法下面声明 Pausing 方法，它类似于 Movement 方法和 Dashing 方法：

```
private void Pausing()
{
    if (Input.GetKeyDown(KeyCode.Escape))
    {
        // 切换暂停状态：
        paused = !paused;

        // 如果现在处于暂停状态，将 timeScale 设置为 0：
        if (paused)
            Time.timeScale = 0;

        // 否则，如果取消了暂停，将 timeScale 重新设置为 1：
        else
            Time.timeScale = 1;
    }
}
```

首先，Pausing 方法会反转 paused 变量的布尔值，使其成为当前值的相反值。然后，它会根据 paused 变量的值来设置 timeScale：在暂停时设置为 0，在取消暂停时设置为 1。

Pausing 方法在 Update 方法中调用，此外，还要确保游戏只在未暂停的情况下执行 Movement 和 Dashing 逻辑。因此，请如下修改 Player 脚本中的 Update 方法：

```
void Update()
{
    if (!paused)
    {
        Movement();
        Dashing();
    }
    Pausing();
}
```

现在，当游戏暂停时，玩家将无法冲刺或移动。

这样，一个基本的暂停功能就做好了，但它缺乏视觉上的提示。因此，还需要添加一个 OnGUI 方法来显示暂停菜单。

为了让菜单显示在屏幕中央，需要调用 GUILayout.BeginArea 方法。这个方法接受一个 Rect（Rectangle，即矩形），用于在屏幕上划定一个用于放置 GUILayout 元素的区域。

这个方法的工作方式相当直观。首先，我们将调用 GUILayout.BeginArea，传入定义了 GUILayout 元素的放置区域的 Rect。接着，执行任何想要放入该区域的 GUILayout 方法——

Button、Label 等。最后通过调用 GUILayout.EndArea 来结束该区域的设置。

创建 Rect 来在屏幕上定义区域的过程稍微有些复杂。

Rect 构造函数接受四个值：位置参数（X 坐标和 Y 坐标）与大小参数（宽度和高度）。

X 坐标和 Y 坐标的工作方式与游戏中的世界空间单位类似，但它们现在代表的是屏幕这个 2D 空间——每个坐标点对应的不是单位，而是屏幕上的一个像素。像素是构成计算机屏幕的一个彩色小点。大多数现代显示器的宽度和高度都超过一千像素。

另一个值得注意的区别是，屏幕坐标系中（0，0）并不是屏幕的中心，而是屏幕的左上角。在屏幕坐标系中，X 坐标的增加表示位置向屏幕右侧移动，而 Y 坐标的增加表示位置向屏幕底部移动。

幸运的是，可以通过静态变量 Screen.width 和 Screen.height 来轻松测量测量屏幕的宽度和高度（以像素为单位）。

将这些值除以 2，就可以找到屏幕的中心：(Screen.width * 0.5f, Screen.height * 0.5f)。

但是，Rect 构造函数的位置参数（X 和 Y）并不是区域的中心（这会使事情简单很多），而是区域的左上角。在 2D 空间中，枢轴点通常位于左上角——在传统的 GUI 系统中尤其如此。

现在，让我们来声明 OnGUI 方法，看看如何解决上述问题。将以下代码添加到 Player 脚本的 Update 方法下方：

```
void OnGUI()
{
    if (paused)
    {
        float boxWidth = Screen.width * .4f;
        float boxHeight = Screen.height * .4f;

        GUILayout.BeginArea(new Rect(
            (Screen.width * .5f) - (boxWidth * .5f),
            (Screen.height * .5f) - (boxHeight * .5f),
            boxWidth,
            boxHeight));

        if (GUILayout.Button("RESUME GAME", GUILayout.Height(boxHeight * .5f)))
        {
            paused = false;
            Time.timeScale = 1;
        }

        if (GUILayout.Button("RETURN TO MAIN MENU", GUILayout.Height(boxHeight * .5f)))
```

```
        {
            Time.timeScale = 1;
            SceneManager.LoadScene(0);
        }
        GUILayout.EndArea();
    }
}
```

为了提高可读性，我把 new Rect 的各个参数放在单独的代码行中。记住，这种做法并不影响方法的调用，只是一种格式上的优化。

再次强调，Rect 的参数顺序是位置参数（X 和 Y）与大小参数（宽度和高度）。

在开始定义区域之前，这段代码先声明了一些表示区域的宽度和高度的局部变量，并将它们设为屏幕宽度和高度的 40%。随后，这段代码在 GUILayout.BeginArea 中利用这些变量构建了 Rect。

对于 X 值和 Y 值，我们先计算屏幕中心的位置（宽度和高度乘以一半）。但是，由于 X 值和 Y 值对应的是区域的左上角，所以把它们设为屏幕中心的位置的话，菜单将不会居中显示。因此，我们需要使 X 值再向左移动区域宽度的一半，使 Y 值再向上移动区域高度的一半。这就是为什么这段代码分别从 X 值 /Y 值中减去了区域宽度 / 高度的一半——记住，X 值增加代表向右移动，Y 值增加代表向下移动，所以这里需要使用减法。

随后，这段代码调用 GUILayout.Button 方法来设置按钮，并在最后通过 GUILayout.EndArea 结束自定义区域的设置。

这里的 GUILayout.Button 方法使用了一个额外的参数：GUILayout.Height(…)。这个参数位于按钮的文本之后，用于手动指定按钮的高度，而不是让 GUILayout 方法自行决定。

除了 GUILayout.Height，还有一些方法可以用来自定义 GUILayout，比如 GUILayout.Width。但本例将不会使用这个方法，所以 GUILayout 会自动把按钮的宽度设为所在区域的宽度。

在 GUILayout.Height 选项中，高度被设为 boxHeight 的一半，这样两个按钮刚好能占满整个区域。

当玩家单击 RESUME GAME 按钮时，游戏将取消暂停，timeScale 将被重新设置为 1，使时间正常流逝。

当玩家单击 RETURN TO MAIN MENU 按钮时，main 场景（索引为 0）将会被加载，这时也需要将 timeScale 重新设置为 1，因为这个变量不会在重新加载场景时自动重置。

最后，需要记住的是，为了能够使用 SceneManager，需要确保在脚本顶部添加相应的 using 语句：

```
using UnityEngine.SceneManagement;
```

现在可以进行测试了。通过 main 场景启动游戏，选择一个关卡并单击 Play 按钮，然后暂停游戏，看看刚刚制作的暂停菜单效果如何。

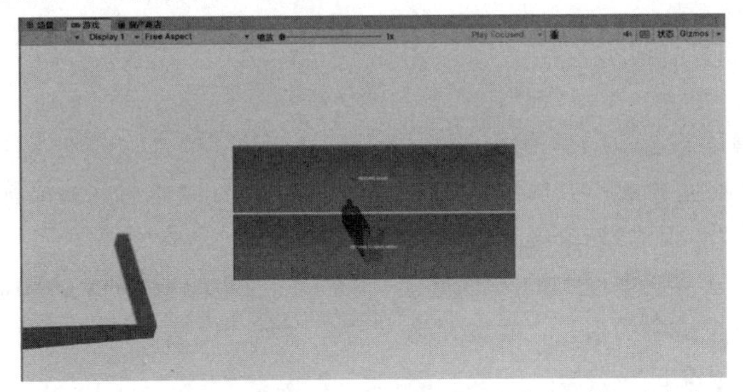

图 23-1 游戏内的暂停菜单，菜单按钮后面显示着玩家角色

选择 RETURN TO MAIN MENU 之后，整个流程将会优雅地重置，让玩家可以再次通过菜单来选择关卡。

23.2 小结

这一章为场景流和菜单添加了最后一个组件：在玩家开始游戏后，按下 Esc 键会打开暂停菜单，其中提供了退出当前关卡的选项。这同时也相当于暂停功能，因为在打开暂停菜单后，游戏中的时间会暂停。

本章要点回顾如下。

1. Time.timeScale 是游戏中的时间流逝与真实时间流逝的乘数。可以通过设置它来改变时间流逝的速度：0.5 表示比正常速度慢一半，2 表示比正常速度快两倍，0 表示时间暂停，依此类推。
2. Rec 是一种表示矩形区域的基本的数据结构，它由位置 X 和 Y（代表矩形左上角的位置）以及宽度和高度（定义矩形的尺寸）组成。
3. 利用 GUILayout.BeginArea 方法，可以在屏幕上的指定矩形区域内创建一个 GUILayout 区域。先调用 BeginArea，然后添加所有需要包含在这个区域内的 GUILayout 元素，最后调用 GUILayout.EndArea。
4. 在使用大多数用于绘制元素的 GUILayout 方法时，都可以在方法调用的末尾添加选项来自定义元素的外观。例如，本章使用 GUILayout.Height 指定了按钮的高度，没有让系统自行决定。

第 24 章 尖刺陷阱

这一章将为障碍赛游戏创建最后一种障碍物：尖刺陷阱。在这个过程中，我们将学习新的概念，并再次将前面的章节中学到的概念付诸实践，比如随着时间的推移运用 Slerp 方法、状态管理以及使用 Invoke 方法来控制状态转换的时机。

尖刺陷阱是一块放在地面上的方形薄板，表面上布满小的尖刺。为了简单起见，我们将完全使用立方体来构建它的模型。当陷阱激活时，尖刺会迅速从板子上升起，并在保持一段时间后慢慢地降回原位。

在尖刺升起的过程中时，陷阱将变成致命的危险物，如果玩家这时候站在陷阱上，就会被它杀死。然而，当尖刺完全升起或正在下降时，它们只是普通的物理碰撞体，只能阻止玩家通过，而不会在接触时杀死玩家。

在尖刺完全降下后，玩家就可以安全地穿过陷阱了。为了实现这一机制，我们将在两个不同的游戏对象上使用两个独立的 Box Collider 组件：一个代表致命的碰撞体，另一个代表无害的碰撞体。我们将根据陷阱的状态来激活和停用这些碰撞体。

24.1 设计陷阱

在深入讨论如何编写陷阱的代码实现之前，让我们先在场景中构建这个陷阱。图 24-1 展示了尖刺陷阱的最终外观。

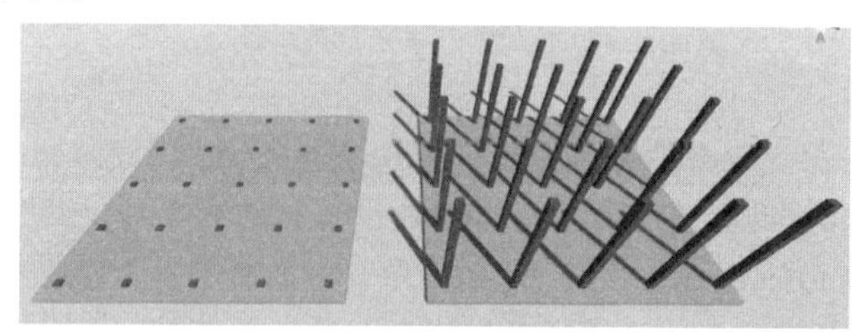

图 24-1 完全降下的尖刺陷阱（左）和完全升起的尖刺陷阱（右）

可以选择任意一个关卡场景来创建这个陷阱，只需要把摄像机移到一个开阔且无遮挡的地方即可。现在，请按照以下步骤操作。

- 创建一个空的对象，命名为“Spike Trap”。

- 创建一个立方体作为 Spike Trap 的子对象，并将其命名为“Plate”。把 Plate 的缩放设为（9，0.2，9），局部位置设为（0，0.1，0），这样就得到了一个方形的薄板，类似于之前创建的 Wander Region。
- 删除 Plate 自带的 Box Collider 组件。
- 通常情况下，我们需要为尖刺创建一个模型，比如将所有尖刺都放在同一个网格中，以便通过单个游戏对象来表示所有尖刺。但在这个项目中，我们不打算自行创建网格或美术资源，所以每个尖刺都将对应一个单独的游戏对象。
- 右键单击 Spike Trap，添加一个空的子对象，命名为“Spikes”。它将是所有尖刺的父对象。它的局部位置应该是（0，0，0）。
- 为了节省时间和精力，我们不会通过变换工具来手动调整每个尖刺的位置，而是会使用一些技巧来让尖刺均匀分布在 Plate 上。首先，为了方便后续复制粘贴，需要创建一个尖刺实例。创建一个立方体作为 Spikes 游戏对象的子对象，将其命名为“Spike”，并把缩放设置为（0.2，1，0.2）。
- 为了确保 Spike 的底部与 Spikes 游戏对象对齐，将它的 Y 位置设为 0.5。这一点至关重要，每个 Spike 的底部都必须紧贴 Spikes——不能有分毫偏差！将局部 Y 位置设为 0.5 就可以做到这一点。将高度保持为 1 是为了通过代码来动态管理它。至于具体如何管理，后文将会详细说明。

现在，我们来到一个十字路口：我们可以复制粘贴 Spike，并使用变换工具来随意地把它们拖到 Plate 上的某处，不考虑它们的整齐度；也可以选择追求完美，让尖刺排列得整整齐齐？

如果更喜欢粗犷的设计风格（这样的陷阱看起来可能更加原始和残忍），可以选择复制很多 Spike 并随意调整它们的 X 位置和 Z 位置，只要在 Plate 内就行。

但是，图 24-1 中展示的尖刺陷阱采用了一些特殊的技巧来均匀放置 Spike，免去了拖动变换工具的麻烦。

首先要做的是把第一个 Spike 放在陷阱的角落中。把它放在左上角，与陷阱边缘之间留出一定的间隙。将其位置设为（-4，0.5，4）。

由于接下来还会创建许多 Spike，现在最好为 Spike 应用一个材质。创建一个新的材质，命名为“Spikes”，并将其应用到 Spike 游戏对象上。我选择的是深红色，十六进制颜色代码为 D33B51。

既然提到材质，不妨顺便给 Plate 游戏对象也应用一个材质。为了防止 Spike 与 Plate 的颜色过于接近，我为它创建了一个名为“Spike Trap”的新材质，并选择了十六进制颜色代码为 F0A593 的浅橘色。

现在，Spike 已经准备就绪，可以通过复制和粘贴来创建其他 Spike 了。这个 Spike 位于角落，但不是紧贴着角落的边缘，因为那样看起来有点奇怪。在不手动调整 Spike 的位置的前提下，如果想要复制粘贴 Spike 并让它们均匀地排列，可以在“检查器”中使用一个小技巧。

在“检查器”的字段中输入数字值时，可以输入算式，Unity 会自动计算结果。例如，尝试在一个数字字段（比如 Transform 的位置字段）中输入 5+5，然后按下回车键（也可以按 Tab 键或点击其他地方来使字段失去焦点），Unity 会将算式替换成计算结果，也就是“10”。

利用这个特性，我们可以方便地对尖刺的位置坐标进行加减运算。复制并粘贴一个 Spike 实例，编辑它的 X 位置字段，在原有的数字后写上“+2”。如果当前位置是 -4，就将其更改为“-4+2”，Unity 会自动计算并更新为正确的位置，如此一来，就可以在不使用变换工具的情况下均匀摆放尖刺。

不断重复这个过程，直到没有空间放置更多 Spike 为止。现在，Plate 上应该有 5 个排成一排的 Spike，如图 24-2 所示。

图 24-2 Spike Trap 的当前状态，只有一排 Spike

接下来，在“层级”窗口中选中这 5 个 Spike，然后复制并粘贴它们。这时，系统会默认选中复制出来的 5 个新 Spike。进行相同的操作，只不过这次从 Z 位置中减 2，让它们下移 2 个单位。然后，复制并粘贴这排 Spike，并再次从 Z 位置中减 2，依此类推，直到整个 Spike Trap 都被填满。最后应该有 5 行，每行 5 个尖刺。

在复制粘贴 Spike 并调整它们的 Z 位置时，不难发现，它们的 X 位置显示了一个破折号，而 Z 位置和 Y 位置则正常显示。这是因为在选中的所有 Spike 中，Z 位置和 Y 位置都是相同的。破折号表示这个属性的值在当前选中的游戏对象中不尽相同。这种表示方式也适用于 Transform 以外的其他组件，包括自定义脚本组件中的变量。

通过这种方式，我们可以高效且精确地放置所有 Spike，免去了逐一复制粘贴 25 个 Spike 的烦琐过程。现在的 Spike Trap 应该与图 24-3 一致。

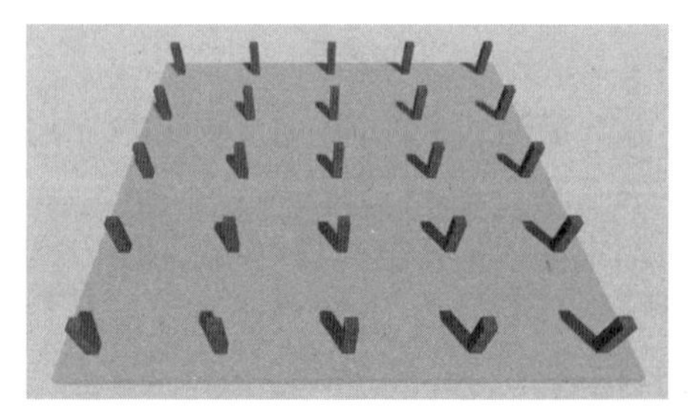

图 24-3 设置好所有 Spike 的 Spike Trap

现在可以一并移除所有 Spike 的 Box Collider 组件。不需要让每个 Spike 都有单独的碰撞体组件，因为我们要使用一个覆盖所有 Spike 的碰撞体。在“层级”窗口中选中所有 Spike（单击最上方的 Spike，然后按住 Shift 键再单击最底部的 Spike），然后在“检查器”中移除 Box Collider 组件。这些 Spike 都有 Box Collider 组件，所以 Unity 会一次性地移除它们。

此外，记得把根游戏对象 Spike Trap 的图层改为“Hazard”，并在 Unity 询问时同意更改所有子对象的图层。

24.2 Spike 的升降

尖刺陷阱还没有完全设置好，我们还需要了解一个新的概念。不过严格来讲，它不完全是一个“新”概念，而是现有概念的副产品。我们将巧妙地利用枢轴点和缩放来实现 Spike 的升降效果。

前面强调过，每个 Spike 的底部都需要与 Spikes 游戏对象对齐，而这是有特定原因的。

选中 Spikes 游戏对象，切换到缩放变换工具（快捷键 R），确保现在使用的是局部轴心（这可以通过快捷键 Z 来切换；辅助图标应出现在陷阱的底部，而不是悬在半空），然后向上拖动 Y 轴上的绿色方块，以增加 Y 轴缩放。或者，也可以在检查器中将 Spikes 游戏对象的 Y 轴缩放设为更大的值。

由于所有 Spike 都是这个空游戏对象的子对象，因此它们都会伸长（图 24-4 左侧的尖刺陷阱）。但更重要的问题是枢轴点如何才能让这些 Spike 上下伸缩。将 Spikes 游戏对象的 Y 轴缩放设为 5（左侧）与将每个 Spike 的 Y 轴缩放设为 5（右侧）的对比。两个 Spike Trap 的 Y 位置相同。

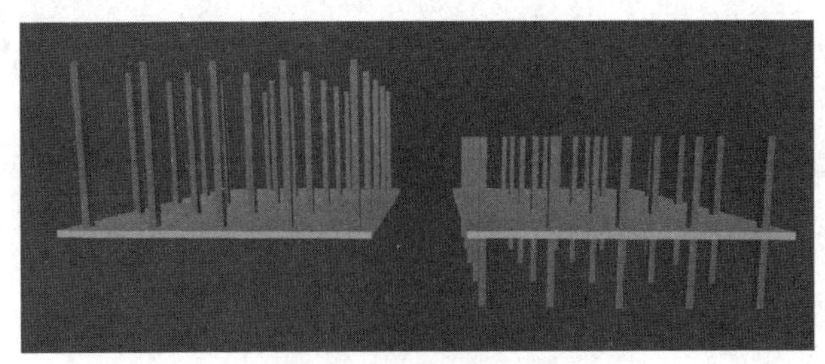

图 24-4 设置 Y 位置

现在，选中 Spikes 游戏对象内的所有 Spike 实例，但不要选中 Spikes 游戏对象本身。像之前一样增加 Y 轴缩放，这次得到的效果应该与图 24-4 右侧的尖刺陷阱一致。Spike 按各自的枢轴点（各个 Spike 的中心点）进行缩放，所以它们的两端都会延长。

我们追求的是第一种效果：在增加 Spikes 游戏对象的缩放时，Spike 应该只向上延伸，而不会向下延伸。这就是为什么要如此精确地设置 Spike 的 Transform 组件。所有 Spike 的 Y 轴缩放均为 1，Y 轴位置均为 0.5。因为局部位置和缩放会与父对象的缩放相乘，所以 Spike 的高度正好等于它们的枢轴点——即 Spikes 游戏对象——的 Y 轴缩放，而由于 Spike 的高度正好是支点高度的一半，它们的底部始终与支点精准对齐。现在，通过设置 Spikes 游戏对象的 Y 轴缩放，我们可以轻松定义所有 Spike 的高度，从而控制 Spike 的升降。如果不采用这种方法，我们可能需要将所有 Spike 存储在数组中，并通过 for 循环来逐一控制它们。

理解了这个概念后，就可以把 Y 轴缩放恢复到原本的位置了。如果更改了单个 Spike 的 Y 轴缩放，请选中所有 Spike 并将它重新设为 1，以确保它们能整齐地复制父对象的缩放。接着，将 Spikes 游戏对象（所有 Spike 的父对象）的 Y 轴缩放设置为 0.3，把所有 Spike 设置为默认的“降下”状态。

24.3 编写脚本

学习如何控制尖刺的升降后，是时候开始实现尖刺的升起、降下和碰撞了。在编写完脚本并确认碰撞体的具体应用方式后，我们将为它添加实际的碰撞体。

创建一个新的脚本并命名为“SpikeTrap”。将其实例添加到根游戏对象 SpikeTrap 上。

先来声明两个 const 浮点数变量，以定义 Spike 完全降下时和完全升起时的具体高度。在 SpikeTrap 脚本类的顶部添加以下声明：

```
private const float SpikeHeight = 4f;
private const float LoweredSpikeHeight = .3f;
```

现在来梳理一下陷阱的工作流程。我们将通过一个名为“State”的枚举来定义陷阱的四个状态，这个枚举的声明紧跟在两个 const 变量的声明之后：

```
private enum State
{
    Lowered,
    Lowering,
    Raising,
    Raised
}
```

这些状态的含义比较直观。

- 处于 Lowered 或 Raised 状态时，尖刺静止不动，它们要么完全降下，要么完全升起。
- 处于 Lowering 状态时，尖刺从最大高度开始缩短，直至达到最小高度。
- 处于 Raising 状态时，尖刺从最小高度开始伸长，直至达到最大高度。

尖刺最开始应处于 Lowered 状态，因此需要在声明变量时将状态设置为 Lowered，在枚举声明的下方添加以下代码：

```
private State state = State.Lowered;
```

由于 Lowered 是枚举中的第一个项，所以即使在声明状态变量时未指定值，state 也自然而然地会被设置为 Lowered 状态。但为了确保代码的可读性和可维护性，这里显式指定了这个初始值。

现在，在 state 变量下方声明后续将在脚本中使用的其他变量：

```
[Header("References")]
[Tooltip("对所有 Spike 的父对象的引用。")]
public Transform spikeHolder;
public GameObject hitboxGameObject;
public GameObject colliderGameObject;

[Header("Stats")]
[Tooltip("尖刺完全降下到再次升起之前的等待时间，以秒为单位。")]
public float interval = 2f;

[Tooltip("尖刺完全升起到开始下降之前的等待时间，以秒为单位。")]
public float raiseWaitTime = .3f;

[Tooltip("尖刺完全降下所需的时间，以秒为单位。")]
public float lowerTime = .6f;

[Tooltip("尖刺完全升起所需的时间，以秒为单位。")]
public float raiseTime = .08f;

private float lastSwitchTime = Mathf.NegativeInfinity;
```

首先，这段代码设置了对 Spikes 游戏对象的引用，它是所有 Spike 的父对象。除此之外，这段代码还设置了对其他游戏对象的引用，我们将在尖刺陷阱的最终构建阶段添加这些游戏对象，它们负责承载碰撞体，以使尖刺处于 Raising 状态时能够在触碰时杀死玩家，处于 Raised 或 Lowering 状态时则会像普通墙壁一样阻挡玩家通行。hitbox 是致命的游戏对象（设置方式和普通的危险物一样），而 collider 则只会阻挡玩家通行。

处于 Raising 状态时，hitbox 将会被激活，而切换到 Raised 状态时，hitbox 就会被禁用，collider 将被激活。在切换到 Lowered 状态后，hitbox 和 collider 都将处于非活动状态，让玩家能够安全地走过陷阱——只要他们能在尖刺再次升起前及时离开！

至于 Stats 标题下的变量，工具提示应该已经清晰地解释了每个变量的用途。尖刺陷阱将不断重复以下步骤。

- 在 raiseTime 秒内持续升起。
- 完全升起后，等待 raiseWaitTime 秒。
- 在 lowerTime 秒内持续下降。
- 完全降下后，等待 interval 秒。
- 重复。

这段代码最后声明了一个私有变量 lastSwitchTime，用于记录尖刺最后一次开始上升或下降的时间（使用 Time.time）。

现在，在脚本中声明用于启动升起和下降操作的方法：

```
void StartRaising()
{
    lastSwitchTime = Time.time;
    state = State.Raising;

    // 通过激活 hitbox 来使尖刺变得致命：
    hitboxGameObject.SetActive(true);
}

void StartLowering()
{
    lastSwitchTime = Time.time;
    state = State.Lowering;
}
```

之前讨论过碰撞体的工作方式，所以这段代码应该很容易理解。记录 lastSwitchTime 是为了用它来计算尖刺升起和下降所需的时间。状态会根据当前操作进行更新。在尖刺开始升起时，hitbox 将处于活动状态，在触碰到玩家角色时立即杀死它们。

现在，我们将在 Update 方法中实现控制尖刺升起和下降的逻辑：

```
if (state == State.Lowering)
{
    // 获取 Spike 的父对象的局部缩放：
    Vector3 scale = spikeHolder.localScale;
    // 通过 Lerp 方法计算 Y 轴缩放，从最大高度过渡到最小高度：
    scale.y = Mathf.Lerp(SpikeHeight, LoweredSpikeHeight, (Time.time - lastSwitchTime) / lowerTime);

    // 将更新后的缩放应用到 Spike 的父对象上：
```

```
        spikeHolder.localScale = scale;
        // 如果尖刺已经完全降下：
        if (scale.y == LoweredSpikeHeight)
        {
            // 更新状态并在 interval 秒后调用 StartRaising 方法：
            Invoke("StartRaising", interval);
            state = State.Lowered;
            colliderGameObject.SetActive(false);
        }
    }
    else if (state == State.Raising)
    {
        // 取 Spike 的父对象的局部缩放：
        Vector3 scale = spikeHolder.localScale;

        // 通过 Lerp 方法计算 Y 轴缩放，从最小高度过渡到最大高度：
        scale.y = Mathf.Lerp(LoweredSpikeHeight, SpikeHeight, (Time.time - lastSwitchTime) / raiseTime);
        // 将更新后的缩放应用到 Spike 的父对象上：
        spikeHolder.localScale = scale;

        // 如果尖刺已经完全升起：
        if (scale.y == SpikeHeight)
        {
            // 更新状态并在 raiseWaitTime 秒后调用 StartLowering 方法：
            Invoke("StartLowering", raiseWaitTime);
            state = State.Raised;

            // 激活 collider 以阻挡玩家通行：
            colliderGameObject.SetActive(true);

            // 停用 hitbox 以避免杀死玩家：
            hitboxGameObject.SetActive(false);
        }
    }
```

if 代码块和 else if 代码块中包含的代码非常相似，只在控制升高还是降低上有细微的差别。这段代码用到了 Mathf.Lerp 方法，这个方法类似于 Slerp 方法，只不过它处理的是两个浮点数，而不是 Vector3 和四元数。它接受三个浮点数作为参数，根据第三个参数所指定的比例，将第一个数值平滑过渡到第二个数值。

在下降时，Lerp 方法将尖刺的高度从完全升起平滑地过渡到完全降下。

在升起时，Lerp 方法将尖刺的高度从完全降下平滑地过渡到完全升起。

这与 Slerp 方法有异曲同工之妙，后者用于将 Wanderer 旋转至目标旋转状态。它们的概念是相同的，只不过 Lerp 方法处理的是浮点数而不是旋转。通过计算当前时间（Time.time）减去开始时间（lastSwitchTime），可以得出到目前已经上升 / 下降了多久。将这个时间除以预期的总时间（即 lowerTime 或 raiseTime），就可以得到一个介于 0 到 1 之间的值。这个值表示了操作完成的百分比，从 0（操作刚开始）逐渐增加到 1（操作完成）。

当 Lerp 将高度调整到目标值之后，状态就会更改为 Raised 或 Lowered，Invoke 方法会在一段时间后触发下一次状态转换（通过调用 StartLowering 或 StartRaising）。同时，我们还会根据当前状态调整 hitbox 和 collider 的激活状态。

- 当尖刺开始升起时，hitbox 将被激活，使尖刺成为致命的危险物，能够在触碰时杀死玩家。
- 当尖刺完全升起后，collider 将被激活，它会阻碍玩家通行，而不会杀死玩家。当然，hitbox 在此时会被停用。
- 当尖刺完全降下后，collider 将被停用，使玩家能够安全地穿过尖刺陷阱。

现在，我们还需要确保整个过程能够顺利启动。在游戏开始时，尖刺处于完全降下的状态，所以需要在恰当的时机通过调用 StartRaising 来启动这个循环。在 Start 方法中添加以下代码：

```
void Start()
{
    // 默认情况下，尖刺处于完全降下的状态。
    // 在游戏开始后，经过 interval 秒之后开始升起尖刺。
    Invoke("StartRaising", interval);
}
```

这样便创建了一个循环。

- 在开始时，尖刺处于 Lowered 状态，但调用 StartRaising 后，状态将被改为 Raising。
- 升至最大高度后，状态将变为 Raised。Invoke 会在经过 raiseWaitTime 秒后调用 StartLowering 方法。然后，状态将被设置为 Lowering。
- 降至最小高度后，状态将变为 Lowered，StartRaising 方法将再次被调用。

24.4 添加碰撞体

最后一个要设置的是致命的 hitbox 和非致命的 collider。

- 右键单击 Spike Trap 并为它创建一个名为 “Hitbox” 的空子对象。Hitbox 应该位于 Hazard 层。

- 为 Hitbox 添加 Hazard 脚本组件和 Box Collider。确保为 Box Collider 勾选“是触发器”复选框，并使它的大小与 Plate 游戏对象相匹配，只不过要比 Plate 高一点。调整成（9，4，9）应该就够了。现在，碰撞体的一半应该穿过了 Floor 游戏对象，因为它的轴心点位于中心。可以通过将中心向量改为（0，2，0）来把它抬高。
- 复制并粘贴 Hitbox 游戏对象，将新对象重命名为“Collider”，移除 Hazard 组件，并取消勾选“是触发器”。Collider 只负责阻挡玩家通行，而不会在接触时杀死他们。将它的图层切换为“Default”，因为它起到了类似于墙壁的作用。
- 在检查器中取消勾选 Hitbox 和 Collider 名称左侧的复选框，使它们默认处于非活动状态。Spike Trap 的初始状态是 Lowered，因此在游戏开始时，这两个碰撞体都不应处于活动状态。

创建完毕后，在 SpikeTrap 脚本组件中设置对 Hitbox 和 Collider 的引用。此外，别忘了把 spikeHolder 变量的引用设为 Spikes 游戏对象。

到这里，我们的工作就告一段落了。如果所有设置都正确无误，那么尖刺陷阱现在应该会在升起的过程中杀死玩家，一旦完全升起，它就会阻挡就通行，直到完全降下为止。

最后，别忘了制作 Spike Trap 的预制件。如果不小心删除了它，而又没有备份，那将是极大的损失，尤其是在所有设置都已经完成的情况下。

24.5 小结

本章创建了最后一种障碍物——一个致命的尖刺陷阱（虽然它的刺比较钝），它能够根据当前状态来切换致命碰撞体和非致命碰撞体。

我们了解到，在缩放父对象时，子对象会相对于枢轴点进行缩放。此外，这一章还演示了如何为所有尖刺设置共同的枢轴点，这样不仅可以统一缩放它们，还可以确保尖刺不会从陷阱底部穿透出来。本章还说明了一些快速而整齐地放置尖刺的技巧，这极大地节省了我们的时间和精力。

至此，本书的第一个示例项目就算是圆满完成了！

第 25 章 障碍赛游戏：总结

现在，障碍赛游戏项目终于收尾了。这一章将讲解如何“构建”项目以供其他人游玩，并讨论一些可以考虑添加到游戏中的新功能。

25.1 构建项目

尽管这个 Unity 项目远远算不上是一个细心打磨的、足以公开发布的精品游戏，但通过构建它，我们仍然获得了很多宝贵的实践经验。

前面简要介绍过“构建”的定义。构建项目意味着将它转换为一个可供终端用户游玩的格式。它将 Unity 项目转换成一系列独立的文件，这些文件可以在不使用 Unity 编辑器的情况下运行。如果想让很多玩家来体验我们的游戏，那么这一步是不可或缺的，因为我们不可能要求所有玩家都下载 Unity 编辑器并通过它来玩游戏，而且也不打算把所有代码和资源都交给玩家。

构建项目的过程非常简单，基本只需要点击几次按钮即可。我们已经很熟悉 Build Settings 菜单了（图 25-1），它可以通过“文件”|“生成设置”或快捷键 Ctrl+Shift+B（Mac OS 上为 Cmd+Shift+B）来打开。在前面的章节中，我们在 Build Settings 窗口上方的方框中添加了关卡场景，以便通过关卡选择菜单加载关卡。

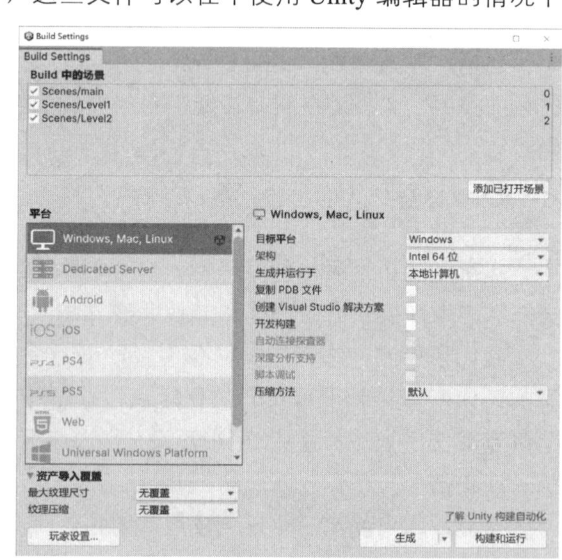

图 25-1 障碍赛游戏项目的 Build Settings 窗口

在窗口的下半部分中，可以选择目标部署平台（左侧）和相关配置（右侧）的地方。默认的目标平台是 Windows、Mac OS 和 Linux。可以在右侧的目标平台字段——一个下拉菜单——中选择具体要部署到哪个操作系统。

请注意，针对各个操作系统的构建支持功能依赖于通过 Unity Hub 安装的构建支持模块。如果目标平台未在列表中列出，很可能是因为尚未安装对应的模块。就像第 1 章提到的那样，在这种情况下，只需要通过 Unity Hub 安装目标操作系统的构建支持模块即可。这个过程非常简单。打开 Unity Hub，单击左侧的“安装量”选项卡，然后找到已安装的 Unity 版本（如果安装了多个版本，它们都会在此列出）。单击版本右侧的齿轮图标，然后单击“添加模块”以打开模块列表，如图 25-2 所示。

添加模块　　需要：0 字节　可用: 41.27 GB

平台	下载大小	磁盘大小
Android Build Support	465.65 MB	2.16 GB
└ OpenJDK	114.82 MB	222.86 MB
└ Android SDK & NDK Tools	1.13 GB	3.06 GB
iOS Build Support	185.15 MB	818.3 MB
tvOS Build Support	183.25 MB	805.93 MB
Linux Build Support (IL2CPP)	55.75 MB	239.03 MB
Linux Build Support (Mono)	54.82 MB	232.02 MB
Linux Dedicated Server Build Support	105.05 MB	434.63 MB
Mac Build Support (Mono)	331.79 MB	1.66 GB
Mac Dedicated Server Build Support	329.75 MB	1.64 GB
Universal Windows Platform Build Support	302.63 MB	2.09 GB

安装

图 25-2 Unity Hub 的“添加模块”菜单，其中包含许多构建支持模块

在“平台”分类下，可以看到所有可供选择的构建支持模块。选择想要安装的模块，然后单击右下角的“安装”按钮，按照 Unity Hub 提供的指示来完成安装过程。

对于普通开发者而言，构建设置中的其余字段往往不需要关注。只需要单击右下角的两个按钮之一就可以了：“生成”或“构建和运行”，它们唯一的区别是项目在构建完成后是否会自动执行。在开始构建之前，必须选择一个文件夹来存放构建后的项目。Unity 会在该文件夹中生成必要的文件。为了确保 Unity 能够有一个无干扰的环境来构建项目，最好专门创建一个文件夹来存放构建后的项目文件。

25.2 玩家设置

单击 Build Settings 窗口左下角的“玩家设置”按钮，打开玩家设置（图 25-1 也显示了这个按钮）。另外，也可以通过“编辑”|“项目设置”，然后单击左侧列表中的“玩家”来访问这个设置。

玩家设置与构建的程序相关。虽然设置选项众多，覆盖了各种不同的配置需求，但对于业余开发者来说，大多数设置都不需要调整。如果项目确实发展到了需要调整这些设置的时候，我们可以在许多地方找到相关的学习资源。在所有设置中，最值得关注的是“分辨率和演示”这一部分，如图 25-3 所示。

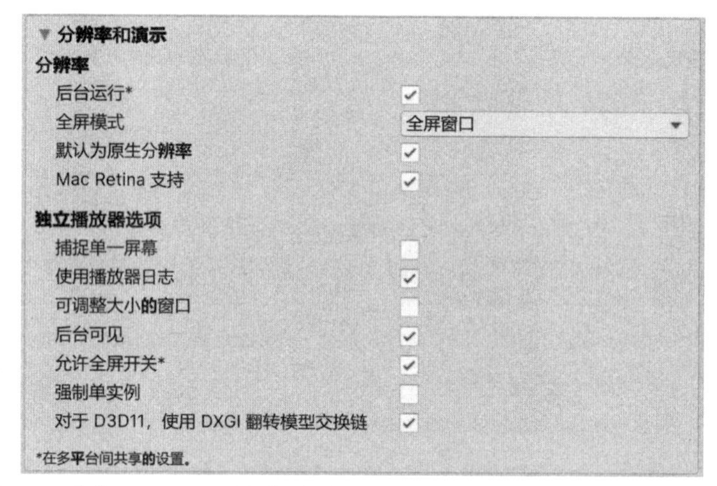

图 25-3 在为 Windows 平台构建时，玩家设置中的“分辨率和演示”部分

下面将简单介绍一些值得关注的选项——注意，如果目标平台是 Mac 或 Linux，部分选项可能稍有不同。

- 全屏模式

  这个设置决定了游戏窗口的默认显示模式。游戏默认是以全屏还是窗口化模式运行？如果选择窗口化（注意，不是“全屏窗口”），游戏将在一个可移动的非全屏窗口中运行。

- 默认为原生分辨率

  如果勾选这个选项，游戏窗口将默认使用玩家计算机的分辨率。如果取消勾选，将会出现两个额外的字段，可以在其中自定义游戏窗口的默认高度和宽度。如果将全屏模式设置为窗口化，那么“默认为原生分辨率”这一选项将不会显示，只会显示设置默认高度和宽度的字段。

- 后台运行

  如果勾选这个选项，即便玩家将游戏窗口最小化或切换到其他应用程序，游戏的核心逻辑（包括脚本执行和物理计算等）也仍然会继续运行。如果没有勾选，那么当玩家最小化游戏窗口时，游戏将会自动暂停，所有动作和计算将暂时中止。对于窗口化运行的游戏，当用户单击窗口之外的区域导致游戏失去焦点时，游戏同样会暂停。

- 可调整大小的窗口

  如果勾选这个选项，玩家将能够通过拖动窗口的边或角来调整窗口的大小。如果没有勾选，游戏窗口将固定为预设的默认尺寸，无法进行调整。

- 强制单实例

  如果勾选这个选项，那么游戏将一次只能运行一个实例（即窗口）。如果玩家尝试启动第二个游戏实例，系统将不会打开新的游戏窗口，而是会将焦点切换到已打开的游戏实例上。

除了这些功能，还可以在玩家设置的“启动图像”部分自定义启动画面，就在“分辨率和演示”部分下方。启动画面是在游戏首次启动时展示的一系列图像，通常用来展示参与制作公司的标志。如果你玩过其他游戏，那么对启动画面应该不会感到陌生。

默认情况下，游戏在启动时会显示 Unity 的标志，这个画面会持续几秒钟。如果使用的是 Unity 的免费许可证，那么这个启动画面是无法禁用的——毕竟这个先进的游戏引擎都可以免费使用，把部分功劳归给它也是理所应当的。不过，我们可以在启动画面中添加自己的标志、自定义背景颜色，并添加背景图像。当然，现阶段可能用不着关注这些功能，但请记住，如果想去掉 Unity 的官方启动画面，就需要升级到 Unity 的付费许可。

25.3 回顾

在这个项目中，尝试了很多新鲜的事情，每一次尝试都让我们越来越精通 Unity 编程。在进入下一个项目之前，先快速回顾一下我们在这个项目中学习和使用的关键概念。

- 可以通过 CharacterController 组件控制玩家角色的移动。
- 投射物的移动可以通过简单的 Transform.Translate 方法来实现。
- 可以将数值的应用频率从“每帧”改为“每秒”。如果想要让一个游戏对象每秒移动 X 单位，那么每帧就需要移动“X * Time.deltaTime”。

- 可以通过 Slerp 和 Lerp 方法来平滑地过渡位置、旋转和浮点数，这本质上就是以一定的比例减少 A 值和 B 值之间的差值。这个项目利用这两种方法实现了旋转的平滑过渡，以及在指定时间内从一个数值平滑过渡到另一个数值。
- 如果想计算事件发生以来经过的时间，可以在事件第一次发生时，将变量 X 设置为当前的 Time.time 值。之后，使用“Time.time - X”来获取经过的秒数。
- 使用 Invoke 可以在特定时间后调用方法。
- 调用 GameObject.SetActive 方法可以通过代码激活和停用游戏对象。
- 可以使用基本的枚举类型来表示对象的状态，然后根据状态改变它们的行为。
- 调用 Random.Range 方法可以在指定范围内生成随机数。
- 枢轴点对 Transform 的缩放的影响。
- 数组和列表的使用方法，以及使用 for 循环来遍历并处理数组 / 列表中的每个元素的方法。

25.4 额外特性

积累了这些经验之后，你完全可以自行尝试为项目增添新特性。独立思考并解决问题是锻炼编程思维、提升个人能力的绝佳方式。即使遇到超出当前能力范围的挑战，也能在尝试的过程中吸取一些新知识——说不准哪天它们就能在解决其他问题时帮上大忙。

自主实施新特性并不意味着你必须完全依靠自己。在需要解决问题或编写新机制时，搜索引擎往往能帮上大忙。

不理解错误消息的含义？试着通过常用的搜索引擎查找错误消息（可以在 Unity“控制台”窗口中选中错误信息并按快捷键 Ctrl+C 复制）。其他人很可能也针对类似的错误寻求过帮助，你也许能够从中找到解决问题的线索。

不清楚如何实现某个功能？在网上搜索试试，只要这个功能不是非常特殊或小众，大概率能找到相关的指南或教程。

在处理一种不熟悉的组件类型？在网上搜索试试，Unity 的官方文档通常会出现在搜索结果的前列。可以在官方文档中查看所有内置类的具体成员，并阅读每个变量或方法的描述。在准备编写代码时，第一步通常是了解可以使用的数据和方法。此外，Unity 文档中的用户手册部分以一种更易于理解和更具指导性的方式介绍了特定的组件类型和概念。

在现在这个信息时代，我们距离需要的信息可能只有几个搜索关键字之遥。如果遇到了自己无法解决的问题，并且在网上也无法找到解决方案，可以将问题暂时搁置，等到自己的知识变得更加丰富后再回过头来解决问题（这没什么丢人的！）。或者，也可以去在线论坛寻求帮助。

如果决定向他人求助，请确保提供尽可能详尽的信息。因为你的目的是解决问题，而不是引发更多的疑问。清晰地描述自己的目标、场景中包含的内容以及想要解决的问题。如果问题涉及代码，不妨复制并粘贴相关代码片段，让其他人帮你检查可能存在的错误——尤其是那些容易忽略的小错误。

有时，在为了求助而详细描述问题的过程中，自己就可以察觉到问题的根源。随着经验的积累，你将发现自己逐渐成长到了不再需要频繁求助于他人的地步。你将能够独立寻找答案，解决各种挑战，将潜在的问题扼杀在摇篮之中。不过，对于一些非常复杂的问题，详细地描述它们可能比自己研究解决方案还要麻烦。

接下来是一些可以添加到障碍赛项目中的额外特性。

- *传送*

  在不同位置分别放置两个传送点。玩家触碰任一传送点后，就会被传送到另一个传送点。在一个传送点的“检查器”中引用另一个传送点的 Transform 组件，以实现它们之间的链接。这样一来，即使在游戏过程中移动它们，传送功能仍然有效。

- *检查点*

  在大型关卡中，可以设置一些检查点。当玩家触碰检查点时，检查点将被解锁并成为玩家当前的进度保存点。玩家死亡时，会在当前检查点重生（前提是解锁过检查点）。不过，要确保玩家不能反复激活过去的检查点。

- *生命*

  为玩家设置固定的生命数量。每当玩家死亡，就会少一条命。如果生命耗尽，就把玩家踢回主菜单，并显示“你输了”之类的提示，让他们感到不爽。在生命耗尽后，玩家解锁过的检查点将被重置，他们不得不从关卡的起点重新开始。此外，还可以考虑在玩家到达新检查点后奖励他们几条命生命。

如果已经厌倦了按照书中的指导行动，不妨试着实现自己认为有趣或有新意的特性。在这个过程中，很可能会获得宝贵的经验和知识。

当然，也可以继续阅读本书，将自己的想法留待日后实践。

25.5 小结

本章处理了一些收尾工作，为结束第一个示例项目和进入新的项目做好了准备。这一章讲解了如何通过 Build Settings 窗口构建项目，还介绍了玩家设置中的部分选项，比如与构建后的游戏的外观和行为相关的选项。

接下来的部分将转向一个新项目，它将提供很多实践的机会，让我们能够进一步掌握面向对象编程的各种概念（如继承）。

第 IV 部分
游戏项目 2：塔防游戏

第 26 章 塔防游戏：设计与概述
第 27 章 摄像机的移动控制
第 28 章 敌人与投射物
第 29 章 防御塔和瞄准机制
第 30 章 建造模式 UI
第 31 章 构建与出售
第 32 章 游戏模式的逻辑
第 33 章 敌人的逻辑
第 34 章 更多类型的防御塔
第 35 章 塔防游戏：总结

第 26 章 塔防游戏：设计与概述

接下来，我们将着手开发一个新的项目——一个塔防小游戏。在这个项目中，我们将联系使用继承，学习如何编写敌人的 AI 并实现基本的寻路算法，并尝试通过脚本而不是碰撞体来进行碰撞检测。此外，我们还将探索使用 Unity UI（uGUI）系统，通过游戏对象和组件来构建 UI，而不是像上一个项目那样完全通过代码来构建。

26.1 游戏玩法概述

先简单介绍一下塔防游戏的玩法。在这类游戏中，玩家需要在游戏场地中布置建筑（防御塔）来抵御敌人的进攻。这些建筑通常自动向敌人发射箭、炮弹和魔法等投射物来进行攻击。敌人从特定的地点一波接一波地出现，并试图穿越战场到达指定目标点。每当敌人到达目标点，玩家就会失去一条命。这有时被称为“漏怪”。一旦玩家的生命耗尽，游戏就结束。玩家可以通过通关和击败敌人来获取金钱，进而建造更多的防御塔以防止漏怪，进而使游戏继续下去。

我们的塔防游戏将采用简单而直观的设计：游戏场地是一个长度大于宽度的长方形，玩家摄像机悬停在上方并俯视场地，类似于障碍赛项目。

敌人从场地的顶端——也就是出生点——出现，然后向场地底部的目标点移动。玩家部署的防御塔坐落在敌人出生点和目标点之间。敌人使用 Unity 的基本寻路算法来绕过这些防御塔，这意味着它们会寻找一条能够避开所有障碍物的路线。在游戏的特定关卡中，玩家还会遇到空中敌人，这些敌人不需要寻路，而是能够直接飞越所有防御塔，所以它们比普通敌人更危险。

玩家可以巧妙地安排防御塔的位置，引导敌人按照特定路线行进，比如设法让敌人在最强防御塔的攻击范围内停留更长时间。这有时被称为“摆迷魂阵”（mazing）——玩家需要精心设计一个迷宫，让敌人在合适的位置停留尽可能长的时间。图 26-1 展示了项目的最终效果，其中显示了一个小迷宫，还有一些敌人（立方体）在迷宫中穿行，箭塔和炮塔（蓝色）正在向它们开火。另外还有一些用于构建迷宫的低成本障碍物。

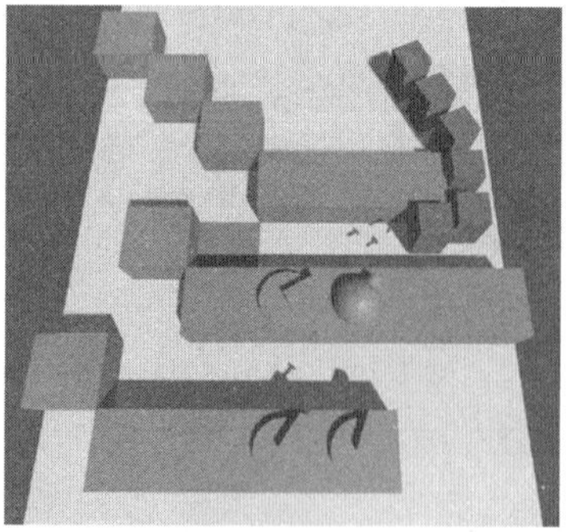

图 26-1 地面上的敌人正在迷宫中穿行

游戏将在两种状态之间切换。

- 建造模式：在这个模式下，战场上不会有敌人出现，玩家可以购买或出售防御塔。
- 游戏模式：在这个模式下，敌人会按顺序一波接一波地生成，向目标点前进。

游戏最开始将处于建造模式，以便玩家构建第一批防御塔。玩家准备就绪后，就可以单击 Play 按钮。此时，为了确定敌人到达目标的路线，系统会执行寻路算法。如果因为防御塔的布局而导致系统无法找到通向目标点的路径，系统就会给出提示，并阻止玩家开始关卡。只有在确保敌人可以绕过防御塔到达终点的情况下，才能够进入游戏模式。

在游戏模式中，敌人会接连涌现，每个敌人都紧跟着前一个敌人的步伐。在所有敌人都被杀死或到达目标点后，关卡将会结束。在这个过程中，如果玩家的生命值降至 0 或以下，游戏会温和地告诉玩家他们输了。如果玩家成功护塔并存活下来，游戏将再次切换到建造模式，如此往复。

在一些塔防游戏中，玩家无法在敌人行进的路径上建造防御塔——例如，敌人可能在峡谷中前进，而防御塔只能建在上面的悬崖上。这样一来，玩家的防御塔就不会封锁敌人的前进路线了，并且游戏也不需要用到寻路算法。我不打算深入讨论这种游戏设计和前一种设计的差异，但如果敌人的行经路线和防御塔完全分离，那么“摆迷魂阵”的策略也就无从谈起了。我们需要在寻路方面进行一些实践，所以采用前一种设计比较合适。

玩家在击败敌人时会获得金钱，这些金钱可以用来建造更多的塔，而且每一轮结束时，玩家还会额外获得一大笔奖金。

游戏包含几种不同类型的防御塔。

- 箭塔（Arrow Tower），它们能够迅速向单个敌人发射追踪箭。这些箭矢具有百分百的命中率，能够持续追踪敌人。无论是地面敌人还是空中敌人，箭塔都能够有效地进行攻击。
- 炮塔（Cannon Tower），它们会向目标所在的地方发射抛物线轨迹的炮弹。在落地时，这些炮弹会在一定半径内造成伤害，可以同时对多个敌人造成伤害。但是，这种炮弹的移动速度较慢，也无法保证命中率。炮塔不会攻击空中的敌人。由于炮弹的落点是发射炮弹时目标所在的位置，如果敌人移动速度足够快，炮塔可能无法击中目标。
- 高温地板（Hot Plate），这是一种平面建筑，敌人可以直接从上面通过。它们会对站在上面的所有敌人持续造成伤害，但对空中的敌人无效。
- 路障（Barricade），不具备攻击能力，主要作为构建迷宫的低成本手段。玩家可以通过布置路障来让敌人更长时间地处于防御塔的攻击范围内。路障对空中的敌人无效。

26.2 技术概览

这个项目涉及一些全新的概念。毕竟，如果不能学到新知识，做这个项目还有什么意思呢？

首先，我们将实现摄像机的移动，这与上一章中实现的移动类似。在这个项目中，玩家只能控制一个可以移动的摄像机，而不会操控游戏角色。摄像机将具备基础的控制功能：使用箭头键进行移动、通过鼠标拖动来调整视角以及使用鼠标滚轮进行视角的缩放。

之后，我们将首次接触寻路。寻路本身是一个复杂的主题，但 Unity 简化了它。这意味着我们不需要自己实现寻路算法——但如果对算法感兴趣，这会是一个有趣的研究课题。我们将学习如何利用 Unity 的寻路系统为敌人规划出绕过防御塔的路径。

这个项目还将引入射线投射的概念。这种方法用于检测从特定 Vector3 位置出发并沿特定方向行进一定直线距离是否发生碰撞。射线投射在许多场景下都非常有用，而在这个项目中，它主要用于检测鼠标光标所指向的游戏场地，以便玩家通过移动和单击鼠标来选择防御塔的位置。换句话说，射线投射技术将被用来获取鼠标光标下的游戏场地的世界位置。

之后，我们将在实践中使用继承。虽然在开始制作示例项目之前就学习了这一概念，但这将是第一次将它付诸实践。通过使用继承，可以在保持防御塔的多样性和灵活性的同时——无论是具有特殊功能的高温地板，还是单纯作为障碍物的路障——在不同类型的防御塔之间复用一些通用逻辑。

投射物也有多种不同的形式，也可以通过继承的方式来实现：一些投射物能够自动追踪并确保命中目标，而另一些则以抛物线轨迹飞向目标地面位置。它们都是投射物，并且共享着一些逻辑，但在具体实现上各有不同。

对于游戏中的敌人，我们将创建一个基本类型来定义它们的共同属性（尤其是生命值和死亡机制）。此外，我们还将创建更具体的子类型，用以区分地面敌人和空中敌人的逻辑。

建造模式的 UI 将会比障碍赛项目中的 GUI 更精致和复杂。

我们还将学习如何将位置转换为网格上的点。游戏中的所有防御塔都将具有统一的尺寸，并且玩家只能按照这些尺寸的倍数来放置防御塔。玩家可以将塔紧密排列，不留任何间隙，也可以在两个防御塔之间留出一个防御塔的空间——但是，玩家将无法随意调整防御塔之间的间距。这将涉及一些数学计算，但这些计算并不枯燥。它们是编程数学——那种有趣的数学。

在每一轮结束时，玩家将获得存活奖励，并且下一波敌人的强度将会提升。每经过四轮，就会有一轮包含空中敌人的关卡。我们将学习如何使用一个新的操作符来检测这种情况的发生。

26.3 项目设置

为了开发新的项目，请通过 Unity Hub 创建一个新 Unity 项目。选择 3D 模板，并将新的项目命名为“TowerDefense”，如图 26-2 所示。

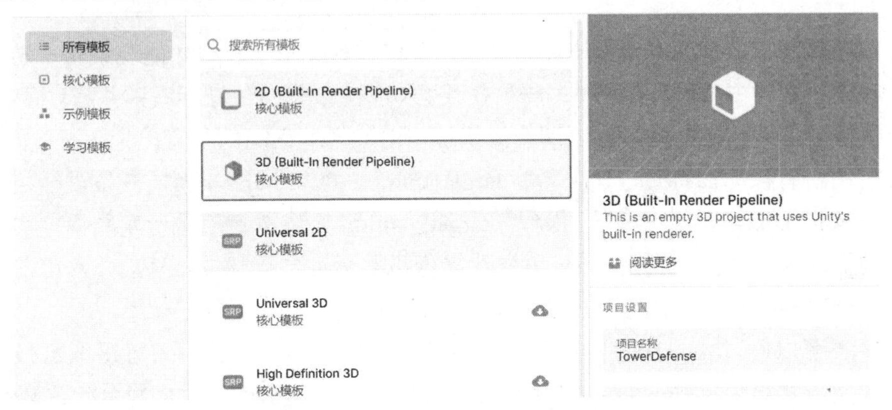

图 26-2 通过 Unity Hub 创建新项目

在“项目”窗口中，在 Assets 文件夹内创建 Materials、Prefabs 和 Scripts 文件夹。顺便把默认的 SampleScene 场景重命名为 main。

26.4 小结

这一章大致介绍塔防游戏的玩法，并简要说明了要实现的内容。简而言之，这将是一个简单的塔防游戏，敌人在场地的一侧生成，前往位于另一侧的目标点，而玩家需要建造防御塔来阻止敌人的前进。这个项目将涉及许多重要的概念，包括继承、射线投射和寻路等。从第 27 章开始，我们将逐步构建游戏的各个方面。

第 27 章 摄像机的移动控制

首先实现摄像机的移动控制。毕竟，玩家需要能够移动摄像机，才能观察整个游戏场地。玩家将能够通过两种方式移动摄像机：一是使用方向键，二是按住鼠标右键并拖动鼠标。此外，玩家还能使用鼠标滚轮进行缩放，以调整摄像机与游戏场地之间的距离。

摄像机的所有移动都将通过一个名为 targetPosition 的 Vector3 类型的变量进行控制，而不是直接对摄像机 Transform 组件进行操作。targetPosition 变量将会随着玩家的操控实时更新。在每一帧的更新中，我们将利用 Slerp 方法让摄像机平滑地向目标位置移动，其第三个参数可以用来控制移动的平滑度，让摄像机更加平稳而自然地移动。

此外，还可以通过 targetPosition 变量来限制摄像机的移动范围。在将摄像机移动到目标位置之前，需要检查 targetPosition 的各个轴是否在设定的范围内。我们将会定义最小和最大的 X 值、Y 值和 Z 值，以防止玩家不小心将摄像机移太远，无法找到游戏场地，或是过度缩放游戏画面。

27.1 准备工作

在开始编写代码之前，需要先在默认的 main 场景中做一些准备工作。

创建一个平面（Plane），并将其命名为 Stage。它将被用作游戏中的地面。将 Stage 的位置设为（0，0，0），缩放设为（7，1，20）。还可以在 Materials 文件夹中创建一个材质，命名为 Stage，并将其应用到 Stage 游戏对象上。我使用的是浅蓝色，十六进制颜色代码为 9DE0F3。

这样就搞定了。在短短的几秒钟内，我们就完成了关卡的设计工作。我们真是天赋异禀。

接下来需要设置摄像机。直接使用场景自带的摄像机即可。如果已经删除了这个摄像机，请在顶部菜单栏中通过“游戏对象”|“摄像机”来创建一个新的。将这个摄像机重命名为 Player Camera，并将其放置在关卡上方，并为它设置以一个倾斜的视角。把 Y 轴位置设为 54，X 轴旋转设为 70。如果将 X 轴旋转设为 90，那么摄像机就会以完全垂直的角度俯瞰下方，如此一来，为了获得倾斜的视角，这里便将它设置为 70 度。

现在，创建一个 Player 脚本并把它附加到 Player Camera 游戏对象上。

这一幕可能有些似曾相识——声明在 Player 脚本中使用的变量，讨论 Tooltip 属性没有覆盖的变量：

```
[Header("References")]
public Transform trans;

[Header("X Bounds")]
public float minimumX = -70;
public float maximumX = 70;

[Header("Y Bounds")]
public float minimumY = 18;
public float maximumY = 80;

[Header("Z Bounds")]
public float minimumZ = -130;
public float maximumZ = 70;

[Header("Movement")]
[Tooltip("使用方向键时，每秒移动的距离。")]
public float arrowKeySpeed = 80;

[Tooltip("拖动鼠标进行移动时的乘数。数值越高，鼠标移动时摄像机移动得就越多。")]
public float mouseDragSensitivity = 2.8f;

[Tooltip("应用于摄像机移动的平滑度。这个值应在 0 到 .99 之间。")]
[Range(0, .99f)]
public float movementSmoothing = .9f;

// 摄像机的当前目标位置
private Vector3 targetPosition;

[Header("Scrolling")]
[Tooltip("滚动鼠标滚轮时，摄像机沿 Y 轴移动的距离")]
public float scrollSensitivity = 1.6f;
```

首先是我们熟悉的 trans 引用。摄像机只需要引用它就可以了。

接下来，这段代码声明了 X 轴、Y 轴、Z 轴的最小值和最大值，以限制摄像机的移动范围。Y 轴将限制摄像机的缩放（通过鼠标滚轮进行），而 X 轴和 Z 轴则将限制摄像机的水平移动（通过按住鼠标右键并拖动鼠标或方向键进行）。

movementSmoothing 用于确定传递给 Slerp 方法的第三个参数的值：摄像机在每一帧中向目标位置移动的比例。这个值越高，移动的过程就越平滑。因为实际上传递给 Slerp 方法的参数是（1 – movementSmoothing），所以 movementSmoothing 越高，移动的比例就越小（每帧移动的距离减少）。在实现 Slerp 方法的是，我将会进一步解释这么做的原因。

可以看到，movementSmoothing 变量上方声明了一个名为 Range 的新属性（attribute）。这个属性将改变变量在“检查器”中的显示方式和行为。这里，它的参数被设为 0 和 0.99f。

和之前一样，“检查器”将显示 movementSmoothing 变量的当前值，并提供一个输入框来设置它的值。但除此之外，它还会显示一个滑块，可以拖动这个滑块来在一个范围内（在本例中是 0 到 0.99f 之间）设定数值。最重要的是，无论是使用滑块还是直接输入数值，Unity 都会将它限制在给定范围内。这个限制非常实用，因为 mouseSmoothing 的值永远不应该超出 0 和 0.99f 的范围，原因将在后面的章节中说明。

targetPosition 是玩家通过箭头键、鼠标拖动和鼠标滚轮滚动实际移动到的位置。确保它的 X 值、Y 值、Z 值在前面声明的范围内之后，Slerp 方法将会把摄像机平滑地移动到目标位置，并在此过程中应用 movementSmoothing。

现在，保存对脚本的更改，在“检查器”中查看 Player Camera 游戏对象的脚本组件，设置好 trans 引用，以方便后续进行测试。

接下来要定义的是一些需要调用的方法。我们将使用 Start 方法和 Update 方法，并在 Update 方法中调用一些私有方法。就像障碍赛项目中的 Player 脚本一样，这样做的主要目的是为了将保持代码结构清晰，并根据要实现的特性来分离代码。

声明方法后，我们很快就会逐一编写它们的内容。不过，现在先将它们留空，并确保在 Update 中调用这些方法：

```
void ArrowKeyMovement()
{

}

void MouseDragMovement()
{

}

void Zooming()
{

}

void MoveTowardsTarget()
```

```
{

}

// 事件：
void Start()
{

}

void Update()
{
    ArrowKeyMovement();
    MouseDragMovement();
    Zooming();
    MoveTowardsTarget();
}
```

这种做法为整个工作流程提供了清晰的框架。只需要浏览 Update 方法，就可以看出我们计划如何运行这些方法。方法名称已经清楚地表明了它们的用途。

- 首先，检查通过方向键进行的移动操作。如果玩家按下任意方向键，相应的移动就会应用到 targetPosition 变量上。
- 接着，检查玩家是否正在按住鼠标右键并拖动鼠标，然后将相应的移动添加到 targetPosition 变量上。
- 然后添加由缩放引起的上下移动。在世界坐标系中，这种移动是在 Y 轴上进行的，所以是“上下”移动。但在摄像机的视角中，更像是前后移动，因为摄像机采取的是俯视角。之所以将这个方法命名为“zooming”，是因为它能让玩家调整摄像机与游戏场地之间的距离。
- 最后，摄像机将被移动到 targetPosition。targetPosition 已经根据玩家上一次的输入进行了更新，无论这个输入是方向键移动、鼠标移动还是滚轮缩放。这里只需要确保 targetPosition 在预设的范围内，然后通过 Slerp 函数将摄像机平滑地移过去。

27.2 箭头键移动

为了实现方向键移动，我们将参考障碍赛项目中的玩家移动代码，编写一个简化版代码。我们将利用 Input.GetKey 方法来检查某个键是否被按下，如果是，则将相应的移动应用到

targetPosition 变量上。

在开始之前，需要处理一个很容易被忽略的问题 targetPosition 变量将默认设置为(0,0,0)，因为我们将其声明为私有 Vector3 类型，并且没有给它赋值。这意味着在游戏开始时，摄像机会尝试移动到（0，0，0），也就是世界坐标系的原点。为了解决这个问题，需要在 Start 方法中将 targetPosition 变量初始化为摄像机的初始位置：

```
void Start()
{
    targetPosition=trans.position;
}
```

如此一来，在游戏开始后，摄像机的初始位置就能够与我们在场景中放置它的位置保持一致。

现在，在 ArrowKeyMovement 方法中添加以下代码：

```
// 如果按住上箭头键
if(Input.GetKey(KeyCode.UpArrow))
{
    // 增加目标 Z 位置的值
    targetPosition.z+=arrowKeySpeed*Time.deltaTime;
}
// 否则，如果按住下箭头键
else if(Input.GetKey(KeyCode.DownArrow))
{
    // 减少目标 Z 位置的值
    targetPosition.z-=arrowKeySpeed*Time.deltaTime;
}
// 如果按住右箭头键
if(Input.GetKey(KeyCode.RightArrow))
{
    // 增加目标 X 位置的值
    targetPosition.x+=arrowKeySpeed*Time.deltaTime;
}
// 否则，如果按住左箭头键
else if(Input.GetKey(KeyCode.LeftArrow))
{
    // 减少目标 X 位置的值
    targetPosition.x-=arrowKeySpeed*Time.deltaTime;
}
```

这样，ArrowKeyMovement 方法就设置好了。targetPosition 将根据玩家通过方向键输入的指令进行更新，将 arrowKeySpeed 乘以 Time.deltaTime 以确保是摄像机的移动基于“每秒”而不是“每帧”。按上箭头键时，对 Z 轴应用正向移动；按下箭头键时，则应用负向移动。由于摄像机从上方俯视舞台，向前（正 Z 方向）将使摄像机向游戏场地的上半部分移动，向后移动（负 Z 方向）则相反。这类似于障碍赛项目中玩家角色的设置，只不过这里没有跟踪速度，而是依靠 Slerp 方法来平滑过渡到目标位置。

不过，移动还没有应用到摄像机上。让我们先解决这个问题，以便在实现新特性时测试它们的效果。

27.3 应用移动

应用移动的方法很简单。首先确保目标位置的 X、Y、Z 三个坐标轴的值被限制在设定的最小值和最大值范围内，接着利用 Slerp 方法将摄像机平滑地过渡到目标位置。

比起使用 if 语句和 else 语句并为每个轴一一设置范围，使用 Mathf.Clamp 静态方法是更好的选择。Mathf.Clamp 接受三个数值参数——要限制的值、限制范围的最小值和限制范围的最大值。

- 如果要限制的值低于最小值，则返回最小值。
- 如果要限制的值高于最大值，则返回最大值。
- 否则，如果要限制的值在两者之间，则直接返回该值。

在 MoveTowardsTarget 方法中添加以下代码：

```
// 将目标位置限制在特定范围之内：
targetPosition.x = Mathf.Clamp(targetPosition.x, minimumX, maximumX);
targetPosition.y = Mathf.Clamp(targetPosition.y, minimumY, maximumY);
targetPosition.z = Mathf.Clamp(targetPosition.z, minimumZ, maximumZ);

// 如果摄像机还没有到达目标位置，则向目标位置移动：
if (trans.position != targetPosition)
    trans.position = Vector3.Slerp(trans.position, targetPosition, 1 - movementSmoothing);
```

以上代码对 targetPosition 向量的每个坐标轴分别调用了 Mathf.Clamp 方法，这三行代码看起来很相似，唯一的区别就是引用的坐标轴不同：X、Y 或 Z。在输入这些代码时，请务必仔细检查，确保正确无误——不要复制粘贴并只把部分 X 改为 Y 或 Z。这种小疏忽可能会导致不可预期的行为，并且让人很难发现问题！

接着，只有在摄像机的当前位置（trans.position）与目标位置（targetPosition）不一致时，才会应用移动。这只是为了确保只在必要时才进行移动，从而节省一些处理能力。在移动时，摄像机的位置将被设置为Slerp调用的结果，这个调用将使摄像机平滑地向目标位置过渡。

如前所述，在Slerp调用中传递的第三个参数不是movementSmoothing，而是1－movementSmoothing，以确保movementSmoothing的值增加时，移动的比例会变小，这意味着摄像机需要花更长时间进行移动——每帧向目标移动的距离更少。这种做法更符合变量名称的含义：对于一个表示平滑度的变量，它的值越高，移动就应该越平滑，而不是反过来。

在使用1－movementSmoothing的情况下，如果movementSmoothing为0.8f，那么传入的参数将会是1－0.8f，即0.2f——一个较低的值，它能够让移动更加平滑。换句话说，在将movementSmoothing传递给Slerp调用时，我们实际上是“翻转”了它的值，使变量的行为与名称的含义更加一致。

现在，你可能已经明白了为什么要在Range属性中把movementSmoothing值的最大值设定为0.99f而不是1。如果平滑度能够设为1，那么1－1的结果将是0，导致摄像机完全无法移动。所以，为了避免出现这种问题，需要将它的最大值设为0.99f。如果能预见到代码可能在特定情况下出现问题，那么最好立刻采取预防措施，因为之后很容易把这些事情忘掉。如果不这么做，这个问题可能会在几个月后爆发，而当你付出数个小时和掉了几根头发后终于找到问题，你会非常后悔自己当初为什么不及时采取预防措施。

现在应该可以在游戏中测试方向键移动功能了。试着在“检查器”中调整平滑度并观察移动的变化。平滑度越高，移动速度就越慢并且滑动感越强；平滑度越低，移动速度就越快，但有可能会显得比较突兀。

27.4 拖动鼠标进行移动

接下来实现拖动鼠标以移动摄像机。

在MouseDragMovement方法中添加以下代码：

```
// 如果按住右键
if (Input.GetMouseButton(1))
{
    // 获取这一帧的移动：
    Vector3 movement = new Vector3(-Input.GetAxis("Mouse X"), 0, -Input.GetAxis("Mouse Y"))
    * mouseDragSensitivity;
    // 如果有任何移动，
    if (movement != Vector3.zero)
    {
        //... 将其应用到 targetPosition 上：
```

```
            targetPosition += movement;
        }
    }
```

Input.GetMouseButton 方法之前尚未使用过。这个方法与 Input.GetKey 类似，用于检测特定的鼠标按键是否正在被按住。它接受一个整数作为参数，用于指定需要检测的鼠标按键。

- 0 代表鼠标左键。
- 1 代表鼠标右键。
- 2 代表鼠标中键（大多数鼠标都支持按下中键进行点击）。

按住右键时，Input.GetMouseButton 方法会返回 true，否则返回 false。与 Input.GetKey 方法类似，它也有一个用于检查鼠标是否被点击的版本：Input.GetMouseButtonDown 方法。

然后，这段代码声明了一个 Vector3 类型的局部变量 movement。这里用到另一个新的 Input 方法 Input.GetAxis。这是一种更通用的读取输入的方法，我们需要提供一个字符串来指定想要检测的输入类型。本例中提供的字符串是 Mouse X 和 Mouse Y。它们会返回鼠标位置的“差值”（delta），即鼠标从上一帧到当前帧的移动距离。例如，如果用户在这一帧没有左右移动鼠标，那么 Mouse X 将返回 0；如果移动了，则会返回一个表示移动量的分数（fraction[①]）。

然而，这些值对目标位置的影响与预期正好相反。

- 鼠标向右移动时，Mouse X 将为正值，向左移动时为负值。
- 鼠标向上移动时，Mouse Y 将为正值，向下移动时为负值。

如果直接用这些值来移动 targetPosition，会导致摄像机的移动方向与鼠标光标的移动方向相同。这种拖动方式与玩家的预期相反，有点违背“拖动”的概念。

因此，每个 Input.GetAxis 调用前都需要加一个负号，以将返回的值反转过来，使原本的正值变为负值，原本的负值变为正值。换句话说，当鼠标光标向右移动时，摄像机会向左移动，其他方向也是同理。

如果感兴趣的话，可以去掉 Input.GetAxis 前的负号，亲自体验一下。你可能会觉得这种移动摄像机的方式很不自然。

movement 向量正确地将鼠标的移动转换成了摄像机在 3D 空间中移动的方向。注意，这里操作的是世界方向，而不是摄像机的局部方向。例如，Mouse Y 在游戏中并不代表垂直的“上下”移动，因为摄像机是朝向下方的。要在摄像机的视角中实现“向上”移动，就需要在世界坐标系中向前移动。因此，鼠标 Y 轴的移动应当与摄像机的 Z 轴移动相对应。所以在创建

① 译注：表示完全处于初始位置；为 1 表示完全处于目标位置；为 1/2 表示处于两者的中间位置。

movement 向量时，我们将 Mouse Y 指定为 Z 轴分量，而 Y 轴分量则保持为 0，这样就不会发生 Y 轴上的移动——只有使用鼠标滚轮进行缩放时，Y 轴的位置才会受到影响。

创建向量之后，它将乘以 mouseDragSensitivity 变量，这样就能够轻松调节鼠标移动对摄像机位置的影响程度。将它与这个变量绑定后，我们稍后可以实现一种方法，让玩家能够通过游戏的选项菜单来自定义鼠标灵敏度。

如果玩家移动鼠标，movement 就会被应用到 targetPosition 上。这段代码会检查 movement 向量是否不等于 Vector3.zero——即 new Vector3(0,0,0) 的简写——如果不等于，就将 movement 添加到 targetPosition 上。

以上就是实现这一特性所需要的全部步骤。现在可以进行测试，体验一下 mouseDragSensitivity 变量对摄像机的移动有何影响。

27.5 缩放

为了实现缩放功能，需要能够检测到用户通过鼠标滚轮进行的滚动操作。这可以通过 Input 类中的 mouseScrollDelta 成员来实现。它返回一个 Vector2 类型的值，这种类型与 Vector3 类似，但只有 X 轴和 Y 轴，没有 Z 轴。它的 X 轴对应于鼠标滚轮的水平滚动（尽管并非所有鼠标都支持这一功能），向左滚动时为 -1，向右滚动时为 1。但在本例中，我们不需要检测 X 轴上的移动，只需要 Y 轴：它反映了滚轮在这一帧内向上（正值）或向下（负值）滚动了多少。

与拖动鼠标类似，这个值并不直接符合摄像机的移动需求。理想情况下，当鼠标滚轮向上滚动时，Y 轴的位置需要降低，离游戏场地更近一些；而滚轮向下滚动时，Y 轴的位置则需要提高，离游戏场地更远一些。默认情况下，滚轮的行为刚好与此相反。和之前一样，这个问题可以通过使用负号 - 反转 Y 值来解决。

可以在 Zooming 方法的代码中查看如何实现这一点：

```
// 获取 scrollDelta Y 值并翻转：
float scrollDelta = -Input.mouseScrollDelta.y;

// 如果有任何增量，
if (scrollDelta != 0)
{
    //... 应用到 Y 位置：
    targetPosition.y += scrollDelta * scrollSensitivity;
}
```

除了这种方式，也可以通过另一种方式来达到相同的反转效果：从 Y 轴的当前位置中减去 scrollDelta 的值，也就是将代码中的操作符 += 替换为 -=。采用哪种方法都可以，关键是要确保进行反转。

到这里，摄像机的所有移动方式就实现完毕了：方向键、按住鼠标右键拖动鼠标和滚轮缩放。所有移动都有范围限制，以确保玩家不会离游戏场地太远。此外，我们还引入了一些可调节的平滑效果，让摄像机移动得更加流畅。

27.6 小结

本章实现了玩家摄像机的移动功能。在这个过程中，我们不仅巩固了之前学习的概念，还学习了一些新的技术（主要涉及鼠标输入的检测）。本章要点回顾如下。

1. Mathf.Clamp 方法接受三个数值参数（int 类型或 float 类型）：要限制的值、限制范围的最小值和限制范围的最大值。Mathf.Clamp 将确保将值限制在设定的范围内。
2. Input.GetMouseButton 方法用于检查指定的鼠标按钮在当前帧是否被按住，如果是，则返回 true。它接受一个表示鼠标按键的整数作为参数 0 代表左键，1 代表右键，2 代表中键。
3. Input.GetAxis("Mouse X") 用于获取当前帧内鼠标在 X 轴方向上的移动：鼠标向右移动时返回正值，向左移动时返回负值。
4. Input.GetAxis("Mouse Y") 用于获取当前帧内鼠标在 Y 轴方向上的移动：鼠标向上移动时返回正值，向下移动时返回负值。
5. Input.mouseScrollDelta 属性（property）返回一个 Vector2（只包含 X 值和 Y 值的向量），表示当前帧内鼠标滚轮的滚动。X 轴表示左右滚动，但并非所有鼠标都支持这个功能；Y 轴表示前后滚动，所有鼠标滚轮都支持这样的标准滚动方向。

解决这些问题后，我们就可以在接下来的章节中专心处理防御塔、投射物和敌人的核心机制了。

第 28 章　敌人与投射物

本章将为游戏中敌人和防御塔将要发射的投射物进行一些基础的设置。这一过程涉及“继承”的概念。游戏中有两种类型的敌人：需要绕过防御塔的地面敌人，以及直接飞越防御塔的空中敌人。因此，我们将为敌人创建一个基类，它能够提供敌人共通的两种功能——尤其是承受伤害和死亡的机制。

投射物也将有两种不同的形式：追踪型和抛物线型。因此，我们也需要一个基类来统一管理所有投射物共有的功能：造成伤害、以一定速度移动并瞄准被防御塔锁定的敌人。

28.1 图层和物理效果

在开始之前，先来设置一下图层和碰撞检测矩阵，以便后续使用。之前的项目也进行过类似的设置，所以这个过程你应该不陌生。因为我们对游戏的玩法和特性有一个明确的规划，所以最好提前设置这些内容，以免在实现新特性时又需要回头添加更多图层。

在顶部菜单栏中选择“编辑”|“项目设置”|“标签和图层”。在界面右侧的“图层”一栏中（如果未显示任何图层，请单击以展开它），添加以下四个图层：

- User Layer 3：Enemy
- User Layer 6：Tower
- User Layer 7：Projectile
- User Layer 8：Targeter

设置完成后的界面与图 28-1 一致。

接着，单击 Project Settings 窗口左侧显示的“物理”窗格，设置碰撞检测矩阵。这是确保特定层只与相关的层发生碰撞的一种方法。可以在“物理”窗格的底部找到碰撞检测矩阵。如果没有找到，可能是因为它折叠起来了，只需要单击“图层碰撞矩阵”字段即可将其展开。“图层碰撞矩阵”是倒数第二个字段，位于“布料相互碰撞”字段的上方。

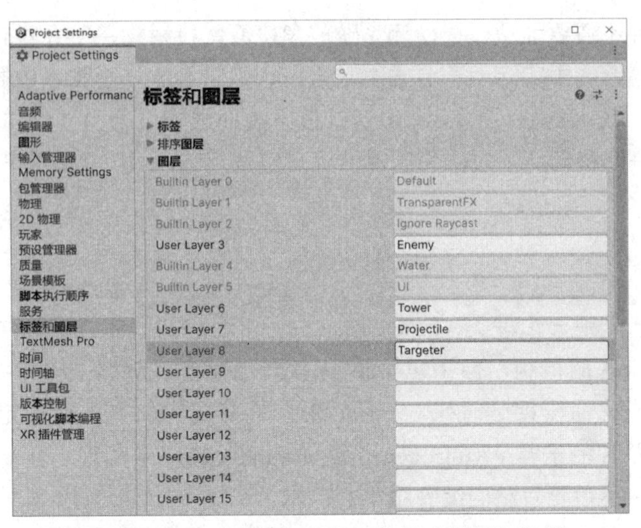

图 28-1 Project Settings 窗口中的“图层”设置

按照图 28-2 进行设置。Targeters 层中的对象将用于检测进入防御塔攻击范围内敌人，因此它们只需要与 Enemy 层发生碰撞。

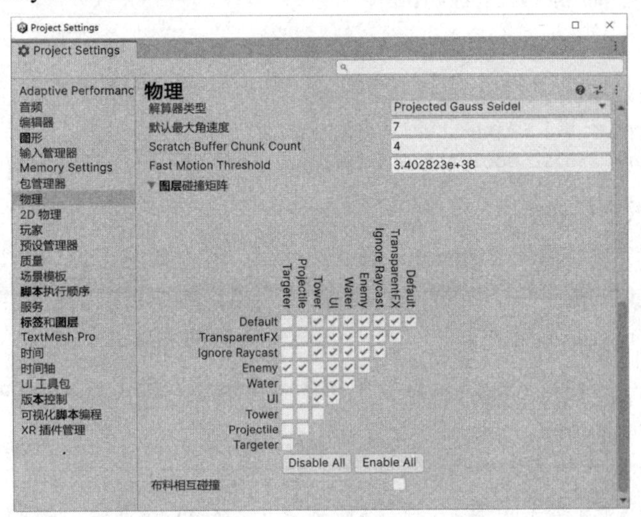

图 28-2 Project Settings 窗口中的“图层碰撞矩阵”设置，位于“物理”窗格中

其他设置就没有那么重要了。我们将使 Projectile 层中的对象仅与 Enemies 层中的对象碰撞，并使 Enemies 层中的对象之间不会发生碰撞，也不会与 Towers 层中的对象发生碰撞。但实际上，

碰撞在这个项目中并不重要。从碰撞检测系统的角度看，投射物将不会真正击中敌人，因为投射物将不会利用碰撞系统中实际上不会击中敌人，因为它们完全由脚本控制，会在到达目标点后直接消失。同样，敌人的移动也不会受到碰撞系统的影响，因为他们将直接通过 Transform 组件沿着预设路径进行移动。不过，为了保持项目整洁规范，我们还是进行了相应的设置。

28.2 基本敌人

这一节将为敌人创建一个基类（base class），它将包含地面敌人和空中敌人共有的逻辑，例如生命值和受到伤害的机制，但不包含那些差异化的具体行为，比如它们的移动方式。无论哪种敌人，都会在生命值耗尽时死亡，所以我们将把这种共有的逻辑定义在基类中，而具体的移动方式则在单独的子类 FlyingEnemy 和 GroundEnemy 中实现。我们将在后文中实现这两个子类，因此现在不需要为它们编写脚本。

在 Scripts 文件夹中新建一个 Enemy 脚本，打开它，并在其中声明以下变量：

```
[Header("References")]
public Transform trans;
public Transform projectileSeekPoint;

[Header("Stats")]
public float maxHealth;
[HideInInspector] public float health;
[HideInInspector] public bool alive = true;
```

前面 4 个变量很容易理解。

- trans：对根游戏对象的 Transform 的快速引用，我们对它已经很熟悉了。
- projectileSeekPoint：一个指向 Transform 的引用，表示追踪箭应该锁定的目标。Enemy 脚本将被附加到根游戏对象上，这个对象往往与地面齐平。因为我们不希望追踪箭瞄准敌人的脚，所以需要单独设置一个用来瞄准的子对象，并让 projectileSeekPoint 变量引用它的 Transform。
- maxHealth：敌人的最大生命值。
- health：敌人的当前生命值。为了确保敌人在出生时是满血，我们将在 Start 方法中将它们的 health 设置为 maxHealth。为了防止这个属性被无意间修改，我们特意为它添加了 HideInInspector 属性时，其在“检查器”中不可见。不过，health 仍然被声明为公共变量，以便其他类在需要时可以访问敌人当前的生命值。

最后一个声明的是 alive 变量。当敌人死亡时，我们将调用 Destroy 方法来将敌人游戏对象从场景中移除。有时，这并不一定会立即发生，可能需要等到当前帧的 Update 逻辑全部处理完毕后，敌人游戏对象及其 Enemy 脚本和所有其他组件才会被销毁。

这可能会导致敌人在逻辑上已经被判定为死亡，但仍然没有从场景中消失。为了避免出现问题，我们将使用 alive 变量来跟踪敌人的状态，以确保在用其他脚本（例如防御塔的脚本）对敌人进行操作之前，它们还活着。alive 变量还可以确保敌人不能死两次，敌人死亡就不会再承受任何伤害，即使它在短时间内又受到了攻击。如此一来，玩家就不会因为重复击杀敌人而多次获得击杀奖励。

就像前面提到的那样，我们需要在 Start 方法中将 health 设置为 maxHealth，否则它将默认设置为 0。在 Enemy 脚本中声明以下方法：

```
protected virtual void Start()
{
    health = maxHealth;
}
```

这个 Start 方法与之前使用的常规方法 void Start() 在功能上完全一致。但是，这里在 void 前添加了两个额外的关键字。

protected 关键字在第 9 章中介绍过。类似于 public 和 private，protected 也是一种访问修饰符。它表示这个成员只能被当前类或继承自当前类的类访问（严格来说，当前类内部声明的其他类也可以访问受保护成员）。如果将 Start 方法设置为 private，那么在稍后将要声明的子类 GroundEnemy 和 FlyingEnemy 中，就无法访问这个方法了。

前文也简单介绍过 virtual 关键字，但直到现在才有一个恰当的用例来展示它的应用。virtual 关键字使 Start 方法可以被子类重写（override）。这意味着任何从 Enemy 类继承的子类，比如 GroundEnemy 或 FlyingEnemy，都可以通过声明自己的 Start 方法来重写这个方法。

通过重写一个方法，子类可以在调用该方法时执行自己的逻辑。子类可以选择调用父类中的 Start 方法，也可以选择重写原有的方法，这样一来，在调用 Start 方法的时候，只有子类中重写的代码会被执行。

换言之，继承自 Enemy 的类可以选择先执行 Enemy.Start，再执行自己的 Start 方法，也可以完全忽略 Enemy.Start，只执行自己的代码。

实现这种灵活性的前提是将方法声明为 virtual，并且子类必须能够访问这个方法，这就是我们之所以将 Start 方法设置为 protected 而不是 private 的原因。虽然也可以将它设为 public，但我们并不打算自己直接调用这个方法，而且不论它的访问修饰符是什么，Unity 引擎都会在脚本启动时自动调用它。

稍后将举例说明如何重写方法。目前的关键点在于，通过将Start方法声明为virtual，我们确保了子类可以定义自己的Start方法。Start方法将在脚本初始化时被Unity调用，但如果不将它声明为virtual，那么在子类的脚本中声明另一个Start方法将会导致原始的Start方法被“隐藏”。这意味着Unity在初始化脚本时将只会调用子类中的Start方法。因此，我们必须将基类中的Start方法声明为virtual，以确保子类能够通过重写来执行自己的Start方法，而不是隐藏原来的Start方法。

在后续的开发过程中，我们将对方法进行覆盖，到时再详细探讨其语法结构。

让我们回到开发工作，在Enemy脚本中声明一个方法，使敌人受到伤害。这个方法的逻辑非常直观：减少敌人的生命值，并检查敌人的生命值是否已经耗尽。如果是，就调用Die方法，后者销毁敌人游戏对象并将alive变量设置为false：

```
public void TakeDamage(float amount)
{
    //只有在受到的伤害大于0时才继续：
    if (amount > 0)
    {
        //减少数量为amount的生命值，但health不能低于0:
        health = Mathf.Max(health - amount, 0);

        //如果所有生命值都耗尽
        if (health == 0)
            Die();
    }
}
public void Die()
{
    if (alive)
    {
        alive = false;
        Destroy(gameObject);
    }
}
```

Amount变量不会小于0，以免意外地通过造成负伤害来“治疗”敌人。除此之外，这里再次使用Mathf.Max方法来降低敌人的生命值，并确保它不会降至零以下。因为Max方法会返回两个参数中较大的值，所以如果health－amount的计算结果为负，Max方法将返回0。

为了避免重复杀死敌人的情况，这段代码会在销毁附加了 Enemy 脚本的游戏对象之前确保它们还活着。Enemy 脚本将附加到敌人的根游戏对象上，可以通过所有脚本均可访问的 gameObject 成员来引用这个根游戏对象。

当然，这段代码还会通过将 alive 变量设置为 false 来标记敌人的死亡，以防止他们死两次。

接下来，我们需要创建一个临时敌人来进行测试。这个临时敌人未来会被更加具体的版本所替代。现阶段，我们只需要一个简单的对象，以便在开发出可用的防御塔后，能够对 Enemy 脚本进行测试。

- 创建一个空对象，并命名为 Test Enemy。将其放置在 stage 上的任意处，只要保持 Y 轴坐标为 0 即可。
- 为 Test Enemy 添加一个 Rigidbody 组件，勾选“是运动学的”，再添加一个 Box Collider 组件。将碰撞体的大小设为（5，8，5），中心设为（0，4，0）。不要勾选碰撞体中的“是触发器”复选框。
- 创建一个 Cube（立方体）作为 Test Enemy 的子对象。移除它自带的 Box Collider 组件，因为碰撞检测只需要在根对象上进行。将其缩放设置为与根游戏对象的碰撞体相同的大小（5，8，5），并将本地 Y 位置设为 4。现在，它应该被碰撞体完全覆盖。防御塔将利用这个碰撞体来检测敌人何时进入它们的攻击范围。
- 将 Enemy 脚本附加到 Test Enemy 游戏对象上。将 trans 引用设为 Test Enemy 的 Transform，将 projectileSeekPoint 引用设为 Cube 的 Transform。这样投射物就会瞄准 Cube 的中心；如果将 projectileSeekPoint 引用设为根游戏对象的 Transform，投射物将会瞄准 Cube 的底部。将 maxHealth 设为 12。
- 创建一个 Enemy 材质并应用到 Cube 上，我选择的是深橘红色，十六进制颜色代码为 D0582D。
- 将 Test Enemy 层更改为 Enemy，并同意更改所有子对象的层。
- 将 Test Enemy 拖入 Prefabs 文件夹中，以制作预制件。

28.3 投射物

投射物的实现将再次用到继承的概念。首先声明一个 Projectile 基类，然后再定义两个子类：SeekingProjectile 和 ArcingProjectile。所有投射物都有一些共有属性，比如能够造成一定量的伤害、以特定速度移动，以及瞄准特定的敌人。它们之间的区别主要体现在移动和施加伤害的方式上。

追踪型投射物（即追踪箭）将锁定敌人的 projectileSeekPoint 所引用的 Transform，Enemy 脚本已经为此公开了这个引用。这些投射物会以固定的速度沿着直线飞向目标点，一旦到达目标点，就会对敌人造成伤害并自我销毁。

抛物线型投射物会在生成时立即确定目标位置。它们瞄准的是与 stage 处于同一平面的根游戏对象 Enemy 的 Transform，因为它们需要落在地面上并爆炸（虽然很遗憾，但我们将不会为此创建酷炫的特效），然后对周围所有敌人造成伤害。它们不会瞄准空中敌人，因为它们的设计不允许，所以不必考虑如何它们如何应对不在地面上的敌人。

现在，创建一个 Projectile 脚本，并在类的声明行添加 abstract 关键字：

```
public abstract class Projectile : MonoBehaviour
```

这是一个与继承相关的关键字。将一个类标记为 abstract（即抽象类）意味着这个类不会被直接实例化和使用，而是会作为一个基类，供更具体的子类继承——而这个基类本身永远不会直接实例化。它只是其他具有相似目的类的基础。

添加 abstract 关键字后，保存脚本并回到 Unity 编辑器。将 Projectile 脚本从“项目”窗口拖放到“层级”窗口中的游戏对象上。这时，Unity 应该会弹出一个错误消息：

Can' t add script behaviour 'Projectile'. The script class can' t be abstract!

（*无法添加脚本行为 Projectile。脚本类不能是抽象的！*）

这个类被声明为抽象类，意味着它不能被直接实例化。创建脚本类实例的唯一方法是将其作为组件添加到游戏对象上——但由于这是一个抽象类，Unity 不允许我们这样做。但是，在定义了 SeekingProjectile 和 ArcingProjectile 这两个子类，并让它们继承自 Projectile 类且不使用 abstract 关键字时，就可以将它们作为组件添加到游戏对象上。

因此，将类声明为抽象类不仅清楚地表明这个类不是用来直接使用的，还能够有效地防止我们（或使用代码的其他人）错误地使用它。

接下来编写 Projectile 基类的内容：

```
[HideInInspector] public float damage;
[HideInInspector] public float speed;
[HideInInspector] public Enemy targetEnemy;

public void Setup(float damage, float speed, Enemy targetEnemy)
{
    this.damage = damage;
    this.speed = speed;
    this.targetEnemy = targetEnemy;
```

```
        OnSetup();
    }

    protected abstract void OnSetup();
```

可以看到，这里的三个变量都添加了 HideInInspector 属性。你可能会认为 damage 变量和 speed 变量应该在“检查器”中显示，但实际上，它们的值将不会通过这种方式来设置。我们不希望将 damage 直接关联到投射物脚本的实例上；而是想让生成投射物的防御塔来设定这些数据。

这些变量的名称直观地反映了它们的用途：击中造成的伤害、投射物每秒的移动速度，以及防御塔所攻击的敌人对象的 Enemy 脚本。

变量声明下是一个 Setup 方法，它将把三个变量的值应用到新生成的投射物上。这个方法类似于构造函数，它接受与三个变量同名的参数，并通过 this 关键字来设置它们的值。由于脚本中没有构造函数，所以需要采用这种方式来将这些变量应用到每个新创建的投射物上。

在防御塔实例创建（实例化）投射物的实例后，Setup 方法就会被调用。这样做是为了让防御塔自行决定投射物的伤害和速度。这种设计使得我们能够创建性能各异的防御塔（比如造成更多伤害或发射移动速度更快的投射物），而无需为每种防御塔创建不同的投射物预制件。例如，可以设计不同等级的箭塔，等级越高的箭塔造成的伤害就更多，发射的追踪箭的速度就越快——但它们都使用同一个投射物预制件，因为它们发射的都是追踪箭。如果在 Projectile 脚本上直接设置伤害值，那么将不得不为每种箭塔都单独创建追踪箭预制件。

此外，这种设计还让我们能在游戏过程中动态更改防御塔的属性。因为防御塔在生成投射物时会将 damage 属性和 speed 属性传递给它们，所以对防御塔属性的任何修改都会立即反映在随后生成的所有投射物上。这在创建一些特殊防御塔时非常有用，比如能够增强范围内所有防御塔伤害的强化塔。

最后，在 Setup 方法中设置变量后，我们还调用了一个 OnSetup 方法，它的声明紧随其后。OnSetup 与之前声明的所有方法都不一样。它通过 abstract 关键字标记为抽象方法，就像 Projectile 基类一样。OnSetup 方法不包含代码块，它只包含方法声明，后面紧跟着一个分号，而不是花括号。

抽象方法很像虚方法，也可以被子类重写，但与虚方法不同的是，抽象方法本身不提供实现——这就是为什么它不包含代码块。此外，抽象方法只能定义在抽象类中，所有继承自抽象类的子类都必须实现这些抽象方法。即使子类不打算在调用这些方法时执行任何代码，也必须声明它们，否则编译器就会报错。

因此，OnSetup方法提供了一种机制，使得继承自这个类的子类可以重写OnSetup方法，定义自己在初始化投射物后应该执行的逻辑。通过声明这个方法，我们提供了一个可以被调用的方法，但没有指定在被调用时要运行的代码——这完全留给子类来决定。这有点像是一个事件，类似于Unity提供的Start方法和Update方法，只不过它是我们自己声明的。

SeekingProjectile其实不需要使用这个逻辑，但ArcingProjectile需要。它需要在targetEnemy被赋值时立即得到通知，以便尽快标记敌人的位置，因为这决定了投射物的落点。如果尝试将这个逻辑放在Start方法中，将会遇到问题，因为targetEnemy此时还没有被赋值。只有在防御塔创建投射物后，Setup方法才会被调用并为targetEnemy赋值。

稍后将会介绍如何重写该方法。

此外，这个方法标记被为protected，这样子类就可以访问它。之所以不标记为public，是因为其他类不需要调用这个方法。

现在，是时候开始实现箭塔使用的投射物了。创建一个新脚本并将其命名为SeekingProjectile。首先，我们需要让它继承自Projectile，所以请如下修改脚本类的声明行：

```
public class SeekingProjectile : Projectile
```

与默认声明的唯一区别是，SeekingProjectile现在继承自Projectile脚本，而不是继承自所有脚本的基类MonoBehaviour。现在，SeekingProjectile脚本具有ProjectileProjectile基类中的所有成员：damage、speed和targetEnemy。就像之前提到的那样，防御塔将负责实例化（创建）投射物，然后立即调用Setup方法来设置这三个变量，所以这部分逻辑已经得到了处理（好吧，其实还没有，但实现防御塔之后就好了）。

目前，由于SeekingProjectile继承了Projectile类，但没有实现Projectile中声明的抽象方法OnSetup，所以代码会报错。我们将在后续的开发中解决这个问题，在那之前，先来看看如何通过代码来使投射物朝目标敌人移动并在击中时对其造成伤害。

在SeekingProjectile脚本类中添加以下代码：

```
[Header("References")]
public Transform trans;
private Vector3 targetPosition;
void Update()
{
    if (targetEnemy != null)
    {
        // 标记敌人最后的位置：
        targetPosition = targetEnemy.projectileSeekPoint.position;
```

```
    }

    // 面向目标位置：
    trans.forward = (targetPosition - trans.position).normalized;

    // 朝目标位置移动：
    trans.position = Vector3.MoveTowards(trans.position, targetPosition,
    speed * Time.deltaTime);

    // 如果已经到达目标位置，
    if (trans.position == targetPosition)
    {
        // 如果敌人仍在附近，则对其造成伤害：
        if (targetEnemy != null)
            targetEnemy.TakeDamage(damage);

        // 销毁弹药：
        Destroy(gameObject);
    }
}
```

投射物需要向 targetEnemy 变量的 projectileSeekPoint 位置的 Transform 移动，直到与之相接触。接触后，投射物将造成伤害并自我销毁。然而，如果敌人在投射物飞行过程中死亡，我们希望投射物继续移往敌人死亡时所在的位置。毕竟，如果在敌人死亡时所有瞄准它的投射物都随之消失，看起来会很奇怪。

为实现这一点，每次调用 Update 方法时，只要 targetEnemy 变量不为 null（在敌人死亡后，targetEnemy 变量立即被设置为 null），我们就会把 projectileSeekPoint 位置存储到 targetPosition 变量中。因为投射物是向 targetPosition 变量移动的，而不是朝着 projectileSeekPoint 的 Transform 本身，所以即使敌人被销毁，投射物的移动也不会停止。换句话说，无论敌人是否存活，投射物都能通过最后记录的位置来确定移动的方向。

这就是 SeekingProjectile 的全部逻辑，但就像之前提到的那样，如果现在保存并查看 Unity 控制台，会看到一条错误消息：

CS0534: SeekingProjectile does not implement inherited abstract member Projectile.OnSetup()

（CS0534：SeekingProjectile 不实现继承的抽象成员 Projectile.OnSetup()）

前文解释过，之所以出现这样的错误，是因为当基类（比如 Projectile 脚本）声明抽象方法时，所有派生类（比如SeekingProjectile）都必须提供该方法的实现。它们必须重写该方法，即使它们不打算在这个方法中实际执行任何代码，也必须提供方法声明。

这里的声明非常简单：

```
protected override void OnSetup() {}
```

将这行代码添加到在变量声明下方即可。这里使用相同的protected访问修饰符声明OnSetup方法，只不过这次多了一个override，表示正在重写基类中同名的方法。这意味着我们可以在这个方法中编写自定义的代码，当OnSetup被调用时，这些代码将会执行。但由于SeekingProjectile类不需要在OnSetup方法中执行任何操作，所以直接在方法声明后添加一个空的代码块{}即可。

现在可以准备进行下一步。虽然目前无法测试投射物，因为还没有创建用于发射它们的防御塔，但可以先准备一个Arrow预制件，以便将来在箭塔中使用。

我们将使用两个立方体来创建一个有些钝的箭矢模型。

1. 创建一个空对象并将其名为Arrow。
2. 将SeekingProjectile脚本的实例附加到Arrow游戏对象上。将trans引用指向Arrow的Transform组件。
3. 在“层级”窗口中右键单击Arrow，创建一个立方体作为它的子对象，并将其立方体命名为Shaft（箭身），把局部位置设为（0，0，0.75），缩放设为（0.4，0.4，1.5）。

图28-3 Arrow游戏对象

4. 再创建一个立方体作为Shaft的子对象，将其命名为Head（箭头），并把局部位置设为（0，0，0.625），局部缩放设为（3，1，0.25）。
5. SeekingProjectile脚本只负责在到达敌人位置时造成伤害，所以不需要设置碰撞体。可以把Shaft和Head中的Box Collider组件删掉。
6. 将Arrow的图层更改为“Projectile”，并同意Unity更改其子对象的层。
7. 创建一个Arrow材质并分配给两个立方体。我选择的是深红色，十六进制颜色代码为E50A3E。

完成这些设置后，就可以为Arrow创建一个预制件并将其从场景中移除。不幸的是，目前还无法看到它对敌人造成怎样的伤害，因为我们还没有构建箭塔，这部分工作将留到第29章完成。

28.4 小结

这一章中，我们完成了投射物和敌人的基础设置，并且第一个投射物类型 SeekingProjectile 已经准备就绪，只是缺少一个用于发射它的塔，这将在下一章进行实现。

本章要点回顾如下。

1. 标记为 abstract 的类旨在作为其他类的基类。抽象类本身不能被实例化，只能创建继承自这个类的派生类，然后实例化派生类。
2. 声明为 virtual 的方法（即虚方法）可以被派生类重写，这意味着派生类可以提供自己的实现。
3. 重写虚方法时，子类需要声明一个返回类型和名字均与原方法相同的方法，但不同于原方法的是，重写方法的返回类型前是 override 关键字，而不是 virtual 关键字。
4. 抽象方法与虚方法类似，但它本身不包含实现（声明后没有代码块），并且它只能在抽象类中声明。所有派生类都必须重写抽象方法，否则会引发编译错误。

第 29 章 防御塔和瞄准机制

敌人和投射物已经准备好了，接下来我们需要构建能够攻击敌人的防御塔。本章将实现所有防御塔共用的基础框架，其中包括使防御塔能够检测并瞄准附近敌人的系统。本章还将实现第一种类型的防御塔——箭塔（Arrow Tower），并观察投射物被发射并攻击敌人的过程。有了这些工作作为基础，我们未来将能够更轻松地实现更多类型的防御塔。

29.1 Targeter

防御塔将配备一个用于检测范围内敌人的 Targeter，并据此决定接下来要攻击的目标。Targeter 将利用触发器来检测敌人是否接触到了它们的碰撞体（可以是球形碰撞体或盒型碰撞体），并将检测到的敌人存储在一个列表中。一旦敌人离开碰撞体的范围，Targeter 就会将它们移出列表。

每个防御塔都包含一个 Targeter 游戏对象，这是一个带有碰撞体和稍后将会编写的 Targeter 脚本的空游戏对象。

防御塔将通过引用 Targeter 来确定下一个要攻击的敌人。箭塔和炮塔将拥有覆盖攻击范围的 Targeter，并根据 enemies 列表选择攻击目标。至于稍后将实现的高温地板，它们将使用一个盒型碰撞体来覆盖高温地板所在的区域，并通过 Targeter 对检测到的敌人持续造成伤害。

为了及时检测到敌人与 Targeter 的接触，我们将使用第一个项目中（编写 Hazard 脚本时）使用过的 OnTriggerEnter 事件。每当新的碰撞体进入触发器碰撞体的范围时，这个事件就会被调用。

创建一个新脚本并命名为 Targeter。在这个脚本中，只需要定义两个变量：

```
[Tooltip("Targeter 的碰撞体组件。可以是盒形或球形碰撞体。")]
public Collider col;

// Targeter 中包含的所有敌人的列表：
[HideInInspector] public List<Enemy> enemies = new List<Enemy>();
```

首先，这段代码为 Targeter 的碰撞体创建了一个引用。Collider 类型是 Unity 内置的碰撞体组件的基类。在本例中，碰撞体是 SphereCollider 或 BoxCollider。就像第 11 章所讲的那样，因为这些组件都是 Collider 类的子类（这意味着它们继承自 Collider），所以 Collider 类型的字段可以存储对它们的引用。这就是继承的魔力，稍后还会展示更多这方面的内容。我们总是可以使用“较不具体”的类型的变量来引用“更为具体”的对象（比如 BoxCollider 或 SphereCollider）。

BoxCollider 是 Collider 的一个更具体的子类，它不仅继承了 Collider 的所有成员，还添加了它自己的成员和额外的功能。尽管如此，我们仍然可以将其存储为 Collider，因为它包含 Collider 的所有成员。但如果要访问 BoxCollider 特有的成员，就必须将其转换为 BoxCollider 类型，因为一旦对象被存储为 Collider，编译器就无法确定它的具体类型。后面的代码示例将展示具体是如何操作的。

接着，这段代码还声明了一个列表，用于存储当前在碰撞体范围内的所有敌人。列表类似于数组，但它允许我们随时添加和删除元素，并且它的大小会根据操作自动调整。当敌人触碰碰撞体时，就会被添加到这个列表中；在敌人离开碰撞体的范围后，就会从列表中移除。这个列表在声明时就被初始化为一个新的实例，由于它是列表而不是数组，所以不需要指定它的大小——它能够根据需要存储任意数量的敌人。

此外，我们还在 Unity 的检查器中隐藏了列表。列表可以被序列化并在检查器中显示，以便预先设置一些元素。虽然这在某些情况下很有用，但在本例中，列表将完全由游戏中的代码动态管理。

现在来定义一个实用的属性（property），如果 Targeter 内有敌人，这个属性将返回 true，否则将返回 false。在变量下方声明此属性：

```
// 如果存在任何目标敌人：
public bool TargetsAreAvailable
{
    get
    {
        return enemies.Count > 0;
    }
}
```

你首先想到的实现方法可能是使用 if 语句来检查 Count 是否大于 0，如果大于 0 则返回 true，否则返回 false。

但是，这里采用的方式同样有效——而且它只需要一行代码。记住，操作符 > 在两边各取一个数字，如果左边的数字大于右边的，则返回 true。这个操作符返回的是布尔值，而这正是 TargetsAreAvailable 属性应该返回的数据类型。我们可以直接返回该操作符的结果，无需使用 if 或 else 语句。

这个属性看似有些多余，但它能提高代码的可读性。当防御塔通过 Targeter 检查是否有可用的目标时，我们只需要输入“if (targeter.TargetsAreAvailable)”，而不是“if (targeter.

enemies.Count > 0)”。这样的代码更加直观易懂——虽然原本的代码已经很直观，但更清晰总是有益无害的。

接下来的任务是自动化防御塔设置 Targeter 大小的过程。发射投射物的防御塔将拥有自己的 range（攻击范围）属性。我们不会手动调整 Targeter 碰撞体的大小来表示防御塔的攻击范围，而是会设置 range 变量，并让脚本根据这个变量来自动调整碰撞体的大小。为此，Targeter 方法需要能够根据 range 变量来设置碰撞体大小。

BoxCollider 类型和 SphereCollider 类型采用不同的方式来测量大小。BoxCollider 有一个 Vector3 类型的 size 属性来表示盒型碰撞体的长、宽和高。SphereColliders 则使用 float 类型的 radius 属性来表示球形碰撞体的半径——即球心到球面的距离。

在存储引用变量 col 时，我们使用的是 Collider 类型，而这种类型本身并不包含与大小相关的信息。编译器在处理 Collider 类型时，不会识别出 BoxCollider 类型的 size 或 SphereCollider 的 radius 这样的具体属性。因此，如果想要访问 size 或 radius 成员，我们就必须将 Collider 类型的引用转换为相应的 BoxCollider 或 SphereCollider 类型。

现在来看看如何实现这种转换。变量和属性声明下方添加以下代码：

```
public void SetRange(int range)
{
    //尝试转换为盒型碰撞体：
    BoxCollider boxCol = col as BoxCollider;
    if (boxCol != null)
    {
        //将 range 乘以 2，以确保 Targeter 在所有方向上都覆盖了 range 大小的空间。
        boxCol.size = new Vector3(range * 2, 30, range * 2);
        //将中心的 Y 位置向上移动一半的高度：
        boxCol.center = new Vector3(0, 15, 0);
    }
    else
    {
        //如果不是盒型碰撞体，则尝试转换为球形碰撞体：
        SphereCollider sphereCol = col as SphereCollider;
        if (sphereCol != null)
        {
            //球型碰撞体的半径是从球心到球面的距离。
            sphereCol.radius = range;
        }
        else
            Debug.LogWarning("Collider for Targeter was not a box or sphere collider.");
```

```
        }
    }
```

首先，这段代码使用 as 关键字来检查碰撞体是否可以转换为 BoxCollider 类型。它将尝试把 col 转换为给定类型（BoxCollider），如果转换失败，则返回 null。结果将被存储在局部变量 boxCol 中，以便后续检查它是否为 null。如果不为 null，就意味着我们获得了一个 BoxCollider 类型的引用，从而能够访问其中具体的成员：特别是其 size 和 center 这两个 Vector3 类型的成员。通过这种方式，我们实际上是在让编译器将其视为 BoxCollider，而不是 Collider。

其次，如果碰撞体不能转换为 BoxCollider，这段代码就在 else 块中以类似的方式来检查碰撞体是否可以转换为 SphereCollider 类型。如果转换结果不为 null，就访问 radius 成员。

最后，如果这次转换也失败了，Debug.LogWarning 就会在控制台中输出警告，提醒我们没有正确地设置 Targeter 的碰撞体。

BoxCollider 的高度统一设置为 30，这应该足以覆盖 Targeter 上方的空间，以便应对未来可能出现的空中敌人。为了确保碰撞体的位置正确，需要将它的中心向上移动 BoxCollider 的高度的一半，这样它的底部就能与 stage 平齐，而不是位于 stage 之下。如此一来，就可以在保证 Targeter 游戏对象 Y 位置为 0 的情况下，它们的碰撞体能够正确地调整大小和位置。

现在，我们有了一种设置 Targeter 范围的方法，无论 Targeter 的形状是盒型还是球形，这个方法都能自动适应。这个方法将在实现防御塔的具体功能时被调用。箭塔和炮塔的攻击范围将是球形的，而高温地板将是盒型的，以便更准确地检测并攻击站在其上的敌人。

接下来，我们需要设法追踪敌人，以便正确地将它们加入和移出列表。在 Targeter 脚本的 SetRange 方法下方添加一个 Unity 内置事件 OnTriggerEnter，如下所示：

```
void OnTriggerEnter(Collider other)
{
    var enemy = other.gameObject.GetComponent<Enemy>();
    if (enemy != null)
        enemies.Add(enemy);
}
```

这与第一个项目中的 Hazard 脚本非常相似。当一个碰撞体进入 Targeter 的碰撞范围时，我们就声明 enemy 局部变量，尝试从该碰撞体所附加到的游戏对象中获取 Enemy 组件。为了简单起见，这里使用了 var 关键字。编译器知道我们期望获取的是一个 Enemy 类型的对象，因此在看到 var 关键字时，它会自动推断出所需的变量类型。

如果未找到组件，GetComponent 方法将返回 null。这段代码会检查是否成功找到了 Enemy 组件，如果是，则将其添加到 enemies 列表中。

在创建Test Enemy游戏对象时，我们将碰撞体附加到了根游戏对象上，而不是子对象Cube上。这是为了能够方便地获取Enemy脚本组件。由于碰撞体和Enemy脚本组件都在同一个游戏对象上，我们可以在碰撞体所在的游戏对象上调用GetComponent方法来获取Enemy脚本组件。如果将碰撞体附加到Cube上，那么GetComponent方法将无法找到Enemy组件，因为这个组件附加在根游戏对象上。

在敌人离开碰撞体时，可以使用类似的方法从enemies列表中移除它们。我们将编写一个OnTriggerExit方法，它会以相同的方式查找Enemy组件，但这次调用的是列表的Remove方法而不是Add方法。不难推测，OnTriggerExit事件的作用与OnTriggerEnter类似，只不过它在碰撞体离开触发器碰撞体时触发。

```
void OnTriggerExit(Collider other)
{
    var enemy = other.gameObject.GetComponent<Enemy>();
    if (enemy != null)
        enemies.Remove(enemy);
}
```

如果列表中存在给定的实例，Remove方法会将其从列表中移除。如果该实例不在列表中，Remove方法将不会执行任何操作。

能够跟踪敌人后，我们现在可以实现一个方法，让防御塔能够找到离它们最近的敌人。这个方法涉及到遍历列表中的敌人，比较它们的位置与防御塔位置之间的距离，并记录距离最短的敌人。我们将使用一个局部变量来存储当前的最短距离，并用另一个局部变量来存储具有最短距离的敌人。

但还有另一个问题需要解决。列表中的敌人死亡后，它不会自动将其移除。虽然Enemy组件将在列表中变为null，但它仍然存在于列表中，占据着一个索引。因此，在遍历列表中的项时，必须做好处理空引用的准备，并在发现空值时将其移除。

这引入了另一个问题。在遍历列表时从列表中移除元素时，需要特别注意这种操作对列表索引的影响。所以位于被删除元素之后的元素都会向前移动一位，以弥补它的空缺，因此这些元素的索引都会减少1。

让我们通过一个例子来具体说明这一点。以下是一个遍历enemies列表的简单循环，它将当前Enemy组件存储在局部变量enemy中，如果为null，则将其从列表中移除；如果不为null，则对它们执行一些操作：

```
// 遍历 enemies 列表：
for (int i = 0; i < enemies.Count; i++)
```

```
{
    var enemy = enemies[i]; // 当前敌人
    // 如果当前敌人已被销毁：
    if (enemy == null)
    {
        // 将其从列表中移除：
        enemies.RemoveAt(i);
    }
    else // 如果敌人仍然存在
    {
        // [ 对其执行某些操作 ]
    }
}
```

列表的 RemoveAt 方法类似于 Remove，但它接受的不是要移除的 Enemy 实例，而是要移除的元素的索引移除我们想要移除的项的索引。它比 Remove 方法更快。

这种处理方式虽然看起来不错，但会扰乱索引并引发一些意料之外的行为。假设列表包含索引从 0 到 5 的六个敌人。

假设索引为 0、1 和 2 的元素都没有问题，但当 i 值为 3 时，enemy 变成了 null。此时，我们还需要处理索引为 4 和 5 的元素。

我们移除了索引为 3 的元素，导致其后的元素的索引都发生了变化。原本位于索引 4 的敌人挪到了索引 3，索引 5 的敌人则挪到了索引 4。

此时，i 仍然为 3。在循环迭代完成后，for 循环会将 i 的值增加 1。现在 i 的值为 4。

这意味着有一个元素被跳过了。原本在索引 4 的元素挪到了索引 3 的为止，但 for 循环已经处理过索引 3 了。

解决这个问题的方法很简单。在从列表中移除元素后，我们需要将 i 的值减 1。然后，当 for 循环完成当前迭代时，它会将 i 的值加 1，这样就可以回到同一个索引上，而不会跳过它。

解决这个问题后，就可以编写相应的方法。在 Targeter 脚本中添加以下方法：

```
public Enemy GetClosestEnemy(Vector3 point)
{
    // 当前找到的最短距离：
    float lowestDistance = Mathf.Infinity;

    // 当前找到的距离最短的敌人：
    Enemy enemyWithLowestDistance = null;
    // 遍历 enemies 列表：
```

```
        for (int i = 0; i < enemies.Count; i++)
        {
            var enemy = enemies[i]; // 当前敌人的快捷引用
            // 如果敌人已被销毁或已经死亡
            if (enemy == null || !enemy.alive)
            {
                // 移除它并再次循环当前索引：
                enemies.RemoveAt(i);
                i -= 1;
            }
            else
            {
                // 获取敌人与给定点的距离：
                float dist = Vector3.Distance(point, enemy.trans.position);

                if (dist < lowestDistance)
                {
                    lowestDistance = dist;
                    enemyWithLowestDistance = enemy;
                }
            }
        }

        return enemyWithLowestDistance;
    }
```

这个方法将返回一个 Enemy 对象，如果 Targeter 游戏对象中没有 Enemy，则返回 null。它接受一个 Vector3 类型的参数，即用于计算距离的点。在调用该方法时，我们将使用防御塔的位置作为参数，虽然这个位置与 Targeter 游戏对象的位置相同，但通过使用参数而不是直接使用 Targeter 游戏对象的位置，我们可以在需要的时候传入任何位置作为参数来获取距离最近的敌人。

lowestDistance 变量用于存储防御塔与目前最近的 Enemy 之间的距离。这个变量被初始化为 Infinity（无限大），以确保计算的第一个距离一定会被设置为最短距离。

enemyWithLowestDistance 的用途和名称一致，每当发现一个距离比 lowestDistance 更短的 Enemy 对象时，就更新 lowestDistance 并把对该 Enemy 的引用存储到此变量中。

遍历了列表中的所有元素并检查了与它们之间的距离后，enemyWithLowestDistance 中存储的 Enemy 就是距离最近的一个。最后，GetClosestEnemy 将会返回这个 Enemy。

循环的开头部分采用了遍历数组或列表的标准方式：i 从 0 开始，每次增加 1，直到与列表的 Count 相匹配为止。这里声明了一个局部变量 enemy 来存储通过 enemies[i] 从列表中获取的当前敌人。

然后，我们检查 enemy 是否为 null，或（操作符 ||）是否已经死亡。注意，感叹号！会反转布尔值：如果原始值为 false，则变为 true；如果为 true，则变为 false。因此，!enemy.alive 等同于 enemy.alive == false。

从列表中移除敌人的方式与上一段代码相同，但在移除后，我们会将 i 减 1，以适应因为移除元素而产生的索引变化，就像之前讨论过的那样。

如果敌人没有死亡，这段代码将使用 Vector3.Distance 计算它们与给定的 point 参数之间的距离，并将计算出的距离与目前记录的最短距离进行比较。如果这次的距离更短，就更新最短距离并存储对该 Enemy 的引用，以便在方法结束时返回这个 Enemy。

这个方法还会自动处理调用方法时列表中没有敌人的情况。它将返回 null 而不是抛出错误。局部变量 enemyWithLowestDistance 将初始化为 null。如果列表的 Count 为 0，那么城西将不会执行 for 循环中的代码，直接返回 enemyWithLowestDistance 变量，它的值仍然是 null。

现在，Targeter 脚本已经准备就绪，可以在防御塔中使用了。Targeter 脚本将附加到空游戏对象上，这个游戏对象还将带有设置为触发器的 Sphere Collider 或 Box Collider，并位于 Targeter 层。Targeter 游戏对象将被设置为防御塔的根游戏对象的子对象，因此会随防御塔一起移动。

在编写完防御塔的逻辑之后，我们将创建 Targeter 游戏对象。

29.2 防御塔的继承

这一章只完整地实现箭塔，但与此同时，我们会利用继承来建立一个系统，以便未来创建的其他类型的防御塔能够重用一些与箭塔相同的功能。

前面讨论过这个游戏计划实现的几种防御塔：箭塔（Arrow Tower）、炮塔（Cannon Tower）、路障（Barricade）和高温地板（Hot Plate）。接下来，让我们看看为了实现不同类型的防御塔，需要创建哪些脚本。

29.2.1 Tower 类

这是所有塔的基类。它是一个普通的脚本，继承自脚本类 MonoBehaviour。它定义了建造防御塔的价格，以及玩家出售防御塔时的回收价。Tower 类不会对敌人造成任何伤害，但它能够阻挡敌人，让敌人不得不绕道而行。这个脚本将被附加到路障上，因为这正是它们唯一的功能。不过，所有其他类型的防御塔都将使用继承自 Tower 类的子类来实现伤害机制。

29.2.2 TargetingTower 类

继承自 Tower 类。

这个类拥有 Targeter 引用和（int 类型的）range 变量，两者都可以在“检查器”中设置。range 变量直接决定着 Targeter 的大小，我们将在防御塔的 Start 方法中设置 Targeter 的大小（使用之前为 Targeter 声明的 SetRange 方法）。

这个类不会直接应用于任何类型的防御塔，但 Hot Plate 可以从它继承，以便使用 Targeter 作为 BoxCollider 来检测触碰到 Hot Plate 的敌人。Targeter 的大小将与 Hot Plate 的大小相匹配，变成地面上的一个扁平长方体。由于 Hot Plate 脚本将继承自 TargetingTower，它可以访问 Targeter 引用，并通过它来循环遍历所有目标敌人，在每一帧中对他们造成伤害。为此，我们需要为 Hot Plate 的 Targeter 子对象添加一个扁平盒型碰撞体，与 Hot Plate 的大小一致的。

这意味着 Targeter 脚本负责处理 Hot Plate 的大部分逻辑。Hot Plate 脚本只需要对当前被 Targeter 检测到的所有敌人造成伤害即可。

29.2.3 FiringTower 类

继承自 TargetingTower 类。

这个脚本类用于箭塔和炮塔。它负责定位攻击范围内的单个敌人，并定期向其发射投射物。每当目标敌人死亡或离开攻击范围，就会将自动选择新的目标敌人。在寻找新的目标时，脚本会选择范围内距离最近的敌人。我们将使用从 TargetingTower 继承的 Targeter 引用，通过之前声明的 GetClosestEnemy 方法找到最近的敌人。

对于投射物，该脚本将包含一个指向要生成的投射物预制件的引用。这个脚本只需要在防御塔的 projectile spawn point 子对象的 Transform 位置生成投射物，并调用其 Setup 方法，传入防御塔提供的伤害、速度和目标敌人。之后的任务将由投射物自行处完成。箭塔使用的追踪型投射物会自动追踪目标敌人；而炮塔使用的抛物线型投射物会朝目标敌人的初始位置抛射，并在落地时爆炸。

29.3 基类

上述设计覆盖所有应用场景。我们已经规划好继承结构，以便在不同类型的防御塔之间复用共有功能。如果为每一种防御塔单独编写代码，我们将不得不重复编写一些内容，比如它们的建造价格、回收价格以及所有防御塔（除了路障）都需要的 Targeter 引用等。然而，通过从恰当的类型继承，这些成员将会自动共享。最重要的是，任何需要与防御塔交互的代码现在都可以通过基类 Tower 来与所有类型的防御塔进行交互。

现在，创建一个 Tower 脚本并在脚本类中编写以下代码：

```
public int goldCost = 5;
[Range(0f,1f)]
public float refundFactor = .5f;
```

Tower 基类只声明了两个变量：goldCost（建造防御塔的成本）和 refundFactor，后者是一个介于 0 和 1 之间的浮点数，表示出售防御塔时能回收的 goldCost 的比例。也就是说，玩家在建造防御塔时支出的金额是 goldCost，而出售防御塔时，他们能回收的金额是“goldCost * refundFactor”。因此，如果 refundFactor 是 0.5f，玩家只能收回建造价格的一半。这种机制在塔防游戏中十分常见。如果在玩家出售防御塔时全额退款，他们可能会在开始空中敌人的关卡之前将所有炮塔卖掉，然后购买箭塔，因为炮塔无法攻击空中敌人。设置 refundFactor 可以解决这个问题，对玩家出售防御塔的行为进行适度的惩罚。

除此之外，就不需要为 Tower 基类编写其他内容了，因为它们本身不具备任何功能。

接下来编写的是 TargetingTower 脚本：

```
public class TargetingTower : Tower
{
    public Targeter targeter;
    public int range = 45;

    protected virtual void Start()
    {
        targeter.SetRange(range);
    }
}
```

首先要确保在类声明行的冒号后指定它继承自 Tower 类，而不是 MonoBehaviour。接着，这段代码声明了 Targeter 引用和 range 变量。我们还声明了一个 Start 方法，并将其设为虚方法，以确保派生类在需要时能够重写它。Start 方法还调用了 Targeter 引用的 SetRange 方法，以便在游戏开始时就为 Targeter 引用设置正确的攻击范围。

这就是 TargetingTower 脚本所需要的全部内容。

29.4 箭塔

在为箭塔编写脚本之前，先为它创建一个游戏对象，以便明确它的层级结构。所有防御塔都有相同的基座，它们的长和宽均为 10 个单位，不能超过这个大小。这种统一的尺寸标准不仅能够为后续的寻路和在游戏场地中建造防御塔提供便利，还可以确保了视觉上的一致性。

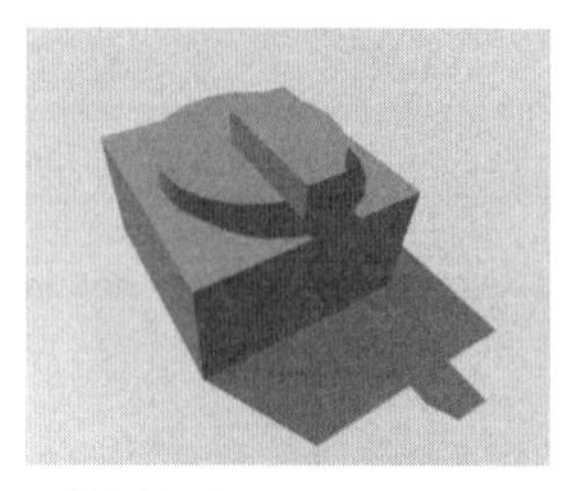

图 29-1 Arrow Tower

通过以下步骤创建出来的 Arrow Tower 如图 29-1 所示。

1. 创建一个空对象，将其命名为 Arrow Tower，并将图层设为 Tower。
2. 右键单击 Arrow Tower 游戏对象，创建一个立方体作为它的子对象并将其命名为“Base”。将其缩放设为（10，6，10），并将局部位置设为（0，3，0）。使其底部与根 Transform 对齐。
3. 右键单击 Base 游戏对象，为它创建一个圆柱（Cylinder）子对象。将其局部位置设为（0，0.6，0），缩放设为（0.8，0.1，0.8）。
4. 右键单击 Cylinder，创建一个立方体子对象并将其命名为 Barrel（尽管它是长方形的）。将其位置设为（0，2.2，0.3），缩放为（0.2，2.5，0.65）。
5. 右键单击 Barrel，创建一个空的子对象并命名为 Projectile Spawn Point。将其位置设置为（0，0，0.5），保持缩放不变。这将用于使投射物在 Barrel 的端头生成。
6. 可以删除 Base、Cylinder 和 Barrel 自带的碰撞体组件。敌人会使用寻路技术来绕开防御塔，而寻路时不会用到这些碰撞体。
7. 创建一个空游戏对象作为 Arrow Tower 的子对象，并将其命名为 Targeter。将 Targeter 的图层设为 Targeter，并为它设置一个触发器 Sphere Collider 和一个刚体 Rigidbody。
8. 给 Targeter 添加一个我们之前所编写的 Targeter 脚本的实例。将 Col 字段的引用设置为 Targeter 的 Sphere Collider。
9. 我创建了一个 Tower 材质，并将所有模型部分（Base、Cylinder 和 Barrel）设为雾霾蓝，十六进制颜色代码为 7598B0。

接下来创建 FiringTower 脚本。

确保更改声明行以使其继承自 TargetingTower，然后声明以下变量：

```
public class FiringTower : TargetingTower
{
    [Tooltip("防御塔的根 Transform 的快速引用。")]
```

```
    public Transform trans;

    [Tooltip(" 投射物初始位置和旋转应该参照的 Transform。")]
    public Transform projectileSpawnPoint;

    [Tooltip(" 对应该指向敌人的 Transform 组件的引用。")]
    public Transform aimer;

    [Tooltip(" 发射投射物的间隔秒数。")]
    public float fireInterval = .5f;

    [Tooltip(" 对要发射的投射物预制件的引用。")]
    public Projectile projectilePrefab;

    [Tooltip(" 每个投射物造成的伤害。")]
    public float damage = 4;

    [Tooltip(" 投射物的每秒行进速度（单位 / 秒）。")]
    public float projectileSpeed = 60;

    private Enemy targetedEnemy;
    private float lastFireTime = Mathf.NegativeInfinity;
}
```

你现在是资深程序员了，应该可以通过阅读工具提示来了解每个变量的目的。即使有不理解的地方，也不要担心。下面很快展示这些变量的应用并解释它们的用法。

最下面两个没有工具提示的私有变量应该很直观：防御塔当前瞄准的敌人以及上次发射投射物的 Time.time，防御塔将利用它来判断何时发射下一个投射物。

Update 方法将使用几种不同的方法来清晰地拆分逻辑，并复用其中的一部分。为了了解整个过程是如何工作的，让我们先看 Update 方法：

```
void Update()
{
    if (targetedEnemy != null) // 如果存在目标敌人
    {
        // 如果敌人已死亡或离开攻击范围，则获取新的目标：
        if (!targetedEnemy.alive || Vector3.Distance(trans.position, targetedEnemy.trans.
        position) > range)
        {
            GetNextTarget();
```

```
            }
            else // 如果敌人还活着并位于攻击范围内，
            {
                // 瞄准敌人：
                AimAtTarget();
                // 检查是否应该再次开火：
                if (Time.time > lastFireTime + fireInterval)
                {
                    Fire();
                }
            }
        }
        // 如果尚未瞄准敌人并且存在可瞄准的目标
        else if (targeter.TargetsAreAvailable)
        {
            GetNextTarget();
        }
    }
```

如果已经设置目标敌人，那么这段代码就会检查目标敌人是否已经死亡或离开防御塔的攻击范围。具体来说，它将调用 Vector3.Distance，以比较防御塔的位置和目标敌人的位置。如果距离大于 range 变量，那么防御塔就不能攻击这名目标敌人了。此时需要调用 GetNextTarget 方法，它将使用之前在 Targeter 脚本中声明的 GetClosestEnemy 方法来确定下一个应该瞄准的敌人。

否则，如果目标敌人仍然存活并位于攻击范围内，这段代码就会调用 AimAtTarget，该方法负责旋转防御塔的 Barrel（枪管），以指向目标敌人。然后，这段代码会检查当前游戏时间是否大于上次发射的时间与 fireInterval（即发射间隔）之和。我们曾经做过类似的时间检查，因此这应该很好理解。如果大于，就调用 Fire 方法（稍后将声明），该方法会将 lastFireTime 设置为当前时间并生成投射物。

现在来声明 AimAtTarget 方法。虽然有点长，但它的逻辑很简单：

```
    private void AimAtTarget()
    {
        // 如果 aimer 已设置，仅在 Y 轴上让它朝向敌人：
        if (aimer)
        {
            // 获取目标位置（to）和起始位置（from），但将两个位置的 Y 值都设置为 0：
            Vector3 to = targetedEnemy.trans.position;
```

```
        to.y = 0;

        Vector3 from = aimer.position;
        from.y = 0;

        // 获取从起始位置到目标位置所需要的旋转：
        Quaternion desiredRotation = Quaternion.LookRotation((to - from).normalized,
        Vector3.up);

        // 使用 Slerp 方法将当前旋转平滑过渡到目标旋转：
        aimer.rotation = Quaternion.Slerp(aimer.rotation, desiredRotation, .08f);
    }
}
```

aimer 被设置为防御塔顶部的 Cylinder，它是 Barrel 的父对象，因此 Barrel 也会跟着旋转。只有 Cylinder 和 Barrel 需要朝向目标敌人，它们只沿着 Y 轴旋转，以确保不会倾斜。由于 Barrel 沿着 Cylinder 的前向轴伸出。所以只要让 Cylinder 指向目标敌人，Barrel 就也会指向目标敌人。

为了确保只在 Y 轴上进行旋转，这里设置了 from 和 to 这两个 Vector3 类型的变量，并将它们的 Y 位置设为 0。然后，这段代码利用 from 和 to 来获取从 aimer 指向目标敌人的方向。通过将 Y 轴设为 0，这里排除了 Y 轴的影响，只会确定 X 和 Y 轴的方向。因此 from 和 to 在 Y 轴上始终处于同一水平，不会有高低之分。这确保了 Cylinder 不会上下移动，只会在防御塔顶部水平旋转。

这里使用了 Quaternion.LookRotation 来计算从 from 指向 to 的方向，就像之前做过的那样。你可能还记得，LookRotation 返回一个旋转值，使得第一个参数定义的方向成为前方，而第二个参数 Vector3.up 则定义了向上轴的方向。所以我们说“让 Cylinder 的前端指向目标敌人，并保持顶部向上”。如果使用 Vector3.down 作为第二个参数，那么 Cylinder 的顶部将会指向正下方，也就是会翻转过来。

这段代码将 LookRotation 返回的旋转存储在 desiredRotation 变量中，然后使用 Slerp 方法将 aimer 的旋转以每帧 0.08f 的比例平滑旋转到 desiredRotation 变量。

接下来要实现 GetNextTarget 方法，虽然它只有一行代码，但由于我们需要重复使用这一逻辑，所以还是把它封装成方法比较好：

```
private void GetNextTarget()
{
    targetedEnemy = targeter.GetClosestEnemy(trans.position);
}
```

这个方法的作用很简单，就只是将 targetedEnemy 重新设定为离防御塔最近的敌人。如果攻击范围内没有任何敌人，它将会返回 null。根据 Update 方法中的逻辑，如果没有可用的目标敌人，那么等到目标敌人进入攻击范围后，targetedEnemy 方法才会被执行。

接下来要处理向目标射箭的逻辑，这部分最关键：

```
private void Fire()
{
    // 记录发射的时间：
    lastFireTime = Time.time;

    // 使用 Projectile Spawn Point 的位置和旋转来生成投射物预制件：
    var proj = Instantiate(projectilePrefab, projectileSpawnPoint.position,
    projectileSpawnPoint.rotation);

    // 设置投射物的伤害、速度和目标敌人：
    proj.Setup(damage, projectileSpeed, targetedEnemy);
}
```

首先，这段代码将 lastFireTime 设置为当前的 Time.time，否则防御塔每一帧都会射出一箭。接着，这段代码使用 Instantiate 方法生成 Projectile 实例，并将其存储到局部变量中。Instantiate 方法的第一个参数是要生成的预制件，第二个参数是生成位置（这里使用了 Projectile Spawn Point 的位置，位于 Barrel 的端头处），第三个参数是该实例的旋转（同样，与 Projectile Spawn Point 的旋转相同，确保与 Barrel 对齐）。

这看起来可能有点奇怪——我们明明想要实例化整个预制件，却只引用了 Projectile 脚本。注意，projectilePrefab 变量的类型是 Projectile，而不是 GameObject。这是否意味着我们只是在单独实例化一个 Projectile 脚本实例？这真的可行吗？如果可行，它又附加到什么上面？

实际上，我们并不是只实例化 Projectile 脚本的实例。Unity 非常灵活，在实例化预制件之后，它可以只返回我们想要的特定组件的引用。上面的 Instantiate 方法实际上是向 Unity 表明："请创建这个预制件，但在创建完成后，返回 Projectile 脚本即可。"这样一来，就不必在实例化预制件后调用 GetComponent<Projectile> 来获取脚本组件了。

这种方法同样适用于不同类型的组件——例如，如果需要处理 Transform 组件，则可以将预制件存储为 Transform 类型的变量。通过 Instantiate 调用，可以更方便地返回想要处理的组件引用。

可以看到，之所以需要访问 Projectile 脚本，是为了之后能够轻松地调用 Setup 方法、传入防御塔的伤害和投射物的速度，并为投射物设置目标敌人。

完成这些工作后，就可以将 FiringTower 脚本附加到根游戏对象 Arrow Tower 上了。在"检查器”窗口中设置脚本所需要的引用。别忘了为 Arrow Tower 制作预制件。图 29-2 展示了“检查器”中的 FiringTower 脚本组件，其中所有引用都已经设置完毕。Arrow 预制件和 Projectile 脚本是在第 28 章中创建的，其他引用则指向 Targeter 子对象上的 Targeter 脚本以及脚本中用到的 Transform 引用。

现在可以将所有部分组合起来，看看它们的运行效果。利用预制件放置一些 Arrow Tower 或复制粘贴场景中的现有实例，然后使用第 28 章创建的 Test Enemy 游戏对象进行测试。如图 29-3 所示，Test Enemy 不会逃跑，只要它们在 Arrow Tower 的攻击范围内，就会被攻击并最终死亡。

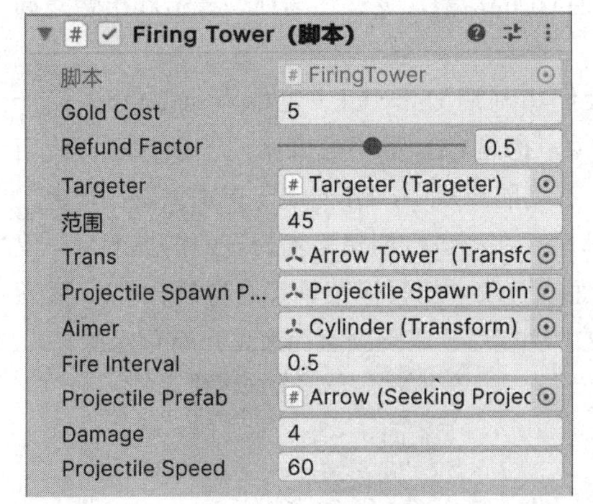

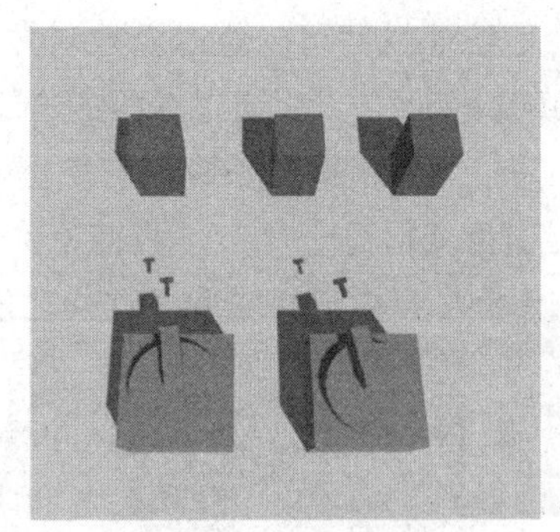

图 29-2 在“检查器”窗口中设置 FiringTower 脚本　**图 29-3** 两座 Arrow Tower 正在射击周围的 Test Enemy

如果 Arrow Tower 没有射击，请确保所有对象都位于正确的层：Test Enemy 应该在 Enemy 层，Arrow Tower 应该在 Tower 层，Arrow Tower 的 Targeter 子对象应该在 Targeter 层。如果还有问题，请检查各个脚本实例，比如 Enemy、FiringTower 和 Targeter，并确保所有引用都正确设置。如果找到并修正了问题，一定要将这些更改应用到预制件上，以免同样的问题再次发生。

29.5 小结

这一章实现了防御塔、箭塔以及利用触发器碰撞体来检测攻击范围内敌人的 Targeter。利用继承，我们为实现其他类型的防御塔和敌人奠定了坚实的基础，简化了未来的工作。下一章我们将着手构建 UI，以便玩家能够建造防御塔。

第 30 章 建造模式 UI

本章将创建“建造模式”下显示的 UI，玩家将能够通过这个 UI 来购买新防御塔并出售现有的防御塔。在开始编码之前，本章将快速介绍计划实现的功能、探讨玩家在建造模式下可以执行的操作，并简要说明 Unity UI 背后的重要组件和概念。接着，本章将讲解如何自定义 UI，使它与我们的游戏更加适配。下一章将实现 UI 的功能，将按钮与处理建造和出售防御塔的代码关联起来。

图 30-1 展示了建造模式 UI 的最终效果。我们将利用 Unity UI（也称为 uGUI）来设计 UI，这个系统让我们可以通过游戏对象和部分组件来构建 UI，而不是像第一个项目那样使用 GUI 或 GUILayout 方法，通过编程的方式构建 UI。在塔防游戏中，UI 扮演了更加重要的角色，所以我们将投入更多精力来确保它能提供良好的体验（在不自行创建美术资源的前提下）。但为了防止项目变得过于复杂，我们不会为开始界面或游戏中的暂停菜单等内容制作 UI。我们在第一个示例项目中已经实现了这些功能，而且这些功能对于塔防项目而言是可有可无的。

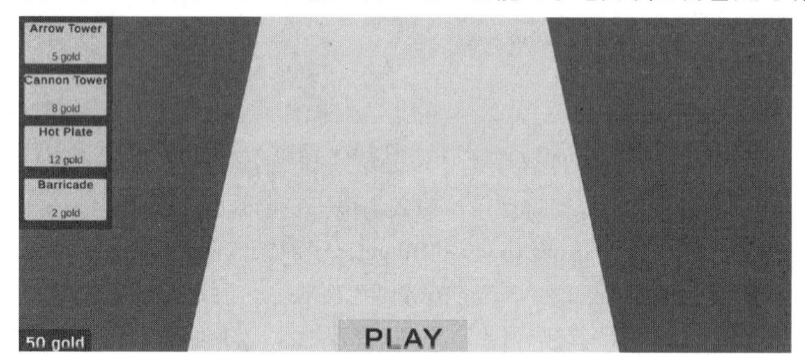

图 30-1 建造模式 UI 的最终效果

左侧的一排按钮是“建造按钮”（build button）。玩家通过单击该按钮来选择要建造的防御塔，同时按钮颜色会发生变化，以表示它当前已被选中。一次只能选中一个建造按钮，也可以不选中任何按钮。

当一个建造按钮被选中时，玩家可以左键单击游戏场地，尝试鼠标光标所在的位置建造防御塔。若要取消选择，只需按下 Esc 键。

在没有选中任何建造按钮的情况下，可以左键单击游戏场地中现有的防御塔。这时会弹出一个小面板，提供出售防御塔的选项。面板的右上角还有一个 X 按钮，如果玩家不想出售防御塔，就可以通过这个按钮来关闭面板，或者也可以按下 Escape 键来关闭。为了确保无论摄像机在哪里，面板始终位于防御塔上方，我们将学习如何将世界位置转换为屏幕上的相应位置——也就是从“世界坐标”转换到“屏幕坐标”。如此一来，我们就可以不断更新 UI 的位置，确保它始终显示在塔的上方。

每当玩家购买防御塔时，游戏都会使用 Unity 内置的寻路系统，检查敌人的出生点到目标点之间是否存在一条畅通的路径。如果不存在，玩家将无法开始关卡，必须出售一些防御塔来清出一条路径。

启动游戏后，玩家首先将进入建造模式。他们会有一些初始金币，可以购买第一座防御塔，玩家准备就绪后，就可以单击 Play 按钮。敌人将从出生点生成并向目标点移动。在所有敌人消失后，玩家将再次进入建造模式，如此循环往复。

本章将搭建 UI 的基础框架，而后续章节将逐步实现更多功能，包括建造和出售防御塔、寻路和进入游戏模式并生成敌人。

30.1 UI 基础知识

在 Unity 中设计和实现 UI 是一个复杂的话题，单独写一本书可能都讲不完。本章不会深入探讨太多细节，以免篇幅过长。本章将概述 Unity UI 系统的基础知识，并利用这些知识来创建一些基础的按钮和面板。完成后，UI 将显示在游戏中，准备好后续与代码协同工作。

在设计和实现用户界面时，需要考虑的因素有很多。比如，我们必须确保界面元素的布局能够适应不同的屏幕尺寸和比例。

屏幕由许多小点组成，这些小点被称为“像素”。每个像素点都是屏幕上的一个小小的彩色光点。成千上万的像素点分布在显示器上，共同构成我们看到的画面。

屏幕的分辨率其实就是屏幕的宽度和高度，以像素为单位。

由于屏幕的尺寸可能有所不同，我们无法确定可用的显示空间有多少。一些显示器具有不同的宽高比（也称纵横比），即屏幕宽度与高度的比例。高清显示器的常见宽高比是 16:9，这意味着每 16 个像素宽度对应 9 个像素高度。这个比例的常见分辨率包括 1600×900 和 1920×1080。然而，玩家可能在不同宽高比的屏幕上运行游戏，例如 16:10、5:4、4:3，或者是其他可能流行起来的新宽高比或分辨率。

为了解决这个问题，专门有一些工具可以根据屏幕的宽度和高度来调整元素的位置和大小，确保 UI 元素能够适应所有屏幕，不会出现显示不全的情况。如果给 UI 设定了固定的静态尺寸，比如 1600×900，那么分辨率较低的屏幕将会截断部分 UI，因为它无法完全显示。

我们稍后就会了解 Unity 针对这一问题提供的解决方案。

Unity UI 系统将每个 UI 元素表示为一个游戏对象，并根据元素的类型附加了相应的组件。这些元素可以通过“游戏对象”|“UI”来找到。注意，UI 工具包和 UI 并不是同一个概念，UI 工具包是另一个用来实现 UI 的特性。

我们将从创建 Canvas（画布）游戏对象开始。Canvas 将是所有 UI 的根：新创建的 UI 元素将自动成为 Canvas 的子对象，并且只有作为 Canvas 的子对象，它们才会在游戏中显示出来。如果在场景中创建了一个 UI 元素而没有创建 Canvas，那么 Unity 会自动创建一个 Canvas 并将 UI 元素设为它的子对象。

Canvas 表示绘制 UI 的区域。创建 Canvas 后，场景中将会出现一个代表 Canvas 的白色方块。切换到 2D 视图时，这个白色方框会更加明显。单击“场景”窗口工具栏上的 2D 按钮来访问，如图 30-2 所示。此外，最好将工具控制柄的位置和旋转设为“轴心”和“局部”（可以通过按 Z 键和 X 键快速切换）。

图 30-2 “场景”窗口的工具栏，工具控制柄位置设置为“轴心”，工具控制柄旋转设置为“局部”

在 2D 模式下，“场景”窗口将禁用 Z 轴，仅允许在 X 轴和 Y 轴上进行操作，正面观察场景。这很适合用来编辑 UI，因为可以保持正面查看 Canvas。开发 2D 游戏时采用的也是这样的设置。

通过“游戏对象”|UI|“画布”来创建 Canvas 游戏对象，在“层级”窗口中选择 Canvas 并按 F 键聚焦于它。Canvas 是一个白色方框，定义了所有 UI 元素的边界。任何位于 Canvas 之外的 UI 元素都不会被显示在游戏中。在向 Canvas 添加 UI 游戏对象后，可以切换到“游戏”窗口，查看它们在游戏中的显示效果。

创建 Canvas 时，如果场景中没有 EventSystem 游戏对象，那么 Unity 会自动创建一个。EventSystem 负责处理可交互元素（比如按钮）的输入。如果所有元素都不响应输入，可能是因为你无意间删除了这个游戏对象。可以通过“游戏对象”|UI|“时间系统”来创建新的游戏对象 EventSystem。请注意，场景中只需要有一个 EventSystem。

由于 UI 元素是游戏对象，所以它们之间存在层级关系。父对象的移动、旋转和缩放操作都会影响到子对象，并且层级决定了元素的渲染顺序，元素按照从上到下的顺序进行渲染：在层级中位置较高的元素会先被渲染。这就意味着，如果有两个相互重叠的 UI 元素，那么在层级中靠后的元素将显示在“上方”，覆盖靠前的元素。

可以通过拖放的方式在层级结构视图中调整元素的顺序，就像处理普通游戏对象的方式一样。如果需要，还可以使用 Transform 类中的方法通过代码来改变顺序。

Canvas 游戏对象包含处理 UI 渲染和根据屏幕大小进行缩放的组件。

Canvas 组件的“渲染模式”字段包含三种选项，这些选项决定了 Canvas 及其元素的渲染方式。

1. *屏幕空间 – 覆盖*：该模式下，元素直接渲染在屏幕上，不包含任何额外视觉效果，适用于大多数 UI 场景。
2. *屏幕空间 – 摄像机*：类似于覆盖模式，但它会引用一个目标摄像机，并以该摄像机的视角来渲染 UI，可以用来为 UI 添加透视效果。
3. *世界空间*：将 UI 元素视为游戏世界的一部分。这可以用来创建似乎存在于游戏世界内的界面，例如浮动的全息菜单或者游戏内计算机屏幕上的菜单。

Canvas Scaler 组件会根据屏幕大小调整 UI 元素。其中最重要的是“UI 缩放模式”字段，它有三个选项。

- *恒定像素大小*：无论屏幕大小或宽高比如何，所有元素的像素大小都固定不变。这可能导致元素在小尺寸屏幕上显得较大，而在大尺寸屏幕上则相对较小。
- *屏幕大小缩放*：提供一个“参考分辨率”字段（宽度和高度）。这是 UI 的原始大小。如果实际屏幕的尺寸与参考分辨率不同，UI 将按比例放大或缩小。它还提供了一个“屏幕匹配模式”字段，用于确定当屏幕尺寸的宽高比与参考分辨率不同时，应该如何进行缩放。这个字段提供了三个选项。

  首先是 Match Width or Height（匹配宽度或高度）：根据宽度、高度或两者之间的某种比例来调整所有元素的大小。“匹配”字段的值在 0 到 1 之间，它决定了宽度变化与高度变化对 UI 尺寸的影响。值为 0 表示 UI 只在宽度变化时调整尺寸，值为 1 表示只在高度变化时调整，而值为 0.5 则表示宽度和高度的变化对 UI 尺寸有着同样的影响。

  其次是展开：增加 Canvas 的大小，不会使其小于参考分辨率所设定的大小。

  最后是 Shrink（收缩）：减少 Canvas 的大小，不会使其大于参考分辨率所设定的大小。
- *恒定物理大小*：按物理大小而不是像素来调整 UI 元素大小。我们可以选择一种物理单位，比如英寸、厘米或毫米，这些单位将取代像素，成为元素的宽度和高度的度量单位。

在调整 UI 大小时，随时可以通过切换到“游戏”窗口来查看 UI（即使当前未在运行游戏）。在游戏窗口中，还可以通过调整顶部菜单栏中的宽高比设置来测试不同的屏幕分辨率，这里默认设置为“Free Aspect”。通过这个设置，可以查看 UI 在不同屏幕大小上的显示效果。

30.2 RectTransform 组件

与其他游戏对象使用的Transform组件不同，UI元素使用的是RectTransform组件，它是Transform组件的一个派生类。作为派生类，它包含Transform的所有成员，还增加了一些自己的成员，其中最重要的是宽度、高度、轴心和锚点。

宽度和高度定义了游戏对象的大小，之前提到的Canvas Scaler组件的UI缩放模式决定了这个大小的度量单位是像素还是物理单位。

缩放属性会对大小进行调整，增加缩放值会在视觉上放大元素，但不会改变元素的实际宽度或高度。

轴心的工作原理与迄今为止使用过的其他轴心相同，只不过它可以直接使用RectTransform组件的“检查器”中的Pivot字段来更改，而不是通过父对象来更改。它使用X轴和Y轴，（0，0）代表UI元素的左下角，（1，1）代表右上角。如果想把轴心放置在UI元素之外，可以将其设为大于1的值或负数。通过这种方式，可以让UI元素围绕远离中心的点进行旋转。

当UI元素的轴心位于Canvas的中心时，其位置为（0，0，0）。增加X将向右移动，增加Y将向上移。只有当Canvas的渲染模式设置为“世界空间”时，Z轴才会对UI产生影响。

在布置UI元素时，矩形变换工具（快捷键T）特别有用。第一个项目使用它移动过墙壁，所以这个工具应该并不陌生。可以拖动元素的边和角来调整它的宽度和高度，而不会改变其比例。

在使用矩形工具时，所选元素的轴心默认位于UI元素的中心，显示为一个小圆圈。可以通过左键点击并拖动这个圆圈来调整轴心的位置。它会吸附到元素的边缘或者宽度和高度的中心位置。请注意，这仅在工具控制柄位置设为“局部”（图30-2）时有效。如果圆圈是灰色的并且点击时没有反应，可能需要按下Z键来切换工具控制柄的位置。

RectTransform还使用“锚点”（anchor）的概念，提供一种方法来将元素固定在相对于其父元素的特定位置。

锚点显示为四个白色三角形工具控制柄。默认情况下，它们位于Canvas的中心，并且聚合在一起，如图30-3左侧所示。可以通过拖动它们的中心来同时移动所有锚点，也可以拖动单个三角形控制柄来将它与其他三角形分开，如图30-3右侧所示。在拖动单个控制柄，另外几个控制柄会与它对齐，使四个控制柄始终形成一个矩形。

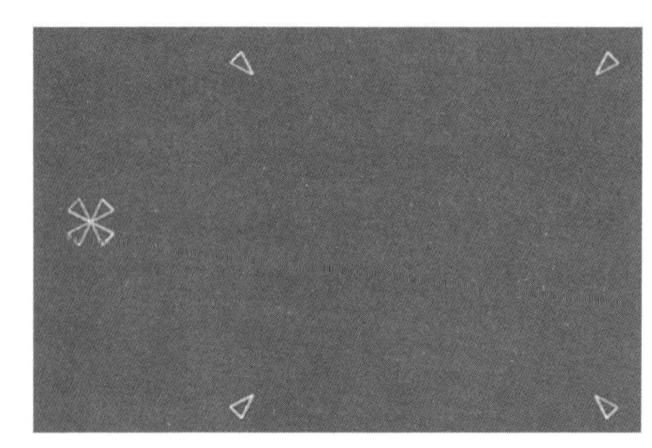

图30-3 UI元素的四个锚点控制柄，左侧是聚合的，右侧是分开的

如果想同时移动所有控制柄，也可以先按住 Ctrl 键，再拖动任意控制柄。

每个锚点都对应元素的一个角，并决定了这个角在父元素中的相对位置。无论父对象如何变化，元素的角与父对象的相对位置都将保持不变。

一个常见的用法是将元素锚定在 Canvas 的一角。如果将锚点留在屏幕中心，但将元素放置在屏幕边缘，一旦屏幕尺寸发生改变，元素可能就不再位于屏幕边缘。为避免这种情况，可以将元素锚定到屏幕的一侧。例如，图 30-1 中的建造按钮面板锚定在屏幕的左上角，这样无论屏幕大小或方向如何，元素始终会固定在这个角。同理，PLAY 按钮也锚定在屏幕底部中间。

“检查器”中有一个非常实用的工具，可以用来轻松分配锚点预设，如图 30-4 所示。它提供了各种选项，可以通过单击这些选项来将水平和垂直锚点分配到父对象的中心或角。就像“锚点预设”下拉菜单顶部提示的那样，如果在单击时按住 Shift 或 Alt，就可以同时设置元素的轴心和 / 或位置以及其锚点，极大地简化了将元素放在父对象的边和角上的过程——如果 Canvas 是元素的直接父级，这实际上等同于将元素放在屏幕的边和角上。

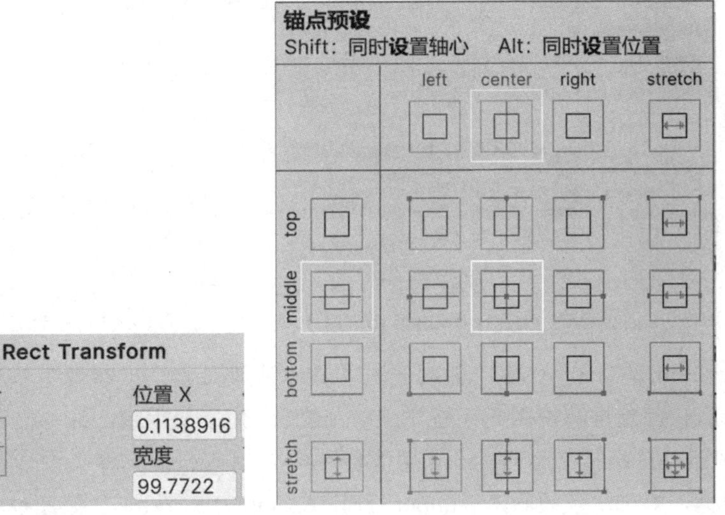

图 30-4 Rect Transform 组件的“锚点预设”按钮（左），单击后显示“锚点预设”下拉菜单（右）

30.3 构建 UI

现在，所有基础的介绍都已经完成，让我们回到实践中，着手构建自己的 UI。这个 UI 将由面板（彩色矩形）和带有文本的按钮组成。由于 UI 元素实际上是附加了特定组件的游戏对象，我们可以利用预制件来创建一套统一的样式。如此一来，就可以在需要时一次性更改这些元素。我们可以覆盖特定内容，比如按钮文本、元素大小、锚点等，但一些与预制件相关联的内容不变（比如颜色），以便未来能够统一地修改所有实例。

确保场景中包含EventSystem和Canvas（两者都可以通过“游戏对象”|“UI”来创建），之后，就可以开始设置Canvas了。

- 选中Canvas。在“检查器”中找到Canvas Scaler组件。
- 将UI缩放模式更改为“屏幕大小缩放”。
- 将参考分辨率设置为1280×720，即X轴为1280，Y轴为720。
- 将屏幕匹配模式设置为Match Width or Height。
- 将匹配更改为0.5。

接着。选择“游戏对象”|“UI”|“按钮–TextMeshPro”。这时会弹出一个窗口（图30-5），提示需要将TextMeshPro资源导入到项目中。

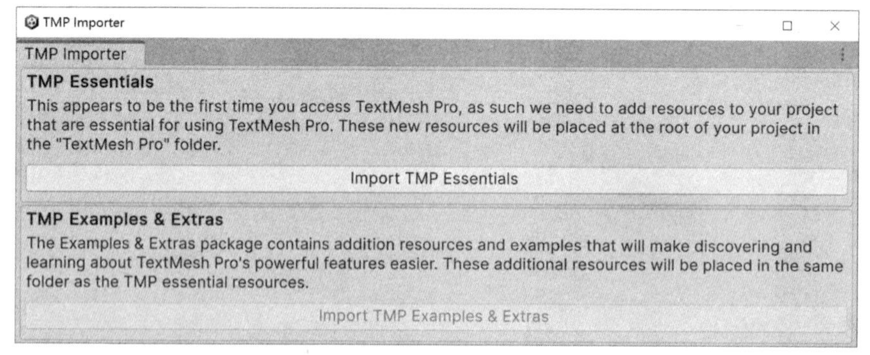

图30-5 在尝试创建带有TextMeshPro的UI元素时，会弹出图中的TMP Importer窗口

TextMeshPro是Unity引擎中最为先进的文本渲染工具。虽然也有一些比较旧的文本渲染工具可供选择，但最推荐使用的还是TextMeshPro。为了使用它，请单击窗口中的Import TMP Essentials按钮。这将把TextMeshPro功能自动导入到Assets文件夹中，就像窗口中的文字说明提到的那样。单击此按钮后，“Import TMP Examples & Extras”按钮也会变为可点击状态，如果想导入TextMeshPro特性的使用示例，可以单击这个按钮，但本书将不会涉及这些内容。

如果一开始选择了不导入，但之后又反悔了，可以随时通过“窗口”|“TextMeshPro”|“导入TMP示例和额外内容”来进行导入。

导入了必要的资源后，就可以开始设置按钮了。按钮应该已经出现在场景中了（默认命名为Button），如果没有，请重新创建它。记住，创建按钮时，它会自动成为Canvas的子对象。

- 选中Button游戏对象并查看检查器。不用管Image组件，而是查看Button组件。将其正常颜色更改为十六进制颜色代码为F0B683的橙色。

- 将高亮颜色更改为十六进制颜色代码为 FFD6B2 的淡橙色。将鼠标悬停在按钮上时，按钮就会显示成这个颜色。
- 将按下颜色更改为十六进制颜色代码为 DA9E69 的土橙色。在按下按钮时，它将显示成这个颜色。
- 使 Selected Color 的颜色与正常颜色相一致。
- 按钮内的文本由子游戏对象 Text (TMP) 表示。选中这个子对象并查看“检查器”中的 TextMeshPro 组件。将 Vertex Color 设置为十六进制颜色代码为 0F1B64 的深蓝色。
- 为了便于管理，在制作UI相关元素的预制件时，应该把它们放在单独的文件夹中。在“项目”窗口中的 Prefabs 文件夹内新建一个文件夹，并将其命名为 UI，然后将 Button 预制件拖到该文件夹中，以创建预制件。

这个预制件将作为所有按钮的基础。按钮内的文本内容目前并不重要，因为在创建预制件实例时会覆盖这些文本。我们的目的只是创建一个模板，这样就不必反复设置相同的字段了。创建预制件后，就可以删除 Button 游戏对象了。

接下来，让我们创建一个通用面板。

- 创建“游戏对象”|“UI”|“面板”。默认情况下，它大小会覆盖整个 Canvas。
- 在 Image 组件中，将颜色设置为十六进制颜色代码为 4B5374 的深蓝色。在颜色弹出窗口中，设置十六进制颜色代码后，如果 A 字段不是 255，请将其设为 255。这是 Alpha 值，255 表示颜色完全不透明，而 0 表示完全透明。
- 为Panel游戏对象创建一个预制件。它将作为一个彩色背景，方便我们整齐地布置UI元素。

可以利用 Panel 预制件的实例来布置左侧的建造按钮。在检查器中，使用 RectTransform 组件的“锚点预设”下拉菜单（图 30-4），选择 top-left 预设，这将把元素固定在 Canvas 的左上角。此后，“检查器”中会显示 Panel 的宽度和高度。将宽度设为 180，高度设为 400。然后，再次应用 top-left 预设，但这次在单击预设前按住 Alt 键，这会将 Panel 对齐到左上角。或者可以使用矩形变换工具（快捷键 T）来拖动 Panel，使其左上角与 Canvas 的左上角对齐。在接近目标位置时，它会自动吸附到位。将 Panel 重命名为 Build Button Panel。

建造按钮与普通按钮有些许不同，因为它还需要显示建造防御塔的成本。为了实现建造按钮，我们将创建 Button 预制件的变体。

- 右键单击“项目”窗口中的 Button 预制件，选择 Create | Prefab Variant。将变体命名为“Build Button”。
- 将 Build Button 从“项目”窗口拖放到“层级”窗口中的 Build Button Panel 处，将 Build Button 实例设置为 Build Button Panel 的子对象。

- 将 Build Button 的宽度设为 160，高度改为 80。
- 将按钮锚点更改为 top-left。
- 将 Text (TMP) 子元素的名称更改为 Tower Text。
- 在 Tower Text 的 TextMeshPro 组件中，单击 Font Style 字段中的 B 按钮将字体样式设置为粗体（bold）。将 Font Size 设置为 22。
- 找到 Alignment 字段，将鼠标悬停在各个按钮上，查看浮窗中描述按钮作用的文本。选择 Center（第一行的左数第二个按钮）和 Top（第二行的左数第一个按钮）。文本现在位于按钮顶部并保持水平居中。
- 复制粘贴 Tower Text 游戏对象并将其重命名为 Gold Cost。在检查器中找到 TextMeshPro 组件，并单击 B 来取消加粗。保持 Alignment 设置中的 Center 不变，但把第二行的 Top 改成 Bottom，即左数第三个按钮。
- 在 TextMeshPro 组件顶部的文本框中，将文本更改为“XX gold”，稍后将为不同类型的防御塔设置不同的成本。
- 文本离底部太近了，以至于有一小部分超出了按钮的边框。在 TextMeshPro 组件的底部，单击 Extra Settings 以展开它，然后在第一个字段 Margins 中把 Bottom margin 设置为 4，让文本和按钮底部边框之间留出一点空间。
- 选中 Build Button 游戏对象。在“检查器”的右上角打开“覆盖”下拉菜单，单击“应用所有”，以应用对预制件变体所做的所有更改。

现在，Build Button 预制件已经设置完毕，可以用它来创建四个按钮并把它们放置在 Build Button Panel 中。确保将第一个 Build Button 设为 Build Button Panel 的子对象，使用矩形工具（快捷键 T）来拖动 Build Button，把它放置在面板顶部，但要保持一定的边距，不要紧贴顶部边缘。同时，利用自动吸附来让它在水平方向上居中。

接下来，可以复制粘贴 Build Button，将它们依次排列在面板中。根据按钮和面板的大小，应该能放下四个按钮——每个防御塔对应一个。只需使用移动工具（快捷键 W）或矩形工具在 Y 轴上拖动它们，并保持它们的间距大致相等即可。

为了确保界面的整洁和直观，需要为每个 Build Buttom 重命名为对应的防御塔。如之前的图 30-1 所示，这几个按钮从上到下分别对应 Arrow Tower、Cannon Tower、Hot Plate 和 Barricade。因此，在“层级”窗口中依次把四个 Build Button 游戏对象的名称修改为 Arrow Tower、Cannon Tower、Hot Plate 和 Barricade。

现在，按照以下设定，编辑每个按钮 Tower Name 和 Gold Cost 子对象的 TextMeshPro 组件中的文本。

- Arrow Tower 的价格为 5 个金币。
- Cannon Tower 的价格为 8 个金币。
- Hot Plate 的价格为 12 个金币。
- Barricade 的价格为 2 个金币。

设置了这个面板后，再在左下角添加一个显示当前金币余额的面板。我们将在后续的步骤中为其编写脚本，使它能够正常运行。

- 添加一个 Panel 预制件实例作为 Canvas 的子对象，将其命名为“Current Gold Panel”。
- 同时按住 Shift 和 Alt，然后将其“锚点预设”设为 Bottom Left，以同时设置其位置和锚点。
- 将宽度设为 140，高度设为 52。
- 在“层级”窗口中右键单击 Current Gold Panel，选择 UI|“文本 – TextMeshPro”以添加一个 Text (TMP) 子对象，将子对象命名为 Current Gold Text。
- 将文本颜色设置为黄色（象征美妙的黄金），十六进制颜色代码为 FFFE00。
- 将文本设为粗体，字体大小设为 30，文本内容设为“50 gold”。这是玩家的初始金币。在 Alignment 字段中选择 Center 和 Middle（每行的第二个按钮）。

接着，我们将在屏幕底部的正中央创建 PLAY 按钮。

- 将 Button 预制件实例拖到 Canvas 游戏对象中，并将其命名为 Play Button。
- 将宽度设为 240，高度设为 70。
- 同时按住 Shift 和 Alt，然后将其“锚点预设”设为 Bottom Center，把按钮定位在屏幕底部中间。
- 单击文本字体样式中的 B 按钮，并将字体大小更改为 54。选择 Center 和 Middle，按照和 Gold Cost 一样的方式来设置它的对齐方式。将文本更改为“PLAY”。

最后，我们将创建一个根据需要显示的元素：Tower Selling Panel（防御塔出售面板）。这个面板的位置将通过代码来实时更新，无论摄像机如何移动，它都会悬浮在玩家选中的防御塔上方。面板将包含一个允许玩家出售防御塔的按钮，以及一个用于取消选择并隐藏面板的 X 按钮。

- 创建一个 Panel 预制件的实例作为 Canvas 的子对象，将其命名为 Tower Selling Panel。
- 将 Tower Selling Panel 的锚点设置为 Middle Center。
- 将其轴心设为（0.5，0），使轴心位于面板的底部中间。
- 将其宽度的值设为 186，高度的值设为 68。
- 将 Image 组件的颜色字段设为十六进制颜色代码为 8BB0D8 的浅蓝色。
- 添加一个 Button 预制件实例作为 Tower Selling Panel 的子对象，将其命名为 Sell Button，将其宽度的值设为 110，高度的值设为 58，X 位置的值设为 −32，Y 位置的值设为 0。

- 将按钮内的文本更改为 SELL，设为粗体，字体大小设为 32，并在对齐字段中点击 Center 按钮和 Top 按钮。
- 复制粘贴 Sell Button 游戏对象中的 Text (TMP) 子对象，将新的子对象命名为 Refund Text。将其文本设置为 for XX gold；将字体大小设置为 18。单击 Font Style 中的 B 按钮以取消加粗。保持对齐方式中的 Center 不变，但将 Top 改为 Bottom，使这段文本位于 SELL 文本下方。
- 在 Refund Text 游戏对象的 TextMeshPro 组件的 Extra Settings 下，将 Bottom Margin 字段设置为 4。这与 Build Panel 中为 Gold Cost 所做的调整一样，主要是为了防止文本超出按钮的底部边缘。
- 在 Tower Selling Panel 中添加另一个 Button 预制件的实例，并将其命名为 X Button。保持它的锚点位于 Middle Center 不变，将宽度和高度都设为 38。将其 X 位置的值设为 60，Y 位置的值设为 10，放置在 Tower Selling Panel 靠右上角的位置。
- 将 X Button 的文本设置为字母 X。设为粗体，对齐方式设为 Center 和 Middle。字体大小设为 34。
- 最后，将 Tower Selling Panel 设为非活动状态。我们将根据需要通过脚本来显示它，默认情况下则不显示。

Refund Text 显示的文本将根据玩家所选择的防御塔更新，因为每种防御塔的回收价格不同。完成后，Tower Selling Panel 应该和图 30-6 保持一致，而本章创建的其他元素应该和本章开头的图 30-1 保持一致。

图 30-6 Tower Selling Panel

至此，我们已经设计好了 UI 的外观。为了安全起见，请将整个 Canvas 创建为预制件。

现在，尽管这些 UI 还不具备任何实际功能，但我们已经可以在游戏中看到它们的效果了。请注意，在游戏中，这些按钮会对鼠标悬停做出反应，变得更亮，这意味着 Event System 在正常工作。不过，目前按钮在被点击时不会执行任何操作。

30.4 小结

经过一系列的设置，我们已经为游戏成功构建了 UI，并简单学习了如何使用 Unity UI 在 Canvas 上创建 UI 游戏对象。我们为 UI 的各个部分（比如建造按钮和背景面板）制作了预制件，以便统一更改这些元素的颜色和文本样式。

第 31 章将进入下一个阶段，编写 UI 的功能脚本。

第31章 构建与出售

UI 现在已经准备就绪，下一步是为它添加功能，让玩家能够建造和出售防御塔。在这个过程中，我们将学习如何处理 UI 事件以响应按钮点击，以及如何使用新的基本类型——字典（Dictionary），它在存储和检索建造的防御塔时非常有用。

31.1 事件

所有可交互的UI元素都会在检查器中显示相应的事件字段，例如按钮的“鼠标单击”事件，它会在玩家单击按钮时触发。这些字段允许我们将功能附加到事件上，从而在事件发生时执行相应的操作。

我们可以为单个 UI 元素的单个事件添加任意数量的操作。在添加操作时，首先需要引用要交互的目标对象，设置引用后，右侧会出现一个下拉菜单，允许我们选择该对象上的某个成员变量或方法。

将游戏对象拖放到这个字段上，就可以访问该对象的组件的成员或该对象本身的成员。例如，如果将 Player Camera 游戏对象拖放到该字段上，就可以访问 GameObject 类的成员以及 Transform 和 Player 脚本的成员。

接下来的操作取决于要指向引用对象中的那部分内容。

- 如果指向变量，就会出现一个可以设置变量值的输入框。当事件发生时，变量值将被设置为输入框中的值。但这种方法存在一个明显的限制：它不能指向自定义脚本中的变量，只能指向 Unity 内置类中的成员，比如 GameObject 的 name 或 Transform 的 parent。
- 如果指向方法，那么这个方法必须是只接受最多一个参数的公共方法，并且这个参数的类型必须是可序列化的——比如基本的数据类型、脚本或者 Unity 内置组件。如果方法声明了一个参数，我们将获得一个可以设置参数值的输入框。当事件发生时，输入框中的参数值将被传入方法中。

因此，如果想要设置自定义脚本中的特定变量，我们可以声明一个公共方法，它接受一个参数并将特定变量设置为该参数的值。这种方法虽然不如直接设置变量便捷，但也是可行的。

我们将利用这些功能在实施按钮功能时调用脚本中的方法。我们将在每个“建造”按钮的鼠标单击事件中添加操作，以调用设置相应的防御塔预制件的方法，并提供对按钮的引用，以便按钮的颜色可以在被选择和取消选择时更改。

当脚本准备就绪，可以开始建造防御塔时，它会利用一个变量来确定要实例化哪种防御塔，由于所有类型的防御塔都包含 goldCost 变量，可以据此来判断玩家是否有足够的钱来建造防御塔。

31.2 准备工作

在游戏场地中防止防御塔时，它们的 Y 位置始终为 0，X 的值和 Z 的值则是 10 的倍数（例如 10、20、30 等，包括负值）。每座防御塔的宽度和长度固定为 10 个单位，所以玩家只能按照防御塔大小的倍数来放置它们。这形成了类似网格一样的布局，其中的每一格只能容纳一个防御塔。为了在场地中建造防御塔，玩家需要能够通过鼠标选择建造防御塔的位置。

这个功能的实现涉及一些新的方法和概念。我们将学习如何执行射线投射（raycast）。这是一种物理方法，本质上是通过向场景发射射线来检测是否命中任何碰撞体。我们需要定义射线的起点、前进方向和长度。如果射线与任意对象发生碰撞，该方法就会返回有关碰撞对象的详细信息。

为了获得玩家的鼠标光标在游戏场地中对应的点，可以将鼠标光标的位置作为起点，向游戏场地发射一条射线。Unity 的 Camera 组件提供了一个方便的内置方法，可以将屏幕上的点转换为 Ray 对象。Ray 对象存储了射线的起点和方向，可以将其作为参数传入射线投射方法。

现在，是时候开始动手实践了。首先，设法让玩家看到鼠标光标在游戏场地中对应的位置。为此，我们将从光标位置发射射线，并获得射线与场地的交点，然后在交点处放置一个 Highlighter 游戏对象。但因为防御塔的位置只是 10 的倍数，所以我们不打算显示玩家点击的确切点，而是显示这个点所在的网格。

首先，创建一个长和宽与防御塔相同的矮的立方体。

- 创建一个没有父对象的立方体，将其命名为 Highlighter。
- 将 Highlighter 的缩放设置为（10，0.4，10）。
- 将图层设置为 Ignore Raycast，这样在使用射线投射检测游戏场地时，射线将不会意外碰到。
- 创建一个名为 Highlighter 的材质，将其颜色设置为十六进制颜色代码为 FFFFFF 的纯白色，并增加一点透明度，将 A（在十六进制颜色代码上方）更改为 60。现在颜色已经设置好了，但除此之外，还要在“检查器”顶部将 Rendering Mode 更改为 Transparent。如果将 Rendering Mode 保持为默认的 Opaque，透明度的设置将被忽略，对象将是完全不透明的。
- 将 Highlighter 设为非活动状态，以确保它默认是禁用的。

这个立方体在 X 轴和 Z 轴的大小与防御塔相同，所以接下来需要做的就是通过脚本来将它放置到鼠标光标所对应的位置，并确保它的 X 和 Z 位置总是 10 的倍数。

我们将保留 Player 脚本不变，继续让它负责处理摄像机的移动，并通过新建一个 Game 脚本来处理游戏状态、敌人生成和常规游戏机制。

创建 Game 脚本后，再创建一个同样名为 Game 的空对象，并为它附加一个 Game 脚本的实例。

先来编写 Game 脚本：

```
using System.Collections;
using System.Collections.Generic;
using UnityEngine;
using UnityEngine.UI;
using TMPro;

public class Game : MonoBehaviour
{
    private enum Mode
    {
        Build,
        Play
    }
    private Mode mode = Mode.Build;

    [Header("Build Mode")]
    [Tooltip("当前持有的金币。可以在检查器中设置初始金币。")]
    public int gold = 50;

    [Tooltip("用于高亮射线投射的层遮罩。应包括游戏场地所在的层。")]
    public LayerMask stageLayerMask;

    [Tooltip("对 Highlighter 游戏对象的 Transform 的引用。")]
    public Transform highlighter;

    [Tooltip("对 Tower Selling Panel 的引用。")]
    public RectTransform towerSellingPanel;

    [Tooltip("对 Tower Selling Panel 中的子对象 Refund Text 的 Text 组件的引用。")]
    public TextMeshProUGUI sellRefundText;

    [Tooltip("对 UI 左下角显示的 Current Gold Text 的 Text 组件的引用。")]
```

```
    public TextMeshProUGUI currentGoldText;

    [Tooltip("建造按钮被选中后的颜色。")]
    public Color selectedBuildButtonColor = new Color(.2f, .8f, .2f);

    // 上一帧的鼠标位置。
    private Vector3 lastMousePosition;

    // 上一次检查时持有多少金币。
    private int goldLastFrame;

    // 光标是否当前在游戏场地上，不在则返回 false。
    private bool cursorIsOverStage = false;

    // 对已选中的建造按钮对应的防御塔预制件的引用。
    private Tower towerPrefabToBuild = null;

    // 对已选中的建造按钮的 Image 组件的引用。
    private Image selectedBuildButtonImage = null;

    // 当前选中的防御塔实例。
    private Tower selectedTower = null;
}
```

首先，脚本顶部多了两个 using 语句：UnityEngine.UI 和 TMPro。UnityEngine.UI 是声明 UI 内置组件的命名空间，而 TMPro（Text Mesh Pro）则提供了 TextMeshProUGUI 类型，用于分配给一些变量。TextMeshProUGUI 是用于渲染按钮和面板上的文本的 TextMeshPro 组件的名称。引用这个组件是为了通过代码更改玩家的 Current Gold Text 和 Tower Selling Panel 的 Refund Text（表示防御塔的回收价）。

脚本类首先定义了一个简单的枚举类型来跟踪当前处于游戏模式还是建造模式，它存储在 mode 变量中，默认设置为建造模式，这样玩家就可以在游戏一开始就设置第一个防御塔。

接下来是一系列变量声明。它们的用途如下。

- gold：玩家当前持有的金币将由 Game 脚本处理，因为防御塔的建造和出售也由它负责处理。
- stageLayerMask：LayerMask 是一个之前未曾使用过的 Unity 内置类型。它相当于一个集合，包含项目设置中定义的所有碰撞层，并允许我们单独选择或取消选择各个层。将 LayerMask 作为参数传入射线投射调用，以定义射线应与哪些层（即选择的层）发生碰撞，以及哪些层应该忽略。在“检查器”中，Stage Layer Mask 字段会显示一个下拉菜单，其中列出所有的层，可以通过单击来开启或关闭各个层。

- highlighter：对 Highlighter 对象的 Transform 的引用，用于确定 Highlighter 的位置以及获取游戏对象本身，如此一来，当鼠标没有悬停在游戏场地上时，我们就可以禁用 Highlighter，以避免它在鼠标移开后仍然显示在游戏场地的边缘。
- towerSellingPanel：对 Tower Selling Panel 的 RectTransform 的引用。我们将利用它来不断更新 Tower Selling Panel 的位置，确保它始终位于玩家选中的防御塔的正上方。
- sellRefundText：前面提到过，这是 Tower Selling Panel 的 Refund Text 子对象的 TextMeshPro 组件。它默认显示为“for XX gold”，但在游戏中，“XX”将会被更新防御塔的实际回收金额。
- currentGoldText：类似于 sellRefundText，这个 TextMeshPro 组件用于在界面的左下角显示玩家当前持有的金币数量。
- selectedBuildButtonColor：应用于被选中的建造按钮的颜色，以将它与其他按钮区分开来。这段代码使用 Color 构造函数为它设置了默认值，即红色 20%，绿色 80%，蓝色 20%，但因为它是公共变量，所以随时可以在“检查器”中更改。
- lastMousePosition：用于记录鼠标每一帧的位置。通过比较鼠标在上一帧的位置与当前帧的位置，可以判断鼠标是否移动过。为了减少不必要的计算，游戏只会在鼠标移动时执行射线投射。
- goldLastFrame：上一帧记录的金币数量，用于判断何时需要更新 currentGoldText。
- cursorIsOverStage：如果射线投射未能找到游戏场地，cursorIsOverStage 将被设置为 false，Highlighter 也会被停用，不会在场地中显示。一旦射线投射找到游戏场地，Highlighter 就会被重新激活，并且 cursorIsOverStage 将被设为 true。
- towerPrefabToBuild：对要构建的防御塔预制件的引用。这个变量将通过之后会绑定到建造按钮的鼠标单击事件的方法来设置，以创建建造按钮所对应的防御塔预制件。如果此变量不为 null，则表示有建造按钮被选中，当玩家单击游戏场地中的某处时，游戏就会尝试构建相应的防御塔；如果为 null，则表示没有任何建造按钮被选中。
- selectedBuildButtonImage：对当前选中的建造按钮的 Image 组件的引用。同样，这将由鼠标单击事件设置。它将被用来改变选中的建造按钮的颜色，以便将已选中的按钮与其他按钮区分开来。
- selectedTower：当前选中的防御塔实例。在单击 Tower Selling Panel 上的 SELL 按钮时，被选中的防御塔将会被出售。如果 selectedTower 为 null，则表示没有选中任何防御塔。

在添加上述代码并保存脚本后，请回到 Unity 编辑器中，把“检查器”中的变量设置好，如图 31-1 所示。

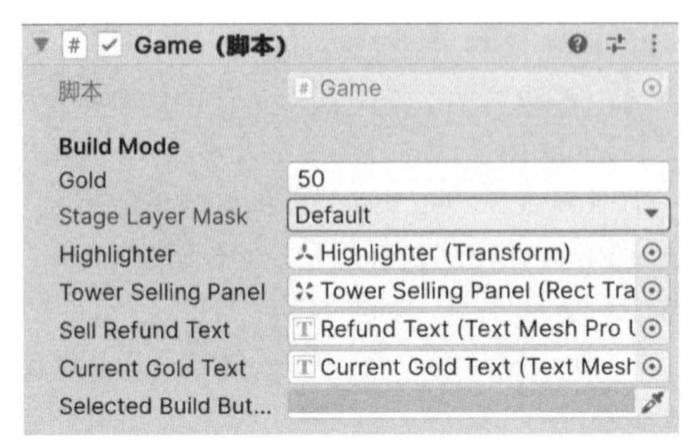

图 31-1 设置所有引用后的游戏脚本在“检查器”窗口中的建造模式设置

请注意，Stage Layer Mask 这一栏只选择了 Default 层，因为 Stage 在这层。这一点非常重要！默认情况下，Stage Layer Mask 设置为“无内容”，使射线投射不与任何对象发生碰撞。如果忘记更改这个设置，你可能会在调试时毫无头绪，因为你看不到任何报错信息。

除此之外的引用都指向名称与变量相同的游戏对象中的组件，因此只需要将“层级”窗口中的游戏对象拖放到相应的字段即可。

31.3 建造模式的逻辑

这一节专门声明一个用于处理建造模式的所有逻辑的 BuildModeLogic 方法，并将其拆分成几个之后要声明的方法。当 mode 变量的值为 Mode.BuildMode 时，我们将在 Update 方法中调用 BuildModeLogic 方法。

在 Game 脚本的变量定义下方添加以下代码：

```
void BuildModeLogic()
{
    PositionHighlighter();
    PositionSellPanel();
    UpdateCurrentGold();

    // 如果玩家单击鼠标左键并且光标指向游戏场地：
    if (cursorIsOverStage && Input.GetMouseButtonDown(0))
    {
        OnStageClicked();
```

```
    }

    // 如果玩家按下 Escape 键：
    if (Input.GetKeyDown(KeyCode.Escape))
    {
        DeselectTower();
        DeselectBuildButton();
    }
}

void Update()
{
    // 如果处于建造模式，则执行 BuildModeLogic 方法：
    if (mode == Mode.Build)
        BuildModeLogic();
}
```

这段代码展示了建造模式的逻辑框架。

- PositionHighlighter 负责从鼠标光标的位置向 Stage 投射射线。如果射线命中 Stage，就更新 Highlighter 的位置并确保其处于活动状态（即可见状态）。如果未命中 Stage，就停用 Highlighter。
- PositionSellPanel 负责更新 Tower Selling Panel 的位置，使其与当前选中的防御塔的位置一致（前提是玩家选中了任何防御塔）。如此一来，无论 Player Camera 如何移动，Tower Selling Panel 都会显示在所选防御塔的上方。
- UpdateCurrentGold 将更新左下角显示的 Current Gold Text，使其与玩家当前持有的金币数额匹配。
- OnStageClicked 将在 Stage 被点击时调用。我们会利用 cursorIsOverStage 布尔值控制来在光标悬停在 Stage 上方时调用这个方法。cursorIsOverStage 是在 PositionHighlighter 方法中执行射线投射时设置的。
- DeselectTower 负责取消选择防御塔，并停用（隐藏）Tower Selling Panel。
- DeselectBuildButton 负责取消选择防御塔预制件，并将建造按钮的颜色恢复为未选中的状态。

让我们逐一声明这些方法。首先，设置 Highlighter 的位置学习如何执行射线投射。在 BuildModeLogic 方法上方声明以下方法：

```
void PositionHighlighter()
{
```

```
        // 如果这一帧的鼠标位置与上一帧不同：
        if (Input.mousePosition != lastMousePosition)
        {
            // 从摄像机向鼠标光标对应的位置发射射线：
            Ray ray = Camera.main.ScreenPointToRay(Input.mousePosition);

            RaycastHit hit; // 这里将存储被击中的对象的信息

            // 发射射线并检查是否击中任何对象，这里使用了层遮罩：
            if (Physics.Raycast(ray, out hit, Mathf.Infinity, stageLayerMask.value))
            {
                // 如果击中对象，则使用 hit.point 获取击中的位置：
                Vector3 point = hit.point;

                // 将 X 和 Z 值四舍五入为 10 的倍数：
                point.x = Mathf.Round(hit.point.x * .1f) * 10;
                point.z = Mathf.Round(hit.point.z * .1f) * 10;

                // 将 Z 值限制在 -80 到 80 之间，以防止超出 Stage 边缘：
                point.z = Mathf.Clamp(point.z, -80, 80);

                // 确保 Y 值始终为 0.2，即 Highlighter 高度的一半：
                point.y = .2f;

                // 确保 Highlighter 处于活动状态（可见）并设置其位置：
                highlighter.position = point;
                highlighter.gameObject.SetActive(true);
                cursorIsOverStage = true;
            }
            else // 如果射线未击中任何游戏对象，
            {
                // 标记 cursorIsOverStage 为 false：
                cursorIsOverStage = false;

                // 停用 Highlighter 游戏对象，使其不再显示：
                highlighter.gameObject.SetActive(false);
            }
        }
        // 确保记录这一帧的鼠标位置：
        lastMousePosition = Input.mousePosition;
    }
```

只有在这一帧的鼠标位置不同于上一帧时，才会进行射线投射。方法结束执行后，我们会将 lastMousePosition 设为鼠标的当前位置，以便为下一帧的检测做好准备。这主要是为了避免不必要的射线投射，节省一些处理能力。

这段代码声明了一个 Ray 类型的变量，并使用 Camera.main 来引用场景中标签为“MainCamera”的摄像机游戏对象。默认情况下，场景中的摄像机会带有这个标签，但如果没有，请在“检查器”中找到“标签”下拉菜单并进行设置。这个下拉菜单就位于 Player Camera 的名称字段下方，“图层”下拉菜单的左侧，如图 31-2 所示。

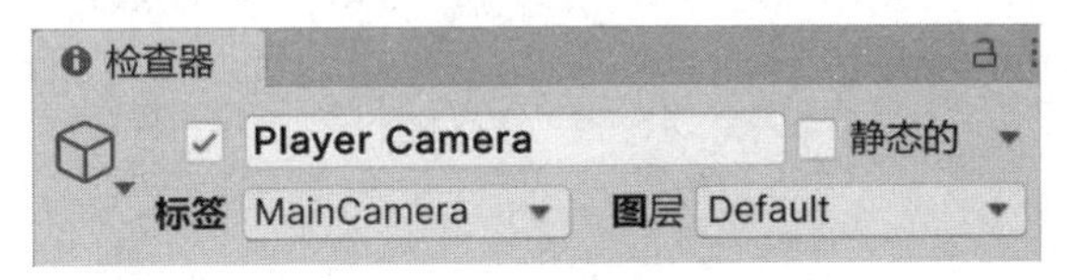

图 31-2 “检查器”窗口中，Player Camera 游戏对象的“标签”字段

利用 Camera.main 成员，可以轻松地在游戏中获取 Camera 组件。这段代码调用的 Camera.ScreenPointToRay 方法会返回一个新的 Ray 实例，也就是一个从摄像机出发，以特定屏幕位置为起点的射线。我们传入的参数是想要使用的屏幕位置。通过这种方式来创建一条以鼠标位置为起点且向外发射的射线。

随后，这段代码声明 RaycastHit 类型的 hit 局部变量，然后调用了 Physics.Raycast 方法，可以看到，hit 作为参数传入了这个方法，但它前面有一个新关键字 out。

out 关键字表明参数以引用的方式传递，因此对这个参数所作的任何更改都会在原始的变量中体现出来。

为了理解这意味着什么，需要先明白值类型和引用类型之间的区别。

引用类型（reference type）是通过声明类来创建的。在引用一个类实例时，实际上是在指向该类的一个特定实例。无论是变量还是参数，如果它们引用的是同一个实例，那么对其中任何一个进行的修改都会自动反映到另一个，因为它们都指向相同的数据。例如，如果创建一个类实例并将其存储在变量 A 中，然后又创建了许多其他引用变量 A 的变量，那么它们实际上都指向同一个类实例。如果修改了其中一个变量，其他所有变量也会相应地发生变化。

值类型（value type）是通过声明一个结构体（struct）创建的，它类似于类，但其传递的方式（以及其他一些方面）与类不同。在引用结构体时，例如在为变量赋值或将变量作为参数传递给方法调用时，结构体的内容会被复制，从而生成一个新的实例。如果创建一个结构体实例并将其存储在变量 A 中，然后又创建了许多其他引用变量 A 的变量，那么每个变量都将存储自己的结构体实例。每次赋值都会复制结构体。因此，在更改其中一个变量时，只有那个变量会被改变，其他变量并不会受到影响，类完全不是这样的。

之前，这种差异可能没有引起你的注意，是因为它们似乎是理所当然的，但它们其实很值得我们关注。最典型的结构体示例是 string、float、int 和 bool，自从开始编程以来，我们一直在频繁使用它们。

如果声明一个 int 变量并为其赋值，然后将其作为参数传递给方法调用，那么在方法中对该参数所做的任何更改都不会影响原始的变量，例如：

```
void ChangeNumber(int number)
{
    number += 5;
}
int someNumber = 5;
ChangeNumber(someNumber);
Debug.Log(someNumber); // 输出的仍然是 5。
```

这是因为 int 是值类型。它是一个结构体，而不是类。在将 someNumber 变量作为参数传递时，实际上是创建了它的一个副本并传入了方法调用，因此，在方法中对参数所做的任何更改都不会反映在变量上。它们并不会指向相同的数据。

使用 out 关键字标记的参数提供了一种解决这个问题的方法。RaycastHit 是一个结构体，因此它是作为值类型传递的。但由于 Raycast 方法将 RaycastHit 参数声明为 out，因此在方法中对它做的任何更改都会影响原始数据。变量和参数都将指向同一个实例，就好像它是类而不是结构一样。如果 Raycast 方法检测到命中，就会将相关信息存储到 RaycastHit 中，我们可以通过变量来访问这些信息。

这种效果并不是通过在 Raycast 方法的调用中添加 out 关键字实现的，而是因为 Raycast 方法的声明中包含 out 关键字。我们只是需要在调用时加上它——这相当于我们知道这是一个 out 类型的参数。

言归正传，调用 Physics.Raycast 时提供的参数按以下顺序排列：

- 要投射的 Ray；
- 带有 out 关键字的 RaycastHit 对象，用于存储关于命中点的数据（如果命中的话）；
- 射线投射的最大距离，这里设置为 Mathf.Infinity；
- 要使用的层遮罩的值。

在我们向方法提供层遮罩时，它通常不会要求提供 LayerMask 实例本身，而是要求提供一个整数值。要获取这个值，只要引用 LayerMask 的 value 成员，就会在后台自动处理。

可以使用多种参数调用 Physics.Raycast——它有超过 10 个重载。

前面讨论过重载，现在回顾一下：重载是同一个方法名下的多个不同实现，每个实现接受不同的参数集合。可以通过相同的名称声明多个方法，但每个方法都接受不同的参数——这就是重载，每个重载都有自己的实现和自己的参数集合。利用 Raycast 方法提供的重载，我们可以省略 hit 参数，也可以用 Ray 对象的单独组件（起点和方向）来替代它，还可以处理其他特殊情况。不过，我们现在使用的重载为已经提供了所有需要的控制功能。

Raycast 方法被封装在一个 if 语句中，它在命中某个对象时返回 true，否则返回 false。利用这个方法，我们可以做出相应的反应：如果射线未命中舞台，就停用 Highlighter 并将 cursorIsOverStage 设置为 false；如果命中舞台，则只需要关注 hit 参数的 point 成员，即射线命中碰撞体（stage）的具体位置。

这里使用一些数学运算来将数值四舍五入为 10 的倍数。计算过程并不复杂：首先将值乘以 0.1f，例如，14 变为 1.4；然后将该值四舍五入为最接近的整数，比如 1.4 四舍五入后变为 1；之后再将四舍五入后的值乘以 10 来将其恢复到原来的数量级。所以，14 经过计算变为 1.4，四舍五入后变为 1，然后放大为 10。X 轴和 Y 轴都进行了这样的处理，但 Z 轴被限制在 -80 到 80 之间，以确保玩家不能在游戏场地的底部两排和顶部两排建造防御塔，这给敌人的出生点和目标点留出了必要的空间，并能够防止玩家直接把防御塔建在出生点和目标点上。

Y 值被设置为 0.2，这是 Highlighter 立方体高度的一半。这可以确保它与 stage 的表面贴合。

在进行数学运算并设置了位置后，这些设置被应用到了 Highlighter 这个游戏对象上，我们还确保了 Highlighter 处于活动状态，并且 cursorIsOverStage 设置为 true。

虽然这仅仅实现了建造模式所需要的一小部分功能，但我们已经迈出了重要的一步——掌握了射线投射技术并成功地完成了一个功能模块。现在，让我们来看看它的实际效果。

BuildModeLogic 中调用了 5 个尚未声明的方法，我们需要为它们声明一些空方法作为占位符，这样编译器就不会报错，我们也就能够对游戏进行测试了。暂且将这些空方法放在 PositionHighlighter 方法下方，稍后会用完整的方法实现来替换它们：

```
void PositionSellPanel(){}
void UpdateCurrentGold(){}
void OnStageClicked(){}
void DeselectTower(){}
void DeselectBuildButton(){}
```

保存脚本并尝试运行游戏。可以看到，在移动鼠标时，Highlighter 会出现在正确的位置，并且只有在鼠标移动的位置超出 Highlighter 的任意边缘时，Highlighter 才会移动。

31.4 字典

让我们继续开发进程。为了存储已经建造的防御塔，我们将使用一种新的集合类型——字典（Dictionary）。这种集合类型非常实用，它通过“键”（key）而不是索引来存储和管理数据项。列表只接受一个泛型类型，即列表中存储的数据类型；相对地，字典在声明时接受两个泛型类型：键类型和值类型。

键用于识别存储在字典中的值（项）。无论是想在字典中存储数据项还是想从字典中获取数据项，都需要提供键。与数组和列表通过 int 类型的索引来访问元素的方式不同，在字典中，我们通过提供键类型的实例来获取对应的值。如果字典中没有通过该键存储的值，将会引发错误。

简单来说，键用于识别值。Dictionary 中的每个数据项都与一个键配对，每个键只对应一个值。如果试图为一个已经分配了不同值的键赋值，旧值就会被覆盖。一个字典中不能有重复的键。

在这个例子中，键是一个代表防御塔的位置的 Vector3，值则是 Tower 脚本的实例本身。现在，在 Game 脚本的其他私有变量下方声明这个字典：

```
// 存储 Tower 实例及其位置的字典
private Dictionary<Vector3, Tower> towers = new Dictionary<Vector3, Tower>();
```

尖括号 < 和 > 之间提供的第一个泛型类型定义了键的类型；第二个类型，即 Tower，定义了值的类型。这意味着我们通过防御塔在 stage 上的 Vector3 位置来存储 Tower 实例。每当新增一座防御塔时，其对应的键就是 Tower.transform.position。

这非常符合我们的需求，因为在游戏中，一个位置只能存在一个防御塔——毕竟，我们不打算允许玩家把防御塔建在其他防御塔内部。同时，如果要获取特定位置的防御塔实例，只需将这个位置作为键传递给字典即可。如果这个位置存在防御塔，就可以通过字典获取它。由于 Highlighter 的位置被四舍五入为 10 的倍数——在放置防御塔我们也会采取同样的菜做——可以利用它的位置来获取该位置的防御塔（如果有的话）。

从字典中获取和设置值可以通过类似于数组和列表的索引方式来完成，使用 [] 语法。不同的是，这里使用的是键而不是索引。当然，这个键必须与创建字典时为键指定的泛型类型一致，否则将会导致编译错误。

因此，如果想获取 Highlighter 所在位置上的防御塔，可以简单如下输入：

```
towers[highlighter.position]
```

准备在特定位置建造塔时，可以如下输入：

```
towers[somePosition] = someTower;
```

然而，在允许玩家建造防御塔之前，必须先确认该位置是否已经被其他防御塔占据为此，字典类提供了一个 ContainsKey 方法，该方法接收一个键作为参数，如果字典中存在这个键，则返回 true，否则返回 false。

要检查 Vector3 位置 somePosition 处是否存在防御塔，只需要像下面这样做：

```
// 检查是否存在防御塔：
if (towers.ContainsKey(somePosition))
{
    // 如果存在，可以安全地获取它：
    var tower = towers[somePosition];
}
```

理论知识就讲到这里，现在，让我们实际使用字典来观察它的效果。我们将实现 OnStageClicked 方法，之前的代码已经设置了这个方法的调用——每当用户在 cursorIsOverStage 为 true 的情况下左键单击鼠标，该方法就会被调用。

在这个方法中，我们将根据是否选中了建造按钮来执行不同的操作。

如果选中了建造按钮并且有足够的金币，那么当玩家单击 stage 上的某个位置时，游戏应该会尝试建造防御塔。

如果没有选中建造按钮，单击 stage 将选中光标位置所对应的防御塔（如有）。稍后，我们将把 Tower Selling Panel 放置在所选防御塔上，但目前只需要设置 selectedTower，确保 Tower Selling Panel 处于活动状态的（因此是可见的），并重置 Refund Text 以显示正确的回收价。

为了避免编译器对调用未声明方法的警告，我们之前声明了 5 个空方法，而 OnStageClicked 就是其中之一。因此，请确保使用以下代码替换空方法声明，否则会有两个具有相同名称的方法（这会引发错误）：

```
void OnStageClicked()
{
    // 如果选中了建造按钮：
    if (towerPrefabToBuild != null)
    {
        // 如果该位置没有防御塔并且玩家有足够的金币来建造所选防御塔：
        if (!towers.ContainsKey(highlighter.position) && gold >= towerPrefabToBuild.goldCost)
        {
            BuildTower(towerPrefabToBuild, highlighter.position);
        }
```

```
        }
        // 如果没有选中建造按钮：
        else
        {
            // 检查 Highlighter 的当前位置是否存在防御塔：
            if (towers.ContainsKey(highlighter.position))
            {
                // 将 selectedTower 设置为当前位置的防御塔：
                selectedTower = towers[highlighter.position];

                // 更新回收价：
                sellRefundText.text = "for " + Mathf.CeilToInt(selectedTower.goldCost *
                selectedTower.refundFactor) + " gold";

                // 确保 Tower Selling Panel 处于活动状态以便显示：
                towerSellingPanel.gameObject.SetActive(true);
            }
        }
    }
```

BuildTower 方法是接下来将会声明的新方法。它接受两个参数：要建造的防御塔的预制件和建造的具体位置，并执行如其名称所示的操作——实例化防御塔并将其放置在指定位置。

在游戏中，金币没有小数部分，因此这里调用了 Mathf.CeilToInt 方法来计算回收价。Ceil 是 ceiling 的缩写，意思是“向上取整”。如果存在任何小数部分，金币就会向上取整——例如，2.004f 会变为 3。方法名称中的 ToInt 意味着我们希望将浮点数结果转换为整数类型。一个类似的方法是 Mathf.Ceil，它同样向上取整，但返回的是浮点数。此外，还有一个 Mathf.FloorToInt 方法，它会向下取整——但为了照顾玩家的游戏体验，这里选择了向上取整，因此如果有小数部分的话，玩家就会得到一枚额外的金币。

在选中防御塔时，sellRefundText 将会被更改，以显示“for [...] gold”，其中 [...] 是防御塔的成本乘以回收价系数，这个系数决定了出售防御塔时能够回收百分之多少的金币。

为了让编译器不再抱怨，让我们在 OnStageClicked 方法下方声明 BuildTower 方法：

```
void BuildTower(Tower prefab, Vector3 position)
{
    // 在给定位置实例化防御塔并将其添加到字典中：
    towers[position] = Instantiate(prefab, position, Quaternion.identity);
    // 减少玩家持有的金币：
    gold -= towerPrefabToBuild.goldCost;
```

```
        // 更新敌人的行进路线：
        UpdateEnemyPath();
    }
```

这段代码展示了如何在 towers 字典中赋值。这里将一个位置用作键，并将一个防御塔的引用作为值赋给它，为此，我们实例化了一个新的预制件。向字典添加数据项时，无需调用特定的方法，只需要通过索引器进行赋值，值就会被赋给键，无论这个键是否已经存在于字典中。

随后，这段代码从当前持有金币中减去了防御塔的建造成本，然后调用 UpdateEnemyPath 方法。稍后将为这个方法声明一个空方法，在第 30 章中开始处理敌人的生成和寻路时，我们会具体实现这个方法。在这里调用它是为了保证在建造（或出售）防御塔后，敌人在迷宫中的行进路线能够及时更新，因为防御塔的建造（或出售）可能会使最优路线发生变化。

31.5 鼠标单击事件方法

虽然已经完成了许多工作，但目前我们仍然无法建造防御塔。我们还需要声明在建造按钮被单击时调用的方法，并将这些方法与建造按钮的鼠标单击事件相绑定。

正如本章开头所述，任何具有单个可序列化类型的参数或没有参数的公共方法都可以通过 UI 事件来调用。建造按钮被单击时，需要执行两个操作：首先，设置选中按钮的 Image 组件，以便我们能够更改其颜色；其次，设置 towerPrefabToBuild。由于不能在单个方法调用中使用两个参数，因此这些功能需要拆分为两个独立的方法。在 BuildTower 方法下方添加以下代码：

```
public void OnBuildButtonClicked(Tower associatedTower)
{
    // 设置要建造的防御塔的预制件：
    towerPrefabToBuild = associatedTower;

    // 取消选中防御塔（如有）：
    DeselectTower();
}
public void SetSelectedBuildButton(Image clickedButtonImage)
{
    // 如果已有选中的建造按钮，确保其颜色已被重置：
    if (selectedBuildButtonImage != null)
        selectedBuildButtonImage.color = Color.white;
    // 保留被单击的按钮的引用：
```

```
        selectedBuildButtonImage = clickedButtonImage;
        // 设置被单击的按钮的颜色：
        clickedButtonImage.color = selectedBuildButtonColor;
    }
```

为了确保单击建造按钮时 Tower Selling Panel 能够消失且取消选中防御塔，这里调用了 DeselectTower 方法，它目前只是一个作为占位符的空方法，但我们很快就会处理它。

这段代码还存储了被单击的建造按钮的 Image 组件。这个 Image 组件有自己的颜色字段，能与 Button 组件中的各种颜色字段协同工作。默认情况下，Image 的颜色是白色，这不会改变按钮的颜色。按钮的颜色由 Button 组件定义。但是，通过调整 Image 组件的颜色，我们可以将其与 Button 组件的颜色混合，从而轻松地改变按钮的色调，而无需逐一设置 Button 组件中的所有颜色属性。按钮具有多种颜色设置，包括正常状态、高亮状态（即鼠标悬停时）、按下状态等。如此一来，在想要把颜色恢复为正常状态时，我们不需要回忆原来的颜色设置，只需要将 Image 颜色设置回原来的白色，就可以显示原有的 Button 组件的颜色。

这段代码还会将之前选中的图像（如有）的 Image 颜色恢复为白色，然后用最新选中的图像替换之前选中的图像。

请注意，这些方法都被设置为公共方法。因为如果它们是私有的，就无法在鼠标单击事件中调用它们了。

为了确保能够访问这些方法，我们需要编译代码，以便 Unity 编辑器能够识别它们。重申一遍，这里调用了一些尚未声明的方法——特别是 UpdateEnemyPath——因此，让我们先将其声明为一个空方法，再将按钮事件与方法调用关联起来：

```
void UpdateEnemyPath(){}
```

这样一来，在保存并返回到 Unity 编辑器后，应该就不会出现错误提示了。

目前只需要设置箭塔（Arrow Tower）的建造按钮，因为我们还没有创建其他类型的防御塔或它们的预制件。在“层级”窗口中找到 Canvas 下的 Build Button Panel，然后选中它的 Arrow Tower 子对象。在“检查器”中导航到 Button 组件的底部。

- 找到“鼠标单击 ()”事件，单击右下角的加号 + 图标以添加一个事件。
- 显示着 Runtime Only 的下拉菜单下方有一个设置为“无”的对象字段。将“层级”窗口中的 Game 游戏对象（带有 Game 脚本）拖到此字段中。
- 这时，显示着 No Function 的字段将变得可用。单击它可以显示一个下拉菜单，其中显示了 GameObject、Transform 和 Game 这几个选项。这些 Game 游戏对象的组件都可以通过事件来进行交互。

- 单击 Game 选项——它代表 Game 脚本实例，而不是同名的游戏对象。此时会展开更多选项，它们都是可以交互的变量或方法，从中选择 OnBuildButtonClicked 方法。
- 现在会出现一个新的字段，用于设置与按钮关联的防御塔的预制件。这是 OnBuildButtonClicked 方法的参数。将“项目”窗口中的 Arrow Tower 预制件拖到这个字段中。
- 再次单击加号以添加第二个事件。像上次那样引用 Game 游戏对象，然后通过下拉菜单选择 Game|SetSelectedBuildButton 方法。在“检查器”中向上滚动，将这个建造按钮的 Image 组件拖放到参数字段中。

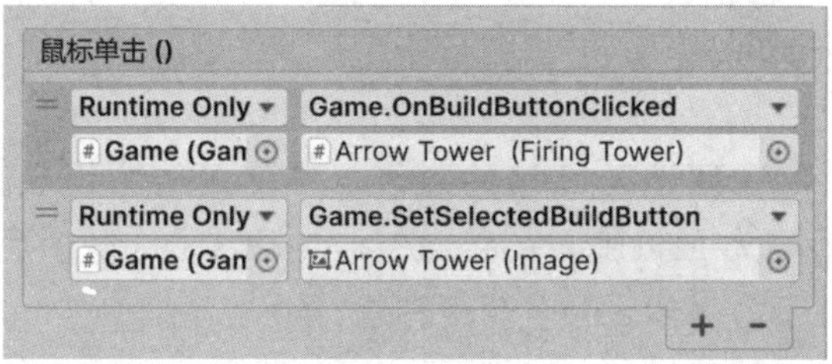

图 31-3 鼠标单击事件已经设置好了两个操作，以调用 Game 脚本中的方法

终于有一部分功能能够正常运行了。现在玩游戏时，如果单击游戏中的 Arrow Tower 按钮，它应该会变为绿色，表示自己已被选中。单击游戏场地中的任意位置，游戏就会在 Highlighter 所在的位置构建一个箭塔。

然而，UI 左下角的金币数量并没有更新，并且按下 Escape 键也无法取消选择建造按钮，因为 DeselectBuildButton 方法尚未实现。

让我们着手实现这个方法。为了避免编译器报错，我们之前将它声明成空方法。用以下代码替换原来的空方法：

```
void DeselectBuildButton()
{
    // 如果 towerPrefabToBuild 不为 null，将其设为 null：
    towerPrefabToBuild = null;

    // 清除选中的建造按钮的颜色：
    if (selectedBuildButtonImage != null)
    {
        selectedBuildButtonImage.color = Color.white;
        selectedBuildButtonImage = null;
    }
}
```

在按下 Escape 键时，BuildModeLogic 方法将会调用这个简单的方法。它会把与当前选中的建造按钮相关的变量设为 null，并将 Image 组件恢复为默认的白色，使按钮不再显示为选中状态。

接下来实现 UpdateCurrentGold 方法。和刚才一样，用以下代码替换原来的空方法：

```
void UpdateCurrentGold()
{
    // 如果金币数量自上帧以来发生了变化，更新文本以匹配：
    if (gold != goldLastFrame)
        currentGoldText.text = gold + " gold";

    // 跟踪每一帧的金币数量：
    goldLastFrame = gold;
}
```

实现了这个方法后，在建造防御塔的时候，左下角的金币数量应该会相应地减少。currentGoldText 的值被设置为 gold 变量的整数值，然后我们在数值后面添加了一个空格和单词“gold”，因此它会显示为“50 gold”而不只是“50”。

然而，防御塔目前仍然不能出售。我们需要通过实现 PositionSellPanel 方法来使出售面板始终位于选中的防御塔上方——注意，之前已经创建了一个占位符方法，所以请用以下代码替换它：

```
void PositionSellPanel()
{
    // 如果选中了防御塔：
    if (selectedTower != null)
    {
        // 将防御塔的世界位置（向前移动 8 个单位）转换为屏幕空间上的位置：
        var screenPosition = Camera.main.WorldToScreenPoint(selectedTower.transform.position
         + Vector3.forward * 8);
        // 将位置应用于防御塔出售面板：
        towerSellingPanel.position = screenPosition;
    }
}
```

这段代码使用了一个新的 Camera 方法 WorldToScreenPoint。它接受世界空间中的一个位置并将其转换为屏幕上的一个点。这里提供给此方法的是所选防御塔的位置，但为了让出售面板位于防御塔“上方”，这个位置在 Z 轴方向上向前移动了 8 个单位——这意味着它会相对于游戏场地向上移动，也就等同于相对摄像机向上移动。

我们已经定义了 selectedTower 变量，它会在玩家没有选中建造按钮且 Highlighter 处于防御塔的位置时，存储被单击的防御塔。完成了这些工作后，就可以在游戏中进行测试了。单击 Arrow Tower 建造按钮，并单击游戏场地中的任意处来建造箭塔，按 Escape 键取消选择建造按钮，然后单击建造的防御塔以选中它。Tower Selling Panel 应该显示在防御塔上方，并且显示正确的回收价格，如图 31-4 所示。

图 31-4 Tower Selling Panel 显示在箭塔上方

目前还没有设置 SELL 或 X 按钮的功能，所以单击它们不会有任何反应。接下来设置这两个按钮。

我们需要实现计划用于按钮事件的方法。首先是单击 SELL 按钮时应该执行的方法：

```
public void OnSellTowerButtonClicked()
{
    // 如果选中防御塔，就出售它：
    if (selectedTower != null)
        SellTower(selectedTower);
}
```

当然，我们还必须实现上述代码调用的 SellTower 方法：

```
void SellTower(Tower tower)
{
    // 由于防御塔将不再存在，所以取消选中防御塔：
    DeselectTower();
    // 按回收价把金币返还给玩家：
    gold += Mathf.CeilToInt(tower.goldCost * tower.refundFactor);

    // 使用防御塔的位置将其从字典中移除：
    towers.Remove(tower.transform.position);

    // 销毁防御塔游戏对象：
    Destroy(tower.gameObject);

    // 刷新寻路：
```

```
    UpdateEnemyPath();
}
```

这段代码使用 CeilToInt 方法将回收价格向上取整，并把这笔钱加回玩家当前的金币余额中。为了从 towers 字典中移除防御塔，这段代码调用了 Remove 方法，它接受我们想要移除的值的键。由于键是防御塔的位置，所以我们只需要访问访问传入的 Tower 参数，并引用其 transform.position。

然后，这段代码销毁了防御塔游戏对象。

由于游戏场地中的一座防御塔被移除了，敌人的行进路线需要更新，以确保这始终是最理想的路线。

我们还需要为取消选择防御塔的方法编写代码。虽然之前为这个方法设置了占位符，但在实际编写这个方法的时候，请确保将其设为公共方法，否则我们将无法在 UI 事件中访问它：

```
public void DeselectTower()
{
    // 将选中的防御塔设为 null，并隐藏防御塔出售面板：
    selectedTower = null;
    towerSellingPanel.gameObject.SetActive(false);
}
```

接下来简单添加事件即可。这个过程与之前设置建造按钮的过程一样。在“层级”窗口中找到 Tower Selling Panel 中的 Sell Button 子对象，并为它添加一个调用 Game.OnSellTowerButtonClicked 的鼠标单击 () 事件。

然后，再为 X Button（Sell Button 的同级对象，它们在“层级”窗口中应该是紧挨着的）添加一个调用 Game.DeselectTower 的事件。

这两个方法都不需要任何参数，所以简单引用这些方法即可。

完成上述设置后，建造模式的核心功就能正常运行了。

- 单击以选中建造按钮后，它将变为绿色（除非你在 Game 脚本中更改了颜色）。目前，其他三个建造按钮尚未与事件关联起来，因为我们还没有创建对应的防御塔，所以它们暂时不会有任何功能，但 Arrow Tower 按钮已经可以正常工作了。现在，我们已经掌握了构建其他防御塔时为它们设置事件的方法。
- 在选中建造按钮的情况下单击游戏场地中的任意处即可建造防御塔，前提是持有足够的金币。
- 按 Escape 键可以取消选中建造按钮或防御塔。
- 如果在未选中建造按钮的情况下单击以选中防御塔，防御塔上方显示一个出售面板。

单击 SELL 按钮将出售防御塔并获得返还的金币，而单击 X 按钮将取消选择防御塔，同时隐藏出售窗格。

- 在选中防御塔的情况下单击建造按钮也会取消选中防御塔。
- 无论是通过购买还是出售防御塔导致的金币数量变动，都会实时反映在界面左下角。

31.6 小结

这一章很重要，涉及许多新的知识点。本章要点回顾如下。

1. 我们可以在 UI 元素上附加特定事件触发的行为。这使我们能够从脚本或组件中调用方法，或者设置组件或游戏对象中的属性的值。如果我们想通过行为调用一个方法，该方法就必须是公共的，并且最多只能有一个参数。
2. 我们可以使用射线投射来检测从一个起点沿着某个方向移动一定距离时是否发生了碰撞。
3. 我们可以使用 Camera.WorldToScreenPoint 方法将世界位置转换为屏幕位置。
4. 我们可以使用 LayerMask 来设定射线投射可以与哪些层碰撞。层遮罩可以方便地在“检查器”窗口中设置。
5. 我们可以使用 Camera.ScreenPointToRay 从给定的屏幕位置发射一条射线。
6. 我们可以使用 Dictionary 来以键值对的形式存储对象。在添加一个值时，必须同时指定一个与之关联的键。在声明和创建 Dictionary 实例时，需要在尖括号 < 和 > 中使用泛型类型来定义键和值的类型。

在下一章中，我们终于可以开始处理敌人在游戏模式中的寻路和生成，让那些防御塔又可以攻击目标。之后，我们将着手实现最后三种防御塔。

第 32 章 游戏模式的逻辑

本章将完成一些准备工作，为敌人的生成和移动设定初步的游戏逻辑，包括启动游戏模式时将用于实例化敌人的生成点、敌人将通过寻路算法到达的目标点以及它们到目标点的实际行进路线。第 31 章在 Game 脚本中设置了 UpdateEnemyPath 方法，目前它没有具体的功能，但会在防御塔被出售或购买时被调用。我们将在这个方法中编写寻路逻辑，以便在需要时生成新的路线。

如果找不到可行的路线，我们将通过一个面板来阻止玩家开始游戏，使得 PLAY 按钮无法被点击。同时，我们还会显示一些文本，让玩家知道问题出在哪里。他们必须出售一些防御塔，为敌人清出一条可以通过的道路；否则，玩家将无法进入下一关。

32.1 出生点和目标点

我们将在 Stage 的两端设置出生点和目标点。考虑到敌人的长和宽都是 5 个单位，我们将在 Stage 上放置与敌人大小相同的“平板”。

- 创建一个空对象，将其命名为 Spawn Point，并把位置设为（0，0，96）。
- 创建一个立方体作为 Spawn Point 的子对象，将其位置设为（0，0.1，0），缩放设为（5，0.2，5）。
- 复制粘贴 Spawn Point 并将其重命名为 Leak Point。请确保复制的是根对象（而不是其中的 Cube 子对象）。将其位置设为（0，0，-96)，这样它就会位于 Stage 的尾部，与头部的 Spawn Point 相对。
- 我为 Spawn Point 和 Leak Point 分别创建了材质，并应用到了它们各自的 Cube 子对象上。我为 Spawn Point 创建了一个深橙色的材质，其十六进制颜色代码为 D4983D；而 Leak Point 则使用红色材质，其十六进制颜色代码为 FF2227。

现在，Stage 的两端各有一个平板。让我们在 Game 脚本中声明变量以引用出生点和目标点，以便在寻路时使用它们的位置——我在之前声明的变量上方添加了以下代码：

```
[Header("References")]
public Transform spawnPoint;
public Transform leakPoint;
```

保存，然后返回编辑器来设置这些引用，为后续的使用做好准备。

32.2 锁定 PLAY 按钮

接下来，我们将创建一个用于锁定 PLAY 按钮的 UI 元素：一个用于遮挡 PLAY 按钮的面板以及一段位于按钮上方、用于向玩家说明为何无法进入下一关卡的文本。

创建面板后，我们将在 Game 脚本中引用它。如果敌人的路线被阻挡，就激活这个面板；有可行的路线后，再停用它。与面板关联的文本消息将是它的子对象，会随着面板而激活和停用。

通过以下步骤创建面板。

- 在“层级”窗口中右键单击 Canvas 游戏对象，并添加 UI ➤ 面板，将其命名为 Play Button Lock Panel。记住，所有 UI 元素将按照在“层级”窗口中从上到下的顺序渲染。那些在“层级”窗口中靠下的（即后添加的）元素将渲染在靠上的元素上方（或者说，它们会覆盖靠上的元素）。方才创建的 Play Button Lock Panel 位于其同级元素下方，这意味着它将渲染在 Play Button 上方，从而使 Play Button 无法被点击——玩家点击的是面板，而不是 Play Button。
- 同时按住 Shift 键和 Alt 键，然后将“锚点预设”设置为 bottom-center，以便面板的枢轴点和位置随之更改。
- 将面板的宽度改为 240，高度改为 70。
- 将面板的 Image 组件的颜色字段更改为红色，十六进制颜色代码为 FD5757。将颜色的 alpha（即 A）值更改为 170，使其变为半透明状态。

图 32-1 正常状态（上）与锁定面板激活时（下）的 PLAY 按钮

现在，让我们添加在面板激活时将显示在播放按钮上方的文本。

- 右键单击 Play Button Lock Panel 并通过 UI ➤“文本 – TextMeshPro”以创建一个子对象。将子对象的宽度设为 340，高度设为 80，并将其 Y 位置设为 85。
- 将 Font Size 设为 22。
- 在 Text 组件的文本框中输入以下消息：“Towers are blocking enemies from reaching the

leak point! Can’t play until a path is cleared!”（防御塔阻挡了敌人前往目标点的道路！请清出一条路后再开始游戏！）

- 将文本的 Vertex Color 设置为浅红色，十六进制颜色代码为 FF4949。

完成这些设置后，当 Play Button Lock Panel 激活时，PLAY 按钮的外观应该与图 32-2 一致。确保面板在默认情况下处于非活动状态，使其不至于在游戏一开始的时候就出现。

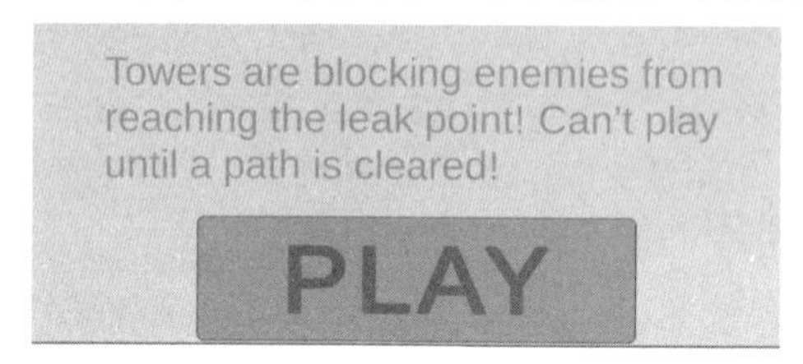

图 32-2 Play Button Lock Panel 处于活动状态时的 PLAY 按钮

我们需要创建一个指向 Play Button Lock Panel 游戏对象引用，以便激活和停用它。在 Game 脚本中添加以下代码：

```
[Tooltip("对 Play Button Lock Panel 游戏对象的引用。")]
public GameObject playButtonLockPanel;
```

当然，为了设置这个引用，不要忘记在编辑器中把“层次”窗口中的 Play Button Lock Panel 拖到“检查器”中 Game 脚本组件的字段上。

32.3 为寻路做准备

Unity 为寻路和相关的 AI 提供了多种选项，例如局部避障（local avoidance），这是一种防止多个移动对象在朝目标移动的过程中相互碰撞的 AI 技术。Unity 甚至还提供了方法来处理斜坡和可以跳过的开放空间。不过，我们的游戏不需要这种功能。我们只想在 Stage 这个平面上为敌人找到一条绕过防御塔的路径，其中不涉及任何跳跃或斜坡，同时使用自己的脚本来控制敌人的移动。幸运的是，这些高级功能不会妨碍我们。我们将能够调用一个方法来计算从点 A 到点 B 的路径，并按顺序获取路径上的点。在下一章中，我们将利用这一系列点将敌人从起点移动到终点。

为了使用导航功能，需要先安装 AI Navigation 包。在 Unity 编辑器的顶部工具栏中选择“窗口”➤“包管理器”，如图 32-3 所示。

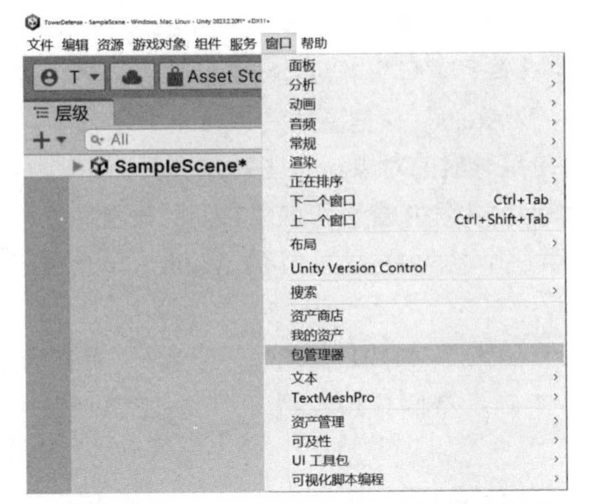

图 32-3 使用顶部工具栏访问“包管理器”窗口

“包管理器”窗口的中间展示了一系列可供选择的包，它们能为项目提供额外的功能。在这个窗口中，我们可以添加、移除包或把包更新到最新版本。单击这些包中的任意一个即可在窗口右侧看到它的详细信息。

找到 AI Navigation 包并安装它。

1. 在 Package Manager 窗口左侧选择“Unity 注册表”（图 32-4 左侧的框），以显示注册表中的所有包，而不仅仅是当前项目中的包。
2. 在搜索栏（图 32-4 中间的灰框），并在其中输入“AI Navigation”。
3. 单击 AI Navigation 包。
4. 单击右侧的“安装”按钮（图 32-4 右侧的框）。
5. 等待包安装完成，然后关闭“包管理器”窗口。

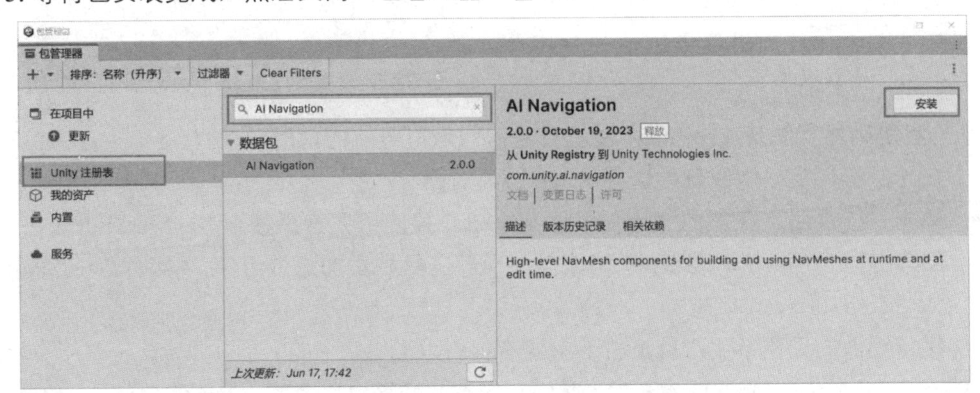

图 32-4 “包管理器”窗口，显示着 Unity 注册表（左侧框）并在其中搜索了 AI Navigation（中间框）

这样，就成功启用了项目所需要的导航功能。

接着，在顶部工具栏中选择“窗口”➤ AI ➤“导航”，这将打开“导航”窗口。这个窗口顶部有两个标签：Agents 和 Areas。只需要关注 Agents。

Agent（代理）指的是使用导航的对象，这些对象在界面中以圆柱体的形式显示。可以利用“导航”窗口创建不同类型的代理并查看和编辑它们的设置。

默认情况下，系统提供一个名为 Humanoid 的 Agent，单击 Agent Types 列表右下角的加号按钮可以添加更多 Agent。

下面来了解一下各项设置的作用，并按照需求进行配置——最终的导航窗口应与图 32-5 一致。

- “名称”用于标识不同类型的代理，将其更改为 Enemy。
- “半径”是从圆柱体中心到边的距离。由于敌人的长和宽都是 5 个单位，将半径设为 2.5 可以使 Agent 的大小与敌人相同。但为了在敌人和障碍物（比如防御塔）之间保留一定的空间，最好将其设为 3。
- “高度”是圆柱体的高度。敌人高 8 个单位，所以将其设为 8。
- Step Height 是 Agent 可以跨越的最大高度。这个设置在我们的游戏中无关紧要，因此保持它为默认的 0.4。
- Max Slope 是 Agent 可以走上去的最大斜坡角度。游戏场地是一个平面，所以将其设置为 0。如果保持默认设置不变，Unity 提出警告。

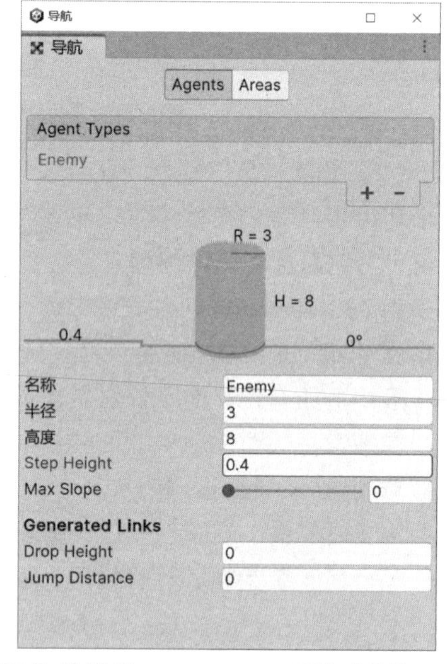

图 32-5 设置完 Enemy Agent 后的“导航”窗口

下一步是确保导航系统将 Stage 游戏对象识别为可导航的地面。

- 在“层级”窗口中找到并选中 Stage 游戏对象。
- 单击“检查器”底部的“添加组件”按钮，并使用搜索栏搜索 NavMeshSurface。按下回车键以添加组件。或者，也可以使用顶部工具栏添加这个组件：“组件”➤“导航”➤ NavMeshSurface。
- 保持组件的设置不变，单击右下角的 Bake 按钮。

这将创建一个 Nav Mesh Data 资源，其中存储有关场景中的地面的导航信息。Nav Mesh Data

资源将被存储在一个以场景命名的新文件夹中，它位于 Assets 中的 Scenes 文件夹中。不必特别关注这个资源——它会自动关联到 Stage 游戏对象的 NavMeshSurface 组件。如果不小心删除了这个资源，可以通过单击 NavMeshSurface 组件中的 Bake 按钮重新生成它。

现在，我们还需要为寻路系统做最后的准备。我们还没有将防御塔定义为阻碍导航的障碍物。导航系统不会自动将任何碰撞体视为障碍物，所以必须为防御塔添加 NavMeshObstacle 组件，明确将它们标记为需要绕行的障碍物。

- 在“项目”窗口中双击 Arrow Tower 预制件打开它。将 NavMeshObstacle 组件添加到它的根游戏对象上：在顶部工具栏中选择“组件”|“导航”|“导航网格障碍”。
- 在“检查器”中找到 NavMeshObstacle 组件。将“中心”设置为（0，3，0），大小设置为（10，6，10），以覆盖防御塔的 Base 立方体。
- 勾选“切割”复选框。这个设置决定了 avMeshObstacle 是否应当在 NavMesh 中划出一个区域——换句话说，它是否应在 NavMesh 中作为障碍物。如果设为 false，障碍物将不会影响 NavMesh 本身，但是所有使用 Unity 内置 NavMeshAgent 组件的 Agent 都会绕过它。我们不打算使用该组件，而是只会在 NavMeshSurface 上找到路径，并使用自己的脚本沿着这条路径导航。这意味着除非启用 Carve 功能，否则障碍物将不会起到任何效果。
- 保存预制件并返回场景。

我们还会对所有其他类型的防御塔执行相同的操作，以免敌人直接穿过它们。不过，等到设置好敌人的寻路逻辑之后，我们才会创建这些防御塔。

32.4 寻找路径

第 31 章声明了空方法 UpdateEnemyPath，用于在建造或出售防御塔时调用。现在，我们将在这个方法中实现寻路逻辑。

因为路径与地面敌人相关，我们将在 GroundEnemy 脚本中将路径声明为静态变量。第 9 章提到过，静态变量与类的各个实例无关，而是与类本身绑定。这意味着，静态变量在整个类中只有一个实例，任何使用这个变量的类实例都会指向同一内容。由于 GroundEnemy 将沿着该路径行进，我们将在其脚本类中设置静态变量。

让我们来实际操作一下。创建 GroundEnemy 脚本，打开它，并在其中添加以下代码：

```
using System.Collections;
using System.Collections.Generic;
using UnityEngine;
using UnityEngine.AI;
```

```
public class GroundEnemy : Enemy
{
    public static NavMeshPath path;
}
```

为了能够使用必要的导航功能，需要在脚本文件顶部的其他 using 语句后添加“using UnityEngine.AI”。这样，我们就可以使用 NavMeshPath 类型，它代表了导航系统提供的路径——我们在声明 path 变量时使用了这个类型。path 是一个静态变量，指向地面敌人采用的路径。所有地面敌人的路径都是相同的，因此没有必要为每个地面敌人分别设置一个独立的（非静态）变量。通过静态变量，我们可以在 Game 脚本中设置路径，所有 GroundEnemy 实例都可以访问这条路径，并且在生成后就开始沿着路径移动。

请注意，GroundEnemy 脚本继承自 Enemy 基类，这样它们就能拥有所有敌人都应该具备的标准功能，比如生命值和死亡机制。

GroundEnemy 脚本到这里就告一段落了，只不过在实现它们沿着生成的路径移动的功能时，我们还会再次对其进行修改。

接下来，我们需要在游戏开始时更新一次路径，以确保即便玩家在未建造任何防御塔的情况下开始游戏（虽然这种行为很不可思议），游戏也能创建从生成点到目标点的路径。

实现这一点的方法很简单，只需要打开 Game 脚本，并在其中添加以下 Start 方法：

```
void Start()
{
    UpdateEnemyPath();
}
```

现在，是时候着手实现寻路逻辑了。首先需要在 Game 脚本顶部添加“using UnityEngine.AI;”，以便在脚本中访问 NavMesh 类。

NavMesh 类中有一个 CalculatePath 静态方法，它提供了一种简单的寻路机制，可以计算从一个点到另一个点的路径，并将结果存储在给定的 NavMeshPath 实例中。

我们需要在 UpdateEnemyPath 方法中调用 CalculatePath 方法。但是，如果直接调用这个方法，可能会遇到问题。创建和销毁防御塔的效果可能不会立即生效。可能需要等到下一帧，NavMeshObstacle 对 NavMesh 的影响才会开始或停止。因此，不能立即执行 CalculatePath 方法，否则它可能会在障碍物被添加或移除之前就计算路径。我们需要在调用 UpdateEnemyPath 方法后稍作等待，再计算路径。

为此，我们将声明一个 PerformPathfinding 方法，并利用 Invoke 来在调用 UpdateEnemyPath

方法后延迟执行 PerformPathfinding 方法：

```
void UpdateEnemyPath()
{
    Invoke("PerformPathfinding", .1f);
}

void PerformPathfinding()
{
    // 确保 GroundEnemy.path 已被初始化：
    if (GroundEnemy.path == null)
        GroundEnemy.path = new NavMeshPath();

    // 寻找从生成点到目标点的路径，并将结果存储在 GroundEnemy.path 中：
    NavMesh.CalculatePath(spawnPoint.position, leakPoint.position, NavMesh.AllAreas,
    GroundEnemy.path);

    if (GroundEnemy.path.status == NavMeshPathStatus.PathComplete)
    {
        // 在成功找到路径时，确保 Play Button Lock Panel 处于非活动状态：
        playButtonLockPanel.SetActive(false);
    }
    // 如果未能找到路径，激活 Play Button Lock Panel：
    else
        playButtonLockPanel.SetActive(true);
}
```

由于 Unity 脚本在序列化数据时的一些特点，需要确保在 GroundEnemy 脚本中声明 path 变量时，不能创建 new NavMeshPath() 实例。因此，在首次创建路径时，第一个 if 语句会检查路径是否尚未创建，如果没有，则创建它。创建完毕之后，后续的 CalculatePath 调用就可以重复使用这个实例了。

这段代码使用了之前提到的 NavMesh.CalculatePath 方法，其中的第一个参数是路径的起点，第二个参数是终点，这里分别使用了生成点和目标点的位置。

第三个参数是区域遮罩（area mask），这类似于第 31 章的 Raycast 方法中使用的层遮罩，但它对应的是可以在“导航”窗口中设置的区域类型。通过这些类型，可以为不同类型的地面设置各自的“成本”值。寻路算法在计算最佳路径时会考虑这些区域的成本。例如，可以定义一些能够行走但成本较高的地面区域——例如，沼泽地可能会减慢士兵的行进速度，因此它的成本比较高。在这种情况下，即使它的距离更短，寻路算法可能也会选择绕过它。不过，当前游戏用不上这个功能，所以这里简单地引用了静态成员 NavMesh.AllAreas 作为这个参数的值。

最后，我们传入了 GroundEnemy.path 作为要存储数据的路径。

完成路径计算后，这段代码引用了 path 的 .status 成员，它是一个 NavMeshPathStatus 枚举，可以用来检查路径是否延伸到了目的地。如果是，则状态为 PathComplete；如果路径没有完全到达目的地，状态则会使 PathPartial。

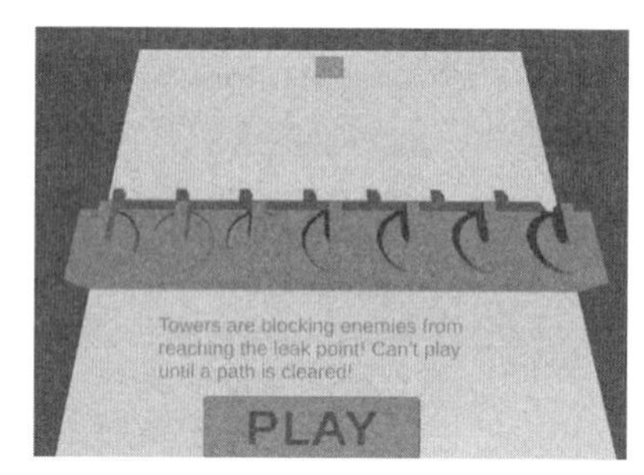

图 32-6 防御塔完全阻挡路径，导致游戏锁定了 PLAY 按钮

这段代码会根据路径是否完整来激活或停用 Play Button Lock Panel。现在，不妨启动游戏并观察一下实际效果。如果路径被阻塞，Play Button Lock Panel 将被激活，使 PLAY 按钮无法被点击，如图 32-6 所示。

卖掉其中一个防御塔后，PLAY 按钮将会解锁。

32.5 小结

本章创建了敌人的生成点和目标点，如果敌人成功到达目标点，敌人游戏对象将会被摧毁，同时扣除玩家的生命值。本章还讲解了如何在每次建造或出售防御塔时为地面敌人执行基本的寻路算法，并说明了在未能找到可行路线时，如何通过在 PLAY 按钮上渲染一个面板来锁定它。现在我们已经做好了准备，可以开始让 PLAY 按钮启动游戏关卡并生成敌人了。

本章要点回顾如下。

1. 在游戏中，如果要在某个网格上寻路，就必须为其添加 NavMeshSurface 组件，并单击组件中的 Bake 按钮来生成 Nav Mesh Data 资源，该资源将存储有关表面的导航信息。
2. 勾选 NavMeshObstacle 组件中的“切割”复选框后，它会在 NavMeshSurface 组件上的对应位置切割出一个区域，路径将无法穿过这个区域。
3. 类中的静态变量是单一的实例，它直接附加到类本身，而不是让每个类的实例都持有该变量的独立副本。
4. NavMesh.CalculatePath 用于计算两个点之间的路径。它接受 4 个参数：路径的起点、终点、定义哪些区域可以行走的区域遮罩，以及用于存储计算出的路径数据的 NavMeshPath。为了在脚本中使用 NavMesh 类，需要在脚本文件顶部添加“using UnityEngine.AI;”。
5. NavMeshPath.status 返回一个 NavMeshPathStatus 枚举，可用于确定路径是否到达目标点。如果到达目标点，它将是“.PathComplete”；如果路径被阻塞且未能到达目标点，则是“.PathPartial”。

第 33 章 敌人的逻辑

目前，我们已经创建了能自动为 GroundEnemy 规划出一条避开防御塔的行进路线的寻路功能、箭塔以及可以用于构建 GroundEnemy 脚本和 FlyingEnemy 脚本的 Enemy 基类。这一章将使 PLAY 按钮能够触发敌人的生成，并实现两种类型的敌人：沿着计算出的路径前进的 GroundEnemy 和从生成点径直飞向目标点的 FlyingEnemy。

33.1 游戏模式设置

当玩家单击 PLAY 按钮后，游戏将启动当前关卡并开始生成敌人。敌人将逐个生成，直到达到设定的数量为止。敌人要么被防御塔消灭，要么成功到达目标点，但无论是哪种情况，它们都会被销毁。一旦所有敌人都生成完毕并且游戏中没有剩余的敌人，关卡就结束。如果玩家生命值耗尽，则算作游戏失败，这时我们将显示一个覆盖全屏幕的面板，告诉玩家他们是多么地令人失望。如果玩家的生命值没有耗尽，游戏会返回到建造模式，给予玩家一些金币作为通关奖励，并将当前的关卡编号增加 1。

现在，让我们在 Game 脚本中声明所有与这些逻辑相关的变量。在所有与建造模式相关的变量下方添加以下代码：

```
// 游戏模式：
[Header("Play Mode")]

[Tooltip("对 Build Button Panel 的引用，用于在游戏模式开始时停用它。")]
public GameObject buildButtonPanel;

[Tooltip("对 Game Lost Panel 的引用。")]
public GameObject gameLostPanel;

[Tooltip("对 Game Lost Panel 中的 Text 组件的引用。")]
public TextMeshProUGUI gameLostPanelInfoText;

[Tooltip("对 Play Button 游戏对象的引用，用于在游戏模式中停用它。")]
public GameObject playButton;
```

```
[Tooltip(" 对 Enemy Holder 的 Transform 的引用。")]
public Transform enemyHolder;

[Tooltip(" 对地面敌人预制件的引用。")]
public Enemy groundEnemyPrefab;

[Tooltip(" 对空中敌人预制件的引用。")]
public Enemy flyingEnemyPrefab;

[Tooltip(" 生成各个敌人之间的时间间隔（秒）。")]
public float enemySpawnRate = .35f;

[Tooltip(" 决定了空中敌人关卡出现的频率。例如，如果设为 4，则每 4 个关卡出现一次空中敌人关卡。")]
public int flyingLevelInterval = 4;

[Tooltip(" 每个关卡生成的敌人数量。")]
public int enemiesPerLevel = 15;

[Tooltip(" 玩家每次通关时获得的金币。")]
public int goldRewardPerLevel = 12;

// 当前关卡
public static int level = 1;

// 本关卡迄今为止生成的敌人数量
private int enemiesSpawnedThisLevel = 0;

// 玩家的剩余生命值；一旦为 0，游戏就会结束：
public static int remainingLives = 40;
```

第一部分变量是对各种游戏内容的引用，我们需要在“检查器”中进行设置。

- buildButtonPanel 应该设置为 Canvas 中的 Build Button Panel 子对象，以便在进入游戏模式或建造模式时相应地停用和激活它。
- gameLostPanel 指向覆盖全屏幕的 Game Lost Panel 面板，游戏将在玩家生命值耗尽时显示它。我们很快就会创建它。
- gameLostPanelInfoText 是 Game Lost Panel 中的一个文本元素，用于在游戏失败时向玩家展示他们的生命值（让玩家知道他们输得有多惨）以及玩家是在哪一关失败的。我们需要在玩家失败时设置这段文本，以确保其中的信息是正确的。
- playButton 指向 Play Button 按钮。类似于 buildButtonPanel，我们将在游戏模式下停用

以隐藏它，并在切换回建造模式时重新激活它。

- enemyHolder 应该引用一个命名为 Enemy Holder 的新创建的空对象。它将被用作所有敌人的父对象。通过检查它包含的子对象数量，我们可以判断是不是所有敌人均已销毁，从而确定关卡是否结束。
- 我们把 groundEnemyPrefab 和 flyingEnemyPrefab 留到创建敌人预制件之后再设置，它们将用来实例化敌人。

其余变量的作用在工具提示中进行了说明。我们可以调整敌人生成的时间间隔，经过多少个地面关卡才会轮到一个飞行关卡、每个关卡生成的敌人数量以及玩家在关卡结束时获得的金币数量。此外，这段代码还定义了表示当前关卡编号和剩余生命值的静态变量以及一个用于追踪已生成敌人的数量的私有变量，以判断何时停止生成。

接下来，让我们创建 Game Lost Panel 游戏对象，以备不时之需。

- 将 Panel 预制件实例化为 Canvas 的子对象，并将其命名为 Game Lost Panel。它的大小应该会自动覆盖整个 Canvas。如果没有的话，请打开“锚点预设”下拉菜单，按住 Alt，然后单击右下角的 Stretch。
- 通过 UI ➤ “文本 – TextMeshPro”向 Game Lost Panel 添加一个子对象，它应该在面板上居中。将其命名为 Game Over Text，并把宽度设为 340，高度设为 50。在 TextMeshPro 组件中，将文本设置为 Game Over，字体大小设置为 48，字体样式设为粗体，对齐方式设置为 Center 和 Middle，并将 Vertex Color 设为橙色，十六进制颜色代码为 FFA800。
- 向 Game Lost Panel 添加另一个 TextMeshPro 子对象。将其命名为 Info Text。将其 Y 位置设置为 -160，宽度设置为 340，高度设置为 180。将字体大小设置为 24，对齐方式设置为 Center 和 Top，并将 Vertex Color 设为浅橙色，十六进制颜色代码为 FFC044。清空文本内容；我们稍后会通过脚本设置它。

完成后，在默认情况下停用 Game Lost Panel，并将它和 Info Text 的引用拖放到 Game 脚本的变量中。确保 Game Lost Panel 在“层级”窗口中是 Canvas 中最底层的子对象，因为我们想让它显示在其他所有对象之上。

再次确认 Enemy Holder 对象是否已经创建完毕（它只是一个没有父对象的空对象），并在 Game 脚本确认是否已经设置了对 Enemy Holder、Build Button Panel 和 Play Button 的引用。

接下来，为 Update 方法声明游戏模式的逻辑，这个过程与声明 BuildModeLogic 方法的过程类似。我们将修改 Game 脚本的 Update 方法，并添加一个 else 条件以便在非建造模式下调用 PlayModeLogic：

```
void Update()
```

```
{
    // 如果当前处于建造模式，则执行建造模式的逻辑
    if (mode == Mode.Build)
        BuildModeLogic();
    else
        PlayModeLogic();
}
```

在 Game 脚本中所有与建造模式相关的方法下方声明 PlayModeLogic 方法：

```
public void PlayModeLogic()
{
    // 如果没有剩余的敌人且所有敌人均已生成
    if (enemyHolder.childCount == 0 && enemiesSpawnedThisLevel >= enemiesPerLevel)
    {
        // 如果玩家没有输，则返回建造模式
        if (remainingLives > 0)
            GoToBuildMode();

        // 否则，如果玩家输掉游戏 ...
        else
        {
            // 更新 Game Lost Panel 文本信息
            gameLostPanelInfoText.text = "You had " + remainingLives + " lives by the end
            and made it to level " + level + ".";
            // 激活 Game Lost Panel
            gameLostPanel.SetActive(true);
        }
    }
}
```

我们将通过 Enemy Holder 对象的 Transform.childCount 成员来检测关卡何时结束，该成员将给出 Enemy Holder 还有多少个子对象。如果子对象数量为 0，并且已经生成当前关卡的所有敌人，就表明关卡已经完成了。

如果玩家的生命值还没有耗尽，游戏就会执行 GoToBuildMode 方法以切换回建造模式。这个方法将在稍后声明。

如果生命值已经耗尽，Game Lost Panel 将无情地覆盖整个屏幕，使玩家无法看到其他内容，也不能单击任何按钮。

现在声明一个 GoToPlayMode 方法，以定义从建造模式切换到游戏模式的逻辑：

```
void GoToPlayMode()
```

```
{
    mode = Mode.Play;

    // 停用 Build Button Panel 和 Play Button
    buildButtonPanel.SetActive(false);
    playButton.SetActive(false);

    // 停用 Highlighter
    highlighter.gameObject.SetActive(false);
}
```

我们不想在游戏模式种显示 Highlighter 或 Build Button Panel，所以通过以上代码停用了它们。

在玩家还有剩余生命值的情况下，游戏将会在关卡结束时调用 GoToBuildMode 方法，从游戏模式切换回建造模式。前文已经写好了这个方法的调用，现在让我们具体编写这个方法的声明：

```
void GoToBuildMode()
{
    mode = Mode.Build;

    // 激活 Build Button Panel 和 Play Button
    buildButtonPanel.SetActive(true);
    playButton.SetActive(true);

    // 重置 enemiesSpawnedThisLevel
    enemiesSpawnedThisLevel = 0;

    // 增加关卡编号
    level += 1;
    gold += goldRewardPerLevel;
}
```

这段代码激活了 Build Button Panel 和 Play Button。当玩家将鼠标悬停在游戏场地上时，Highlighter 将自动重新激活，这是它在建造模式下的常规性我，所以不需要在这里做额外的设置。同时，我们还要确保重置当前关卡已生成的敌人数量，然后向玩家发放金币奖励，并增加关卡编号。

现在声明一个 StartLevel 方法，我们稍后会把方法与 Play Button 的鼠标单击事件关联起来：

```
public void StartLevel()
{
    // 切换到游戏模式
    GoToPlayMode();
```

```
    // 重复调用 SpawnEnemy 方法
    InvokeRepeating("SpawnEnemy", .5f, enemySpawnRate);
}
```

这个方法只包含两行代码，但第二行代码引入了一个新的概念，我们有必要解释一下。为了重复生成敌人，这里使用了 InvokeRepeating 方法。该方法能够按照设定的时间间隔重复调用一个方法。如前所述，Invoke 方法允许我们通过字符串形式的方法名来调用脚本中的某个函数，并且它还接受一个参数，用于指定调用前要等待的秒数。

InvokeRepeating 方法在功能上与 Invoke 方法类似，但它接受以下三个参数：

- 要调用的方法的名称（字符串）；
- 初始等待时间（秒）。从调用 InvokeRepeating 开始，到第一次方法调用发生之间的时间间隔；
- 间隔时间（秒）。在第一次调用之后，每次调用之间的时间间隔。

InvokeRepeating 方法将重复调用其中的方法，直到我们通过调用 CancelInvoke 方法来结束它。可以仅通过编写一行简单的“CancelInvoke();”来取消脚本中所有当前正在进行的 Invoke 调用，也可以向 CancelInvoke 方法传入一个字符串参数来指定想要停止调用的特定方法。在生成了 enemiesPerLevel 变量所设定数量的敌人之后，我们就会执行 CancelInvoke 方法。

我们需要声明 CancelInvoke 方法所调用的 SpawnEnemy 方法，但在此之前，最好先确保在玩家单击 PLAY 按钮时调用 StartLevel 方法。具体的操作与之前对 Arrow Tower 建造按钮进行的操作类似：在“层级”窗口中找到 Play Button 游戏对象（它和所有 UI 元素一样，是 Canvas 的子对象），选中它并在“检查器”中查看它的 Button 组件，向下滚动到“鼠标单击 ()”事件，然后单击右下角的加号按钮来添加一个新的事件响应动作。

将 Game 对象从“层级”窗口拖放到当前设置为“无”的字段中。单击显示着 No Function 的下拉菜单，选择 Game ➤ StartLevel()。这样，Play Button 就设置完毕，可以用来开始游戏了。

如果在 Game 的变量和方法列表中没有看到 StartLevel，请确保已将 StartLevel 方法声明为公共方法，并且在代码编辑器中保存了脚本。

33.2 生成敌人

我们已经能够启动游戏模式了，这很好，但它目前只在“控制台”窗口中显示“Trying to Invoke method: Game.SpawnEnemy couldn't be called”，提示这个正在尝试调用的方法尚未被声明。下面让我们着手解决这个问题。

SpawnEnemy 方法将利用之前尚未介绍过的取模操作符 %，根据关卡来生成地面或空中敌人的预制件。模数操作符接收两个数值，计算并返回它们相除后的余数。如果两个数字可以整除，则余数为 0；否则，返回不能被整除的余数。

例如，计算 15 除以 5 的余数，结果是 0，因为 15 能被 5 整除；而计算 15 除以 6 的余数，结果是 3，因为 15 除以 6 余 3。

接下来，让我们通过实际代码来实现这一逻辑，声明要调用的方法：

```
void SpawnEnemy()
{
    Enemy enemy = null;
    // 如果当前是飞行关卡
    if (level % flyingLevelInterval == 0)
         enemy = Instantiate(flyingEnemyPrefab, spawnPoint.position + Vector3.up * 18,
        Quaternion.LookRotation(Vector3.back));
    else
        enemy = Instantiate(groundEnemyPrefab, spawnPoint.position,Quaternion.
        LookRotation(Vector3.back));

    // 将敌人设为 Enemy Holder 的子对象
    enemy.trans.SetParent(enemyHolder);

    // 记录生成的敌人
    enemiesSpawnedThisLevel += 1;

    // 如果所有敌人都生成完毕，则停止调用
    if (enemiesSpawnedThisLevel >= enemiesPerLevel)
        CancelInvoke("SpawnEnemy");
}
```

这段代码首先声明了一个取值为 null 的 enemy 变量，用于存储即将生成的敌人对象。然后根据取模运算的结果，决定生成地面敌人还是空中敌人预制件，并将新生成的敌人对象赋值给该变量。前面提到过，Instantiate 方法接受三个参数，分别是要生成的预制件、生成位置以及生成时的旋转角度。空中敌人在生成点上方 18 个单位生成，以确保它们在空中生成。此外，这段代码还使敌人面向世界坐标系中的后方，也就是目标点所在的方向（在玩家视角中是下方）。

我们通过公式 level % flyingLevelInterval 来判断当前关卡是否会出现空中敌人。flyingLevelInterval 默认为 4，让我们分析一下 level 数值递增时会发生什么。

在第 1、2、3 关中，取模操作符左侧的数值小于右侧的值（4），所以不能被整除。在这种情况下，返回的结果将等于左侧的值，也就是 1、2 和 3。由于结果不为 0，所以这些关卡

都不会出现空中敌人。

在达到第 4 关时，左侧数值等于右侧值，因此可以整除，余数为 0。这意味着第 4 关会出现空中敌人。

对于第 5、6、7 关，右侧的值（4）只能被整除一次，剩下的余数不能再被整除，因此返回的结果将是余数，也就是 1、2 和 3。在达到第 8 关时，右侧的值可以整除两次，余数再次为 0——意味着这一关也会出现空中敌人。

以此类推，在第 4 关、第 8 关、第 12 关、第 16 关等编号为 4 的倍数（或 flyingLevelInterval 设定的任何数值）的空中敌人关卡中，游戏会自动生成不同的预制件。

除此之外，该方法还会将新生成的敌人设为 Enemy Holder 的子对象，以便追踪存活的敌人的数量。接着，这段代码将 enemiesSpawnedThisLevel 的值加 1，并在达到目标生成数量时通过 CancelInvoke 调用停止重复进行的 Invoke 调用。

现在，需要为 GroundEnemy 和 FlyingEnemy 编写代码，确保它们能正常运行。

在此之前，先来更改一下设置敌人生命值的方式。打开 Enemy 基础脚本，在 maxHealth 变量的声明下方声明 healthGainPerLevel 变量：

```
public float healthGainPerLevel;
```

接着，更改 Enemy 的 Start 方法，将最大生命值设置为预制件中给定的基础值加上根据当前关卡数获得的生命值加成，生命加成等于当前关卡编号减 1：

```
protected virtual void Start()
{
    maxHealth += healthGainPerLevel * (Game.level - 1);
    health = maxHealth;
}
```

这里使用 level - 1 作为乘数，这样一来，在第 1 关时，最大生命值将是预制件中给定的基础值，而之后的每一关中，敌人的最大生命值都会增加。

同时，我们还可以声明一个稍后会用到的方法：Enemy 基类中的 Leak 方法，当敌人到达目标点时，我们会在子类中调用这个方法。

在 Enemy 脚本类中添加以下声明：

```
public void Leak()
{
    Game.remainingLives -= 1;
    Destroy(gameObject);
}
```

这段代码通过引用静态变量来扣除玩家的生命值以及销毁敌人游戏对象。

33.3 敌人的移动

这一节首先编写 GroundEnemy 的移动逻辑，然后再处理 FlyingEnemy。虽然之前已经创建了 GroundEnemy 脚本，但还没有编写能够使其移动的 Update 方法。

首先，需要在 GroundEnemy 脚本中声明一些变量。在之前声明的 path 变量下方添加一些额外的变量，如下所示：

```
public class GroundEnemy : Enemy
{
    public static NavMeshPath path;

    [Tooltip(" 每秒沿路径移动的单位数。")]
    public float movespeed = 22;

    private int currentCornerIndex = 0;

    private Vector3 currentCorner;

    private bool CurrentCornerIsFinal
    {
        get
        {
            return currentCornerIndex == (path.corners.Length - 1);
        }
    }
}
```

NavMeshPath 将 path 存储到 corners 数组中。数组中的每个 corner 本质上是一个 Vector3，代表路径上的一个点。要让敌人沿路径移动，只需让它们从数组的第一个元素（索引 0）开始，沿着这些点移动直至数组的最后一个元素即可。为此，我们将定义一个整数类型的变量来跟踪当前的目标 corner 的索引，以及一个 Vector3 变量来存储当前 corner 的位置，避免每次都需要重新从数组中获取。

这段代码还声明了一个简单的属性，用于快速检查当前 corner 是否为 path.corners 数组中的最后一个元素。

现在，我们终于可以重写 Enemy 基类中声明的 Start 虚方法了。将以下 Start 方法的声明添加到GroundEnemy脚本中：

```
protected override void Start()
{
    base.Start();
    currentCorner = path.corners[0];
}
```

base关键字指的是基类，也就是Enemy类。我们可以调用Enemy类中受保护的Start虚方法，以确保在执行当前类的实现之前，先运行基类的代码。然后，当前类的实现只需要一行代码：将currentCorner设为路径中的第一个corner。

要重写基类中的虚方法，使用override关键字即可。如果不想完全重写该方法并提供全新的实现，可以在base（即基类）上调用该方法。这种做法很常见，因为声明虚方法往往是为了在基类的原有功能的基础上添加新的功能，而不是完全替换掉原有功能。

总之，使用Start方法是为了将路径中的第一个corner（这将始终是路径的起点，即生成点）设为currentCorner；如果省略这一步，currentCorner将默认为Vector3.zero，这会导致所有敌人都向游戏场地的中心移动。

现在，我们将实现一个Update方法来使敌人转向corner并朝它移动。到达corner后，游戏会检查CurrentCornerIsFinal属性，以判断敌人是否到达了数组中的最后一个corner。如果是，则调用Leak方法；如果不是，则调用GetNextCorner方法。GetNextCorner方法的声明如下：

```
private void GetNextCorner()
{
    // 增加 corner 的索引
    currentCornerIndex += 1;

    // 将 currentCorner 设置为更新后的索引对应的 corner
    currentCorner = path.corners[currentCornerIndex];
}
void Update()
{
    // 如果这不是第一个 corner
    if (currentCornerIndex != 0)
        // 从当前位置指向 currentCorner 的位置
        trans.forward = (currentCorner - trans.position).normalized;

    // 朝向 currentCorner 移动
    trans.position = Vector3.MoveTowards(trans.position, currentCorner, movespeed * Time.deltaTime);
```

```
        // 每当到达一个 corner
        if (trans.position == currentCorner)
        {
            // 如果这是最后一个 corner（位于路径的终点）
            if (CurrentCornerIsFinal)
                Leak();
            else
                GetNextCorner();
        }
    }
```

之所以只在不是第一个 corner 的情况下指向 corner，是因为第一个 corner 将位于生成点的位置，而敌人已经在这个位置了。试图指向当前所在的位置可能导致一些怪异的翻转行为，所以我们通过 Update 调用中的第一个 if 语句来避免了这种情况。

现在，GroundEnemy 脚本已经可以运行了，接下来要实现 GroundEnemy 游戏对象。如果之前创建了 Test Enemy 预制件，可以跳过以下步骤，直接将 Test Enemy 实例放入场景中，并将其重命名为 Ground Enemy，然后移除原有的 Enemy 脚本，添加 GroundEnemy 脚本

如果需要从头开始创建预制件的话，请参考以下步骤。

1. 创建一个名为 Ground Enemy 的空对象，将它的图层更改为 Enemy。
2. 为它添加一个 Box Collider 组件。将碰撞体的大小设为（5，8，5），中心设为（0，4，0）。不要勾选碰撞体中的“是触发器”复选框。
3. 添加 Rigidbody 组件，勾选“是运动学的”复选框。
4. 添加一个 Cube 子对象，使它的大小和位置与 Box Collider 相同：（5，8，5），中心为（0，4，0）。
5. 可以创建一个 Enemy 材质并应用到 Cube 上，我选择了深橙色，十六进制颜色代码为 D0582D。

现在，在根对象 GameObject 上添加一个 GroundEnemy 脚本实例。我将它的 Max Health（最大生命值）设置为 12，Health Gain Per Level（每关增加的生命值）为 2，Movespeed（移动速度）为 22。将 trans 引用设为 Ground Enemy 的 Transform，并将 projectileSeekPoint 引用设为 Cube 子对象的 Transform，这样追踪箭将瞄准中心点，而不是 GroundEnemy 的底部。

然后，为 Ground Enemy 创建一个预制件。如果是在原先的 Test Enemy 的基础上制作的预制件，Unity 会询问“是否要创建新的原始预制件或 the existing Prefab ‘Ground Enemy’ 的变体？”，这时请选择“原始预制件”。

另外，记得在 Game 脚本的 groundEnemyPrefab 变量中引用 Ground Enemy 预制件，以便

在游戏中生成它们。

现在你应该能够运行游戏前三关并观察地面敌人在游戏中的表现了，但因为我们还没有创建空中敌人，所以你玩到第四关的时候会遇到错误，并且不会有敌人出现。

接下来，让我们着手实现空中敌人。它们的逻辑比地面敌人更简单，因为它们只需要从生成点飞到目标点即可。

创建一个 FlyingEnemy 脚本，并在其中添加以下代码：

```
public class FlyingEnemy : Enemy
{
    [Tooltip(" 每秒移动的单位数。")]
    public float movespeed;

    private Vector3 targetPosition;

    protected override void Start()
    {
        base.Start();

        // 将目标位置设为路径中的最后一个 corner
        targetPosition = GroundEnemy.path.corners[GroundEnemy.path.corners.Length - 1];

        // 但将 Y 位置设为开始时给定的位置
        targetPosition.y = trans.position.y;
    }

    void Update()
    {
        // 朝目标位置移动
        trans.position = Vector3.MoveTowards(trans.position, targetPosition, movespeed *
        Time.deltaTime);

        // 如果到达目标位置则调用 Leak 方法
        if (trans.position == targetPosition)
            Leak();
    }
}
```

这个脚本与地面敌人的脚本类似，但更加简单。在游戏开始时，它就会将 GroundEnemy.path 中的最后一个 corner 设为空中敌人的 targetPosition。它覆盖了原本应与地面持平的

targetPosition.y，将其设为 Game 脚本生成 FlyingEnemy 时所设置的 Y 位置。如此一来，空中敌人向 targetPosition 移动时，它的 Y 位置将始终保持不变。

一旦空中敌人到达目标位置，Leak 方法就会被调用。

为空中敌人创建预制件的过程与地面敌人类似，但我们将额外添加一个立方体，作为有些粗糙的“翅膀”。

- 创建一个名为 Flying Enemy 的空对象，并将其图层设置为 Enemy。
- 添加一个大小为（3，3，3）的 Box Collider，添加 Rigidbody 组件，勾选“是运动学的”复选框。再添加一个 FlyingEnemy 脚本，将 trans 引用和 projectileSeekPoint 都指向 Flying Enemy。我将 Max Health（最大生命值）设置为 8，Health Gain Per Level（每关增加的生命值）为 3，Movespeed（移动速度）为 19。
- 添加一个名为 Body 的立方体子对象。移除其碰撞体并将其缩放设置为（3，3，3）。
- 添加另一个立方体作为 Body 的子对象。将其命名为 Wings，移除其碰撞体，并将缩放设置为（3，0.15，1）。
- 将 Enemy 材质应用到这两个立方体上，或者如果想要为你的空中敌人选择不同的颜色，也可以创建一个新的材质。

敌人应该看起来像一个非常粗糙的飞机（或加号），如图 33-1 所示。

在 Game 组件的 flyingEnemyPrefab 中引用 Flying Enemy 预制件（位于 groundEnemyPrefab）。设置了这两个预制件的引用之后，就该测试新实现的特性了！图 33-2 显示了地面敌人是如何绕过防御塔的。

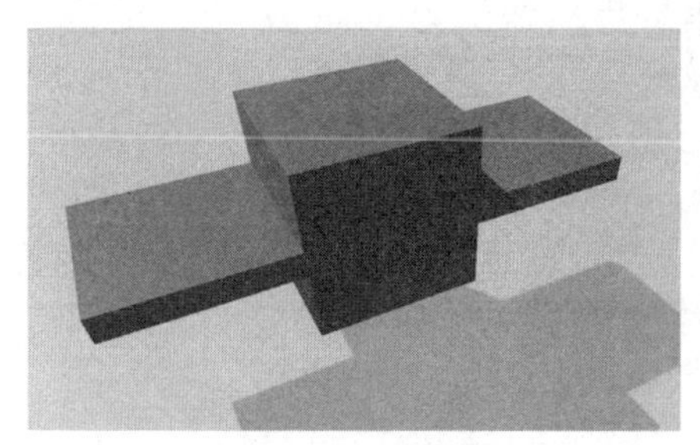

图 33-1 空中敌人

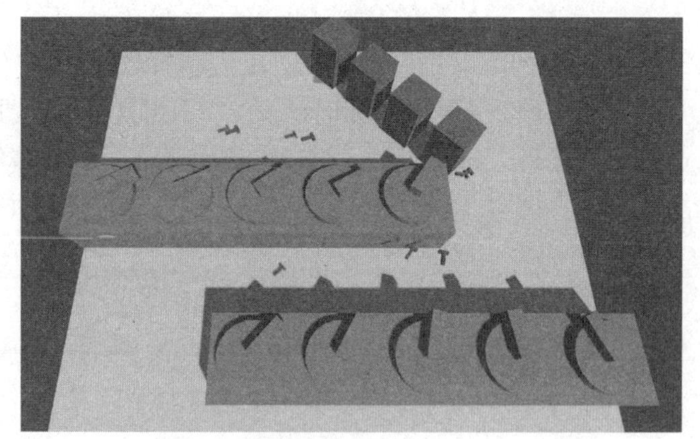

图 33-2 箭塔正在向地面敌人射击，地面敌人则试图绕过箭塔前往目标点

图 33-3 展示了空中敌人正在飞越箭塔。

当游戏失败后，游戏将会显示如图 33-4 所示的画面“Game Over”。它会等待所有敌人消失后结束游戏，以便用户可以看到他们需要多少生命值才能继续游戏。

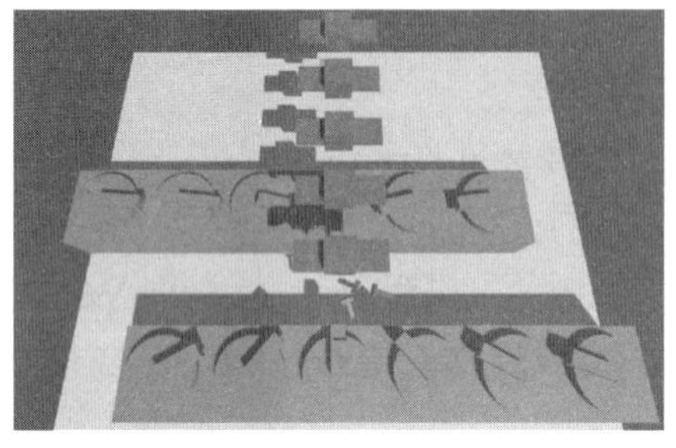

图 33-3 箭塔正在攻击空中敌人

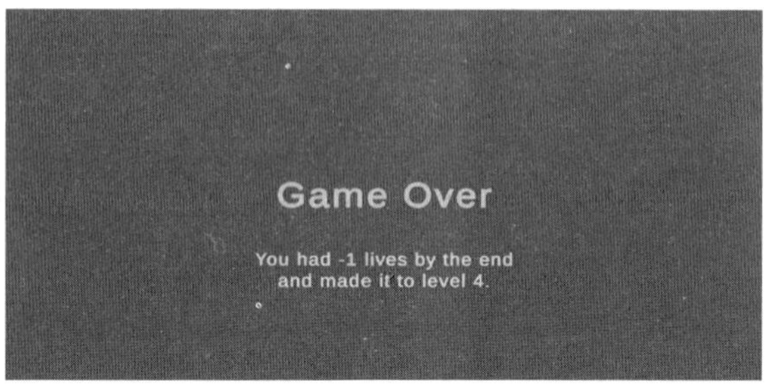

图 33-4 游戏结束画面，显示在第 4 关卡以 -1 的生命值结束

33.4 小结

这一章终于创建了游戏的核心机制：两种类型的敌人、从建造模式切换到游戏模式再切换回建造模式的游戏循环、敌人成功到达目标点就扣除玩家的生命值，并且如果玩家失去所有生命值，就会显示 Game Over 游戏结束画面。

本章要点回顾如下。

1. 可以在脚本中使用 InvokeRepeating 以一定的频率不断调用脚本中的另一个方法，这一过程会一直持续到 CancelInvoke 被调用。
2. 通过使用 override 关键字，派生类可以重写基类中的虚方法。
3. 重写的方法需要使用 base 关键字引用其基类并调用同名方法。如果不这样做，基类的方法将不会被执行，导致重写的方法完全取代原有方法。

第 34 章 更多类型的防御塔

现在，终于是时候实现最后三种防御塔了，它们分别是：炮塔，需要实现抛物线弹道的投射物；高温地板，实现起来其实出乎意料地简单；路障，实现难度甚至更低。

34.1 抛物线弹道

炮塔的投射物将以抛物线弹道向目标方向发射。虽然这不是个复杂的特性，但可以让“炮弹”增添一点重量感，使其更加逼真。

投射物的速度属性确定了它沿 X 轴和 Z 轴向目标移动的速度——即从炮塔向外发射的速度。Y 轴的运动将单独处理，这将是一个从生成位置（炮塔的炮口）到目标点的曲线，这个曲线的持续时间与投射物在 X 轴和 Z 轴上到达目标点的时间相同。

现在来创建一个新脚本 ArcingProjectile，它将继承自 Projectile：

```
public class ArcingProjectile : Projectile
{
    public Transform trans;

    [Tooltip("检测爆炸会影响到的敌人时使用的层遮罩。")]
    public LayerMask enemyLayerMask;

    [Tooltip("爆炸的半径。")]
    public float explosionRadius = 25;

    [Tooltip("应在 1 秒内从 0 变化到 1 的曲线，定义了投射物的弹道。")]
    public AnimationCurve curve;

    // 目标位置，Y 值固定为 0
    private Vector3 targetPosition;

    // 初始生成时的位置
    private Vector3 initialPosition;

    // 从初始位置移动到目标位置在 XZ 平面上的总距离
    private float xzDistanceToTravel;
```

```
        // 记录生成时间的 Time.time
        private float spawnTime;

        private float FractionOfDistanceTraveled
        {
            get
            {
                float timeSinceSpawn = Time.time - spawnTime;
                float timeToReachDestination = xzDistanceToTravel / speed;
                return timeSinceSpawn / timeToReachDestination;
            }
        }
    }
```

注释和工具提示已经对这段代码提供了说明，所以我只讲解其中一些新的知识点。

AnimationCurve 是一个内置类，用于模拟投射物飞向目标的曲线。Unity 提供了一个特殊的弹出式编辑器，允许我们通过“检查器”中的可视化工具来自定义曲线。在代码中，我们可以引用这个 AnimationCurve，并调用它的 Evaluate 方法，传递一个 float 类型的参数。这个参数代表从曲线的开始到结束的任意时间点，Evaluate 方法将返回曲线在该时间点的值。稍后我们将展示曲线的形态并详细讨论它的工作原理。我们将使用它来模拟投射物的抛物线弹道。

FractionOfDistanceTraveled 成员提供了一个简便的方法来获取一个介于 0 到 1 之间的值，表示对象已经向目标行进了多少距离。timeSinceSpawn 是投射物生成以来经过的秒数。timeToReachDestination 是投射物到达目标位置所需的秒数，计算方式是用需要移动的总距离（仅 X 轴和 Z 轴）除以每秒移动的单位数。我们将投射物生成以来经过的秒数（timeSinceSpawn）除以到达目标预计需要的时间（timeToReachDestination），得到一个在投射物生成时为 0，到达目标时为 1 的值。

我们将重写 Projectile 基类中定义的受保护的抽象方法 OnSetup。在 Projectile 类的三个变量 speed、damage 和 targetEnemy 设置完后，它将会调用 OnSetup 方法。我们将利用这个方法来初始化一些关键的私有变量：

```
protected override void OnSetup()
{
    // 将初始位置设置为当前位置，并将目标位置设置为目标敌人所在的位置：
    initialPosition = trans.position;
    targetPosition = targetEnemy.trans.position;

    // 确保目标位置的 Y 值始终为 0：
```

```
        targetPosition.y = 0;

        // 计算投射物在 X 轴和 Z 轴上需要移动的总距离：
        xzDistanceToTravel = Vector3.Distance(new Vector3(trans.position.x, targetPosition.y,
        trans.position.z), targetPosition);

        // 标记投射物生成时的 Time.time：
        spawnTime = Time.time;
    }
```

这段代码通过一个简单的 Vector3.Distance 调用计算了 xzDistanceToTravel，但由于我们不希望投射物的 Y 位置影响计算，需要创建一个新的 Vector3，其 X 值和 Z 值取自 Transform 组件的对应值，但 Y 位置保持为 0。因为 targetPosition 的 Y 值之前已经设为 0，可以确定在 Y 轴上两者是相同的，这意味着 Y 轴不会对两者之间的距离产生影响。

保存代码并回到 Unity 编辑器。现在，让我们创建持有此脚本的投射物并查看 AnimationCurve 成员。

- 创建一个球体并命名为 Cannon。将其缩放设为（4，4，4）并将图层设为 Projectile。
- 移除 Sphere Collider 组件并附加 ArcingProjectile 脚本组件。将 trans 引用设为 Transform 组件。对于 Enemy Layer Mask，只勾选 Enemy 层，不要勾选其他选项。
- 如果愿意的话，可以为 Cannon 创建一个材质，但我使用的是 Arrow 材质，以使 Cannon 的颜色与 Arrow 相同。

在 Unity 编辑器的“检查器”中单击 ArcingProjectile 脚本的“曲线”属性，会弹出一个曲线编辑器。编辑器会显示一个图表区域，用于绘制和编辑我们的曲线——默认情况下，这个图表上没有任何曲线。编辑器底部的按钮提供了一些预设曲线，单击这些按钮可以将预设曲线应用到图表上。单击左数第三条预设曲线，现在的曲线编辑器应该与图 34-1 一致。

横轴（从左到右）表示时间，纵轴（从上到下）表示值。每个轴旁边都标有数值，表示了特定点的时间或值。

左下角的坐标是(0，0)，表示时间和值均为 0；右上角的坐标是（1，1），表示时间和值均为 1。

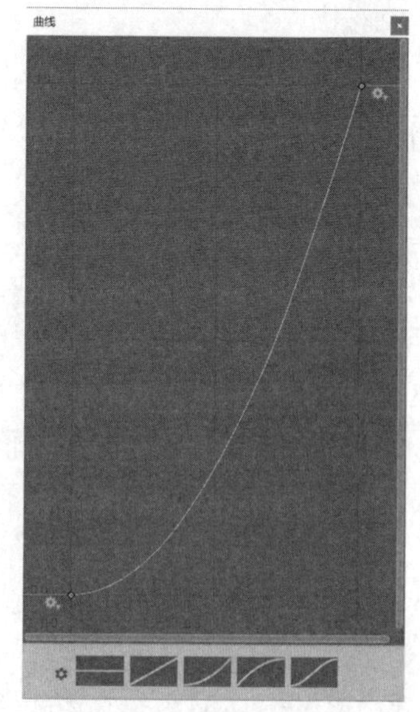

图 34-1 选择第三条预设曲线后的曲线编辑器

要使用这条曲线，只需要传入一个时间，就可以获取与时间对应的值。举个例子，如果将手指放在底部的时间轴上，比如放在 0.5 的位置（也就是曲线的中点），然后将手指向上移动，直到碰到绿色的曲线。接着，沿着水平方向向左移动，直到碰到纵轴。这时碰到的点就是返回的结果。

这就是 AnimationCurve.Evaluate 方法的作用：向它传递一个 float 类型的参数来指定时间点，它将返回该时间点在曲线上对应的值。

时间参数不一定非得是 1 秒——通过使用 FractionOfDistanceTraveled 属性，我们能够从 0（曲线的左侧）平缓过渡到 1（曲线的右侧），这个过渡是基于投射物到达目的地所需要的时间、速度以及距离来计算的。

AnimationCurve 方法不仅能够创建这些相对简单的预设曲线，还可以通过添加关键的点或标记（key）来创建更加复杂的曲线。在曲线编辑器中右键单击曲线上的任意处，然后选择“添加关键点”[①]来在该位置添加一个额外的点。可以拖动这些关键点来调整它们的位置，曲线将依次通过每个关键点。每个关键点还有两条切线（tangent），在选中关键点时可以查看。就可以通过点击和拖动来调整这些切线，它们将影响曲线在关键点两侧的斜率，让我们能够更精细地控制曲线的形状。

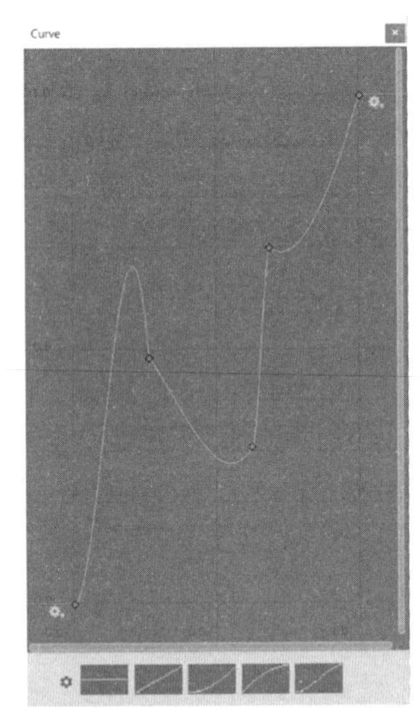

图 34-2 包含多个关键点的曲线，创建了更复杂的线条

可以右键单击关键点来删除它们，或者使用浮点数字段来明确地编辑它们的时间和值，还可以改变关键点及其切线的行为。通过利用多个关键点和不同的设置，可以创建更符合特定需求的曲线，图 34-2 展示了一个更复杂的曲线。

我们不需要创建这么复杂的曲线——前面的例子只是为了说明 AnimationCurve 方法的潜力。图 34-1 中选定的第三个预设曲线正是投射物的弹道所需要的理想曲线。我们将使用 Evaluate 方法的返回值作为比例，通过 Slerp 方法来调整投射物的 Y 值，使其从当前位置平滑过渡到目标位置的 Y 值（即 0，代表地面高度）。曲线将从 0 开始（位于曲线的左下角），并随着时间的推移逐渐上升至 1。

设置好曲线之后，为 Cannon 创建一个预制件，并将其从当前场景中移除。接下来，让我们为 ArcingProjectile 声明 Update 方法，看看这个 Slerp 调用具体是如何进行的：

① 译注：原文为“Add Key”，Unity 官方中文版的翻译有误，这里应该是“添加关键点”。

```
void Update()
{
    // 首先沿着 X 和 Z 轴移动
    // 获取当前位置并将 Y 值设为 0
    Vector3 currentPosition = trans.position;
    currentPosition.y = 0;

    // 以每秒 speed 的速度将投射物的当前位置向目标位置推进：
    currentPosition = Vector3.MoveTowards(currentPosition, targetPosition, speed * Time.
    deltaTime);

    // 现在设置当前位置的 Y 值：
    currentPosition.y = Mathf.Lerp(initialPosition.y, targetPosition.y, curve.Evaluate(Fract
    ionOfDistanceTraveled));

    // 将位置应用到投射物的 Transform 上：
    trans.position = currentPosition;

    // 如果到达目标位置，则调用 Explode 方法：
    if (currentPosition == targetPosition)
        Explode();
}
```

首先，这段代码在一个新的 Vector3 中获取 Transform 的位置。在对这个位置进行必要的调整，我们会将它应用到 Transform 上。这段代码将 Y 位置设为 0，并使用 MoveTowards 方法让投射物仅沿 X 轴和 Z 轴向目标位置移动。

接着，这段代码处理了投射物在 Y 轴上的移动。在每一帧中，Y 位置都会被设为 Slerp 调用的结果，从初始 Y 位置（投射物刚生成时）平滑过渡到目标 Y 位置（地面）。因此，我们希望比例（Slerp 方法的第三个参数）从 0 开始，然后随着时间的推移增加到 1（地面位置）。如果只传入 FractionOfDistanceTraveled，弹道将不会是抛物线，而是一条直线。所以我们将 FractionOfDistanceTraveled 的值传递给 curve.Evaluate 方法，如此一来，随着时间参数从 0 增加到 1，曲线将以一种特殊的方式将比例从 0 过渡到 1。

但在开始测试之前，还需要声明 Explode 方法，以便能在一定范围内对敌人造成伤害：

```
private void Explode()
{
    // 获取爆炸半径内的敌人碰撞体：
    Collider[] enemyColliders = Physics.OverlapSphere(trans.position, explosionRadius,
    enemyLayerMask.value);
```

```
        // 遍历敌人碰撞体：
        for (int i = 0; i < enemyColliders.Length; i++)
        {
            // 获取 Enemy 脚本组件：
            var enemy = enemyColliders[i].GetComponent<Enemy>();

            // 如果找到了 Enemy 组件：
            if (enemy != null)
            {
                float distToEnemy = Vector3.Distance(trans.position, enemy.trans.position);
                float damageToDeal = damage * (1 - Mathf.Clamp(distToEnemy / explosionRadius, 0f, 1f));
                enemy.TakeDamage(damageToDeal);
            }
        }
        Destroy(gameObject);
    }
```

这段代码使用了一个新的方法 Physics.OverlapSphere。该方法在指定位置创建一个球形区域，并检测与这个区域接触的所有碰撞体。Physics.OverlapSphere 方法的第一个参数为位置，第二个参数为半径，第三个参数为层遮罩——这里使用 enemyLayerMask 来确保只获取敌人的实例。该方法返回一个数组，其中包含球体接触到的所有碰撞体。

接着，遍历这些碰撞体，获取它们的 Enemy 脚本组件，并计算投射物与敌人之间的距离。通过这个距离，可以得出一个介于 0 到 1 的数值，表示敌人与爆炸半径中心的相对距离，其中 0 代表敌人处于爆炸范围的正中心，而 1 表示敌人位于爆炸范围的边缘。这个相对距离的计算公式是“distToEnemy / explosionRadius”。

我们希望对位于中心的敌人造成全额伤害，而距离中心越远的敌人所受到的伤害将会越小，所以我们需要通过用 1 减去这个值来“翻转”它。这样我们就得到了一个用于计算伤害的乘数。为了确保计算结果的合理性，我们使用 Mathf.Clamp 函数将乘数限制在 0 到 1 之间——这是因为我们的计算是基于敌人的中心点进行的，如果敌人的碰撞体只是触碰到了爆炸范围的边缘，它们与爆炸中心的距离可能大于 explosionRadius。Clamp 方法能够有效地处理这类特殊情形。

然后，这段代码使用最初编写 Enemy 基类时声明的 TakeDamage 方法对敌人造成伤害。在处理完范围内的所有敌人后，投射物将被销毁。

34.2 炮塔

为了测试 ArcingProjectile 脚本，让我们先按照以下步骤创建 Cannon Tower 预制件。

- 创建一个空游戏对象并命名为 Cannon Tower。将图层设为 Tower。为了确保它能够阻挡地面敌人的行进路线，为它添加 NavMeshObstacle 组件，将大小设为（10，6，10），中心设为（0，3，0）。确保勾选“切割”复选框。
- 添加一个立方体作为子对象，将其命名为 Base。缩放设为（10，6，10），局部位置设为（0，3，0）。
- 在根游戏对象 Cannon Tower 上添加一个球体作为子对象并命名为 Dome。将其位置设为（0，6，0），缩放为（7，7，7）。
- 在根游戏对象 Cannon Tower 上添加一个圆柱作为子对象并命名为 Barrel，将其 X 轴旋转设置为 90 度以使其指向前方。将它的位置设为（0，7.5，3），缩放设为（2，1，2）。然后将它设为 Dome 的子对象，这样它就可以随着 Dome 的转动而转动。
- 添加一个空对象作为 Barrel 的子对象，将其命名为 Projectile Spawn Point，位置设为（0，1，0），这样它就位于 Barrel 的末端。为了使它的前进轴朝向 Barrel 之外，将 X 轴旋转设为 270。
- 移除 Base、Dome 和 Barrel 的碰撞体组件，因为 NavMeshObstacle 组件会确保敌人绕开防御塔。
- 打开 Arrow Tower 预制件并找到之前为其制作的 Targeter。通过 Ctrl+C 或右键单击并在快捷菜单中单击“复制”来复制这个子对象。返回场景并粘贴 Targeter，使其成为根游戏对象 Cannon Tower 的子对象，并将其局部位置设为（0，0，0）。
- 在根游戏对象 Cannon Tower 上添加一个 FiringTower 脚本组件，并设置其中的引用。Targeter 应该引用 Cannon Tower 的 Targeter 子对象，Aimer 引用 Dome，projectilePrefab 则应该引用之前创建的 Cannon 预制件。trans 和 projectileSpawnPoint 的引用应该是不言自明的。
- 将 Gold Cost 设为 8，范围设为 30，Fire Interval 为 0.75，Damage 为 9，Projectile Speed 设为 80。
- 将 Tower 材质应用到各个实体子对象上。当然，如果想让炮塔的颜色与其他防御塔不同，也可以创建一个新材质。
- 使用根游戏对象 Cannon Tower 创建一个预制件，然后将其从场景中移除。

完成后，Cannon Tower 游戏对象应该与图 34-3 一致。

游戏对象 Cannon Tower 的 FiringTower 脚本组件在“检查器”中的设置应该如图 34-4 所示。

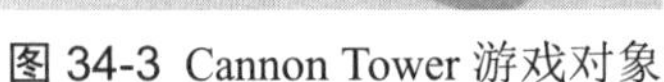

图 34-3 Cannon Tower 游戏对象

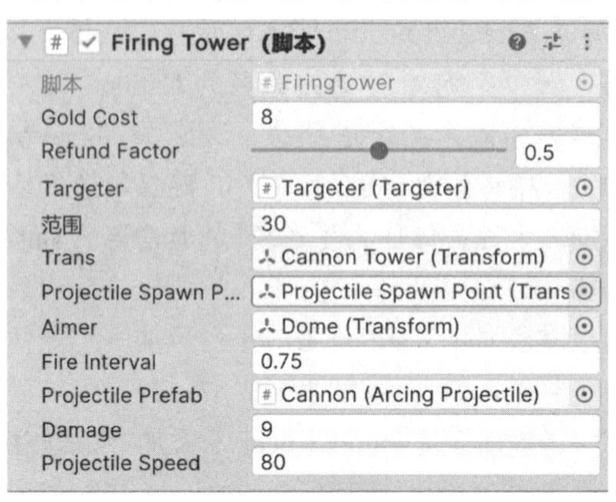

图 34-4 FiringTower 脚本组件的设置

现在，我们需要为炮塔的建造按钮设置鼠标单击事件，以便在游戏中建造炮塔并测试它的功能。

找到 Build Button Panel 的 Cannon Tower 子对象，并在“检查器”中设置它的 Button 组件，添加两个指向 Game 游戏对象的事件。让一个事件调用 Game.OnBuildButtonClicked 并将 Cannon Tower 预制件作为参数传递给它；另一个则调用 Game.SetSelectedBuildButton 并将 Cannon Tower 子对象的 Image 组件作为参数传递给它。设置完毕后，“鼠标单击 ()”事件的设置应该与图 34-5 一致，位于 Cannon Tower 建造按钮的 Button 组件底部。

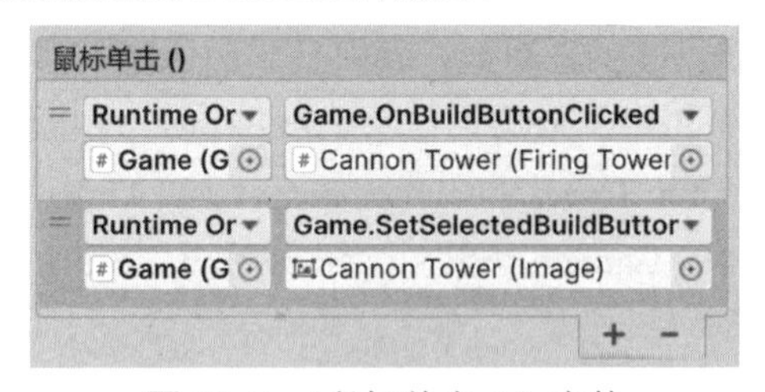

图 34-5 “鼠标单击 ()”事件

现在启动游戏，选中 Cannon Tower 建造按钮，并放置一些炮塔。在切换到游戏模式后，就可以看到炮塔如何进行射击了。如果在“场景”窗口中观察，可以更明显地看到投射物的弹道是抛物线，而不是直线。

如果想仔细观察 AnimationCurve 对弹道的影响，可以单击 Unity 编辑器中的 Pause（暂停）按钮，在“场景”窗口中把摄像机位置调整到合适的位置，然后使用暂停按钮旁边的 Step 按钮（快捷键 Ctrl+Alt+P）来逐帧执行。按住快捷键不放的话，可以快速播放帧。

由于 AnimationCurve 是用于定义投射物弹道的弧线，可以根据需要调整曲线，使它的抛物线更加明显。

最后，炮塔目前仍然可以攻击空中敌人，这并不符合我们的期望，因为应该只有箭塔能攻击空中敌人。

为了解决这个问题，请打开 FiringTower 脚本，并在脚本中添加以下变量，该变量将决定防御塔是否有能力攻击空中敌人：

```
[Tooltip("防御塔能否攻击空中敌人？")]
public bool canAttackFlying = true;
```

在 FiringTower 脚本的 Update 方法中，找到以下代码：

```
else // 如果敌人还活着并位于攻击范围内，
{
    // 瞄准敌人：
    AimAtTarget();

    // 检查是否应该再次开火：
    if (Time.time > lastFireTime + fireInterval)
    {
        Fire();
    }
}
```

将这段代码更新为以下代码：

```
else // 如果敌人还活着并位于攻击范围内，
{
    // 如果防御塔能够攻击空中敌人，或如果敌人是 GroundEnemy：
    if (canAttackFlying || targetedEnemy is GroundEnemy)
    {
        // 瞄准敌人：
        AimAtTarget();

        // 检查是否应该再次开火：
        if (Time.time > lastFireTime + fireInterval)
        {
            Fire();
        }
    }
}
```

我们添加了一个 if 语句来检查防御塔是否可以攻击空中敌人，如果不能，则检查目标敌人是否是 GroundEnemy。

现在，只需要在 Cannon Tower 预制件中取消勾选 canAttackFlying 复选框，它们就不能攻击空中敌人了。至此，炮塔就全部设置完成了！

34.3 高温地板

还剩下两种待开发的防御塔。我敢保证，创建过程非常简单。创建一个新的脚本并命名为 HotPlate，在其中添加以下代码：

```
public class HotPlate : TargetingTower
{
    public float damagePerSecond = 10;

    void Update()
    {
        // 如果有任何目标敌人
        if (targeter.TargetsAreAvailable)
        {
            // 遍历所有目标敌人
            for (int i = 0; i < targeter.enemies.Count; i++)
            {
                // 对当前目标敌人的快速引用
                Enemy enemy = targeter.enemies[i];

                // 仅对地面敌人施加灼烧伤害
                if (enemy is GroundEnemy)
                    enemy.TakeDamage(damagePerSecond * Time.deltaTime);
            }
        }
    }
}
```

可以看到，这个脚本继承自 TargetingTower，这意味着它已经设置好 Targeter 碰撞体并且能够追踪在其作用范围内的敌人——这里只需要为它定义一个与高温地板大小匹配的 range，然后在 Update 方法中对所有目标敌人施加“灼烧”效果，造成持续伤害。由于 Targeter 也会检测到空中敌人，所以需要确保只有在敌人是 GroundEnemy 时，才对他们施加灼烧伤害。

现在，按照以下步骤为高温地板创建预制件并设置建造按钮。

- 创建一个空对象并命名为 Hot Plate。将图层更改为 Tower，并添加 HotPlate 脚本作为组件。将 Gold Cost 设为 12，范围设为 5，Damage Per Second 设为 10。之所以将范围设为 5，是因为这个值表示“范围边缘防御塔中心的距离”，因此它应该是高温地板的边长的一半。高温地板的大小和其他防御塔相同，在 X 轴和 Z 轴上各为 10。
- 为 Hot Plate 添加一个空子对象，将其命名为 Targeter，并将图层设为 Targeter。为它添加设置为触发器的 Box Collider 组件和 Targeter 脚本组件，并将 col 字段设置为对 Box Collider 的引用。接着，再添加一个运动学 Rigidbody 组件。
- 添加一个立方体作为 Hot Plate 的子对象，将其位置设为 (0，0.2，0)，缩放设为 (10，0.4，10)。可以删除 Cube 的碰撞体。我还为它创建了一个名为 Hot Plate 的新材质，颜色为亮橙色，十六进制颜色代码为 FF6034。
- 别忘了在 HotPlate 脚本组件中设置对 Targeter 引用。
- 为 Hot Plate 创建一个预制件，然后将其从场景中删除。

然后，以与设置炮塔建造按钮相同的方式设置建造按钮——不过，这次要引用 Hot Plate 预制件。

这样就完成了。不需要为 Hot Plate 预制件添加 NavMeshObstacle 组件，因为我们想让敌人从上面通过，而不是绕开它们。

34.4 路障

路障其实是不具备攻击能力的防御塔，是一种简单的立方体，上面没有酷炫的攻击装置。

- 创建一个空对象并命名为 Barricade，将其图层设为 Tower。
- 添加 Tower 脚本作为它的子对象，将 Gold Cost 设为 2。
- 再次为它添加 NavMeshObstacle 组件，将大小设为（10，6，10），中心设为（0，3，0），并勾选“切割”复选框。
- 添加一个立方体作为子对象，将其缩放设为（10，6，10），局部位置设为（0，3，0），与 NavMeshObstacle 相同。移除它的 Box Collider 组件。
- 由于路障不具备攻击能力，所以我为它们创建了一个 Barricade 材质，并选择了十六进制颜色代码为 A6843F 的土褐色。

你知道接下来该做什么——创建预制件，从场景中删除实例，并设置它的建造按钮，就像之前为另外两个防御塔所做的那样。

34.5 小结

至此，我们已经全部实现了 4 种防御塔，并将它们与相应的建造按钮关联了起来。在这个过程中，我们学习了如何使用 AnimationCurve，以及如何使用 Physics.OverlapSphere 方法检测所有触碰到了看不见的球体的碰撞体。

图 34-6 展示了一个包含 4 种防御塔的小迷宫。

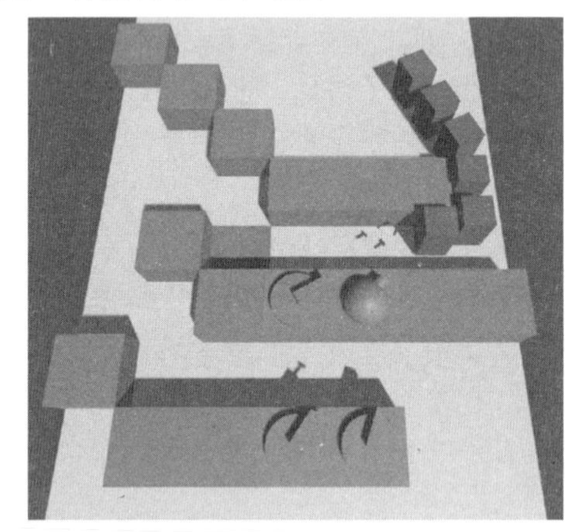

图 34-6 包含路障、箭塔、高温地板和炮塔的小迷宫

第 35 章 塔防游戏：总结

经过一番努力，我们终于完成了第二个项目。虽然这还算不上是一个完整的游戏，但在完成这个项目的过程中，我们学到了很多知识。这一章将快速回顾所学的知识，并探讨可以尝试独立实现的其他一些特性。

35.1 继承

继承是这个项目的主要关注点。本书的第 I 部分就讨论过这个概念，但直到开发这个项目时，我们才真正将其付诸实践。在这个项目中，我们使用 Tower 和 Projectile 等基类定义了一系列可以在多种不同方式下实现的变量和逻辑。

- 防御塔可以被购买和出售。在实现这一点时，不需要考虑防御塔的具体类型，而是可以直接将其作为基类 Tower 来引用，以获取它的建造成本和回收价系数。我们不知道防御塔具体有什么功能，但也不需要知道，只需要让玩家能够在游戏场景中建造或移除防御塔，并相应地调整玩家当前的持有金币就可以了。
- 投射物会在生成时记录自己的移动速度和伤害，并且总是以某个敌人为目标。在生成投射物时，不需要考虑它是抛物线炮弹还是追踪箭，只需要为它设置速度、伤害和目标敌人，然后剩下的工作就交给子类来完成。

这体现了继承的一个核心优势：即使实际存储的是派生类的对象，也可以引用基类，比如 Tower 或 Projectile。如果只需要基类 Tower 的特性，比如建造成本和回收价系数，可以将任何更具体的派生类对象视为 Tower 类型。如果需要识别对象的具体类型，就可以使用类型转换。举例来说，我们在 Targeter 中将 Collider 类型转换为 BoxCollider 或 SphereCollider。

这个项目还引入了抽象类，后者是一种无法直接实例化的类。创建这些类不是为了直接使用它们，而是为了将其用作基类来进行继承。我们只创建抽象类的子类实例，而不创建抽象类本身的实例。

我们掌握了如何使用抽象方法和虚方法。我们可以在基类中声明一个方法，将其标记为 abstract 或 virtual：

```
public class UpperType
```

```
{
    public virtual void Setup()
    {
        //[ 在此处添加基类的代码 ]
    }
}
```

然后可以在派生类中声明该方法，以允许它用自己的逻辑扩展该方法。这是通过 override 关键字来实现的：

```
public class LowerType : UpperType
{
    public override void Setup()
    {
        // 调用基类的方法：
        base.Setup();
        //[ 在此处添加派生类的代码 ]
    }
}
```

需要注意，抽象方法只能在抽象类中声明，且抽象方法的声明不包含代码块。派生类必须为抽象方法声明一个重写方法，并提供实现（哪怕只是一个空的代码块）然而，虚方法则不强制要求派生类声明重写方法。

35.2 Unity 的 UI 系统

在这个项目中，我们使用 Unity 的 UI 系统制作了更高级的 UI。这个 UI 系统通过游戏对象和组件来运作，并利用了包含父对象和子对象的层级结构。所有的 UI 元素都是 Canvas 游戏对象的子对象，并且子对象之间可以相互嵌套。通过使用枢轴点，可以精确控制每个 UI 元素及其子元素的旋转和缩放。

当然，大多数 UI 都需要对用户的操作做出响应，因此我们还学习了如何通过事件响应来添加功能，例如利用“检查器”中的“鼠标单击 ()”事件，在用户单击建造按钮时触发 Player 脚本中的方法。可以使用这种方式来调用游戏对象或其脚本和组件上的方法，或设置内置变量。但如果想调用自己脚本中声明的方法，这个方法必须是公开的，并且要么没有参数，要么仅接受一个可序列化的参数，比如脚本、内置类型或组件。

35.3 射线投射

在这个项目中，我们还学习了如何使用 Physics.Raycast 来发射射线（这条射线能够击中指定 LayerMask 中的碰撞体，并在击中对象时返回 true）。通过这种方法，我们能够将鼠标位置转换成从摄像机射出的射线（利用 ScreenPointToRay 方法），检测鼠标下的对象。我们可以在“检查器”中设置 LayerMask，以决定射线应该作用于哪些层。

如果查看 Unity 官方脚本 API 文档中的 Raycast 方法，可以发现它提供了多种重载版本，允许用户根据不同的参数来调用它。我们可以选择不使用 Ray 类型和 RaycastHit 类型，而是直接提供一个 Vector3 来表示射线的起点，以及另一个 Vector3 来表示射线的行进方向：

```
if (Physics.Raycast(origin, direction))
{
    //...
}
```

如果使用这种方法，maxDistance 参数将默认设为 Mathf.Infinity，因此射线将在投射方向上无限延伸。如果想自己设定一个最大距离，可以提供第三个参数（float 型）。此外，还可以使用另一个类似的重载方法，将 out RaycastHit 用作第三个参数，maxDistance 用作第 4 个参数。这些选项几乎涵盖所有可能需要的组合！

35.4 寻路

在这个项目中，我们学会了一些基本的寻路技术，为地面敌人提供一系列路径点，使他们穿过玩家布下的迷宫。我们在“导航”窗口中将 Stage 游戏对象标记为 Navigation Static、更新了 Agent 设置以与敌人的大小相匹配，并将设置烘焙到场景中。这使我们能够调用 NavMesh.CalculatePath，将路径点填充到现有的 NavMeshPath 实例中。

通过将 path 设为 GroundEnemy 类中的静态变量，可以在不直接引用 GroundEnemy 实例的情况下从其他类访问它。

35.5 附加功能

你或许已经摩拳擦掌并准备调整游戏中的数值了，比如敌人的生命值和移动速度、防御塔的攻击力和射速，以及建造成本和通关奖励。调整这些数值的过程可能很有趣，并且在目前的数值设置下，游戏的挑战性的确有所欠缺。这些数值设计工作就交给你了。现在，我将提出一些可以考虑实现的特性。

35.5.1 生命条

目前缺少的一项提升玩家体验的功能是展示敌人的生命条。如果在炮塔攻击敌人时，不能看到炮弹对附近敌人造成的溅射伤害，显然不太令人满意。一个有效的解决方案是在每个敌人的头上添加一个生命条。

这可以使用世界空间 UI 来实现。在场景中添加一个新的 Canvas 游戏对象，并将它的渲染模式改为“世界空间”。此外，还需要将 Canvas Scaler 组件的“每单位参考像素数”字段更改为较低的值，例如 10。

这之后就可以将生命条放置在世界空间中，但它们必须是世界空间 Canvas 的子对象，否则不会被渲染出来。由于生命条不能成为相应敌人的子对象，因此需要让 Game 脚本在生成每个敌人时为其创建一个生命条预制件实例，并通关脚本来使生命条每帧都显示在敌人头上，并在敌人死亡时自动销毁。或者，也可以在敌人的预制件中添加一个生命条预制件实例，这样它们在生成时就会自带生命条。如果采用这种方法，就需要通过脚本将其设置为世界空间 Canvas 的子对象——但这意味着我们必须为不同的敌人预制件单独添加生命条。

可以使用一个深红色的面板作为生命条背景，然后在其中放置一个鲜红色的面板作为“填充”部分。设置填充部分，使其完全覆盖背景。在每一帧中，根据敌人的剩余生命值占最大生命值的百分比，动态调整填充部分在 X 轴上的缩放，计算公式为：enemy.health / enemy.maxHealth。这可以通过附加到生命条的脚本完成，该脚本需要引用“填充”Panel 的 RectTransform。当敌人受到伤害时，填充部分会相应地缩小，显示出后面的背景面板。

可以通过使用矩形工具（热键 T）设置填充面板的原点，以控制塔缩小的方式。原点是在使用矩形工具时可以点击和拖动的蓝色圆圈。如果原点在面板中心，那么填充部分的左右两端将会向中心收缩，直到完全消失；如果原点位于左侧，那么填充部分的右端将向左收缩，直到完全消失。

35.5.2 护甲和伤害类型

一些塔防游戏设计了不同类型的装甲和伤害。在关卡中，敌人可能会装备金属、木质或魔法装甲。相应地，每座防御塔可以造成不同类型的伤害，并且每个伤害类型只对某些装甲有克制作用，对其他装甲则效果不佳。这可以鼓励玩家建造多种伤害类型的防御塔，以便应对不同类型的敌人。

35.5.3 更复杂的路径

在从出生点向目标点移动的过程中，可以让地面敌人触碰一些额外的标记点，这些点用类似颜色的平板（扁平的立方体或圆柱体）标记。比如，敌人会先从生成点前往第一个标记点，再前往第二个，最后到达目标点。

这个有趣的设计让玩家能够更有策略性地设计迷宫。既然知道了敌人的必经之地，玩家就可以围绕这些标记点建造迷宫，将最重要的防御塔部署在附近，以确保它们得到最大限度的利用。敌人必须穿过迷宫，触碰标记点，然后再向下一个点前进。这种设计显著提升了游戏的策略深度。

要实现这一点，需要改变地面敌人的寻路逻辑，不能只是简单地寻找从生成点到目标点的路径了。可以使用 List<Vector3> 来存储所有点。先寻找从生成点到第一个标记点的路径，将途中的拐点添加到列表中；再寻找从第一个标记点到第二个标记点的路径，并将途中的拐点添加到列表中；然后，寻找从第二个标记点到目标点的路径，并将途中的拐点添加到列表中。

这可以利用列表的 AddRange 实例方法来完成，它能够将数组或列表中的所有项添加到另一个列表的末尾。如下所示：

```
var points = new List<Vector3>();

// [Perform pathfinding]

// 添加点：
points.AddRange(path.corners);
```

上述代码会将路径中的拐点添加到 points 列表中。

此外，需要确保玩家不能直接在标记点上建造防御塔。因为敌人必须触摸这些点，而在这些点上建造防御塔会使敌人无法找到可行的路径。每个标记点的位置应该都是 10 的倍数，和防御塔一样。我们可以更新防御塔的建造逻辑，一旦 Highlighter 位于标记点上，就不允许玩家建造防御塔。

35.5.4 攻击范围指示器

向玩家展示防御塔的攻击范围。可以创建一个带有半透明材质的细圆柱，将其命名为 Range Highlighter。当玩家将普通的 Highlighter 放在防御塔的位置上时，防御塔就会变为高亮防御塔。每次选择新的高亮防御塔时，都通过执行类型转换来检查它是否为攻击型防御塔。如果是，则调整 Range Highlighter 的大小，使它与防御塔的射程相匹配，并确保圆柱体中心与防御塔对齐；如果不是，则停用 Range Highlighter。

35.5.5 升级防御塔

使玩家能够通过金币来为防御塔升级。可以更改 Tower Selling Panel，在其中添加 Upgrade（升级）按钮和一些显示防御塔名称和当前等级的文本。当玩家升级防御塔时，扣除一些金币，并根据防御塔的类型来强化一些属性，如加大伤害、射速和射程等。或者，也可以让玩家单独升级特定的属性，并分别跟踪每个属性的等级。

35.6 小结

本章回顾了在塔防游戏项目中学到的重要知识，并提出了一些可以考虑实现的附加功能。你可以接着开发和改进这个项目，也可以转向下一个项目。这个项目深化了我们对编程基础知识的理解和应用，比如继承和列表、字典等集合类型。在下一个项目中，我们将更深入地研究物理引擎和 3D 运动系统。

第V部分
游戏项目 3：游乐场

第 36 章 游乐场：设计与概述
第 37 章 鼠标瞄准摄像机
第 38 章 进阶 3D 移动
第 39 章 蹬墙跳
第 40 章 推和拉
第 41 章 移动的平台
第 42 章 关节和秋千
第 43 章 力场和弹簧垫
第 44 章 结语

第 36 章 游乐场：设计与概述

第 3 个示例项目将深入探讨 Unity 引擎的物理特性。这个项目将实现支持鼠标瞄准和 3D 移动（包括跳跃、重力和蹬墙跳）的摄像机，并利用刚体来控制物理效果，使玩家能够从远处推动和拉动游戏对象。此外，这个项目还将探索如何利用关节来把刚体连接到一起，并使用“力场”来动态地向刚体或玩家施加力。

36.1 功能概述

这个项目更像是一个试验场，而不是游戏。我们将深入探讨物理引擎的多个方面，并实现全面的 3D 玩家控制系统，这与之前的俯视角项目截然不同。

36.1.1 摄像机

摄像机将提供两种视角模式：第一人称和第三人称。你可能已经很熟悉这些术语了。第一人称模拟“玩家角色的视角”，让玩家可以通过移动鼠标来观察游戏环境。第三人称则模拟“越肩视角”，摄像机悬浮在玩家角色后方，随着鼠标的移动围绕角色旋转。

我们将允许玩家通过按下快捷键来切换视角，平滑地从一种模式过渡到另一种模式。我们将在检查器中设置摄像机旋转的平滑度，这个平滑度不仅可以让第一人称视角更加平滑地跟随鼠标转动，也可以让第三人称视角更加平滑地围绕玩家角色旋转。

玩家还可以通过使用鼠标滚轮来调整第三人称摄像机与玩家角色之间的距离，将摄像机拉近或拉远。我们将为这个距离设置一定的范围，以防止玩家过度调整导致视角混乱。

36.1.2 玩家移动

由于这个项目将会有一个通过鼠标瞄准的摄像机，我们将实现比第一个项目更“立体”的移动系统：使用 WASD 键可以根据摄像机朝向的方向进行移动，在地面上按空格键可以跳跃，在空中按空格键则可以尝试在旁边的墙上蹬墙跳。滞空时，玩家将保持现有的速度；落地后，如果不使用 WASD 进行移动，速度将逐渐衰减至 0。

蹬墙跳是在角色附近有墙时，通过在空中按下空格键进行的。墙可以位于角色的后方、前方、左侧还是右侧，只要足够接近即可。

蹬墙跳能够赋予角色向上和向外的动量。如果执行蹬墙跳时没有按下 WASD 键，那么角色将向上跳跃；如果按下了 WASD 键，角色将向相应的方向“蹬”过去，例如，在蹬墙跳时按住 W 键将使角色在向上跳跃的同时向前移动。

为实现这一点，我们将使用一种不同的方法来跟踪玩家的速度，采用一个速度变量来处理由移动和外部力（比如力场）施加的速度。这会涉及一些关于向量的新概念。

36.1.3 推动与拉动

为了尝试对刚体施加力，我们将使玩家拥有“念力”，允许他们操控带有刚体的游戏对象，通过按住鼠标左键将对象拉向自己，或按住鼠标右键将其推开。

这一能力将受到限制，只有在玩家距离游戏对象足够近的情况下才会激活。我们将在屏幕中心绘制一个简单的彩色方块来表示鼠标的指向，并根据念力是否激活来改变方块的颜色。当玩家没有指向任何可受念力影响的游戏对象时，方块显示为灰色；当玩家指向可受影响并且位于念力作用范围内的游戏对象时，方块显示为白色；当游戏对象可受影响但不在作用范围内时，方块为橙色；当玩家正在拉动或推动游戏对象时，方块显示为绿色。

36.1.4 移动平台

默认情况下，即使玩家站在移动的游戏对象上，他们也会保持静止。在创建移动的漂浮平台时，我们通常希望玩家随着平台移动，而不是让平台从玩家脚下滑走。因此，我们将编写一个方法，使游戏对象能够“附着”到平台上。此外，我们还将编写一个脚本，使平台在两个点之间来回移动。玩家可以跳上或走上移动平台，并随着平台的移动。在玩家随着平台移动的过程中，他们仍然可以在平台上自由移动，就像在地面上的时候那样。

36.1.5 关节和摆动

这个项目将涉及创建一系列相互连接的游戏对象，例如组装成链条来悬挂一个可以摆动的球体。玩家可以使用念力来推拉球体，使它像悠悠球那样摆动。此外，玩家甚至可以通过念力来单独操控链条中的某个链环。

36.1.6 力场和跳板

这个项目还将实现两种相似的系统：力场和跳板。力场会不断地向所有处于其中的游戏对象施加给定方向上的速度；而跳板会在游戏对象首次接触它时突然改变对象的速度。可以对这两个系统进行调整，使它们作用域带有刚体的游戏对象、玩家或两者兼而有之。由于玩家速度由我们自己的脚本处理，而不是刚体，因此在玩家接触到力场或弹簧垫时，我们不能像处理带有刚体的游戏对象那样处理玩家。

36.2 项目的准备工作

在项目正式开始之前，我们先来完成一些准备工作。通过 Unity Hub 创建一个新的项目，就像前两个项目一样，选择 3D 模板。我将项目命名为 PhysicsPlayground。

创建并打开项目后，单击场景中的任意游戏对象，在“检查器”的右上角单击“图层”下拉菜单，然后单击“添加层 ...”并设置以下三个图层。

- 第 3 层：Player。只有玩家角色会使用这个层。
- 第 6 层：Force Field。跳板和力场将会使用这个层。
- 第 7 层：Unmovable。玩家的念力能够作用于 Unmovable 层以外的所有图层。在创建一个受刚体控制，但玩家无法通过念力来操控的游戏对象时，应将其放置于此图层。

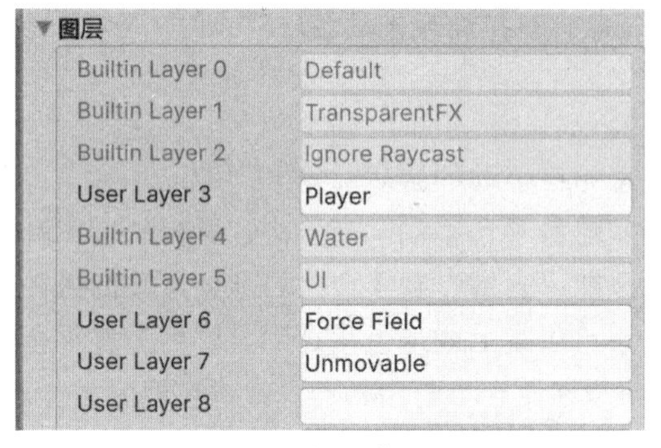

图 36-1 图层的设置

和前面两个项目一样，在“项目”窗口将默认场景重命名为 main，并创建以下文件夹：

- Materials
- Prefabs
- Scripts

36.3 小结

我们已经对项目有了整体的构想，并确定了想要实现的功能。后续章节将逐一实现各项机制，在这个过程中，我们将实际运用 Unity 内置物理引擎的基本概念和组件。

第 37 章 鼠标瞄准摄像机

在实现玩家的移动逻辑前，需要先创建一套支持第一人称和第三人称视角的摄像机系统，使玩家可以通过鼠标来转动其角色和摄像机。这两种视角将由同一个脚本处理，玩家可以通过快捷键在两者之间平滑地切换。

实现第一人称摄像机相对简单。它将位于玩家角色的眼睛的位置，并根据鼠标的移动来旋转摄像机。举例来说，鼠标向左移动时，摄像机和玩家会相应地向左转。

实现第三人称摄像机相对复杂一些。我们希望它始终处于玩家身后并保持一定的距离，随着鼠标的移动围绕玩家旋转，但始终看着玩家的某个点。此外，我们还需确保摄像机在移动过程中不会穿透墙壁，而是会沿着墙面滑动。

37.1 创建 Player 游戏对象

现在，让我们在场景中创建 Player 游戏对象。

- 创建一个空对象并命名为 Player，将其位置设为（0，0，0），并将图层设为 Player。
- 为根游戏对象 Player 中添加一个空对象作为子对象，命名为 Model Holder。这可以通过右键单击 Player 并从弹出的快捷菜单中选择“创建空对象”来实现。它的图层应该会自动设为 Player，并且局部位置和旋转应该是（0，0，0）。
- 为 Model Holder 对象添加一个 Capsule（胶囊）作为子对象。将其局部位置设置为（0，3，0），缩放设为（2，3，2）。这样它的高度应该是 6 个单位，并且底部与根游戏对象 Player 的位置对齐。
- 移除 Capsule 对象的 Capsule Collider 组件。我们将在下一章中使用 CharacterController 来处理碰撞检测。
- 再为根游戏对象 Player 添加一个空对象作为子对象，命名为 Camera X Target。局部位置保持为（0，0，0）不变。我们只用它的 Transform 组件。
- 复制并粘贴 Camera X Target 对象，将新实例重命名为 Camera Y Target。
- 在“层级”窗口中，找到场景中默认包含的 Main Camera 游戏对象。将其拖到 Player 上，使它成为 Player 游戏对象的子对象，与 Model Holder 和 Camera X Targets 的设置相似。

如果之前删除了 Main Camera，可以右键单击 Player 游戏对象并新建一个摄像机。

- 将 Main Camera 的图层更改为 Player，并将其重命名为 Player Camera。在 Camera 组件的“建材平面”（或称“建造平面”）字段中，将“近”值从默认的 0.3 改为 0.01。将其局部位置设为（0，5.4，0），使其位于玩家胶囊模型的顶部附近。

37.2 工作原理

根游戏对象 Player 包含所有其他对象，它的旋转始终为（0，0，0）。我们会在游戏对象 Model Holder 上应用旋转，使其始终面向摄像机的方向，但这种旋转仅限于 Y 轴，也就是左右旋转。我们不希望影响其 X 轴旋转，这会使它向天空或地面倾斜。在设置 Player 模型的时候，我们肯定不希望他们的抬头或低头时整个身体都前后倾斜，对吧？不过，或许可以让他们的上半身在向下看或向上看时前倾或后仰，但考虑到这里的 Player 模型是胶囊形状的，我们并不需要操心这个问题。

两个 Camera Target 游戏对象在摄像机系统中起着重要的作用。虽然可以将它们视为同一个实体，即 Camera Target，但它们有着不同的 Transform 组件，分别处理 X 轴和 Y 轴的旋转，以避免将两个旋转轴同时应用于同一个 Transform 组件可能引起的问题。在使用它们的旋转时，我们会获取 X 轴和 Y 轴的旋转并将其组合为一个 Vector3。

Camera Target 游戏对象的具体用途如下。

- 当玩家移动鼠标时，我们会立即将旋转应用到 Camera Target 上。X 轴旋转应用到 Camera X Target，Y 轴旋转应用到 Camera Y Target。
- 在第一人称模式下，为了使摄像机的转动更加流畅自然，摄像机的实际旋转将通过 Slerp 方法平滑过渡到 Camera Target 的旋转。
- 在第三人称模式下，目标位置是我们希望第三人称摄像机相对于角色的位置。这个位置通过射线投射来确定，射线从一个特定的绕点（orbit point[①]）出发，沿 Camera Target 的旋转方向向后延伸。绕点是一个可以在“检查器”中设置的 Vector3，这是一个相对于玩家的局部位置，第三人称摄像机会绕着这个位置旋转。如果射线击中墙壁，目标位置就是射线击中墙壁的点；如果没有击中墙壁，目标位置将是射线的末端，这个末端可以通过“检查器”中的一个可调整的变量来设置。确定了这些参数之后，我们将会利用 Slerp 方法将第三人称摄像机的位置平滑地移动到目标位置。

① 译注：即摄像机围绕的目标点，可以是玩家角色、NPC（非玩家角色）、物体或其他任何重要游戏世界中的元素。

可以看到，整个摄像机系统都围绕着 Camera Target 运作。在每一帧中，系统都会检测鼠标的移动并据此旋转 Camera Target：鼠标的左右移动会影响 Camera Y Target，上下移动会影响 Camera X Target。虽然，系统会根据当前的视角模式（第一人称或第三人称）执行相应的逻辑。无论是哪种模式，逻辑都会根据 Camera Target 来决定摄像机如何移动和旋转：在第一人称模式下，摄像机平滑地跟随 Camera Target 旋转；在第三人称模式下，摄像机则会根据 Camera Target 的朝向确定目标位置，然后通过 Slerp 方法平滑地过渡到该位置，同时始终朝向绕点。

由于第三人称摄像机始终朝向绕点，并且射线投射从绕点的位置出发，所以 Camera Target 的位置并不重要，真正重要的是 Camera Target 的朝向。

绕点与 Model Holder 的相对位置是固定的，当 Model Holder 随着第三人称摄像机的移动而旋转时，绕点与它的相对位置始终保持不变。因此，我们可以将绕点放置在角色模型的某一侧，比如肩膀旁边，无论角色模型如何旋转，摄像机都会位于它的肩膀旁边。

37.3 脚本设置

现在，让我们开始编写脚本。在“项目”窗口中的 Scripts 文件夹中新建一个脚本，命名为 PlayerCamera 的脚本。

先来定义 PlayerCamera 脚本中的变量，如下所示：

```
public class PlayerCamera : MonoBehaviour
{
    // 引用：
    [Header("References")]
    [Tooltip("玩家的基础 Transform，这个 Transform 永远不应该旋转。")]
    public Transform playerBaseTrans;

    [Tooltip("包含 Camera 组件的游戏对象的 Transform（也应拥有 PlayerCamera 组件）。")]
    public Transform trans;

    [Tooltip("对 Camera X Target 的 Transform 的引用。")]
    public Transform cameraXTarget;

    [Tooltip("对 Camera Y Target 的 Transform 的引用。")]
    public Transform cameraYTarget;

    [Tooltip("Model Hoder 的 Transform。当摄像机转动时，该游戏对象会在 Y 轴上旋转，以实现左右转向。")]
    public Transform modelHolder;
```

```
// 移动和定位：
[Header("Movement and Positioning")]
[Tooltip("摄像机转动的速度。这是用于确定鼠标输入对旋转（以角度为单位）之影响程度的乘数。")]
public float rotationSpeed = 2.5f;

[Tooltip("对第三人称摄像机应用的平滑度。这个值越高，鼠标移动时摄像机转动得就会更平缓。")]
[Range(0, .99f)]
public float thirdPersonSmoothing = .25f;

[Tooltip("第三人称摄像机与墙壁之间应该保持的距离，设置较高的值可以防止摄像机穿过不平整的墙面。")]
public float wallMargin = .5f;

[Tooltip("对第一人称摄像机应用的平滑度。这个值越高，鼠标移动时摄像机转动得就会更平缓。")]
[Range(0, .99f)]
public float firstPersonSmoothing = .8f;

[Tooltip("相对于Model Holder的本地位置，在第一人称模式下，摄像机会使用这个位置。")]
public Vector3 firstPersonLocalPosition = new Vector3(0, 5.4f, 0);

[Tooltip("相对于Model Holder的本地位置，在第三人称模式下，摄像机会围绕这个位置旋转。")]
public Vector3 thirdPersonLocalOrbitPosition = new Vector3(0, 5.4f, 0);

// 边界：
[Header("Bounds")]
[Tooltip("第三人称摄像机与其绕点之间的最小距离。")]
public float minThirdPersonDistance = 5;

[Tooltip("第三人称摄像机与其绕点之间的最大距离。")]
public float maxThirdPersonDistance = 42;

[Tooltip("第三人称摄像机与其绕点之间的当前距离。设置这个值以决定初始距离。")]
public float thirdPersonDistance = 28;

[Tooltip("鼠标滚轮的灵敏度。灵敏度越高，鼠标滚轮滚动时第三人称摄像机的距离变化就越大。")]
public float scrollSensitivity = 8;

[Tooltip("摄像机向下看时能达到的最低视角的X轴欧拉角。")]
public int xLookingDown = 65;

[Tooltip("摄像机向上看时能达到的最高视角的X轴欧拉角。")]
```

```
public int xLookingUp = 310;

// 其他：
[Header("Misc")]
[Tooltip("层遮罩，用于决定它会被哪些对象所遮挡，同时又会无视并直接穿过哪些对象。这通常会包括环境对象，但不包括小型对象。")]
public LayerMask thirdPersonRayLayermask;

[Tooltip("用于切换第一人称和第三人称视角的快捷键。")]
public KeyCode modeToggleHotkey = KeyCode.C; // 切换视角模式的快捷键。

[Tooltip("按住这个快捷键可以固定摄像机位置，激活鼠标光标，允许鼠标自由移动。")]
public KeyCode mouseCursorShowHotkey = KeyCode.V; // 显示鼠标光标的快捷键。

[Tooltip("用于摄像机当前处于第一人称模式（true）还是第三人称模式（false）。这决定了游戏开始时的默认模式。")]
public bool firstPerson = true; // 是否处于第一人称模式。

// 当前是否要显示鼠标光标？通过按住鼠标光标显示快捷键来切换。
private bool showingMouseCursor = false;

// 第三人称摄像机的目标位置。
private Vector3 thirdPersonTargetPosition;

// 获取世界空间中第三人称摄像机的绕点位置。
private Vector3 OrbitPoint
{
    get
    {
        return modelHolder.TransformPoint(thirdPersonLocalOrbitPosition);
    }
}

// 获取 X 和 Y Camera Targets 的旋转
private Quaternion TargetRotation
{
    get
    {
        // 使用 X 和 Y Camera Targets 的旋转构建新的旋转：
        return Quaternion.Euler(cameraXTarget.eulerAngles.x, cameraYTarget.eulerAngles.y, 0);
    }
```

```
        }

        // 获取沿 TargetRotation 向前的方向。
        private Vector3 TargetForwardDirection
        {
            get
            {
                // 返回 TargetRotation 的前向轴方向：
                return TargetRotation * Vector3.forward;
            }
        }
    }
```

请仔细阅读每个变量旁边的工具提示和注释，这有助于理解每个变量的作用。如果还是不清楚某个变量的用途，请不要担心，它们将在后续的代码实现中得到详细说明。

现在，让我们为运行脚本做好准备。将 PlayerCamera 脚本附加到 Player Camera 游戏对象上，并按照图 37-1 设置其中的引用。确保将 Third Person Ray Layermask 字段设置为仅包含 Default 层。如果忽略了这一步，该字段将默认为“无内容”，导致第三人称摄像机无法像我们期望的那样与墙壁发生碰撞。

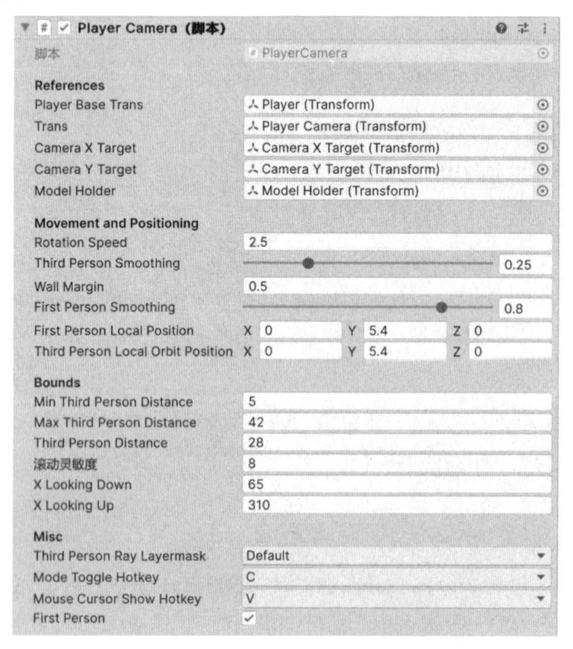

图 37-1 Player Camera 脚本的设置

完成这一步后，让我们按照惯例，通过一些在 Unity 事件方法中调用的私有方法来规划游戏的基本功能：

```
void Start()
{
    // 默认情况下不显示鼠标光标：
    SetMouseShowing(false);
}

void Update()
{
    // 处理快捷键：
    Hotkeys();
}

// LateUpdate 将在所有 Update 调用结束之后执行。
void LateUpdate()
{
    // 如果未显示鼠标光标，则更新摄像机的目标旋转：
    if (!showingMouseCursor)
        UpdateTargetRotation();

    // 根据当前模式执行定位逻辑：
    if (firstPerson)
        FirstPerson();
    else
        ThirdPerson();
}
```

以上代码简要规划了摄像机的大致行为和接下来将要逐一编写的私有方法。

首先，Start 方法将调用 SetMouseShowing。如果传入参数为 false，游戏将隐藏鼠标光标并让玩家能够通过移动鼠标来控制摄像机；如果传入参数为 true，游戏将显示鼠标光标，同时摄像机将不会响应鼠标的移动。

Update 方法只调用一个方法 Hotkeys。我们将在这个方法中设置模式切换快捷键（在第一人称和第三人称之间切换）和鼠标显示快捷键。

接下来，这段代码使用了一个之前未使用过的 Unity 事件方法 LateUpdate。这个方法与 Update 方法类似，也是每帧调用一次——不过所有脚本会先执行 Update 方法，再执行 LateUpdate 方法。因此，如果想等到所有脚本的 Update 方法执行完毕后再执行某个操作，可以将其放在 LateUpdate 方法中，因为在 LateUpdate 方法被调用时，所有脚本的 Update 方法都已经运行完了。

在未显示鼠标光标的情况下（换句话说，当玩家未按下鼠标显示快捷键时），LateUpdate 方法将调用 UpdateTargetRotation 方法来处理鼠标输入并根据输入更新 Camera Target 的旋转，然后，它会根据当前的视角模式调用 FirstPerson 方法或 ThirdPerson 方法。

将这些逻辑放在 LateUpdate 方法而不是 Update 方法中，可以确保先执行玩家的移动，再进行其他操作，比如使用相对于 Model Holder 的位置进行射线投射以确定目标位置。这只是确保摄像机操作在玩家移动之后进行。如果玩家总是在摄像机确定其目标位置之后再移动，那么目标位置将会“滞后”一帧，这在帧率较低时尤其明显。

37.4 快捷键

现在，让我们在刚才声明的 Unity 事件方法上方添加 Hotkeys 方法和 SetMouseShowing 方法：

```
void Hotkeys()
{
    // 切换第一人称和第三人称模式：
    if (Input.GetKeyDown(modeToggleHotkey))
    {
        firstPerson = !firstPerson;
    }

    // 切换鼠标模式：
    if (Input.GetKeyDown(mouseCursorShowHotkey))
        // 每当按住鼠标光标快捷键
        SetMouseShowing(true); // 显示鼠标光标

    if (Input.GetKeyUp(mouseCursorShowHotkey))
        // 每当松开鼠标光标快捷键
        SetMouseShowing(false); // 隐藏鼠标光标
}

void SetMouseShowing(bool value)
{
    // 启用或禁用光标的可见性：
    Cursor.visible = value;
    showingMouseCursor = value;
```

```
        // 根据 value 设置光标的 lockState：
        if (value)
            Cursor.lockState = CursorLockMode.None;
        else
            Cursor.lockState = CursorLockMode.Locked;
    }
```

当 modeToggleHotkey 被按下时，这段代码会执行 firstPerson = !firstPerson; ——换句话说，这段代码会翻转 firstPerson 的布尔值。

之后，摄像机自动通过 Slerp 平滑过渡到应在的位置，这将在 FirstPerson 方法和 ThirdPerson 方法中实现，因此这里不需要为模式的切换执行其他的操作。

这段代码还会在 mouseCursorShowHotkey 被按下时调用 SetMouseShowing 方法（在 Hotkeys 方法下方声明）并传入 true，以显示光标并使摄像机停止响应鼠标的移动；玩家松开快捷键后，我们就会传入 false，以重新隐藏光标并将控制权还给摄像机。

接下来，这段代码在 SetMouseShowing 方法中使用了 Unity 内置类 Cursor 中的一些静态成员来控制光标。

Cursor.visible 是一个内置的静态成员，可以将其设置为 false 来隐藏光标，或设置为 true 来显示光标。但如果只设置这个成员，隐藏的光标仍然会在玩家将其移动到屏幕边缘时停止移动。如果游戏在窗口模式下运行，当鼠标移出屏幕时，光标会再次显示出来。

这个问题可以通过 Cursor.lockState 来解决。它存储了一个 CursorLockMode 枚举[①]。将其设为 Locked 可以把光标锁定在屏幕中央。即使玩家看不见，它也会被固定在那里，让玩家可以随意移动鼠标，而不必担心它会碰到游戏窗口的边缘。

能够轻松地切换光标的隐藏与显示后，我们在进行测试时，就可以方便地点击 Unity 编辑器中的其他地方，比如更改“检查器”中的值或单击 Play 按钮来停止游戏。此外，如果游戏包含 UI，当玩家打开需要通过鼠标操作的菜单（比如暂停菜单或物品栏）时，也需要显示光标。

37.5 鼠标输入

在解决隐藏和显示光标的问题后，是时候开始编写用于控制 Camera Target 对象的 UpdateTargetRotation 方法了：

```
void UpdateTargetRotation()
```

① 译注：枚举是一种特殊的数据类型，由一组预定义的常量组成。这些常量通常代表一组相关的值，比如状态、选项或设置。

```
{
    // 通过鼠标的 Y 轴变化来控制 X 轴旋转，实现摄像机的上下视角调整。
    float xRotation = Input.GetAxis("Mouse Y") * -rotationSpeed;
    // 通过鼠标的 X 轴变化来控制 Y 轴旋转，实现摄像机的水平视角调整。
    float yRotation = Input.GetAxis("Mouse X") * rotationSpeed;

    // 对摄像机 X 目标和 Y 目标应用相应的旋转，以响应鼠标输入：
    cameraXTarget.Rotate(xRotation, 0, 0);
    cameraYTarget.Rotate(0, yRotation, 0);

    // 对摄像机的旋转角度进行限制，以防止视角过度上仰或下俯：
    // 如果当前 X 目标的旋转角度在 180 度至 360 度范围内
    if (cameraXTarget.localEulerAngles.x >= 180)
    {
        // 若角度小于允许的最大上仰角度，则将其设置为最大上仰角度
        if (cameraXTarget.localEulerAngles.x < xLookingUp)
            cameraXTarget.localEulerAngles = new Vector3(xLookingUp, 0, 0);
    }
    // 如果当前 X 目标的旋转角度在 0 度至 180 度范围内
    else
    {
        // 若角度超过允许的最大下俯角度，则将其设置为最大下俯角度
        if (cameraXTarget.localEulerAngles.x > xLookingDown)
            cameraXTarget.localEulerAngles = new Vector3(xLookingDown, 0, 0);
    }
}
```

首先，这段代码创建了 xRotation 变量和 yRotation 变量。名称中的 x 和 y 指的是 Camera Target 将接收的旋转轴，它们与鼠标移动的 X 轴和 Y 轴相反，所以乍一看你可能以为是代码有错，但实际是下面这样的。

- X 旋转控制 Transform 沿 X 轴的转动，向上（负值）朝向天空，向下（正值）朝向地面。
- 鼠标的 Y 输入是向上（正值）和向下（负值）。因此，我们将 Y 输入用于控制 X 旋转，但需要将其翻转过来，使得向上移动对应负值，向下移动对应正值。
- Y 旋转控制 Transform 向右（正值）或向左（负值）转动。
- 鼠标的 X 输入是向左（负值）和向右（正值）。这直接对应于 Y 旋转，所以不需要额外翻转。

这段代码还将输入乘以 rotationSpeed 变量，通过调整这个变量的大小，可以改变鼠标灵敏度。

随后，旋转被应用到相应的 Camera Target 对象的 Transform 组件上。为了避免将两个旋转轴同时应用到一个 Transform 上可能引起的扭曲问题，每个旋转轴都在单独的 Transform 上执行。

之后，这段代码会确保 X 目标的 X 旋转介于之前声明的 xLookingDown 变量和 xLookingUp 变量之间。

Transform 的 localEulerAngles 成员是“检查器”中显示的 Transform 的“旋转”。X 旋转为 0 度时，摄摄像机正对前方，这等同于 360 度；这个值也可以是负数，表示朝反方向旋转：例如，旋转 -10 度等同于 350 度，因为小于 0 的旋转（负旋转）其实就是从 360 度中减少相应的值。因此，一个旋转角度可以有正负两种表达方式，比如 -90 度就等同于 270 度。尽管 eulerAngles 成员总是使用正值来表示旋转，但它允许我们设置负值，在这种情况下，它会将其转换为等效的正值。

xLookingDown 变量和 xLookingUp 变量定义了 X 旋转的范围：摄像机的最大下俯角不应超过 xLookingDown；而最大上仰角不应超过 xLookingUp。

图 37-2 展示了玩家模型和摄像机。从左到右分别是摄像机达到最大俯角、达到最大仰角，最后是这两个角度之间的锥形范围，这个范围就是摄像机上下转动的范围。这里的重点是 Z 轴的蓝色箭头和与之重叠的红线，因为这是摄像机的局部前进方向。最右侧的图示中没有绿色箭头，只显示了摄像机向下和向上看的前进轴。

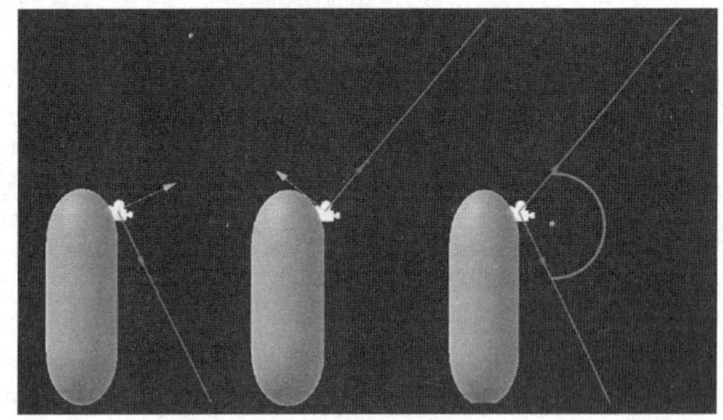

图 37-2 从右侧观察玩家模型和摄摄像机，展示摄像机向下看的最大角度(左侧)、向上看的最大角度(中间)以及这两个角度之间的锥形范围(右)

图 37-3 进一步可视化了从相同的右侧角度观察玩家时涉及的旋转角度。0 度的旋转与 360 度相同，会使摄像机朝向正前方。增加角度将使摄像机顺时针旋转，从而向下看，而减少角度将使其向上看。如果旋转角度小于 0 度，会重置为 360 度；同样，如果旋转角度大于

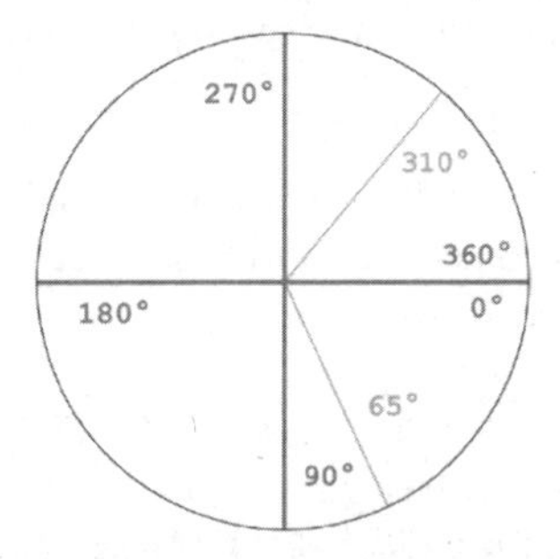

图 37-3 单个旋转轴，划分为 90 度的倍数（深色）。浅色标出 xLookingDown 和 xLookingUp 所对应的 65 度和 310 度

360 度，会重置为 0 度。图 37-3 还显示了 xLookingDown 角度和 xLookingUp 角度的位置。

这有助于理解为什么在限制旋转范围时需要更加精确，而不能只使用一种方法将旋转角度限制在 65 度至 310 度之间。因此，我们将逻辑分为两种情况：如果旋转角度在圆的下半部分（0 度到 180 度之间），则不允许它超过 xLookingDown，即 65 度。如果旋转角度在圆的上半部分（180 度到 360 度之间），则不允许它低于 xLookingUp，即 310 度。

这样便解释了当摄像机的 X 旋转（从例如 5 度变为 355 度）时发生的“回转”（doubling back）现象。

37.6 第一人称模式

设置好 Camera Target 的旋转后，就可以开始实现摄像机的第一人称模式了。这涉及两个主要任务：如果摄像机尚未就位，就通过 Slerp 方法将它平滑移动到 firstPersonLocalPosition 变量定义的局部位置；然后再通过 Slerp 方法将它的旋转更新为 Camera Target 的当前旋转，后者通过 TargetRotation 属性获取（将 X Target 和 Y Target 的旋转组合成一个四元数）。

这些操作将在 Update 方法中调用的 FirstPerson 方法中执行，该方法的声明如下：

```
void FirstPerson()
{
    // 获取第一人称摄像机的目标位置：
    Vector3 targetWorldPosition = modelHolder.TransformPoint(firstPersonLocalPosition);

    // 如果摄像机还没有到达第一人称摄像机的目标位置，则使用 Slerp 将其移动到目标位置：
    if (trans.position != targetWorldPosition)
    {
        trans.position = Vector3.Slerp(trans.position, targetWorldPosition, .2f);
    }

    // 获取摄像机的旋转，平滑过渡到目标旋转：
    Quaternion newRotation = Quaternion.Slerp(trans.rotation, TargetRotation, 1.0f -
    firstPersonSmoothing);

    // 仅将 X 和 Y 轴的旋转应用于摄像机：
    trans.eulerAngles = new Vector3(newRotation.eulerAngles.x, newRotation.eulerAngles.y, 0);
    // 使模型面向与摄像机相同的方向，但移除 Y 轴方向：
    modelHolder.forward = new Vector3(trans.forward.x, 0, trans.forward.z);
}
```

首先，如果摄像机尚未定位到第一人称模式的预定位置，这段代码将使用 TransformPoint 方法，根据 modelHolder 的位置、旋转和缩放，将其平滑地移动到目标位置。就将其移动到目标位置。这样，我们可以从第三人称视角平滑过渡到第一人称视角，将摄像机从玩家背后的位置移动到第一人称模式下的局部位置。例如，如果将（0，5.4，0）传入 TransformPoint 调用，它将把位置从“世界原点上方 5.4 个单位”转换为“modelHolder 上方 5.4 个单位”。

这个系统很符合我们的需求，因为 firstPersonLocalPosition 变量被设置为（0，5.4，0）。如果 X 值或 Z 值不为 0，当玩家移动鼠标时，第一人称摄像机的移动可能会有些滞后。这是因为 Model Hoder 会随着鼠标的左右移动在 Y 轴上旋转。虽然这种旋转不会影响 Y 位置从局部空间转换到世界空间的结果，但会影响 X 位置和 Z 位置。因此，在 X 或 Z 值不为 0 的情况下，目标位置会随着模型的转动而改变，因此摄像机会不断地向目标位置平滑过渡。

例如，假设按 firstPersonLocalPosition 的设置，这个位置位于玩家角色头部右侧一两英尺处——这可能是因为它是一个头靠在右肩上的歪脖子外星人。随着 Model Hoder 的旋转，头部会围绕轴旋转，因此摄像机会跟着它移动，而不是在视角模式转换完毕后固定在一个位置——请记住，摄像机是根游戏对象 Player 的子对象，而不是 Model Holder 的子对象，因此旋转时，它不会自动与角色模型一起旋转。

虽然我们使用的模型不会出现这种情况，但如果玩家角色的头部位于模型的前方或侧面，并且我们希望第一人称摄像机与之对齐，这可能会给玩家带来不好的体验。

解决方法是使用一个 transitioning 布尔变量，在开始从第三人称模式过渡到第一人称模式时，将其标记为 true。当 transitioning 变量的值为 true 时，使用 Slerp 方法将摄像机移动到目标位置，并检查它是否已经到达改位置（或接近该位置）。一旦到达目标位置，就将 transitioning 标记为 false。当 transitioning 变量的值为 false 时，摄像机就已经完全切换到了第一人称模式，因此在设置它的位置时就不需要使用 Slerp 方法了。这种方法在切换至第一人称视角的过程中提供了平滑的过渡效果，但在过渡完成后，摄像机的位置就会保持相对固定，不会在模型旋转时滞后。

处理了摄像机的移动逻辑后，这段代码处理了第一人称摄像机的旋转。在使用 Slerp 方法旋转摄像机时，我们计算从当前旋转到 TargetRotation 的 Slerp 执行结果，并将其存储在局部变量 newRotation 中。然后，我们只将这个结果的 X 角度和 Y 角度应用到摄像机上，以确保不会发生奇怪的 Z 旋转。Z 旋转会使摄像机向左或向右倾斜，就像玩家在歪头一样（想象一下摄像机在做“桶滚”；Z 旋转的效果就是那样的）。

此外，这段代码还将第一人称摄像机的旋转应用到了 Model Holder 游戏对象上。这里使用的是方向，而不是角度，所以我们将摄像机的前进方向（除 Y 轴以外）设为 Model Holder 对象 Transform 组件新的前进方向。

37.7 第三人称模式

在第三人称摄像机的逻辑中，我们将利用先前声明的 OrbitPoint 属性来定义射线的起点，并使用 TargetRotation 属性来设定墙体检测射线的行进方向。由于 TargetRotation 属性始终为摄像机应朝向的方向，因此射线将会向着与 TargetRotation 相反的方向射出，其长度为 thirdPersonDistance 变量的值。如果射线命中墙壁，就将目标位置设置为命中的点；否则，将目标位置设为射线的末端。

设置了目标位置后，还需要使用 Slerp 方法来将摄像机的位置平滑移动到目标位置。

接下来，我们将声明这个方法，并探讨其具体实现：

```
void ThirdPerson()
{
    // 通过从绕点向后投射射线来计算第三人称摄像机的目标位置。
    // 在绕点处生成新的射线，其方向与 Camera Target 的目标相反：
    Ray ray = new Ray(OrbitPoint, -TargetForwardDirection);
    RaycastHit hit;

    // 将射线的长度设为thirdPersonDistance与wallMargin之和，以便能够检测到略微超出距离的墙壁：
    if (Physics.Raycast(ray, out hit, thirdPersonDistance + wallMargin,
    thirdPersonRayLayermask.value))
    {
        // 如果射线命中任意游戏对象，则将目标位置设置为命中点：
        thirdPersonTargetPosition = hit.point;

        // 将其向 Camera Target 的方向偏移 wallMargin 的距离：
        thirdPersonTargetPosition += TargetForwardDirection * wallMargin;
    }

    else // 如果射线未击中任何游戏对象
    {
        // 将目标位置设为 Camera Target 后方，距离等于 thirdPersonDistance 的位置
        thirdPersonTargetPosition = OrbitPoint - (TargetForwardDirection * thirdPersonDistance);
    }

    // 利用 Slerp 方法将摄像机平滑地过渡到目标位置：
```

```
    trans.position = Vector3.Slerp(trans.position, thirdPersonTargetPosition, 1.0f -
    thirdPersonSmoothing);

    // 调整好摄像机的位置后，使其面向绕点：
    trans.forward = (OrbitPoint - trans.position).normalized;

    // 确保模型的朝向与摄像机一致，同时忽略 Y 轴的影响：
    modelHolder.forward = new Vector3(trans.forward.x, 0, trans.forward.z);
}
```

如果查看 OrbitPoint 属性返回的内容，会发现它只是调用了 modelHolder 对象的 TransformPoint 方法，将 thirdPersonLocalOrbitPosition 转换为世界位置，而不再是相对于 Model Holder 游戏对象的局部位置，这种处理方式和之前处理第一人称摄像机的局部位置一样。为了避免每次都输入那段冗长的代码，我们给它起了一个更简洁的名称：OrbitPoint。

这段代码还使用了之前声明的 TargetForwardDirection 属性，它的作用很简单：将 X 目标和 Y 目标的欧拉角合并成一个四元数（旋转），再将这个旋转与前进方向相乘。这样计算出的方向沿着旋转角度向前。这个属性大致指示了第一人称摄像机的目标朝向，而与之相反的方向则是第三人称摄像机的目标朝向。

然后，这段代码时用了上一个项目用过的 Raycast 方法。我们传入之前创建的 ray 和 out hit 作为参数。第三个参数是射线的距离，第四个参数则是要使用的层遮罩值。

你可能会好奇为什么射线长度参数要加上 wallMargin。让我们通过例子来说明。假设摄像机的 wall margin 被设置为 2，这意味着我们希望摄像机与墙壁的距离至少为 2 个单位。假设射线的长度是 thirdPersonDistance，并且射线并没有检测到墙壁，我们将会把摄像机定位在射线末端。这个时候，如果墙壁距离射线末端只有 1 个单位或 0.005 个单位，那么摄像机与墙壁的距离将少于 2 个单位。通过延长射线，即使墙壁和射线末端之间有一点距离，我们仍然能检测到墙壁，并且摄像机会与墙壁保持 wallMargin 的距离。

如果射线命中了任何对象，命中点将被设为目标位置，然后这段代码会使用 TargetForwardDirection（与射线发射方向相反的方向）将摄像机从墙壁推离。在这个过程中，wallMargin 参数决定了摄像机应该离墙壁多远。如果 wallMargin 参数为 0，目标位置将与命中点一致。这可能会导致出现“穿模”，也就是说，摄像机的一部分视图可能会“穿过”墙壁，尤其是在墙壁表明凹凸不平的情况下——这就是我们引入 wallMargin 参数的原因。

即使射线没有命中任何对象，我们仍然需要设置目标位置。我们将其设为 OrbitPoint，然后从 Camera Target 向反方向——即射线投射的方向——移动 thirdPersonDistance 的距离。

之后，我们需要确保摄像机位置始终通过 Slerp 方法平滑过渡到目标位置，使用与之前相同的 1 – smoothing 公式（smoothing 越高，移动就越平滑，与我们设置 smoothing 变量时的预期相符）。

我们还需要确保摄像机始终朝向 OrbitPoint，所以这里再次使用一个熟悉的公式来获取从一个位置指向另一个位置的方向：

```
(to - from).normalized
```

通过这个公式计算出从摄像机的当前位置指向 OrbitPoint 的方向后，这个方向被设为摄像机的前进方向。

最后，这段代码调整了 Model Holder 的旋转，使其始终与摄像机指向同一方向，就像之前对第一人称摄像机所做的那样。由于我们只希望 Model Holder 左右旋转，而不是上下倾斜，我们构建了一个新的 Vector3 并去除了摄像机前进方向的 Y 轴分量。这样，我们就得到了一个仅在 X 轴和 Z 轴上反映摄像机前进方向的向量，使摄像机无法上下倾斜。

现在，还需要为玩家提供一种方法来调整第三人称视角的距离，这个功能可以绑定在鼠标滚轮上。由于之前已经创建了能够处理基本输入的 Hotkeys 方法，我们可以在其中添加一些代码，以便在检测到滚轮操作时调整 distance 变量。

这不会很复杂——只需要获取当前帧的鼠标滚轮输入，将其应用到 thirdPersonDistance 变量，然后根据 scrollSensitivity 变量进行调整即可。

在 Hotkeys 方法中添加以下代码：

```
// 通过鼠标滚轮控制第三人称摄像机的距离：
if (!firstPerson)
{
    // 获取当前帧的滚轮 delta：
    float scrollDelta = Input.GetAxis("Mouse ScrollWheel");

    // 从 thirdPersonDistance 中减去 delta 与滚轮灵敏度的乘积：
    thirdPersonDistance = Mathf.Clamp(thirdPersonDistance - scrollDelta * scrollSensitivity,
    minThirdPersonDistance, maxThirdPersonDistance);
}
```

之所以从 thirdPersonDistance 中减去而不是加上 scrollDelta，是因为我们希望玩家在向后滚动滚轮时能够拉远视角，也就是使 thirdPersonDistance 增加，但向后滚动滚轮时，滚轮的输入实际上是负值。

37.8 测试

现在应该能够测试摄像机并观察它的效果了，但如果场景中缺少参照物，将很难看出摄像机是否在移动。因此，我们将添加一些游戏对象作为参照物，并在玩家游戏对象附近布置一些墙壁，以展示第三人称摄像机是如何避免穿墙的。

在场景中添加一个平面并命名为 Floor，将其位置设为（0，0，0），缩放设为（100，1，100）。接着，创建一个较高的立方体并将其放置在玩家附近，以便对第三人称摄像机进行测试。

请注意，我们设置的用于切换摄像机视角模式的快捷键是 C 键，而按住 V 键可以显示鼠标光标并锁定摄像机位置。点击“游戏”窗口以外的地方（例如“检查器”或“层级”）之后，就可以松开 V 键，摄像机的位置仍将保持锁定，直到我们再次单击“游戏”窗口并重新按下 V 键。

可以根据需要调整 Player Camera 脚本的 smoothing 变量，如果感觉平滑效果不够明显，可以在“检查器”中调高 smoothing 变量的值。

37.9 小结

本章实现了一个可以在第一人称和第三人称模式之间平滑切换的摄像机。Camera Target 的旋转每帧都会更新，实际的 camera 游戏对象使用该旋转来确定第一人称摄像机的旋转和第三人称摄像机的目标位置。第一人称摄像机的旋转将逐帧过渡到目标旋转，而第三人称摄像机则不断向目标位置移动，围绕 OrbitPoint 旋转，并始终朝向 OrbitPoint。

第 38 章 进阶 3D 移动

本章将实现玩家的移动系统，包括使用 WASD 键进行移动，按空格键跳跃，以及通过重力让玩家回落到地面。在下一章中，我们还将实现蹬墙跳机制，允许玩家在空中通过蹬墙进行二段跳，获得向上和向外的额外动量。

38.1 工作原理

在开始编写代码之前，先来概述一下我们期望这个系统如何工作。

这个移动系统将使用一些与第一个项目中的玩家移动类似的概念。

- 根据按下的 WASD 键获得相应的动量。
- 没有按下 WASD 键时，动量会随时间逐渐减少。
- 尝试向相反方向移动时，玩家获得的动量将会增加，从而能够更方便地改变方向。

我们还将使用 CharacterController 组件来执行移动逻辑，就像在第一个项目中所做的那样。不过，这次我们必须处理那个棘手的 Y 轴——当玩家从高处跳下时，需要确保他们在下落过程中能够积累向下的动量。

为了使游戏更加真实，当玩家在空中时，不论是跳起来还是从高处下落，他们原有的动量都会保留下来。这意味着在空中时，玩家之前通过移动获得的速度将继续保持同一方向。直到他们再次落地，速度才会开始衰减。为了避免粘滞感，玩家在空中时仍然可以使用 WASD 键来调整自己的移动方向，但我们会通过一个乘数来调整空中移动的效果。我们希望玩家在空中也可以微调自己的方向，但空中的控制力应该弱于地面的控制力。

这次，我们必须将移动与玩家模型的朝向关联起来。之前项目中的运动系统使用的是世界空间方向，因为摄像机从不旋转。这次，玩家模型将面向玩家看向的任何方向。WASD 键不再提供固定方向的速度，而是需要根据玩家的朝向来调整。

这可以通过几种不同的方式来实现。一个比较直观的方法是将移动速度存储为相对于玩家的局部速度。我们可以沿用第一个项目中的方法，创建一个 movementVelocity 变量，其中 Z 轴对应 W 键和 S 键，X 轴对应 A 键和 D 键。例如，如果直线前进，那么 movementVelocity 可能是（0，0，26），这表示玩家每秒有 26 个单位的前进（Z 轴）动量。

由于 CharacterController 组件期望我们提供世界空间向量来移动它，而不是相对于 Transform 组件朝向的局部向量。这意味着我们必须使 movementVelocity 与 Model Holder 的朝向一致，并将转换结果传递给 CharacterController.Move 方法。例如，当 movementVelocity 设置为（0，0，26）时，我们将其视为“相对于 Model Holder 当前朝向的每秒 26 个单位的前进动量”。但是，CharacterController 看待它的方式与我们不同。CharacterController.Move 方法在世界空间中移动，因此它会将该向量视为“在世界空间中每秒向前移动 26 个单位”，世界空间中的向前移动等同于“向北”移动。它忽略了 Model Holder 的朝向，会带来非常不合理的游戏体验。

为了避免这种情况，我们必须使用 Transform 组件的 TransformDirection 方法，使 movementVelocity 的朝向与 Model Holder 保持一致。这个方法接收一个相对于 Transform 组件的局部空间向量，并将其转换为世界空间中的向量。换句话说，它会自动处理从局部空间到世界空间的转换。如果在 Model Holder 朝向后方（即南方）的情况下将 movementVelocity 的设置从局部空间中的（0，0，26）转换为世界空间，它会变成（0，0，-26），这样角色就会向南移动，而不是向北。无论 Model Holder 面向哪个方向，这种转换都能够生效。如果 Model Holder 面向正右边，它会变成（26，0，0）；如果面向正左边，则变成（-26，0，0）。其他朝向同理。

这种方法的确是可行的。我们基本可以沿用第一个项目中处理速度的方法，只不过在将速度传递给 CharacterController 组件以进行移动之前，需要先使用 TransformDirection 方法将其从局部坐标转换为世界坐标。

但在涉及诸如从高处下落和跳跃等情况时，这种方法的维护就变得复杂起来了。记住，移动方向与 Model Holder 的朝向是一致的，玩家可以获得前进动量，并通过转动鼠标来轻松地调整方向。无论他们面向何方，速度都会带他们向那个方向前进。然而，在玩家滞空时，我们将使他们无法再通过转动摄像机来调整动量。如果只使用局部速度，玩家将能够在滞空时通过转动鼠标来完全改变自己的方向。他们可以从高处起跳，然后在空中转身，安全地落在起跳点。这样的移动系统显然不够真实。

因此，情况变得复杂起来了。我们必须在玩家滞空后立刻将 movementVelocity 的设置转换为世界空间。如此一来，它就会锁定在玩家开始跳跃时面向的世界方向，无法更改。那么，在玩家落地时，又会发生什么呢？答案是更加复杂的情况。在玩家着陆时，movementVelocity 必须从世界空间转换为局部空间，这样玩家才能够恢复对动量方向的控制。

所有这些因素都增加了处理速度的复杂性，特别是当有外部速度作用于玩家，而这些速度不受他们最大移动速度的限制时，情况会变得更为复杂。例如，如果玩家受外力推动，或者玩家执行了第一个项目中实现的“冲刺”动作。

为了使事情简单化，我们将采用一种新的方法。我们不再关注每个坐标轴上的移动量，而是关注 worldVelocity Vector3 的“模长”（magnitude）。向量的模长（有时也被称为“长度”）是一个数学公式，可以用来计算向量所穿越的距离。可以直接使用 Vector3.magnitude 属性来获得矢量的大小。它返回一个浮点数。我们不需要知道这背后的数学公式具体是什么，因为 magnitude 属性更加直观：它返回“向量移动的距离”。如果将 Vector3 位置 B 与 Vector3 位置 A 相加，那么 B 将从原位置移动 A.magnitude 单位的距离。

另外，我们还将用到 Vector3.normalized 成员，它返回一个方向与原向量相同但模长为 1 的新向量。换句话说，它实际上会把向量转换为方向。

normalized 成员对我们而言并不陌生，之前的项目曾经用 (to - from).normalized 方程来计算从 Vector3 位置（from）指向另一个 Vector3 位置（to）的方向。举例来说，可以通过以下代码来获取从敌人指向玩家的方向：

```
(playerPosition - enemyPosition).normalized
```

方向仍然是一个 Vector3 类型的向量，只不过它的模长为 1。因此，在需要进行缩放时，只需要将它乘以一个浮点数即可将模长缩放到浮点数的大小。这就是为什么可以把 .normalized 当作将向量转换成方向的方法。将 Vector3 类型的向量归一化之后，我们就可以通过将其乘以一个浮点数来得到一个在该方向上移动相应单位的新的 Vector3 向量。

我们将利用这些概念来编写新的移动系统。玩家在世界空间中的速度将被存储在一个向量中。这个向量始终以世界空间来表示，我们将不会在世界和局部空间之间来回转换它，而是会运用一些处理速度模长的巧妙方法。

在处理 WASD 键的输入时，我们不会以“每秒移动单位”来衡量速度，而是只会获取玩家按下移动键时的局部方向。例如，如果玩家只按下了 W 键，那么局部方向将是（0，0，1）；如果同时按下 D（右）和 S（后退），那么局部方向将是（1，0，-1），以此类推。

然后，我们可以利用 TransformDirection 方法和 Model Holder 对象的引用，将局部方向转换为世界空间方向，其中 Model Holder 对象将随着玩家鼠标的移动而旋转。然后，我们将在世界空间方向上将每秒的速度增量（浮点数）应用到 worldVelocity 上。

我们将使用 worldVelocity 的模长来确保玩家的移动速度不会超过设定的最大值。如果模长等于我们设定的 movespeed 变量，就意味着玩家已经在以每秒 movespeed 单位的速度在当前方向上移动了，我们不会再允许玩家在该方向上进一步加速。

理论部分就先讲到这里，现在，你应该已经对如何实现玩家的移动逻辑有了大致的了解，并且明白它与第一个项目有哪些不同。接下来，我们把这些概念整合到一起，探索它们在实践中的运用。

38.2 Player 脚本

第 37 章已经创建了 Player 游戏对象，现在只需要再对它稍作调整，就可以着手实现玩家的移动功能了。

为根游戏对象 Player 添加一个 CharacterController 组件。将 CharacterController 组件的中心设置为（0，3，0），高度设置为 2，半径设置为 1，这将使其与之前为 Model Holder 对象添加的胶囊子对象相匹配。

现在，在 Scripts 文件夹中创建一个 Player 脚本。先来声明变量并规划一下要在 Update 方法中调用的方法：

```
// 变量
[Header("References")]
[Tooltip("对带有 Player 脚本的根游戏对象的 Transform 的引用。")]
public Transform trans;

[Tooltip("对 Model Holder 的 Transform 的引用。玩家将根据此 Transform 的朝向来移动。")]
public Transform modelHolder;

[Tooltip("指向 CharacterController 组件的引用。")]
public CharacterController charController;

[Header("Gravity")]
[Tooltip("玩家可以因重力获得的最大下落动量。")]
public float maxGravity = 92;

[Tooltip("从 0 加速到 maxGravity 所需的时间。")]
public float timeToMaxGravity = .6f;

// 获取作为重力应用的每秒下落动量：
public float GravityPerSecond
{
    get
    {
        return maxGravity / timeToMaxGravity;
    }
```

```
}

// Y 轴速度被存储在一个单独的浮点数中，与速度向量分离：
private float yVelocity = 0;

[Header("Movement")]
[Tooltip(" 正常移动下的最大地面速度，以秒为单位。")]
public float movespeed = 42;

[Tooltip(" 从静止状态加速到最大速度所需的时间，以秒为单位。")]
public float timeToMaxSpeed = .3f;

[Tooltip(" 从最大速度减速到静止状态所需的时间，以秒为单位。")]
public float timeToLoseMaxSpeed = .2f;

[Tooltip(" 逆动量移动时额外速度增益的倍数。例如，0 表示无增益，0.5 表示增加 50% 的速度等。")]
public float reverseMomentumMulitplier = .6f;

[Tooltip(" 在空中移动时的速度影响的倍数。例如，.5 表示速度为正常时的 50%。大于 1 的值将使玩家在空中
移动得比地面更快。")]
public float midairMovementMultiplier = .4f;

[Tooltip(" 从墙壁反弹后保留的速度乘数。例如，1 表示完全保留速度，0.2 表示保留 20%。")]
[Range(0, 1)]
public float bounciness = .2f;

// 相对于 Model Holder 朝向的移动方向：
private Vector3 localMovementDirection = Vector3.zero;

// 当前世界空间速度；只使用 X 轴和 Z 轴：
private Vector3 worldVelocity = Vector3.zero;

// 如果玩家当前在地面上则为 true，如果在空中则为 false：
private bool grounded = false;

// 每秒获得的速度。当玩家不在地面上时应用 midairMovementMultiplier：
public float VelocityGainPerSecond
{
    get
    {
        if (grounded)
```

```
                return movespeed / timeToMaxSpeed;
            // 只有在玩家不在地面上时才使用 midairMovementMultiplier:
            else
                return movespeed / timeToMaxSpeed * midairMovementMultiplier;
        }
    }

    // 基于 movespeed 和 timeToLoseMaxSpeed 计算的每秒速度损失:
    public float VelocityLossPerSecond
    {
        get
        {
            return movespeed / timeToLoseMaxSpeed;
        }
    }

    [Header("Jumping")]
    [Tooltip(" 跳跃时提供的向上速度。")]
    public float jumpPower = 76;

    // Update 逻辑:
    void Movement(){}
    void VelocityLoss(){}
    void Gravity(){}
    void Jumping(){}
    void ApplyVelocity(){}

    // Unity 事件:
    void Update()
    {
        Movement();
        VelocityLoss();
        Gravity();
        Jumping();
        ApplyVelocity();
    }
```

为了模拟重力，这段代码声明了 maxGravity 变量的值（即重力可以施加的最大下落速度）以及 timeToMaxGravity 变量的值（即达到这一最大速度所需要的时间，以秒为单位）。如果减少 timeToMaxGravity 变量的值，玩家将更快地达到最大下落速度；而如果增加它，玩家的“失重感”将更强，下落得更慢。

Y 轴的实际速度存储在私有浮点数变量 yVelocity 中，而 X 轴和 Z 轴速度则存储在 Vector3 类型的 worldVelocity 变量中。这样就可以单独追踪水平方向的速度大小，而不受 Y 轴的影响。在将这种方法应用到实际移动上时，我们会进一步了解这样做的意义。

这段代码中的变量与第一个项目中类似。movespeed 属性定义了玩家在地面上通过正常行走所能达到的最大速度。尽管外部力量可能会使玩家的移动速度超过这个值，但在地面上行走时，玩家的最大速度不会超过 movespeed 属性指定的值。

我们还使用了 timeToMaxSpeed 和 timeToLoseMaxSpeed 这两个参数，它们用于计算 VelocityGainPerSecond 属性和 VelocityLossPerSecond 属性，和第一个项目中的移动系统一样。

reverseMomentumMultiplier 也是一个在之前的项目中使用过的概念，尽管这次的实现方式略有不同。它是一个应用于 movespeed 属性的乘数因子，当玩家尝试向当前速度方向的反方向移动时，它将会使玩家获得额外的速度加成。例如，如果玩家在向东移动时决定掉头向西移动，这个乘数就会起作用。reverseMomentumMultiplier 的值越高，玩家改变移动方向的速度就越快。

midairMovementMultiplier 参数用于调整玩家在空中移动时获得的速度，以确保这个速度不会与地面移动时获得的速度相同。当玩家处于空中，即 grounded 为 false 时，我们会在计算 VelocityGainPerSecond 属性时应用这个乘数。

bounciness 是一个新的变量，用于控制玩家在空中与墙壁碰撞时的反弹力度。我们不希望玩家在空中撞到墙壁后还继续沿着墙壁滑动。例如，玩家跳起来撞到墙壁后，可能会沿着墙面向上滑动，直到越过墙壁、继续向前走，就好像他们根本没有撞过墙一样。为避免这种情况，我们将在玩家撞墙时改变他们的动量。或者，也可以将 bounciness 变量设置为 0，这样玩家在撞墙时将不会反弹，会像一团湿抹布一样贴着墙壁落下来。

变量下方声明了以下几个空方法。

- Movement() 将检查玩家是否按住了 WASD 键，并根据按下的键更新 localMovementDirection 向量。如果玩家按住任意键，该方法会将局部移动方向转换为基于 Model Holder 当前朝向的世界空间方向，然后根据这个方向将 VelocityGainPerSecond 应用到 worldVelocity 上。由于这个方法是最先执行的，其他方法可以根据需要使用 localMovementDirection 向量来确定哪些移动键当前被按住。
- VelocityLoss() 将在玩家没有按下任何移动键，或者速度大于 movespeed 属性指定的值时，使位于地面上的玩家逐渐减速。
- 在玩家滞空的过程中，Gravity() 会持续扣除 yVelocity 的值，前提是玩家的下降速度未超过 maxGravity 属性指定的值。

- Jumping() 会检测站在地面上的玩家是否按下了空格键。如果是，它就会通过增加 yVelocity 来增加向上的动量，这个动量由 jumpPower 定义。
- ApplyVelocity() 将 worldVelocity 和 yVelocity 结合在一起，并用 CharacterController 组件将合并后的速度应用为每秒的移动量。我们将利用 CharacterController 组件提供的一些信息来判断玩家在移动过程中是否落地，如果是，则将 grounded 设为 true；如果未落地，则设为 false。同样，我们还会检测玩家的头部在移动过程中是否撞到了天花板（或其他东西）。如果是，则使玩家丧失向上的速度，这样玩家在撞到天花板后就会立即开始下落，而不是一直沿着表面滑动，直到在重力的作用下开始下落为止。

为了方便未来进行测试，请将 Player 脚本的实例添加到根游戏对象 Player 上。在“检查器”中设置三个引用：trans 应指向根游戏对象 Player 的 Transform；Model Holder 应指向相应的游戏对象，可以从“层级”窗口中将 Model Holder 游戏对象拖过来；最后，在“检查器”中把刚才为 Player 游戏对象添加的 CharacterController 组件拖到 Char Controller 字段中。

38.3 移动速度

让我们从基本的地面移动机制着手，然后在此基础上进行扩展。首先，我们需要完善 Movement 方法的代码，使 WASD 键能够影响 worldVelocity：

```
void Movement()
{
    // 每帧开始时，将局部移动方向重置为零，并根据玩家按下的 WASD 键设置 X 轴和 Z 轴的值：
    localMovementDirection = Vector3.zero;

    // 处理玩家的左右移动（D 键向右，A 键向左）：
    if (Input.GetKey(KeyCode.D))
        localMovementDirection.x = 1;
    else if (Input.GetKey(KeyCode.A))
        localMovementDirection.x = -1;

    // 处理玩家的前后移动（W 键向前，S 键向后）：
    if (Input.GetKey(KeyCode.W))
        localMovementDirection.z = 1;
    else if (Input.GetKey(KeyCode.S))
        localMovementDirection.z = -1;
```

```
    // 如果在当前帧检测到移动键被按住：
    if (localMovementDirection != Vector3.zero)
    {
        // 将局部移动方向转换为相对于 Model Holder 的世界方向：
        Vector3 worldMovementDirection = modelHolder.TransformDirection(localMovementDirect
        ion.normalized);

        // 计算乘数，它将根据玩家移动的方向与 reverseMomentumMulitplier 相加
        float multiplier = 1;

        // 如果点积结果为 1，表示玩家正朝着现有速度方向移动；
        // 如果为 0，表示移动方向与现有速度垂直；
        // 如果为 -1，表示玩家正朝着与现有速度相反的方向移动。
        float dot = Vector3.Dot(worldMovementDirection.normalized, worldVelocity.normalized);

        // 如果玩家尝试反向移动，
        if (dot < 0)
            // 通过符号将 dot 值取反，使其介于 0 到 1 之间。
            // 如果值为 -1，表示玩家正朝着与现有速度相反的方向移动。
            multiplier += -dot * reverseMomentumMulitplier;

        // 通过将移动速度与当前速度相加来计算新的速度：
        Vector3 newVelocity = worldVelocity + worldMovementDirection * VelocityGainPerSecond
        * multiplier * Time.deltaTime;

        // 如果世界速度已超过 movespeed/ 秒，
        // 通过 ClampMagnitude 方法将新速度向量的模长限制为现有速度的模长：
        if (worldVelocity.magnitude > movespeed)
            worldVelocity = Vector3.ClampMagnitude(newVelocity, worldVelocity.magnitude);

        // 否则，如果速度还没有超过 movespeed/ 秒，
        // 使用 ClampMagnitude 方法将速度向量的模长限制在 movespeed 以内：
        else
            worldVelocity = Vector3.ClampMagnitude(newVelocity, movespeed);
    }
}
```

首先，这段代码设置了 localMovementDirection 变量的值，使其指向玩家通过 WASD 键输入的移动方向。这里只使用 X 轴和 Z 轴，它们的值将是 0、1 或 -1。这代表了玩家尝试移动的方向，这个方向是相对于 Model Holder 的朝向的局部方向。

这段代码通过调用 TransformDirection 方法，将相对于 Model Holder 的局部方向转换为世界空间中的方向，并将结果存储在 worldMovementDirection 变量中。通过这个方法，我们知道了玩家的移动操作会影响到哪个方向的速度，并且由于这个方向是世界空间中的方向，它可以用来更新 worldVelocity。

在把 localMovementDirection 变量的值传递给 TransformDirection 方法时，这段代码会将其归一化，在第一个项目中实现冲刺机制时，我们讨论过这个技术。严格来说，如果同时按下两个移动键，世界方向向量的模长可能并不等于 1。例如，向量（1，0，1）的模长不是 1，而是大约 1.41，因为它覆盖的距离比（0，0，1）、（1，0，0）这样的向量更多。因此，如果直接使用这个向量，玩家在斜向移动时将会移动得更远，所以为了避免这种情况，这里对它进行了归一化。这只是为了确保斜向移动不会比单一方向移动更有“效率”。

在使用该世界方向应用速度变化之前，这段代码计算了 multiplier 变量，这个变量决定了反向动量影响程度。这里用到了一个新的静态 Vector3 方法——Dot，它返回两个向量的“点积”（dot product）。它接收两个归一化的向量，也就是两个模长为 1 的向量。就像代码注释中描述的那样，如果向量 A 和向量 B 指向同一方向，则点积为 1；如果它们相互垂直（即成 90 度角），点积为 0；如果完全相反，则点积为 -1。不过，点积结果并非只有这三个值，它可以是这些值之间的任何小数。举例来说，如果向量 A 和向量 B 指向的方向只有微小的偏差，那么点积可能会返回一个接近 1 的值，例如 0.9。

dot 的值将被用来确定 reverseMomentumMultiplier 应该在多大程度上影响之前声明的 multiplier。首先，这段代码会检查 dot 是否小于 0。如果它大于 0，就说明移动方向与世界速度方向的偏差不超过 90 度，也就意味着它并没有产生反向动量，因此我们不会应用任何额外的乘数。由于 multiplier 被初始化为 1，它将不会对移动产生任何影响。

然而，若 dot 的值小于 0，这段代码就会用 dot 乘以 reverseMomentumMultiplier。这里使用操作符 – 反转了 dot 的值，确保它在 0 至 1 的范围内，而不是 -1 至 0。如果不这样做，multiplier 的值将会与负值相加。当然，如果像下面这样修改代码，就不需要使用 – 操作符反转 dot 的值：

```
multiplier -= dot * reverseMomentumMultiplier;
```

这两种方式的效果实际上是一样的，只是形式略有不同。我更倾向于使用原示例中展示的 +=，因为乘数只会通过这个方程增加而不会减少，所以在我看来，此处使用操作符 += 更合逻辑——但实际上，无论采用哪种方法，效果都是一致的。

如果 reverseMomentumMultiplier 变量的值为默认的 0.6，那么计算结果将在 1.0 到 1.6 之间。

接下来，这段代码会执行一些向量操作来应用速度。首先，这段代码会在一个单独的向量中计算新的速度，计算方式是将 worldVelocity 与这一帧将要增加的速度相加。这一帧要增加的速度是多个变量的值的乘积，这些变量包括之前计算的世界移动方向（worldMovementDirection）、每秒增加的速度（VelocityGainPerSecond）、刚刚算出的 multiplier 以及经常用到的 Time.deltaTime，以确保这表示的是“每秒增加的速度”。

在应用新速度时，必须确保速度向量的模长不会超出设定的上限。与第一个项目中分别处理每个轴的方式不同，这次我们要采用不同的策略。一个简单的解决方案是使用 Vector3.ClampMagnitude 静态方法，它接受一个 Vector3 对象和一个浮点数，后者定义了向量的最大模长。如果向量的模长大于这个浮点数，ClampMagnitude 就会将它缩减到最大值；如果不大于，ClampMagnitude 则会原样返回向量。

这段代码以两种不同的方式限制模长。如果它已经大于 movespeed，可能意味着玩家身上被施加了外部作用力。我们不能始终把模长限制在 movespeed 以内，因为这样将会导致外部作用力的效果受限。在外力的作用下，玩家的速度可能会超过 movespeed，而如果强制将世界速度限制在 movespeed，那么在达到 movespeed 的一瞬间，外力的影响将会立即消失，显得非常不自然。为了解决这个问题，我们想让外力带来的额外动量逐渐消散，这样玩家将会花更长时间来减速至停止。我们将在 VelocityLoss 方法中处理这种情况（这目前还是空方法，但我们很快会着手处理它）。

但是，如果移动速度没有超过 movespeed，那么速度的最大值需要限制在 movespeed 以内，这样在玩家正常走路时，就不会超出规定的速度。

通过这种方式，我们可以调整速度，使动量与移动方向保持一致，同时确保动量不会超过 movespeed。当模长大于 movespeed 时，这个方法同样适用。假设玩家受到了外部作用力，比如被敌人攻击或身处力场之中。再假设玩家的 movespeed 是 60，但由于外力，玩家现在的 worldVelocity 的模长是 90。

如果玩家向动量的反方向移动，模长的限制就变得无关紧要了，因为玩家在反方向移动时实际上是在减少 worldVelocity 的模长，在抵消现有的动量。在改变方向的过程中，模长将逐渐减少至 0。

但如果玩家沿着相同的方向移动，那么玩家的移动速度将不会进一步增加，因为模长被限制在不超过当前值的范围内。

本质上来讲，在 worldVelocity 的模长大于 movespeed 时，我们保留现有速度，同时允许玩家通过向反方向移动来抵消动量。

38.4 应用移动

现在，让我们将移动逻辑应用到玩家身上，以便在游戏中观察它的效果。为此，我们需要完善 Update 方法中最后调用的 ApplyVelocity 方法：

```
void ApplyVelocity()
{
    // 当玩家角色在地面上时，施加微小的向下速度，以保持玩家处于正确的 grounded 状态
    if (grounded)
        yVelocity = -.1f;

    // 计算当前帧中玩家将获得的移动量
    Vector3 movementThisFrame = (worldVelocity + (Vector3.up * yVelocity)) * Time.deltaTime;

    // 预测在没有发生碰撞时，玩家将到达的位置
    Vector3 predictedPosition = trans.position + movementThisFrame;

    // 执行移动
    charController.Move(movementThisFrame);

    // 检查玩家角色是否处于 grounded 状态：
    if (!grounded && charController.collisionFlags.HasFlag(CollisionFlags.Below))
        grounded = true;
    else if (grounded && !charController.collisionFlags.HasFlag(CollisionFlags.Below))
        grounded = false;

    // 当玩家在空中撞到墙壁时，使其反弹
    if (!grounded && charController.collisionFlags.HasFlag(CollisionFlags.Sides))
{
        worldVelocity = (trans.position - predictedPosition).normalized * (worldVelocity.
        magnitude * bounciness);
}

    // 如果玩家在跳跃过程中与上方的游戏对象发生碰撞，将 Y 方向的速度重置为 0：
    if (yVelocity > 0 && charController.collisionFlags.HasFlag(CollisionFlags.Above))
        yVelocity = 0;
}
```

在判断玩家是否处于 grounded 状态时，这段代码会向 CharacterController 对象询问：“上次调用 Move() 方法时，玩家是否与下方的游戏对象发生了碰撞？”为了能够准确地做出判断，

这里应用了一个恒定的、微小的向下速度。如此一来，当玩家角色在地面上移动时，将会微微下沉，切实触碰到地面。如果不这样做，玩家角色会直接水平移动，可能无法正确触发与地面的碰撞检测。

这段代码将当前帧的移动向量存储在一个变量中，随后将其传递给CharacterController对象的Move方法。这个速度向量的计算方法是，首先获取worldVelocity（即X分量和Z分量的速度），然后加上Vector3(0, yVelocity, 0)。记住，Vector3.up只是new Vector3(0, 1, 0)的简写方式。将一个浮点数乘以Vector3.up实际上意味着“向上移动这个浮点数的量”。

这段代码还存储一个预期位置的向量，表示在没有遇到任何障碍的情况下，玩家角色移动后的预期为止，这将用于计算可能发生的反弹方向。

移动完成后，可以使用CharacterController.collisionFlags成员来检查在最近一次移动调用中，胶囊的哪些部分发生了碰撞。

这是一个位遮罩（bit mask），其行为类似于层遮罩。如前所述，层遮罩本质上是由多个“复选框”组成的列表，可以单独将每个层的遮罩设为true或false。collisionFlags的工作方式与之类似，只不过它设置的不是层，而是碰撞方向：Below（下方）、Sides（侧面）和Above（上方）。可以使用HasFlag方法来在某个方向上发生了碰撞时返回true。在单个Move调用中，可能会在一个或多个方向上发生碰撞，所以每个方向的HasFlag在任何时候都可能是true或false。

如果玩家当前不处于grounded状态，并且与下方的游戏对象发生了碰撞，那么玩家就会变为grounded状态。

之后，这段代码会检查原本处于grounded状态的玩家是否没有与下方的任何游戏对象发生碰撞。在这种情况下，玩家的grounded状态将被设为false（即不在地面上）。

此外，这个方法还将执行“反弹”。当玩家在空中时，如果侧面发生碰撞，我们会将速度从预期位置重定向到我们实际到达的位置，然后将该方向乘以受bounciness变量影响的模长。如果bounciness为1，模长将完全重定向；如果是0.5，则只有50%的模长会被重定向，导致玩家在撞墙时损失一些动量。

接下来，这段代码还会检查顶部的碰撞。玩家撞到上方的游戏对象时，将会失去所有正的yVelocity。如果不采取这一措施，角色可能会继续向上移动，直到重力使yVelocity降至0以下。而现在，一旦玩家撞到头，yVelocity将立即降为0，使玩家开始下落。

现在应该可以在游戏中使用WASD键来测试玩家的移动了。不过，我们还需要确保玩家在松开WASD键时能够立即停止移动；否则，玩家角色会不断地移动下去。

38.5 速度衰减

这一节将实现 VelocityLoss 方法，使玩家不会再陷入停不下来的窘境：

```
void VelocityLoss()
{
    // 当玩家站在地面上，且没有按住移动键，或移动速度大于 movespeed，就失去速度
    if (grounded && (localMovementDirection == Vector3.zero || worldVelocity.magnitude > movespeed))
    {
        // 计算这一帧将失去的速度
        float velocityLoss = VelocityLossPerSecond * Time.deltaTime;

        // 如果失去的速度大于 worldVelocity 模长，速度将直接归零，使玩家角色完全停下来
        if (velocityLoss > worldVelocity.magnitude)
        {
            worldVelocity = Vector3.zero;
        }

        // 否则，如果失去的速度小于当前模长
        else
        {
            // 在与世界速度相反的方向上应用速度损失
            worldVelocity -= worldVelocity.normalized * velocityLoss;
        }
    }
}
```

首先，这段代码会检查以下几个条件，以判断现在是否应该发生速度损失。

- 玩家必须在地面上，而不是空中。
- 玩家没有按住 WASD 键。这可以通过检查 Movement 方法中每帧更新的 localMovementDirection 向量来判断。
- 另外，即使玩家按住了 WASD 键，如果 worldVelocity 模长大于 movespeed，玩家仍然会失去速度。

请注意，在第一个 if 语句中，操作符 || 及其相关条件被一对括号所包裹。如果没有这对括号，操作符 && 将只应用于 grounded 和 localMovementDirection == Vector3.zero，这不符合我们原本想要设置的条件。

为了应用速度损失，这段代码首先计算当前帧中应减少的速度，并将结果存储在

velocityLoss 变量中。然后，这段代码根据计算结果选择两种应用方式之一。如果当前帧中要减少的速度超过当前 worldVelocity 的模长，那么应用它应该会使动量直接归 0，这时就需要将 worldVelocity 设置为 Vector3.zero。

另一方面，如果玩家不会在当前帧失去所有速度，那么我们就会在与当前 worldVelocity 相反的方向上将速度损失应用为动量。现在，你应该理解了我们为什么要采用两种速度损失应用方式。如果只采用后一种方式，那么玩家角色将永远无法完全停止移动。程序会不断在反方向上应用速度，直到动量完全反转，然后这个过程不断重复，因为每一帧都在不断增加速度。

这样的机制确保玩家可以在游戏世界中自由移动，并且在松开 WASD 键后，玩家的速度会逐渐衰减至 0。

38.6 重力和跳跃

接下来就只需要处理垂直轴（即 Y 轴，纵轴）了。首先，我们将实现 Gravity 方法，这只需要几行简单的代码：

```
void Gravity()
{
    // 当玩家不在地面上时，通过 GravityPerSecond 减少 Y 轴速度，但不能低于 -maxGravity：
    if (!grounded && yVelocity > -maxGravity)
        yVelocity = Mathf.Max(yVelocity - GravityPerSecond * Time.deltaTime, -maxGravity);
}
```

maxGravity 是一个正值，用于表示“能够因重力获得的最大向下动量”，因此在将它应用到 yVelocity 上的时候，需要对其进行反转。如果 yVelocity 为正，玩家会向上移动；如果为负，玩家则会向下移动。因此，我们需要从 yVelocity 中减去重力。这里使用 Max 方法来确保 yVelocity 不会降到 -maxGravity 以下。

只有在 yVelocity 不小于 -maxGravity 的情况下，我们才会执行这个操作。这确保了外部作用力可以将玩家以比重力更大的力推向下方，但如果发生这种情况，重力就不会继续施加并限制向下的动量。

现在可以在场景中创建一个大的立方体，将玩家角色放在立方体上，然后开始游戏并尝试走下立方体。在离开立方体的那一刻，玩家角色应该会立刻开始下落。

为了能够让玩家重新跳到立方体上，接下来实现 Jumping 方法：

```
void Jumping()
{
```

```
    if (grounded && Input.GetKeyDown(KeyCode.Space))
    {
        // 开始以每秒 jumpPower 的距离向上移动
        yVelocity = jumpPower;

        // 将 grounded 设为 false，因为玩家刚才跳了起来
        grounded = false;
    }
}
```

这个方法也不复杂。玩家只有在处于 grounded 状态时才能进行跳跃，这通过按下空格键来触发。因为玩家在地面上时，除了为了保持地面检测功能而设置的默认向下速度 -1 外，不会有其他向下的速度，所以可以直接通过操作符 = 来将 yVelocity 设为 jumpPower，而不是使用 += 操作符。

你可能会问，为何在玩家跳跃时需要将 grounded 的状态设为 false。原因在于，当玩家处于 grounded 状态时，ApplyVelocity 方法会不断将 yVelocity 设为 -1，而这个方法在 Jumping 方法之后被调用。如果不在这里将 grounded 设为 false，那么在玩家跳起来之后，ApplyVelocity 方法会立即被执行，使跳跃无效——Jumping 方法设置的 yVelocity 会立即被 ApplyVelocity 方法重置为 -1。

现在，再次测试并尝试用空格键进行跳跃。玩家角色应该会根据重力和跳跃力跃起和下落。跳跃的高度取决于这几个变量的组合：最大重力、应用最大重力所需的时间和跳跃力。

38.7 小结

本章介绍了一些更高级的向量技巧，实现了在鼠标瞄准模式下玩家的移动、跳跃和重力功能。本章要点回顾如下。

1. 向量的模长（也称“长度”）指的是它穿越的距离。
2. 归一化向量指的是模长为 1 的向量，可以将其视为“方向”。如果将其乘以浮点数 X，可以使其沿给定方向移动 X 单位。
3. 调用 CharacterController 对象的 Move 方法后，可以通过它的 collisionFlags 成员来确定碰撞发生的位置。这可以通过使用 collisionFlags.HasFlag 方法实现，该方法接受 CollisionFlags 枚举作为参数，该枚举的值包括 None、Sides、Above 或 Below。

第 39 章 蹬墙跳

第 38 章实现了玩家的移动、重力和跳跃功能，而这一章将进入下一阶段，为玩家增加新的能力：空中蹬墙跳。

实现蹬墙跳机制的方法有很多。一种常见的设计是只允许玩家向与移动速度的相反方向进行蹬墙跳，以强调他们是在“蹬开”墙壁并重定向动量。

我们的系统会比较宽松。我们会简单地检测玩家是否与附近的墙壁发生了碰撞，如果是，则允许玩家进行蹬墙跳。如果玩家没有按住任何 WASD 移动键，他们将向上方蹬墙跳；如果按住了任意移动键，跳跃的方向将与他们按下的键相对应。例如，如果玩家按下 S 键，他们将向后跳跃；如果按下 D 键，将向右侧跳跃——前提是附近有可以利用的墙壁。

39.1 变量

首先声明与蹬墙跳相关的变量。在 Player 脚本中现有变量下方声明以下变量：

```
[Header("Wall Jumping")]
[Tooltip("蹬墙跳提供的向外速度。")]
public float wallJumpPower = 40;

[Tooltip("蹬墙跳提供的向上速度。")]
public float wallJumpAir = 56;

[Tooltip("可以触发蹬墙跳时，墙壁与玩家侧面的最远距离。")]
public float wallDetectionRange = 2.4f;

[Tooltip("蹬墙跳的冷却时间，以秒为单位。")]
public float wallJumpCooldown = .3f;

[Tooltip("只有层遮罩包含的层中的游戏对象才会被识别为可以蹬墙跳的墙壁。")]
public LayerMask wallDetectionLayerMask;

// 上次执行蹬墙跳的时间
private float lastWallJumpTime;
```

```
// 如果蹬墙跳未在冷却中就返回 true，在冷却中则返回 false
private bool WallJumpIsOffCooldown
{
    get
    {
        // 当前时间必须大于上次蹬墙跳的时间与冷却时间之和：
        return Time.time > lastWallJumpTime + wallJumpCooldown;
    }
}
```

- wallJumpPower 是执行蹬墙跳时在 X 轴和 Z 轴上应用的速度。只有在跳跃时按下 WASD 键的情况下，这个速度才会被应用。
- wallJumpAir 是向上的速度，无论是否按下 WASD 键都会应用。
- wallDetectionRange 表示进行蹬墙跳时墙壁与玩家之间的最大距离。超出这个距离的墙壁将不会被检测到。
- wallJumpCooldown 是一个短暂的冷却时间，以确保玩家每 0.3 秒只能进行一次蹬墙跳。这是一个可以在“检查器”中更改的公共变量。
- wallDetectionLayerMask 在检查玩家附近的墙壁时使用。这些是玩家可以跳跃的层。任何不在此掩码中的碰撞体都不会被视为附近的墙壁。
- lastWallJumpTime 在每次执行蹬墙跳时都会被设置为当前的 Time.time，用于检查蹬墙跳是否在冷却中。
- WallJumpIsOffCooldown 是一个简写属性，用于检查蹬墙跳是已经结束冷却并可以使用（true），还是仍在冷却且不可用（false）。

声明这些变量后，请保存脚本并在“检查器”中为 Player 设置图层遮罩。它将仅包括 Default 图层，而不包括其他图层。注意，如果不这样做的话，图层遮罩将默认设置为“无内容”，导致玩家无法进行蹬墙跳。

Wall Jumping	
Wall Jump Power	40
Wall Jump Air	56
Wall Detection Range	2.4
Wall Jump Cooldown	0.3
Wall Detection Layer Mask	Default

图 39-1 Player 脚本中与蹬墙跳有关的变量在“检查器”窗口中的设置

39.2 检测墙壁

在允许玩家进行蹬墙跳之前，需要检测附近是否有墙。为此，我们将调用 Physics.OverlapBox 方法。该方法接受一些参数来在世界空间中定义一个不可见的长方体。它会检查是否有任何碰撞体位于其中或与其接触，并将所有这些碰撞体收集到一个 Collider[] 数组中，然后返回这个数组。

实现第二个项目中的炮塔时，我们用过与之类似的 Physics.OverlapSphere 方法。Physics.OverlapBox 和 OverlapSphere 的不同之处在于，它检测的是长方形而不是球形区域内的碰撞。

我们只需确定返回的数组是否包含至少一个碰撞体，数组的具体内容并不重要。这可以通过检查数组的 Length 成员是否大于 0 来实现。为此，可以定义一个 WallIsNearby 方法，该方法利用 OverlapBox 进行检查，如果返回的数组长度大于 0 则返回 true，否则返回 false。

这个操作可以在 WallIsNearby 方法中巧妙地通过一行代码来实现，不过，我们的第一反应可能是使用多行代码。下面给出一些代码示例，它们只是用于演示，不需要添加到 Player 脚本中。

以下代码示例展示了包含多行代码的实现方式，为简洁起见，这里省略了 OverlapBox 调用的参数：

```
private bool WallIsNearby()
{
    Collider[] colliders = Physics.OverlapBox();
    if (colliders.Length > 0)
        return true;
    else
        return false;
}
```

看起来很直观，对吧？这段代码将返回的数组存储在局部变量中，并通过检查 Length 成员来返回 true 或 false。这种方法虽然没有错，但比较烦琐。

现在，我们来看如何在方法中使用一行代码来实现相同的功能：

```
private bool WallIsNearby()
{
    return Physics.OverlapBox().Length > 0;
}
```

可以看到，这段代码也调用了 OverlapBox 方法，但没有将返回的数组存储在局部变量中，而是直接在 OverlapBox 方法调用的闭括号后访问了返回的数组。通过这种方式，可以直接获取数组的 Length 成员，并使用操作符 > 获取布尔值：如果数组中存在任何元素则为 true，反之则为 false。

这样就得到一个简单的表达式，它可以直接返回结果，不需要用到变量。

接下来，我们将为 OverlapBox 方法编写实际的代码，包括定义它所需要的参数。为了提高代码的可读性，我将把各个参数放在单独的代码行中。

回到 Player 脚本，在刚刚声明的所有与蹬墙跳相关的变量下方声明该方法：

```
private bool WallIsNearby()
{
    return Physics.OverlapBox(
        trans.position + Vector3.up * (charController.height * .5f),
        Vector3.one * wallDetectionRange,
        modelHolder.rotation,
        wallDetectionLayerMask.value).Length > 0;
}
```

当方法调用包含大量参数，或者参数本身较为复杂时，采用这种格式会比较好。每个参数都通过逗号分隔，并在逗号后换行，这样可以清晰地将参数区分开来，提高可读性。

现在，让我们逐一探讨这些参数的含义。

第一个参数是 Vector3 类型的值，它指定了长方体的中心在世界空间中的位置。这个参数是根组件 Transform 的位置与一个向上的向量之和。根组件 Transform 的位置与地面齐平，位于胶囊模型的底部。向上的向量则等于 CharacterController 的高度的一半。由于这个高度在检查其中被设置为 6，长方体的中心实际上是玩家模型的半腰处。

第二个参数是长方体的“半尺寸”。这是一个 Vector3 类型的值，表示长方体尺寸的一半。X 轴代表宽度，Y 轴代表高度，Z 轴代表长度。这里给出的是长方体的半尺寸，而不是全尺寸。

对于这个参数，我们将 Vector3.one—— 即 new Vector3(1，1，1) 的简写形式 —— 与 wallDetectionRange 相乘，这实际上等同于以下代码：

```
new Vector3(wallDetectionRange, wallDetectionRange, wallDetectionRange)
```

这只是稍微简化了一点。总之，这个参数表示长方体的每条边与中心的距离等于 wallDetectionRange，因此，从一条边到与之相对的另一条边的总距离是 wallDetectionRange 的两倍（这也是为什么我们称之为“半尺寸”而不是“尺寸”）。

第三个参数是一个表示长方体的旋转的四元数。这里将长方体的旋转设为 Quaternion.identity，表示“无旋转”。它将朝向世界坐标的正前方，就像在场景中新创建的立方体一样。

第四个参数——也是最后一个参数——是层遮罩值，它定义了哪些层中的游戏对象可以被用来蹬墙跳。这与 Raycast 方法的工作方式相同。

调用 OverlapBox 后，我们会访问返回的数组，检查其 Length 是否大于 0，正如前文所述。

这意味着，只要检测到至少一个碰撞体，WallIsNearby 方法就会返回 true；如果没有检测到任何碰撞体，则返回 false。

39.3 执行跳跃

设置完毕后，让我们添加一个额外的方法来检查空格键是否被按下，并在条件允许的情况下执行蹬墙跳。

现在，在 Gravity 和 Jumping 之间添加 WallJumping 方法：

```
void Movement() {...}
void VelocityLoss() {...}
void Gravity() {...}
void WallJumping()
{
    // 当玩家处于空中且蹬墙跳未处于冷却状态时：
    if (!grounded && WallJumpIsOffCooldown)
    {
        // 当玩家按下空格键时：
        if (Input.GetKeyDown(KeyCode.Space))
        {
            // 检查玩家周围是否存在可供蹬墙跳的墙壁：
            if (WallIsNearby())
            {
                // 如果玩家按住了任意移动键，根据 Model Holder 的朝向，
                // 将局部移动方向转换为世界方向，并乘以蹬墙跳的动力，以实现向外的移动：
                if (localMovementDirection != Vector3.zero)
                {
                    worldVelocity = modelHolder.TransformDirection(localMovementDirection) *
                    wallJumpPower;
                }
                // 如果玩家处于下落过程中，将下落的动量转换为蹬墙跳的上升动量，
                if (yVelocity <= 0)
                {
                    yVelocity = wallJumpAir;
                }
                // 如果玩家不是在下落，而是处于上升或静止状态，
                // 将蹬墙跳的上升动量与当前的垂直速度相加：
                else
                {
                    yVelocity += wallJumpAir;
```

```
                }
                // 记录上一次进行蹬墙跳的时间，以便应用冷却时间：
                lastWallJumpTime = Time.time;
            }
        }
    }
}
void Jumping() {...}
void ApplyVelocity() {...}
```

请确保在 Update 方法中调用它。这个方法应该在 Jumping 方法之前被调用。

```
void Update()
{
    Movement();
    VelocityLoss();
    Gravity();
    WallJumping();
    Jumping();
    ApplyVelocity();
}
```

WallJumping 方法中的前三个 if 语句块共同定义了一个条件组合："当玩家位于空中、蹬墙跳未在冷却中、空格键刚刚被按下，且附近有墙壁时。"在满足这些条件时，游戏将执行蹬墙跳。

为了应用向外的动量，我们将像上一章讲过的那样，根据玩家按住的 WASD 键来确定局部移动方向，将其转换为世界空间中的向量，并将其与 wallJumpPower 的值相乘。我们使用赋值操作符 = 直接将计算结果赋给 worldVelocity，而不是将它与现有速度相加。

也就是说，在执行蹬墙跳的时候，所有现有的向外速度都会被蹬墙跳速度所取代。举例来说，在玩家蹬墙跳后，他们将向反方向移动。如果只是将蹬墙跳速度与世界速度相加，那么尝试通过蹬墙跳向反方向跳跃时，效果将不会特别明显，因为这可能会被现有的动量抵消，除非 wallJumpPower（即蹬墙跳的跳跃力）的值足够大。

如果倾向于在执行蹬墙跳时保留现有的动量，可以修改代码，将当前世界速度和蹬墙跳的跳跃力结合起来：

```
worldVelocity = modelHolder.TransformDirection(localMovementDirection) * (wallJumpPower +
worldVelocity.magnitude);
```

这与之前的代码类似，但它不只是乘以 wallJumpPower，而是乘以 wallJumpPower 与 worldVelocity 的模长之和。换句话说，蹬墙跳之前的速度会被加到 wallJumpPower 上，但方向会被统一为蹬墙跳的方向。

在玩家受到外部作用力的时候，这种设计能让蹬墙跳的效果看起来更加真实。在原本的设计下，wallJumpPower 将取代所有动量，而如果 wallJumpPower 小于原本的动量，会显得很不自然。在现在的设计中，现有的动量会被重新定向，wallJumpPower 也作为额外的速度被添加。但这种设计也有缺点。举例来说，玩家在两堵墙之间反复蹬墙跳时，可能会累积很多速度，如果玩家高速撞向墙壁，然后以更高的速度朝相反方向蹬墙跳（因为 wallJumpPower 会与原本的速度相加），会显得很奇怪。

归根结底，选择哪种实现方式取决于你。我倾向于采用第一种涉及，不涉及 worldVelocity.magnitude。如果你认为第二种方式更有趣，可以按照自己的喜好进行调整。

为玩家添加向外的速度后，我们还添加了向上的速度。这可以通过两种方式实现。如果玩家正在下落，那么蹬墙跳应该抵消向下的动量，因此我们会直接为 yVelocity 赋值，而不是在原有值的基础上加上新的速度。这样做会覆盖负方向上原有的任何速度。

否则，如果玩家是在上升时进行的蹬墙跳，则保留现有的向上动量，并在此基础上增加通过蹬墙跳获得的动量。

最后，这段代码会设置上一次执行蹬墙跳的 Time.time，由于 WallJumpIsOffCooldown 属性，玩家的蹬墙跳将会自动进入冷却状态。

现在可以开始测试这些新功能了。尝试创建一些立方体作为墙壁，设置它们的高度，以便进行蹬墙跳。移动到墙边，在不按 WASD 键的情况下按下空格键，然后在空中再次按空格键，以向上方跳跃。默认的冷却时间很短，所以我们可以通过不断地蹬墙跳来跨越任何高度的墙壁（如果觉得这种能力过于强大，也可以增加冷却时间）。

还可以将两个高立方体并排放置，然后在它们之间来回蹬墙跳。为了区分不同的游戏对象，最好将不同颜色的材质应用到地面和立方体上。

请注意，如果忘记在“检查器”窗口中设置 wallDetectionLayerMask 变量，玩家周围的墙壁可能无法被检测到，也就无法进行蹬墙跳了。同样，如果没有更改 Player 的图层设置，那么它可能仍然位于 Default 图层，这会使玩家角色被误判为墙壁，即使附近没有墙壁也能进行蹬墙跳。

39.4 小结

本章探讨了如何使用 Physics.OverlapBox 方法检测长方体区域内的碰撞体。利用这一技术，我们为玩家提供了一种新的空中移动方式：当玩家位于空中且附近有墙壁时，可以按空格键进行蹬墙跳。这不仅为玩家提供了更多的移动选择，也使得玩家能够更加轻松地攀越墙壁。

第 40 章 推和拉

在本章中，我们将利用射线投射技术来赋予玩家“念力”。将摄像机对准带有刚体的游戏对象时，玩家将能够按住左键将游戏对象拉向自己，或按住右键将其推离自己。我们不会直接通过移动 Transform 来实现推拉效果，而是会向刚体施加力，让物理系统自动处理游戏对象的运动。这个过程将展示如何通过施加力来操控刚体。

40.1 脚本设置

为了避免与 Player 逻辑混淆，推拉功能将在单独的脚本中实现，并附加到 Player 游戏对象上，以便与玩家移动逻辑分开。

首先，在项目的 Scripts 文件夹中新建一个脚本，命名为 Telekinesis。打开它，并在其中声明以下变量：

```
public class Telekinesis : MonoBehaviour
{
    public enum State
    {
        Idle,
        Pushing,
        Pulling
    }
    private State state = State.Idle;

    [Header("References")]
    public Transform baseTrans;
    public Camera cam;

    [Header("Stats")]
    [Tooltip("拉动目标时施加的力。")]
    public float pullForce = 60;

    [Tooltip("推动目标时施加的力。")]
```

```
public float pushForce = 60;

[Tooltip(" 目标与玩家之间的最大距离。")]
public float range = 70;

[Tooltip(" 可以被拉动和推动的游戏对象的层遮罩。")]
public LayerMask detectionLayerMask;

// 念力的当前目标（如果有的话）
private Transform target;

// 射线在当前目标上的命中点的世界位置
private Vector3 targetHitPoint;

// 目标的 Rigidbody 组件。只有拥有 Rigidbody 组件的游戏对象才能被标记为目标
private Rigidbody targetRigidbody;

// 如果不存在当前目标，则为 false。如果存在当前目标且目标在范围内，则为 true，
// 若目标不在范围内则为 false
private bool targetIsOutsideRange = false;

// 根据状态和目标距离获取光标应显示的颜色
private Color CursorColor
{
    get
    {
        if (state == State.Idle)
        {
            // 如果没有目标，则返回灰色：
            if (target == null)
                return Color.gray;

            // 如果有目标但不在范围内，则返回橙色：
            else if (targetIsOutsideRange)
                return new Color(1, .6f, 0);

            // 如果有目标且在范围内，则返回白色：
            else
                return Color.white;
        }
```

```
            // 如果玩家正在推动或拉动目标，则返回绿色：
            else
                return Color.green;
        }
    }
}
```

在每一帧中，我们都将使用 detectionLayerMask 投射一条无限长的射线。如果射线检测到有效目标，就更新下面几个相关变量：

- target
- targetHitPoint
- targetRigidbody
- targetIsOutsideRange

这提供了关于目标的所有关键信息（前提是有目标的话）。即便目标位于设定的 range 之外，依然能够通过 targetIsOutsideRange 布尔类型的值来判断该目标是否可以被拉动或推动。

接着，程序会检查输入：如果玩家按住鼠标左键，并且存在一个有效且在范围内的目标，就将目标拉向玩家；相对地，按住鼠标右键将把目标推离。

程序会根据当前帧的动作来设置 state：nothing（待机）、pushing（推）和 pulling（拉）。

CursorColor 属性会根据 state 和 targetIsOutsideRange 返回不同的颜色。

- 如果没有目标，则返回灰色。
- 如果有目标但在范围外，则返回橙色。
- 如果有目标且在范围内，则返回白色。
- 当玩家正在推动或拉动目标时，返回绿色。

cursor（光标）将是一个显示在屏幕中央的小矩形，它是射线投射的起点，并且它的颜色将由 CursorColor 属性来定义。CursorColor 属性将会根据情况自动更新，为玩家提供视觉提示，告诉他们是否存在有效的目标，目标是否在范围外，以及他们是否在推拉目标。

在继续下一步之前，先来配置 Telekinesis 脚本。首先，将脚本的实例添加到根游戏对象 Player 上（即带有 Player 脚本实例的对象）。将 baseTrans 引用设置为 Player 游戏对象的 Transform，并将 Player Camera 游戏对象拖放到 cam 引用字段上。同时，请确保将层遮罩设置为仅包含 Default 层。设置完毕后，“检查器”窗口中的 Telekinesis 脚本应与图 40-1 一致。

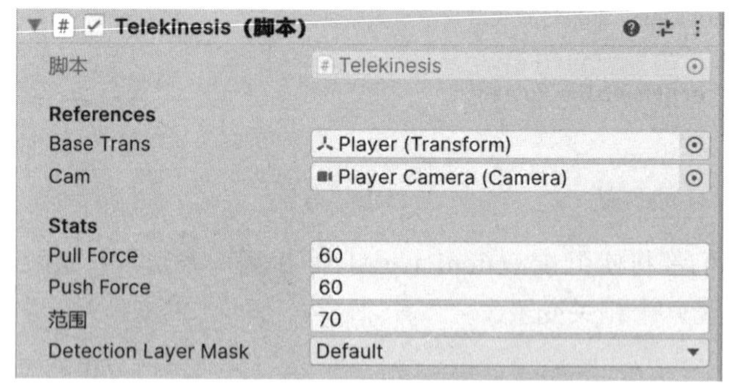

图 40-1 “检查器”窗口中的 Telekinesis 脚本，所有字段均已正确设置

接下来，我们将通过一些方法来规划推拉逻辑的基本功能：

```
//Update 方法的逻辑：
void TargetDetection(){}

//FixedUpdate 方法的逻辑：
void PullingAndPushing(){}

//Unity 事件：
void Update()
{
    TargetDetection();
}
void FixedUpdate()
{
    PullingAndPushing();
}
```

可以看到，这段代码用到了一个新的 Unity 内置事件：FixedUpdate。这是实际执行拉动和推送操作的方法，而用于检测目标的射线投射将在我们熟悉的 Update 事件中执行。

40.2 FixedUpdate 方法

FixedUpdate 方法与 Update 方法类似，但如果想要通过代码与物理系统进行交互，则应该选择 FixedUpdate 而不是 Update，尤其是需要向刚体上施加力的时候。FixedUpdate 方法不是每帧调用一次，而是以固定的时间间隔来调用。如果在 Update 方法中与物理组件交互，可能会出现意想不到的结果。

在“编辑”➤ Project Settings 窗口中，单击“时间”选项卡，并查看“固定时间步进”的值，如图 40-2 所示。这个值默认设置为 0.02，意味着 FixedUpdate 方法每秒被调用 50 次。

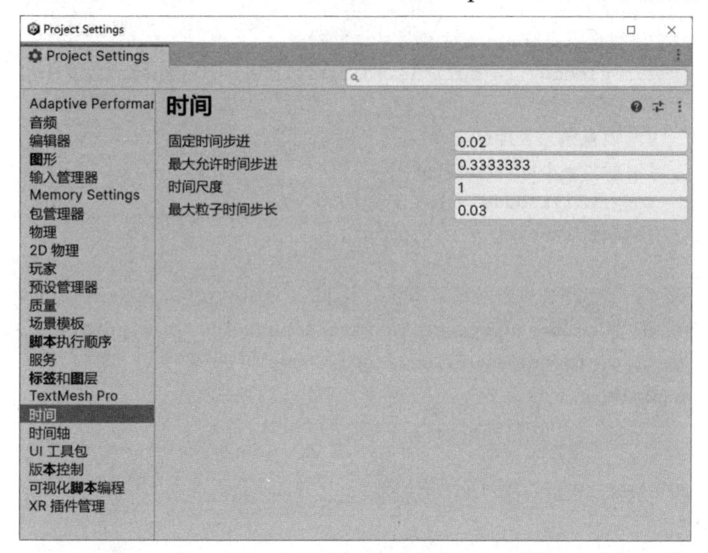

图 40-2 在 Project Settings 窗口中打开“时间”选项卡，可以找到“固定时间步进”字段

降低这个值会增加每秒更新的次数，但这将以牺牲性能为代价；提高这个值可以提升性能，但可能使物理效果的精度降低，甚至如果这个值过高，可能会出现明显的卡顿。

在 FixedUpdate 调用中，Time.deltaTime 仍然会以相同方式工作，始终返回固定时间步进的值。我们还可以通过访问 Time.fixedDeltaTime 来在代码中获取这个值。甚至可以在游戏中实时调整它，动态地改变物理效果的更新频率。

40.3 检测目标

在动手编写 FixedUpdate 方法的逻辑之前，需要先实现检测目标的机制，以便确定要处理的游戏对象是什么。

使用以下代码来填充之前声明的 TargetDetection 方法：

```
void TargetDetection()
{
    // 从屏幕中心发射一条射线：
    var ray = cam.ViewportPointToRay(new Vector3(.5f, .5f, 0));
    RaycastHit hit;
```

```
        if (Physics.Raycast(ray, out hit, Mathf.Infinity, detectionLayerMask.value))
        {
            // 如果射线命中具有非运动学刚体的游戏对象：
            if (hit.rigidbody != null && !hit.rigidbody.isKinematic)
            {
                // 设置念力目标：
                target = hit.transform;
                targetRigidbody = hit.rigidbody;
                targetHitPoint = hit.point;

                // 根据距离判断目标是否在范围外：
                if (Vector3.Distance(baseTrans.position, hit.point) > range)
                    targetIsOutsideRange = true;
                else
                    targetIsOutsideRange = false;
            }
            // 如果射线命中的游戏对象没有刚体
            else
            {
                ClearTarget();
            }
        }
        // 如果射线没有命中任何游戏对象
        else
        {
            ClearTarget();
        }
    }
```

这里使用了 Camera.ViewportPointToRay 方法。这种方法类似于第二个项目中用于检测 Highlighter 的 ScreenPointToRay 方法。它能够返回一条从摄像机发出的射线，起点是屏幕上的一个特定位置。

与 ScreenPointToRay 方法不同的是，Camera.ViewportPointToRay 方法使用的是“视口”（viewport）坐标系而不是屏幕上的像素坐标系。这是在摄像机视图上定位位置的另一种方式。我们不再用像素值来指定位置，比如屏幕宽度和高度的一半，而是用 0 到 1 之间的分数来表示 X 值和 Y 值。X 代表左右方向，Y 代表上下方向，这与像素类似，在视口坐标系中，们不需要考虑屏幕的宽度和高度。（0，0）代表摄像机视图的左下角，（1，1）代表右上角。因此，使用（0.5f，0.5f）可以定位到屏幕中心。由于这种方法不需要鼠标位置作为输入，它提供了一种从屏幕中心发射射线的简单方式。这比使用 ScreenPointToRay 并计算 Screen.width 和 Screen.height 的一半要简单一些。

Z 轴在这里没有作用，因此它将是默认的 0。

和之前一样，我们在 if 语句中执行射线投射。如果射线命中任何游戏对象，Raycast 调用将返回 true，并且 hit 变量将存储有关碰撞对象的详细信息。

只有在对象具有非运动学刚体时才将其标记为目标。你可能记得，运动学刚体不受物理系统控制。我们无法对这种刚体施加力，因此它们不是有效的目标。

在标记目标时，需要为四个与目标相关的变量赋值，以便未来进行引用：目标游戏对象的 Transform，目标游戏对象的 Rigidbody 组件，射线命中目标的位置，以及目标是否在念力的作用范围之外。

如果目标游戏对象不包含非运动学刚体，或者射线根本没有命中任何游戏对象，则调用 ClearTarget 方法。

现在让我们声明 ClearTarget 方法。这是一个简单的方法，将变量的值重置为 null 和 false 即可。我选择了在 CursorColor 属性下方声明它：

```
void ClearTarget()
{
    // 清除和重置与目标相关的变量：
    target = null;
    targetRigidbody = null;
    targetIsOutsideRange = false;
}
```

检测目标的逻辑就这样完成了。现在，摄像机将会不断地从视图中心发射射线，并且射线只会命中 detectionLayerMask 中定义的层。如果射线命中目标，它将检测并存储有关该目标的信息。否则，它将清除这些信息。

40.4 拉动和推送

现在，我们终于可以着手实现最有趣的部分了：检测鼠标按键并对目标施加拉力或推力。使用以下代码填充 PullingAndPushing 方法：

```
void PullingAndPushing()
{
    // 如果存在处于范围内的目标：
    if (target != null && !targetIsOutsideRange)
```

```
        {
            // 如果鼠标左键被按下
            if (Input.GetMouseButton(0))
            {
                // 从命中点将目标拉向玩家所在的位置：
                targetRigidbody.AddForce((baseTrans.position - targetHitPoint).normalized *
                pullForce, ForceMode.Acceleration);
                state = State.Pulling;
            }
            // 如果鼠标右键被按下
            else if (Input.GetMouseButton(1))
            {
                // 从命中点将目标推离玩家所在的位置：
                targetRigidbody.AddForce((targetHitPoint - baseTrans.position).normalized *
                pushForce, ForceMode.Acceleration);
                state = State.Pushing;
            }
            // 如果没有鼠标按钮被按下
            else
            {
                state = State.Idle;
            }
        }
        // 如果没有目标或目标不在范围内：
        else
        {
            state = State.Idle;
        }
    }
```

我们访问了目标游戏对象 Rigidbody 组件，以便调用它的 AddForce 方法。该方法接受一个 Vector3 类型的参数来表示要施加的力的大小，并且需要一个 ForceMode 枚举来定义力作用于 Rigidbody 组件的方式。

为了施加力，我们将使用一个熟悉的方程来获得所需方向：

```
(to - from).normalized
```

然后，我们将该方向与想要施加的力相乘，根据玩家在进行的操作，这个力可能是 pullForce（拉力）或 pushForce（推力）。值得注意的是，在 FixedUpdate 方法中处理力的计算时，我们没有将其与 Time.deltaTime 相乘，因为没有这个必要。FixedUpdate 方法的调用频率是固定的，由 Unity 内置的物理方法（如 AddForce）自动处理。

ForceMode 枚举有四个可能的值，会影响两个决定力的作用方式的主要因素：

- 力的作用是持续的推动力（比如一个对象持续地对另一个对象施加压力或是强风）还是一次性的冲击力（比如爆炸）？
- 它是否受到刚体的质量的影响？

可能的值如下：

- Force，受对象质量影响的持续推动力；
- Acceleration，不受游戏对象质量影响的持续推动力；
- Impulse，受质量影响的一次性冲击力；
- VelocityChange，不受质量影响的一次性冲击力。

这里选择了 Acceleration，所以玩家的念力将不会是瞬间的冲击波（像爆炸那样），而是一种持续的力，不断地将游戏对象拉向或推离玩家。

此外，Acceleration 也忽略了质量的影响，这意味着在玩家操控质量很大的刚体时，力还是会对刚体产生同样的影响。所以，我们可以在游戏中添加一些重物，而玩家仍然能够轻松地推拉它们。

除了施加力以外，这段代码还会更新 state 枚举，确保它始终能准确反映上一个 FixedUpdate 方法调用中执行的操作。

完成了这些设置后，就可以拉动和推开刚体了，但我们还需要把光标绘制出来，以便玩家可以看到屏幕中心（即射线发射的起点）。

40.5 绘制光标

我们将在屏幕中央绘制一个简单的彩色方块，它将代表玩家的念力的发射点，并且它的颜色会根据情况的不同而变化。

要实现这一点，只需要在 OnGUI 事件方法中添加一行代码即可。就像第一个项目提到过的那样，我们可以利用内置的 OnGUI 事件来调用 GUI 方法，从而在屏幕上绘制 2D 用户界面元素。在本例中，这种方法提供了一种简单快捷的途径，让我们能够通过代码直接在屏幕上绘制彩色的正方形，而无需通过设置画布和 UI 元素来创建它。

在 FixedUpdate 方法下方实现 OnGUI 方法：

```
void OnGUI()
{
    // 在屏幕中心绘制一个颜色为 CursorColor 的矩形
    UnityEditor.EditorGUI.DrawRect(new Rect(Screen.width * .5f, Screen.height * .5f, 8, 8),
```

```
    CursorColor);
}
```

之所以选择通过 UnityEditor 命名空间来调用这个方法，是因为这个方法只能通过 EditorGUI 类来访问，而不是常规的 GUI 类。如果愿意的话，可以在脚本文件的顶部添加 using UnityEditor;，这样在引用时就可以省略 UnityEditor 部分了，但由于这个脚本中只包含一次 UnityEditor 引用，这样做并不能省很多事。

注意，如果在游戏代码中执行 EditorGUI 方法，那么游戏将无法被构建。这些方法实际上只适用于 Unity 编辑器，这对于目前的测试目的来说是没有问题的，但如果目标是开发一个真正的游戏，最好使用 UI 元素（比如面板）来实现光标，并通过引用来更改它的颜色。另外，也可以使用图像文件作为光标，并利用 GUI.DrawTexture 方法将图像绘制到屏幕上。然而，鉴于我们目前专注于代码实现而非图像处理，使用 DrawRect 方法来绘制光标就足够了。

这里调用的方法的作用很简单，它只绘制一个指定颜色的实心矩形。这个方法接受两个参数：Rect 和颜色。

你可能还记得，我们在第一个项目中用过 Rect（rectangle 的缩写）数据类型，它接受以下参数：

- 矩形左边缘的 X 位置；
- 矩形上边缘的 Y 位置；
- 矩形的宽度，以像素为单位；
- 矩形的高度，以像素为单位。

在 X 轴上，值为 0 表示屏幕的左边缘，Screen.width 则表示右边缘。

同样，Y 轴为 0 表示屏幕的下边缘，Screen.height 则表示上边缘。

通过将矩形的位置设置为屏幕尺寸宽度和高度的一半，可以确保它恰好位于屏幕的中心。这里将它的大小设为 8×8 像素，可以根据需要对其进行调整。

至此，与念力[①]相关的所有功能都已经就绪。为了进行测试，可以在玩家附近的地面上创建三个立方体。为每个立方体添加一个非运动学的 Rigidbody 组件，并在 Rigidbody 组件中设置不同的质量。如果愿意的话，可以让立方体的缩放与质量成正比——例如，将第二个立方体的缩放设为（2，2，2），质量设为 2。接着，开始游戏并用摄像机对准它们，尝试通过鼠标左键拉动它们，通过鼠标右键推动它们。可以看到，刚体将接管物理效果，使游戏对象在移动时旋转和反弹。光标指向立方体的位置将影响力的作用方式，在立方体的不同部位（边缘、角落或中心）时会产生不同效果。

① 译注：即心灵遥控，用意念移动或改变物体性质和形态的能力，不需要物理接触。

最后要注意的是，刚体在移动时（特别是在下落时），会表现得像是慢动作一样吗？这很可能是因为我们通常使用英尺作为度量单位，比如玩家的尺寸以及立方体相对于玩家的尺寸，然而，Unity 为重力设置的默认单位是米。

这个设置可以在“编辑”➤ Project Settings ➤“物理”中轻松更改，其中的第一个字段是“重力”。它默认设置为 -9.81，意味着每秒钟产生 9.81 单位的向下动量——这与现实世界中的重力相符，但前提是使用米作为度量单位。

由于我们使用的是英尺，可以将重力值改为 -32.18，如图 40-3 所示。这样调整后，就可以模拟与现实世界相似的重力效果，但单位是英尺而不是米。

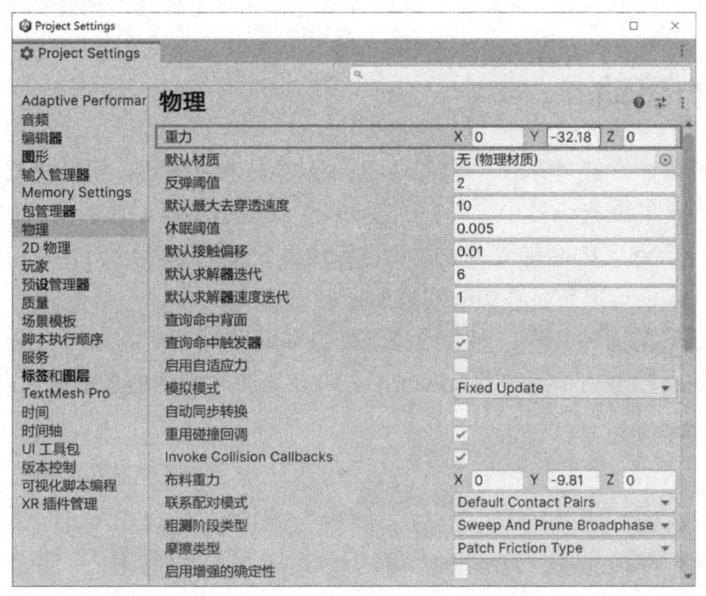

图 40-3 在 Project Settings 窗口的“物理”选项卡中，我们将重力的 Y 字段设成了 -32.18

40.6 小结

本章讲解了如何使用 AddForce 方法对刚体施加外力，介绍了 Unity 提供的四种施加力的选项。在本章中，我们还了解到 Unity 的物理模拟是在固定时间步长下进行的，而不是像 Update 方法那样“每帧更新一次”。任何持续与物理系统交互的代码，比如对刚体施加力，都应该在 FixedUpdate 方法而不是 Update 事件中执行。

第 41 章 移动的平台

本章将实现一个在两个位置之间来回移动的悬浮平台，此外，我们还将开发一个简单的系统，让玩家能够站在这些平台上，并随着它们移动。这将通过在玩家踏上平台时使平台成为玩家游戏对象的父对象来实现。

本章还将使那些受 Rigidbody 控制的游戏对象能够在平台移动时附着在平台上。

41.1 平台的移动

首先，需要创建一个脚本来使平台在两个位置之间来回移动。我们将把平台在场景中的初始位置用作起点，并在检查器中公开一个 Vector3 类型的变量，作为平台的目标位置——即它要移动到的另一个点。它将在初始位置和目标位置之间来回移动，并且可以在到达某个点时静止一段时间，以便玩家有足够的时间登上平台。

如果已经掌握了前面的知识，那么你应该知道如何实现这个脚本。在 Scripts 文件夹中创建一个新的脚本并命名为 PlatformMovement，先来定义脚本中的变量和属性：

```
private enum State
{
    Stationary,
    MovingToTarget,
    MovingToInitial
}
private State state = State.Stationary;

[Header("References")]
[Tooltip("平台的 Transform。")]
public Transform trans;

[Header("Stats")]
[Tooltip("平台应该移动到的世界空间位置。")]
public Vector3 targetPosition;

[Tooltip("从一个位置移动到另一个位置所需要的时间。")]
```

```
public float timeToChangePosition = 3;

[Tooltip(" 移动到新位置后要等待多久再开始向另一个位置移动。")]
public float stationaryTime = 1f;

// 返回每秒要移动的单位数
private float TravelSpeed
{
    get
    {
        // 两个位置之间的距离除以移动到另一位置所需要的秒数
        return Vector3.Distance(initialPosition, targetPosition) / timeToChangePosition;
    }
}

// 根据状态获取当前正在向哪个位置移动
private Vector3 CurrentDestination
{
    get
    {
        if (state == State.MovingToInitial)
            return initialPosition;
        else
            return targetPosition;
    }
}

// 平台在游戏开始时的世界位置
private Vector3 initialPosition;

// 平台接下来要进入的状态——要么是 MovingToTarget，要么是 MovingToInitial
private State nextState = State.MovingToTarget;
```

唯一一个你可能不了解的变量是 nextState。这个变量用于存储平台在 stationaryTime（即平台到达某一位置后静止的时间）结束后要切换到的状态。由于 state 变量在这段时间内会被设为 Stationary，所以我们需要一个额外的 state 变量来确定 stationaryTime 结束后平台是移向目标位置还是移向初始位置。

让我们通过代码的其余部分来观察这些变量：

```
// 将 state 转换为 nextState
```

```
void GoToNextState()
{
    state = nextState;
}

// Unity 事件
void Start()
{
    // 标记平台在游戏开始时的位置
    initialPosition = trans.position;

    // 在 stationaryTime 秒后调用第一次状态转换
    Invoke("GoToNextState", stationaryTime);
}

void FixedUpdate()
{
    if (state != State.Stationary)
    {
        trans.position = Vector3.MoveTowards(trans.position, CurrentDestination, TravelSpeed
        * Time.deltaTime);

        // 如果平台已经到达目的地
        if (trans.position == CurrentDestination)
        {
            // 根据平台当前的状态，确定下一个状态是什么
            if (state == State.MovingToInitial)
                nextState = State.MovingToTarget;
            else
                nextState = State.MovingToInitial;

            // 切换到 Stationary 状态并在 stationaryTime 秒后调用下一次状态转换
            state = State.Stationary;
            Invoke("GoToNextState", stationaryTime);
        }
    }
}
```

这段代码声明了 GoToNextState 方法，这个方法可以在平台静止之后被调用，使平台再次开始移动。然后，这段代码在 Start 方法调用中设置了 initialPosition，并且由于 state 变量默认设置为 Stationary，还需要通过 Invoke 来在等待一段时间后触发 GoToNextState 方法的第一次

调用，从而启动整个移动过程。默认情况下，nextState 被设置为 State.MovingToTarget，这个设置很合适，因为平台的初始位置就应该是它在场景中的默认位置。

GoToNextState 将让平台开始向目标位置移动，这一过程在 FixedUpdate 方法中进行。使用 FixedUpdate 方法而不是 Update 方法可以确保平台的移动与物理系统同步。由于游戏对象的 Rigidbody 和玩家的 CharacterController 将乘着平台移动，使用 Update 可能会引起不同步的问题，而使用 FixedUpdate 可以避免这一点。

平台的移动是通过一个简单的 Vector3.MoveTowards 调用来实现的，这个函数出现过很多次：它以每秒 TravelSpeed 的距离，将平台的当前位置向 CurrentDestination 目标点移动。CurrentDestination 属性将根据当前的 state 值来返回 initialPosition 或 targetPosition。

到达目的地后，nextState 就会被设置为向另一个目的地移动，然后 state 将变为 Stationary，并通过 Invoke 方法来延迟调用下一个状态变化。

这样一来，一个来回移动的简单循环就创建好了。

现在来为移动平台创建一个游戏对象。这个过程非常简单，但需要注意的是，平台的根游戏对象应该是一个空对象，而平台模型则应该是它的子对象。原因在于，平台将成为任何想要“搭乘”它的对象的父对象，所以需要确保根游戏对象的缩放是（1，1，1），以避免它的缩放影响到子对象——更关键的是，如果不这样做的话，那些由 Rigidbody 组件控制的游戏对象可能会出现重大的问题。

- 创建一个名为 Moving Platform 的空对象。为它添加 Rigidbody 组件，勾选“是运动学的”，并附加一个 PlatformMovement 脚本实例。确保将 trans 引用设置为指向 Moving Platform 的 Transform。
- 为 Moving Platform 添加一个立方体作为子对象，将其局部位置设（0，0，0），缩放设为（25，0.5，25）。
- 将 Moving Platform 对象移到合适的起始位置上，然后先将其 Target Position 字段设置为与当前位置相同的位置，然后在 X 轴或 Z 轴上增加大约 50 个单位。

现在平台应该可以来回移动了。如果需要调整移动速度或更改等待的时间，可以在检查器中修改相关的变量。

41.2 平台的碰撞检测

如果只使用 PlatformMovement 脚本，那么玩家将无法随着平台移动，因为这里并没有应用物理效果。就像之前提到的那样，当游戏对象带有非运动学的 Rigidbody 组件时，Unity 的物理系统才会介入，使游戏对象相互碰撞、受到重力的影响等等，并且如果要与这些对象交互，必须向它们的 Rigidbody 施加力。然而，我们目前并没有设置任何非运动学的 Rigidbody 组件：Moving Platform 只有一个运动学 Rigidbody，而 Player 游戏对象使用的是 CharacterController 组件。此外，平台直接通过改变 Transform 位置来进行移动。因此，如果想让玩家随着平台移动，我们必须自己实现这一功能。

我们将提供两种方法来允许游戏对象随平台而移动。一种方法是使用触发器碰撞，这将用在 Player 游戏对象上——当 Player 游戏对象的触发器接触平台时，平台将会成为 Player 的父对象，当触发器不再接触平台时，父对象将被设为 null，让玩家与平台“分离”。

另一种方法将响应正常的物理碰撞，可以用于受 Rigidbody 控制的游戏对象，使它们在接触平台时能够“附加”到平台上。

无论游戏对象通过哪种方式附加到平台上，都需要一个简单的脚本来实现这一功能。现在，创建一个名为 PlatformDetector 的脚本，并在其中添加以下代码：

```
public class PlatformDetector : MonoBehaviour
{
    [Tooltip("随着平台移动的 Transform。")]
    public Transform trans;
}
```

这个脚本的主要目的是向平台发送信号，表示持有该脚本的游戏对象想要附加到平台上。

实际的附加逻辑将由另一个脚本处理，这个脚本将被附加到任何将被用作移动平台的游戏对象上。创建一个名为 Platform 的脚本，并在其中添加以下代码：

```
public class Platform : MonoBehaviour
{
    void OnTriggerEnter(Collider other)
    {
        var detector = other.GetComponent<PlatformDetector>();
        if (detector != null)
            detector.trans.SetParent(transform);
    }

    void OnTriggerExit(Collider other)
    {
        var detector = other.GetComponent<PlatformDetector>();
        if (detector != null)
            detector.trans.SetParent(null);
    }
```

```
    void OnCollisionEnter(Collision col)
    {
        var detector = col.gameObject.GetComponent<PlatformDetector>();
        if (detector != null)
            detector.trans.SetParent(transform);
    }

    void OnCollisionExit(Collision col)
    {
        var detector = col.gameObject.GetComponent<PlatformDetector>();
        if (detector != null)
            detector.trans.SetParent(null);
    }
}
```

这些代码的重复性很高，对吧？我们为触发器碰撞和物理碰撞编写了类似的代码。Platform 脚本将检测与其发生的碰撞，如果它检测到碰撞对象上带有 PlatformDetector 脚本，那么它就知道这个碰撞对象想要附加到平台上。当两个碰撞体接触时，Platform 脚本会将自身设置为对方 Transform 的父对象，并在两个碰撞体分离时，将父对象重置为 null。

在设置父对象时，Platform 脚本利用了 PlatformDetector 的 trans 引用。这里没有直接使用带有 PlatformDetector 脚本游戏对象的 Transform，而是将需要更改父对象的 Transform 设置成了公共类型的变量，因为这样做可以将充当平台检测器的碰撞体设置为子对象，并让它指向根游戏对象的 Transform。

你很快就会理解这种设计的意义，因为我们现在将对 Player 游戏对象做类似的事情。

- 创建一个空对象作为 Player 的子对象，将其命名为 Platform Detector，并将局部位置和缩放设为（0，0，0）。
- 为它添加一个 Sphere Collider 组件，勾选“是触发器”复选框，将半径更改为 1，并将其中心 Y 位置设为 0.8，这样它就会轻微地从作为玩家模型的胶囊体下方突出来一点。
- 为它添加运动学 Rigidbody 组件和 PlatformDetector 脚本，并将 trans 字段设为根游戏对象 Player 的 Transform 组件。

这样一来，玩家的“脚”的位置就有了一个小小的球形触发碰撞体。由于它带有 PlatformDetector 脚本，所有与其接触的 Platform 脚本都会识别到这一点，并使用 trans 引用将玩家的 Transform 设置为 Platform 的 Transform 的子对象。

现在，在根游戏对象 Moving Platform 上添加一个 Platform 脚本组件，运行游戏，试着跳上

Moving Platform。可以看到，玩家角色将会随着它移动，并且可以走下或跳下平台。在“层级”窗口中可以看到，在走下平台后，Player将从Moving Platform的子对象切换回无父对象的状态

此外，还可以创建一个不带有任何触发器碰撞体的立方体，它可以附加到平台上。只需创建一个新的Cube，添加一个非运动学的Rigidbody，并添加一个PlatformDetector。将PlatformDetector的trans设为Cube的Transform，并将其定位在你的Moving Platform上。由于Platform脚本使用了触发和非触发碰撞事件，它将与这样的对象一起工作而无需进一步设置。

41.3 小结

本章为移动平台创建了一个简单的脚本，为玩家创建了随着平台移动的方法，还为受Rigidbody控制的游戏对象创建了PlatformDetector脚本，使它们可以附加到平台上。

第 42 章 关节和秋千

本章将介绍 Configurable Joint 这一物理组件的基本用法，它可以通过物理系统将多个游戏对象绑定在一起。我们将用它创建一个摆动装置（swing），它由一系列游戏对象组成，每个游戏对象都与上面的游戏对象相连，形成类似绳索的结构。绳索的末端挂着一个球体，它将随绳索摆动。玩家可以使用念力来拉动球体或绳索，就像悠悠球那样。

42.1 创建摆动装置

首先要创建的是构成摆动装置的各个游戏对象，以便过关节连接它们。这个摆动装置包括一个悬浮的立方体，这个立方体无法被拉动或推动；立方体下方将悬挂三个相同的“链节”，每个链节都是一个小球体，下面挂着一个细长的立方体，每个球体都与上一个链节的立方体相连。完整的摆动装置模型如图 42-1 所示，由顶部的悬浮立方体、下方悬挂的三个链节以及挂在底部的球体组成。

图 42-1 完整的 Swing 游戏对象

首先创建一个名为 Swing 的空对象，不要为它设置父对象。它将被用作根游戏对象，在它移动时，整个摆动装置都会移动。

- 为 Swing 添加一个子立方体作为子对象，命名为 Hovering Cube。将其缩放设为（10，10，10），局部位置设为（0，35，0），图层设为 Unmovable。
- 添加一个空游戏对象作为 Swing 的子对象。命名为 Chain Link，将其局部位置设为（0，30，0）。
- 为 Chain Link 添加一个球体作为子对象，将其局部位置设为（0，0，0），缩放设为（2，2，2）。
- 再为 Chain Link 添加一个立方体作为子对象，将其缩放设为（0.3，5，0.3），使它变成细长的链条形状。将其局部位置设为（0，-3.5，0），确保它位于球体的正下方。

设置好这个 Chain Link 后，通过复制粘贴它来创建其他链接。但在那之前，需要确保它包含所有必要的组件，这样就不需要逐一为每个链接添加并设置组件了。

每个 Chain Link 游戏对象（而不是它的两个子对象 Sphere 和 Cube）都应该有一个 Rigidbody 组件和 Configurable Joint 组件。添加这些组件，并将 Rigidbody 组件中的质量设置为 1.5。

你可能觉得应该为 Chain Link 对象的两个子对象 Sphere 和 Cube 添加 Rigidbody 组件，但这并不是必须的。Chain Link 的 Rigidbody 能够检测到其子对象的 Box Collider 和 Sphere Collider，并将它们视为一个整体，就像两块焊接在一起的金属一样。如果 Cube 受到撞击，它将会移动，而 Sphere 也会随它摆动，反之亦然。

这被称为"复合碰撞体"（compound collider），即通过组合"原始"碰撞体来表示更复杂的对象。原始碰撞体指的是为基本内置形状设计的碰撞体：Box Collider、Sphere Collider 和 Capsule Collider。通过创建一个带有 Rigidbody 的父对象，然后为其添加带有原始碰撞体的子对象，便可以创建一个形状比单纯的立方体、球体或胶囊更复杂的对象。

这种方法让我们能够通过简单组合原始形状来构建复杂网格的形状。

接下来设置 Configurable Joint 组件中的一些值。

Configurable Joint 组件应该附加在要与另一个游戏对象相连的游戏对象上，并且在 Configurable Joint 中，应该引用另一个游戏对象的 Rigidbody 组件。因此，在使用 Chain Link 对象制作链条时， Configurable Joint 组件应该位于链条上部的游戏对象上，而下方的游戏对象将被引用为 Configurable Joint 的"已连接实体"（Connected Body）成员（"检查器"窗口中列出的第一个成员）。

Configurable Joint 的 Anchor（锚点）是一个 Vector3 值，表示已连接实体的枢轴位置，这是一个局部位置，相对于持有 Configurable Joint 组件的游戏对象的 Transform。

将 Anchor 设为（0，-6，0）。

在"场景"窗口中，锚点的位置通过一组工具柄来表示。现在，锚点应该位于 Cube 的底部，如图 42-2 所示，Configurable Joint 的锚点位于 Chain Link 的 Cube 子对象底部，显示为一组小箭头。

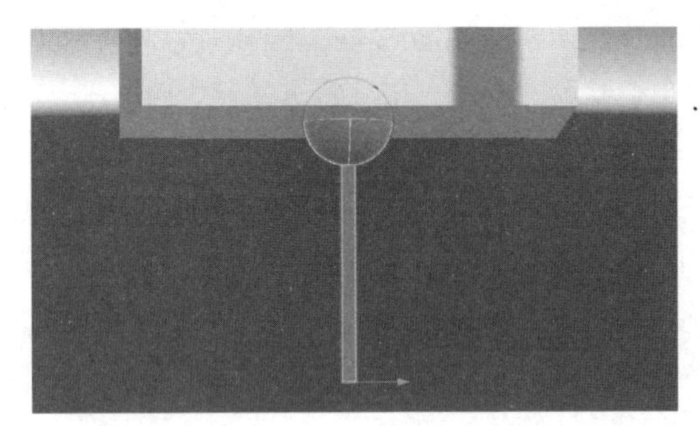

图 42-2 Chain Link 从 Hovering Cube 的底部伸出

这种设计确保了下方的 Chain Link 将围绕当前 Chain Link 的底部进行旋转，而不是围绕 Sphere 的中心旋转（那样会很奇怪）。

接下来，只剩下 Configurable Joint 的六个运动和角运动下拉字段需要设置了。这些字段分别对应 X 轴、Y 轴和 Z 轴，每个字段可以设置为“已锁定”（Locked）、“已限制”（Limited）或“自由”（Free）状态。运动字段决定了刚体是否可以在该轴上改变位置，而角运动字段决定了刚体是否可以在该轴上旋转：

- 在“已锁定”状态下，轴完全不会受到关节的影响；
- 在“已限制”状态下，轴会受到关节的影响，但会受到下方可自定义字段的限制；
- 在“自由”状态下，轴可以自由地移动，没有任何限制。

在这个项目中，我们将把三个运动字段都设置为“已锁定”，因为我们不希望关节引起任何移动，只希望它们能够围绕彼此旋转。

角运动字段的作用如下：

- 如果允许 X 轴角运动，Chain Link 将能够前后摆动；
- 如果允许 Y 轴角运动，Chain Link 将能够侧向扭转，使平台转动；
- 如果允许 Z 轴角运动，Chain Link 将能够左右摆动。

如果只允许在 X 轴或 Z 轴上摆动，锁定其他两个轴，将能够更精确地控制摆动。Y 轴的设置不是很重要，它主要决定了我们是否能看到立方体因受力而扭转。

在这个项目中，我们将把 X 轴角运动设为“自由”，并将 Y 轴角运动和 Z 轴角运动设为“已锁定”。这样一来，Chain Link 只会像钟摆一样前后摆动。由于这些设置都是相对于 Transform 组件的，如果想让摆动装置左右摆动，可以直接在 Y 轴上旋转整个 Swing，而不是更改 Configurable Joint 组件的设置。

图42-3展示了Rigidbody组件和Configurable Joint组件在检查器中的设置。请注意，你的"已连接锚点"可能与图42-3中显示的不太一样，但这并无大碍——一旦我们将关节连接起来，这个值就会自动更新。

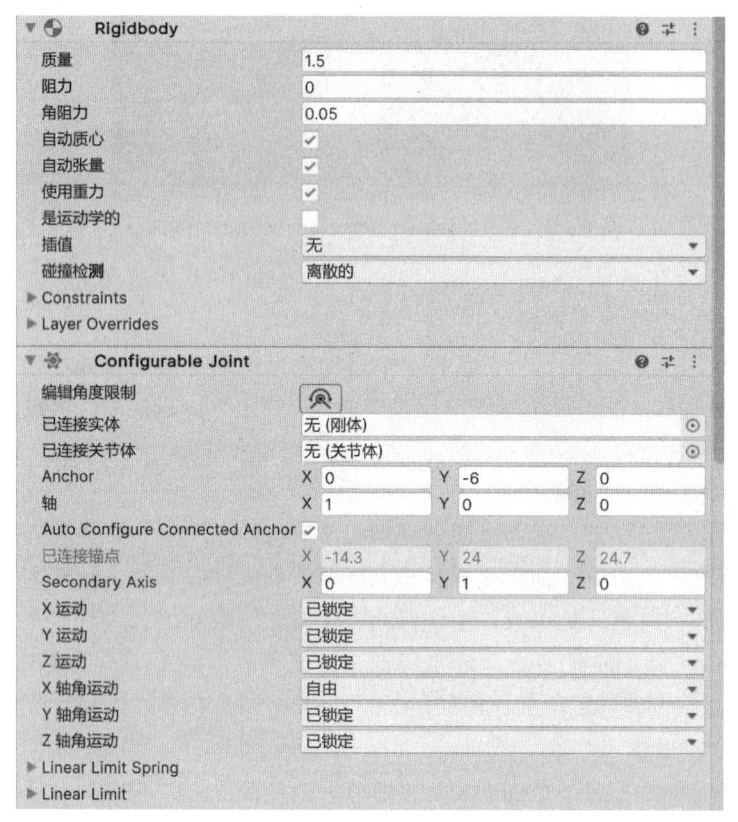

图 42-3 "检查器"窗口中显示的 Rigidbody 组件和 Configurable Joint 组件

现在，让我们继续设置。

- 选中 Chain Link 并复制粘贴它。新的 Chain Link 需要在 Y 轴上向下移动 7 个单位，这样它的 Sphere 子对象的顶部就会正好与上一个 Chain Link 的 Cube 子对象的底部相接。因此，选中新的 Chain Link 并在 Y 位置的当前值后输入"-7"（在本例中，Y 位置将是"30-7"），单击字段以外的其他地方，Unity 就会自动计算出新的值。如果更喜欢手动输入，可以将 Y 位置改为 23。
- 复制粘贴这个 Chain Link，并同样在 Y 轴上减少 7 个单位，使得 Y 位置变为 16。

现在一共有三个 Chain Link，它们上下连接，形成了一条锁链。它们垂挂在 Hovering Cube 的底部，如图 42-4 所示。

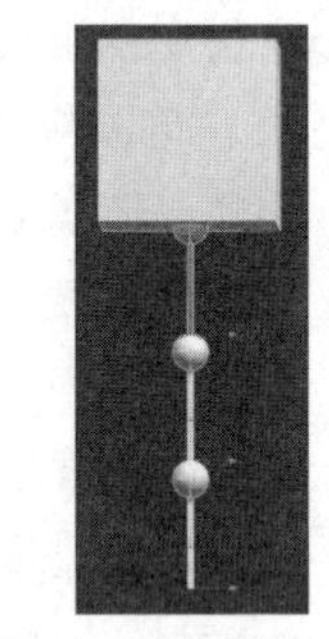

图 42-4 已选中 Swing 游戏对象

现在只需要创建链条末端的球体。

- 为 Swing 游戏对象创建一个球体作为子对象。将其缩放设为（10，10，10），位置设为（0，5，0），使其正好位于最底部的 Chain Link 下方。
- 为球体添加 Rigidbody 组件。将质量设为 4，这样它在与其他 Rigidbody 碰撞时会显得更有分量。

最终效果与图 42-1 中展示的一致。

42.2 连接关节

要实现关节间的连接，首先需要将最顶端的 Chain Link 与 Hovering Cube 相连。因此，我们需要为 Hovering Cube 添加 Configurable Joint 组件。Rigidbody 组件必须和 Rigidbody 组件协同使用，所以在为不包含 Rigidbody 组件的游戏对象添加 Configurable Joint 组件时，Unity 自动为游戏对象添加一个 Rigidbody 组件。

图 42-5 Rigidbody 组件的设置

现在，为 Hovering Cube 添加一个 Configurable Joint 组件，这将自动添加一个 Rigidbody 组件。由于我们不想让 Hovering Cube 受到任何碰撞或外力的影响，所以通过设置 Rigidbody 组件来限制它的位置和旋转。勾选 Rigidbody 的 Constraints 字段中的 6 个复选框，并取消勾选“使用重力”复选框，因为 Rigidbody 的位置和旋转已经固定，应用重力已经没有意义了。

现在，Hovering Cube 将锚定在地面上方，让所有 Chain Link 都可以悬挂下来。

Hovering Cube 的 Configurable Joint 组件需要我们做一些调整。首先，将锚点定位到立方体底部，值为（0，-0.5，0）。请注意，锚点的位置是相对于 Transform 的，这意味着锚点中的每个单位值都会乘以 Transform 的缩放。Chain Link 的缩放为（1，1，1），这意味着锚点值直接对应于世界坐标单位。但 Hovering Cube 的缩放为（10，10，10），因此锚点设置中的每个单位实际上代表 10 个世界空间单位。这就是为什么这里要将锚点的 Y 位置设为 -0.5 而不是 -5。可以将其理解成“Cube 高度的 50%”，而不是“0.5 个单位”。

此外，还需要锁定 Hovering Cube 的 Configurable Joint 组件的运动值。按照之前对 Chain Link 应用的设置（图 42-3）来设置 Hovering Cube，但这次将 X 轴角运动设置为“已限制”。

这意味着下方与限制 X 轴角运动有关的字段将被激活。我们将限制链条顶部的旋转，以防止链条过度摆动，缠在 Hovering Cube 上。

这可以通过设置“X 轴低角限制”和“X 轴高角限制”来完成。展开每个字段，在低角限制中，将 Limit 字段设为 -60；在高角限制中，将 Limit 字段设为 60。图 42-6 展示了这些设置。

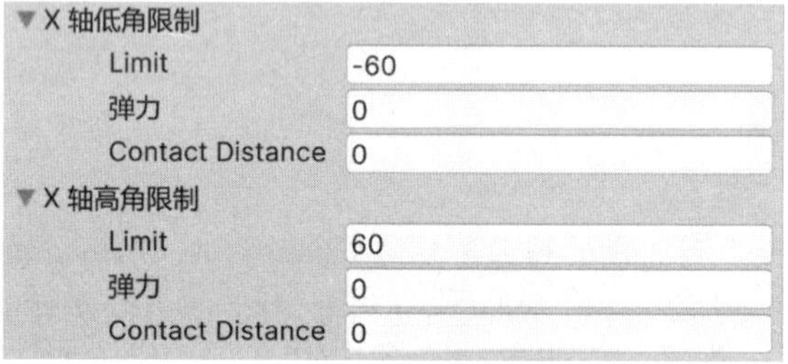

▼ X 轴低角限制
Limit -60
弹力 0
Contact Distance 0
▼ X 轴高角限制
Limit 60
弹力 0
Contact Distance 0

图 42-6 在这里为游戏对象 Hovering Cube 的 Configurable Joint 组件设置“X 轴低角限制”和“X 轴高角限制”

这些限制字段定义了 X 轴上允许的旋转角度。这里为低角和高角都设置了 60 度的范围，如果超过这个范围，顶部的 Chain Link 将自动锁定，无法再进一步旋转。

现在让我们将每个 Chain Link 依次连接到它上方的 Chain Link。请注意，Configurable Joint 组件的 Connected Body 字段应该指向更靠近地面的 Chain Link。如果在复制粘贴 Chain Link 后没有更改其名称，那么它们的名称和位置应该是这样的：

- Chain Link 位于最顶端；
- Chain Link (1) 位于中间；
- Chain Link (2) 位于最底端。

首先，选中 Hovering Cube，将“层级”窗口中的 Chain Link（最上面的一个）拖到 Configurable Joint 组件的“已连接实体”字段上。这样，第一个 Chain Link 就绑定到 Hovering Cube 上了。由于 Hovering Cube 悬浮在空中，Chain Link 永远不会落到地上，但它仍会受到重力影响，即使玩家利用 Telekinesis 脚本推拉它，它也会因为重力的作用而下垂，悬挂在 Hovering Cube 下方。

现在我们可以沿着链条向下连接每个较低的链接到上一个链接：

- Chain Link 的“已连接实体”应设为 Chain Link (1) 的 Rigidbody 组件；
- Chain Link (1) 的“已连接实体”应设为 Chain Link (2) 的 Rigidbody 组件；
- 最后，Chain Link (2) 的“已连接实体”应设为 Sphere 的 Rigidbody 组件，这将使 Sphere 绑定在链条底部。

完成这些设置后，运行游戏，控制角色跑向 Swing，尝试使用念力来拉动和推动 Sphere 或 Chain Link。可以将 Swing 抬高到任意高度，如果它的 Y 位置为 0，那么 Sphere 在摆动时会撞到地面，所以最好把它抬高一点，留出足够的摆动空间。此外，可以尝试堆放一些带有 Rigidbody 组件的立方体，然后用念力操控 Sphere 撞向它们。

请记住，Swing 被设置为只能在 X 轴上摆动，也就是前后摆动（相对于 Swing 的局部旋转来说）。这意味着它将像钟摆一样，只在一个方向上来回摆动。如果试图从错误的方向施加力，它可能不会有什么反应。

如果想让它在两个方向上摆动，可以在层级结构中同时选中 Hovering Cube 和所有三个 Chain Link，然后在“检查器”中找到 Configurable Joint 组件，将“Z 轴角运动”的设置改为“自由”。

42.3 小结

本章讲解了如何使用 Configurable Joint 组件将两个 Rigidbody 连接起来，以使它们能够围绕彼此旋转。本章要点回顾如下。

1. 盒型碰撞体（Box Collider）、球体碰撞体（Sphere Collider）和胶囊碰撞体（Capsule Collider）被归为原始碰撞体类型。它们是最基本的也是成本最低的碰撞体类型。
2. 带有 Rigidbody 组件的父游戏对象将所有带有原始碰撞体组件的子对象视为一个整体。当一个碰撞体受到撞击时，整个对象都会受到撞击，因为 Rigidbody 会将它们视为连接在一起的部件。
3. Configurable Joint 组件应该添加到与另一个 Rigidbody 组件相连的游戏对象上。Configurable Joint 组件的“已连接实体”字段应指向相连的游戏对象的 Rigidbody 组件。

第 43 章　力场和弹簧垫

本章中将实现一个可配置的 ForceField 脚本，这个脚本将与触发器碰撞体配合使用，以对刚体和 / 或玩家施加力。通过在“检查器”中设定一个变量，我们可以控制施加力的方式：可以在触发器被接触的期间持续施加力，也可以仅在触发器首次被触发时施加一次力。换句话说，根据选择的力的作用模式，可以模拟强力风扇一样的效果，也可以模拟弹簧垫一样的效果。

43.1 编写脚本

首先，在 Scripts 文件夹中创建一个名为 ForceField 的脚本，并在其中声明以下变量：

```
public class ForceField : MonoBehaviour
{
    [Tooltip("力场是否对玩家产生作用？")]
    public bool affectsPlayer = true;

    [Tooltip("力场是否会影响附加了 Rigidbody 组件的对象？")]
    public bool affectsRigidbodies = true;

    [Tooltip("施加力的方式。")]
    public ForceMode forceMode;

    [Tooltip("施加的力的大小。")]
    public Vector3 force;

    [Tooltip("力是相对于世界坐标系施加还是相对于 Transform 组件的局部坐标系施加？")]
    public Space forceSpace = Space.World;

    // 获取在世界空间中的力
    public Vector3 ForceInWorldSpace
    {
        get
        {
            // 如果设置为世界空间，则直接返回 force
            if (forceSpace == Space.World)
```

```
                return force;
            // 如果设置为局部空间，则使用 transform 将 force 从局部坐标转换为世界坐标
            else
                return transform.TransformDirection(force);
        }
    }
}
```

如此一来，我们就可以通过在“检查器”窗口中调整各个变量来控制脚本的行为了。力场可以只影响玩家，只影响Rigidbody组件，或者同时影响这两者。我们可以更改力的施加方式、力的大小以及力是相对于局部空间（Space.Self）还是世界空间（Space.World）施加的。此外，这段代码还包含一个属性，这个属性提供了一种快速获取要施加的力的大小的方式，如果forceSpace是Space.Self，它还会自动将力的方向转换为相对于附加了ForceField的Transform的世界空间方向。这是通过之前提到的Transform.TransformDirection方法实现的，该方法可以将Vector3从局部空间转换为世界空间。

这样，我们就可以在调用Rigidbody.AddForce时使用ForceInWorldSpace而不是直接使用force，它将会在世界空间中以正确的方向施加力（这正是Rigidbody.AddForce所期望的）。

在探索如何通过Telekinesis脚本实现拉动和推动刚体的能力时，我们已经了解了四种不同的ForceMode设置。简单来说，Force模式和Acceleration模式施加恒定的力，其中Force会受刚体质量的影响，Acceleration则不会。相对地，Impulse模式和VelocityChange模式施加一次性的推力，其中Impulse会受刚体质量的影响，VelocityChange则不会。

43.2 为力场创建游戏对象

现在来创建一个简单的Force Field游戏对象，以便在编码完成后立即使用。

- 首先创建一个空对象作为根游戏对象，将其命名为Force Field，并将“图层”设置为Force Field。为其添加一个Rigidbody组件，勾选“是运动学的”复选框，并添加ForceField脚本作为组件。
- 为Force Field脚本添加一个立方体作为子对象，将其缩放设为（1，1，1），局部位置设为（0，0.5，0），确保Cube的底部与根游戏对象Force Field的位置对齐。
- 勾选Cube的Box Collider组件的“是触发器”选项。
- 在Materials文件夹中创建一个名为Force Field的材质。将第一个字段Rendering Mode（渲染模式）改为Transparent（透明）。我将其颜色设置成十六进制颜色代码为

AAFFE3的蓝绿色，并通过将A字段设置为63来赋予它75%的透明度。将材质应用到刚才创建的Cube上。

- 将根游戏对象Force Field从“层级”窗口拖放到“项目”窗口中的Prefabs文件夹中，以创建一个预制件。

这样就得到了一个带有触发器碰撞体的半透明正方体，如图43-1所示。我们可以使用预制件创建任意大小的力场。改变根游戏对象的变换即可改变力场的大小，同时让它始终紧贴地面。

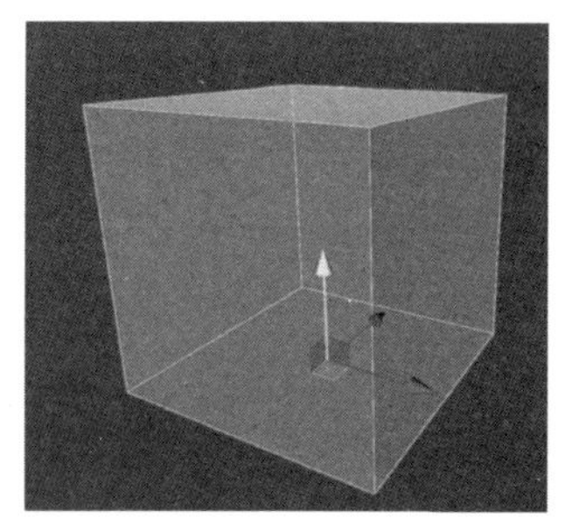

图43-1 Force Field游戏对象

43.3 向Player游戏对象添加速度

在让力场施加力之前，需要先找到一种方法来对玩家施加力。Player没有Rigidbody组件，所以我们必须自行实现这一功能。幸运的是，这并不难。在Player脚本的WallIsNearby方法下方添加以下代码：

```
public void AddVelocity(Vector3 amount)
{
    // 将X方向和Z方向的速度加到worldVelocity上
    worldVelocity += new Vector3(amount.x, 0, amount.z);

    // 将Y方向的速度加到yVelocity上
    yVelocity += amount.y;

    // 检查Y速度分量是否已超过0，如果是，则将grounded设为false
    // 如果不这样做，yVelocity会在ApplyVelocity中再次被设置为-0.1f
    if (yVelocity > 0)
        grounded = false;
}
```

这个方法展示了在三个坐标轴上为Player添加速度的简单过程，它能够与现有的系统协同工作。你可能还记得，worldVelocity是一个仅在X轴和Z轴上有效的Vector3，其Y轴的值始终为0。yVelocity则是一个浮点数，它负责处理Y轴。因此，我们不能直接将速度加到worldVelocity上，而是需要创建一个新的Vector3，仅将它在X轴和Y轴上的值与worldVelocity相加，然后单独将amount.y的值与yVelocity相加。

回想一下，ApplyVelocity方法每秒都会根据玩家的当前速度更新其位置，当玩家处于

grounded 状态时，它会不断地将 yVelocity 设为 -0.1。也就是说，当玩家站在地面上时，如果有一个力场将玩家向上推，这个向上的推力会立即被 Player 脚本中的逻辑覆盖，yVelocity 会重新被设为 -0.1。这就是为什么当 Y 速度变为正值时，必须确保将 grounded 设为 false。

43.4 施加力

为了向力场中的游戏对象施加力，需要用到两个独立的触发器碰撞事件。OnTriggerStay 将处理 Force 模式和 Acceleration 模式，使它们在触发器被接触时以每秒 force 的速度不断施加力。OnTriggerEnter 方法则会处理 Impulse 模式和 VelocityChange 模式，使它们在触发器首次被接触时施加一次 force。

这些事件各自提供了一个参数，指向触碰到的另一个碰撞体。

回到 ForceField 脚本，在其中声明以下方法：

```
void OnColliderTouched(Collider other)
{
    // 如果力场能作用于玩家
    if (affectsPlayer)
    {
        // 检查触碰到的游戏对象是否带有 Player 组件
        var player = other.GetComponent<Player>();
        // 如果有 Player 组件，则调用 AddVelocity：
        if (player != null)
        {
            // 如果力的作用模式是恒定的 Force 和 Acceleration 模式
            // 则使用 Time.deltaTime 来 " 每秒 " 施加力
            if (forceMode == ForceMode.Force || forceMode == ForceMode.Acceleration)
                player.AddVelocity(ForceInWorldSpace * Time.deltaTime);
            // 否则，直接应用力
            else
                player.AddVelocity(ForceInWorldSpace);
        }
    }
    // 如果力场能作用于刚体
    if (affectsRigidbodies)
    {
        // 检查触碰到的游戏对象是否带有 Rigidbody 组件
        var rb = other.GetComponent<Rigidbody>();
        // 如果有 Rigidbody 组件，调用 AddForce
```

```
            if (rb != null)
                rb.AddForce(ForceInWorldSpace, forceMode);
        }
    }

    void OnTriggerEnter(Collider other)
    {
        // Impulse 和 VelocityChange 模式只会在游戏对象首次触碰触发器时施加力
        if (forceMode == ForceMode.Impulse || forceMode == ForceMode.VelocityChange)
            OnColliderTouched(other);
    }

    void OnTriggerStay(Collider other)
    {
        // 只要游戏对象在触发器的范围内，Force 和 Acceleration 就会持续施加力
        if (forceMode == ForceMode.Acceleration || forceMode == ForceMode.Force)
            OnColliderTouched(other);
    }
```

Enter 方法和 Stay 方法将会检测触碰到的碰撞体，并且每个方法都会调用 OnColliderTouched 方法。

在 affectsPlayer 布尔值为 true 时，OnColliderTouched 方法将会检查触碰到的游戏对象是否带有 Player 组件，如果有，则向游戏对象施加力。是否使用 Time.deltaTime 取决于 ForceMode，因为在 Force 模式和 Acceleration 模式应该通过 OnTriggerStay 方法“每秒”施加力，而 Impulse 模式和 VelocityChange 模式则应该通过 OnTriggerEnter 方法施加一次力。

处理带有 Rigidbody 组件的游戏对象时，基本逻辑一样：如果 affectsRigidbodies 布尔值为 true 并且触碰到的游戏对象带有 Rigidbody 组件，则对其施加力。和之前不一样的是，在对 Rigidbody 施加恒定力时，不需要使用 Time.deltaTime。在 Force 模式或 Acceleration 模式下，Rigidbody.AddForce 方法会自动将力视为“每秒”施加的力。

现在，可以在场景中布置一些力场并测试它们的效果。它们的默认大小并不大，但我们可以根据需要来设置它们的缩放，或者直接使用缩放工具（快捷键 R）来调整它们的大小。

试着将 force 向量设成较大的值，比如将 Y 值设为 200。使用 Force 模式或 Acceleration 模式会让接触到的游戏对象将持续向上移动。而使用 Impulse 或 VelocityChange 会一次性地施加力，让游戏对象弹跳起来。这可以用来制作“弹簧垫”，帮助玩家跳到高处，或者通过念力来将游戏对象推或拉到弹簧垫上，使其能够弹射出去。

也可以将力场竖起来放在墙上，并将 Force Space 切换成“自己”，使得施加的力与力场的朝向相对应。在设置 force 变量时，要注意轴的方向。在选中 Force Field 游戏对象时，位置工具（快捷键 W）显示的箭头会指示每个轴的局部方向，从而帮助我们确定在哪个轴上施加力。

如果箭头指示的是世界方向，只需按下 X 键，即可将它们设置为选中的游戏对象的局部方向。例如，图 43-2 显示了一个竖着贴在墙上的力场，其中，位置工具的箭头显示了力场的局部方向。在这种情况下，如果想让力场将游戏对象推离墙壁，应该将 force 向量的 Y 轴（即绿色箭头）设置为力的方向。

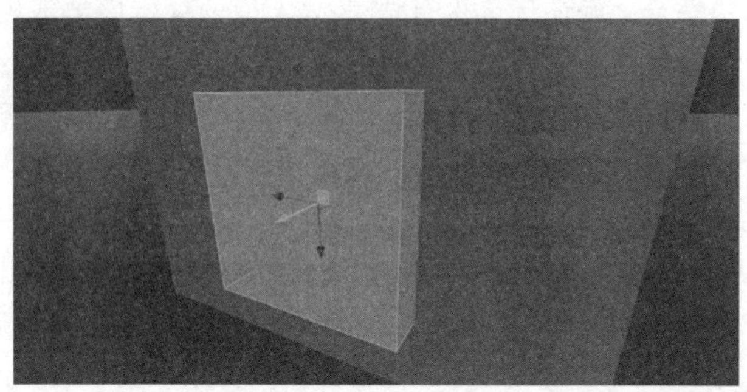

图 43-2 显示一个力场从墙的一侧突出的情景，其本地 Y 轴指向远离墙的方向

43.5 小结

本章编写了 ForceField 脚本，后者可以实现一次性的推力（可以用来实现弹簧垫等功能），也可以实现恒定的推力。我们还运用了向刚体施加力的相关知识，并使用触发器碰撞体及与其相关的碰撞检测事件：OnTriggerStay、OnTriggerEnter 和 OnTriggerExit。

第 44 章 结语

这一章标志着最后一个示例项目的结束，也意味着本书进入尾声。自从踏上这段旅程以来，我们取得了长足的进步，学到了许多知识，我为大家能走到这一步感到骄傲！

话虽如此，我们的学习之旅还远远没有结束。C# 是一种特性丰富的经典语言，而 Unity 引擎也还有许多功能等着我们去探索。学习的道路永无止境，让我们持续探索新知识，不断提升个人技能！

本章将对“物理游乐场”项目所涵盖的内容做一个总结，并给出一些建议，帮助大家规划接下来的学习路线。即使之后不再打算进行结构化的学习，不断尝试实现新功能也是一种很好的学习方法。如果已经从头到尾阅读了这本书，大家应该已经对 Unity 和编程有了一定的了解，能够自由地探索感兴趣的领域了。虽然这种学习方式可能缺少明确的指导，但独立解决问题的过程能够显著提高大家解决问题的能力。持续探索，勇于尝试，如果遇到难题，不妨暂时停下来，重新审视问题。在积累了更多知识和经验，成为一名更优秀的程序员后，大家随时可以回到那些高难度的项目上——而且，投身于自己热爱的事业，将对保持学习动力和兴趣大有裨益。

44.1 物理游乐场：项目回顾

通过这个项目，我们获得了使用 Unity 3D 物理系统的实践经验，并且学习了一些关于向量处理和 3D 运动的新知识。主要的学习成果如下。

- 向量的模长是一个浮点值，表示向量所穿越的距离，它也可以被称为“长度”。Vector3.magnitude 成员是一个属性，它可以返回向量的模长。
- 向量的归一化指的是将向量的模长设为 1，同时保留其方向不变。这意味着将经过归一化的向量乘以整数或浮点数，会使其沿着原方向移动相应单位的距离。
- 物理系统的更新频率与常规的按帧更新是不同步的。物理更新按照固定的时间间隔进行，默认是每秒 50 次（即每 0.02 秒更新一次）。根据情况的不同，物理更新可能每帧多次发生，或者每隔几帧发生一次——具体取决于帧率。关键在于，无论游戏运行的帧率是快（高帧率，流畅）是慢（低帧率，卡顿），物理更新都将保持每秒 50 次的频率。

- 与 Rigidbody 组件每帧交互的脚本应使用 FixedUpdate 内置事件方法，而不是 Update 方法。FixedUpdate 方法与物理更新同步，因此默认情况下也是每秒调用 50 次。
- 如果游戏对象受 Rigidbody 控制，则不应该在脚本中直接移动游戏对象的 Transform 组件，而是应该使用 Rigidbody.AddForce 方法施加力。
- 原始碰撞体类型是基本形状的碰撞体，包括盒型碰撞体（BoxCollider）、球型碰撞体（SphereCollider）和胶囊碰撞体（CapsuleCollider）。
- 要创建一个形状由多个原始碰撞体构成的刚体，可以先创建一个附加了 Rigidbody 组件的根游戏对象，然后将碰撞体附加到它的子游戏对象上。这就形成了一个复合碰撞体。只需要为根游戏对象配备 Rigidbody 组件。所有子对象的碰撞体将被视为一个整体，由根游戏对象上的 Rigidbody 组件统一控制。

44.2 Unity 进阶

接下来，我们将探讨一些可能你感兴趣的、与 Unity 引擎相关的知识[①]。本书的项目之所以没有涉及这些知识点，主要是为了避免内容过于庞杂。如果对 Unity 引擎的某个特性感兴趣，Unity 官方网站上的 Unity 手册是一个很好的起点。

可以通过搜索引擎来轻松地查看 Unity 手册。只需要搜索“Unity 手册”并加上自己感兴趣的特性名称即可，例如“Unity 手册 协程”。

44.2.1 资源商店

Unity 资源商店是 Unity 开发者分享和销售各种资源的平台，这些资源可以在 Unity 引擎中使用。商店内的资源包括扩展代码功能的脚本、3D 和 2D 美术资源、音乐和音效等。顾名思义，任何可以在 Unity 的“项目”窗口中作为资源使用的东西都可能在资源商店中找到。

资源商店提供各类免费和付费资源。如果正在寻找一些自己难以制作或没有时间制作的资源，不妨逛一逛资源商店，你可能会有意想不到的发现。

可以通过以下网址访问资源商店：

https://assetstore.unity.com/

如果该链接无法使用，在搜索引擎中搜索“Unity 资源商店”即可。

① 译注：可以给大家推荐几本书：《Unity 2D 游戏开发》《Unity 3D 游戏开发》《Unity Cookbook 中文版》以及《Unity 特效制作》。

44.2.2 协程

协程（coroutine）提供了某些与时间相关的功能，这些功能是无法通过Invoke调用实现的。协程是一种可以通过特殊代码行来实现暂停（yield）执行的方法。这种暂停可以是等待一定的秒数、等到下一帧开始，或者是等到某个特定条件满足。暂停结束之后，代码会从暂停的地方继续执行，并且所有局部变量都保持原先的状态。协程特别适合处理那些需要精细控制的流程，也避免了频繁调用多个方法。此外，它还可以用于逐步执行繁重的任务，以防止帧率下降或游戏过程中出现长时间的卡顿。例如，一个需要执行大量迭代的循环可以在每五到十次迭代后暂停并yield至下一帧，这样循环就可以在不显著影响性能的情况下"在后台"逐步完成。

MonoBehaviour类（所有脚本组件的基类）是调用协程的入口点（entry point）。这通常通过StartCoroutine方法来实现——但要使一个方法能够作为协程被调用，它需要返回IEnumerator类型。

以下是一个协程的示例，它首先记录一条消息，然后等待三秒钟，然后再记录另一条消息：

```
//声明协程的方式和其他方法一样，只不过返回类型是IEnumerator
private IEnumerator MyCoroutine()
{
      Debug.Log("Coroutine executing.");

      //在协程中，可以使用yield return来暂停程序的执行
      yield return new WaitForSeconds(3);

      Debug.Log("Coroutine finished.");
}
```

可以看到，关键字return前面有一个关键字yield。每当想要暂停协程的执行时，都需要使用关键字yield return。

我们实际返回的是一个yield指令，更准确的说法是WaitForSeconds指令。它的作用正如其名：使协程等待指定的秒数（作为参数提供），然后从yield return语句之后的下一行继续执行。

为了使其正常工作，必须使用之前提到的StartCoroutine方法：

```
StartCoroutine(MyCoroutine());
```

注意，传递给StartCoroutine方法的协程必须带有一组括号，像其他方法一样被调用。这也意味着协程支持参数，这是它相对于Invoke方法的另一个优点。

下面是一个使用参数的协程示例，根据协程启动后的指定时间内给定的Transform是否发生移动，它会记录不同的消息：

```
private IEnumerator TrackTransform(Transform trans, float waitTime)
{
      Vector3 initialPosition = trans.position;

      yield return new WaitForSeconds(waitTime);

      if (trans.position != initialPosition)
            Debug.Log("The Transform moved!");
      else
            Debug.Log("The Transform did not move.");
}

private void Start()
{
      // 记录该脚本附加到的游戏对象的 Transform 在 3 秒内是否移动过
      StartCoroutine(TrackTransform(transform, 3));
}
```

这段代码创建了一个局部变量来记录协程首次被调用时 trans 这个 Transform 的位置。然后协程将会暂停并等待，具体的等待时间由 waitTime 指定。之后，这段代码会根据 Transform 是否移动记录不同的消息。

协程也支持嵌套——一个协程可以 yield return 一个 StartCoroutine 调用来启动另一个协程，并在第二个协程完成后再继续执行，如下所示：

```
private IEnumerator MyCoroutine()
{
      Debug.Log("Coroutine executing.");
      yield return StartCoroutine(MyOtherCoroutine());
      Debug.Log("Coroutine finished.");
}

private IEnumerator MyOtherCoroutine()
{
      Debug.Log("Other coroutine executing.");
      yield return new WaitForSeconds(2);
      Debug.Log("Other coroutine finished.");
}
```

在这种情况下，如果调用 StartCoroutine(MyCoroutine())，那么消息将按以下顺序记录：

```
Coroutine executing.
```

```
Other coroutine executing.
Other coroutine finished.
Coroutine finished.
```

这里的一个关键在于，在启动嵌套协程时，我们使用了 yield return。如果不使用 yield return，直接调用 StartCoroutine，那么第二个协程将会独立启动（MyOtherCoroutine），而第一个协程（MyCoroutine）将不会暂停。

与 Invoke 方法相比，协程和嵌套协程可以更多样化地控制方法的执行。因此，如果需要对一系列复杂的操作进行精细控制，协程是一个极好的选择。

44.2.3 脚本执行顺序

在“编辑”➤ Project Settings 窗口中，有一个“脚本执行顺序”选项卡。虽然本书的示例项目中没有使用过它，但它可能会在你未来的游戏开发中派上用场，因此最好了解一下它的用途。

“脚本执行顺序”选项卡的名称很好地描述了它的用途：它可以用来自定义脚本响应事件调用的顺序，比如 Update 或 Start。在项目中，如果脚本调用的顺序关重要，就可以利用这个功能来确保一个脚本的事件调用总是在另一个脚本之前发生。

44.3 C# 进阶

进一步掌握编程语言是扩展视野的好方法。对编程语言有全面的了解后，你将能够发现更多可能的解决方案。本节将简要介绍一些在之前的示例项目中没有深入讨论的 C# 语言特性[①]。

44.3.1 委托

委托提供了一种声明变量的方式，该变量可以指向方法，这类似于将方法作为对象的实例进行引用。在调用这个变量时，它就会执行所指向的方法，但我们不需要知道它具体指向哪个方法。

总结一下，这个过程大致如下：

- 声明一个委托，定义其名称、返回值类型以及任意数量的参数。这相当于方法需要遵循的模板或设计规范；
- 然后可以声明一个变量，其类型为之前定义的委托类型；
- 任何符合该委托的返回值类型和参数要求的方法都可以被赋值给该变量，之后该变量就可以像普通方法一样被调用。

① 译注：关于 C# 语言，更多详情可参考《C#12.0 本质论》（第 8 版）和《VisualC# 从入门到精髓》（第 10 版）。

下面简单梳理每个步骤中涉及的语法：

```
// 像声明方法一样声明委托，但前面要加上 delegate 关键字
// 定义其返回类型为 string，名称为 MyDelegate，并定义了两个参数
delegate string MyDelegate(string a, int b);

// 声明一个类型为委托的变量
MyDelegate delegateVariable;

// 声明一个返回类型和参数与委托一致的方法
string AddNumberToString(string a, int b)
{
    return a + b;
}

// 由于方法与委托的返回类型和参数相匹配，可以将方法赋值给变量
delegateVariable = AddNumberToString;

// 可以像调用方法一样调用委托变量
delegateVariable("Hello World", 1);
```

在这个示例中，虽然我们完全可以直接调用方法名，但在实际的应用场景中，有时必须使用委托。例如，在自定义的 UI 系统中，Button 类可能公开了一个在按钮被单击时调用的委托变量。在创建按钮时，我们可以指定任意一个符合委托定义的方法，以在按钮被单击时调用，使按钮可以轻松实现不同的功能。我们甚至可以动态更改委托变量指向的方法，以更改按钮在被单击时的行为。

44.3.2 文档注释

C# 语言定义了一种“文档注释”系统，它允许开发者在编写类、方法、变量、属性的定义之前添加相应的注释。这些注释使用特殊的语法在代码中直接定义文档。代码编辑器和其他软件可以读取并展示这些注释。一个典型的例子是 summary（摘要）标签，它利用文档注释为代码元素提供简要描述，在编辑器中将鼠标悬停在这些元素上时，就可以在浮窗中看到这些描述（前提是代码编辑器支持这个功能）。

如果在声明的类之前写一个 summary，那么之后在声明一个使用该类作为类型的变量时，就可以将鼠标悬停在类名上，查看 summary 中的描述。

实际上，Unity 为大多数内置类都提供了 summary 描述。如果代码编辑器支持这个功能的话，在将鼠标悬停到类型或方法名上的时候，你可能已经看到过这些描述了。

以下代码展示了如何为上一个示例项目中为 Player 声明的 WallIsNearby 方法编写简单的 summary。文档注释始终以三个斜杠 /// 开头，与普通注释使用的两个斜杠 // 不同。文档注释内部包含特定的标签，其中包括一个起始标签（如 <summary>）以及一个与开始标签同名但前面带有斜杠的结束标签（如 </summary>）。相关文本内容放在这对标签之间：

```
/// <summary>
/// 检测附近是否存在足够靠近玩家的墙壁，能够进行蹬墙跳。
/// 如果检测到符合条件的墙壁，则返回 true；如果未检测到，则返回 false。
/// </summary>
private bool WallIsNearby()
{
    ...
}
```

可以看出，summary 总是三个斜线 /// 开头，后跟一个空格（因为这样看起来更美观）。这段代码以起始标签 <summary> 开头，中间是用作摘要描述的文本，最后以结束标签 </summary> 结尾。

文档注释还能包含其他类型的数据，这些数据能够以不同的方式被使用。例如，可以为方法的每个参数提供描述，这样在编写方法调用并键入参数时，参数的描述就会显示出来。这是通过 <param> 标签来实现的。此外，如果方法返回得不是 void 类型，还可以添加一个 <returns> 标签来描述方法返回的内容。

一些代码编辑器（包括 Visual Studio 在内）会在我输入方法声明前的三个斜杠 /// 时，自动生成基本的标签。它们会智能地解析方法的声明，如果方法的返回类型不是 void，编辑器就会自动创建一个 <returns> 标签。同样，如果方法声明中包含参数，编辑器也会自动为每个参数生成 <param> 标签。

如下 <param> 标签和 <returns> 标签示例使用了前面为委托声明的（有些无用的）方法：

```
/// <summary>
/// 在此处概述方法的主要用途和功能。
/// </summary>
/// <param name="a"> 在此详细说明参数 a 的预期用途和数据类型。</param>
/// <param name="b"> 在此详细说明参数 b 的预期用途和数据类型。</param>
/// <returns> 在此阐述方法返回的内容。</returns>
string AddNumberToString(string a, int b)
{
    return a + b;
}
```

这展示了如何在 param 标签内声明参数：通过 name= 属性指定相关参数的名称。

值得一提的是，这种利用“标签”语法来编写和格式化数据的方法，不仅在代码注释中常见，也经常用于在文本文件中表示各种数据类型。这种语法被称为 XML（Extensible Markup Language，可扩展标记语言）。这是一种灵活且易于阅读的声明文本数据的方式。

为了保持代码示例的简洁，本书并没有广泛使用文档注释。然而，在其他开发者编写的 C# 代码中，这种注释风格是十分常见的。采用这种注释方式对维护代码非常有帮助，因为想查看某个方法的说明的时候，只需要将鼠标悬停在方法名上即可（前提是代码编辑器支持这一功能）。如此一来，即使我们忘记了过去编写的代码的用途和用法，也能够轻松地回忆起来。举例来说，当我们忘记了一个方法的返回类型或者每个参数的具体作用时，文档注释将使这些信息即时显示出来。此外，在与其他人合作编写代码的时候，它同样非常实用。

44.3.3 异常

许多编程语言都具备在代码运行中出现异常时进行响应的控制结构。“异常”（exception）是 C# 语言中用于描述“错误”（error）的专业术语。在 Unity 开发环境中，任何导致控制台输出错误信息的代码都在“抛出异常”。

异常实际上是一种数据类型，它继承自 Exception 基类，这个基类被定义在 System 命名空间中。抛出异常是通过一行简单的代码实现的：使用 throw 关键字，后面跟一个创建 Exception 实例的构造函数。最简单的形式是使用 Exception 基类：

```
void DoSomething()
{
    if (a)
        throw new Exception("Failed to do something.");
    else
    {
        //...
    }
}
```

这个示例的前提是文件顶部包含 using System;；否则，需要将这段代码改成 throw new System.Exception。

除此之外，还有更多继承自 Exception 的更具体的类型，它们提供了更清晰的错误信息和原因。举例来说，如果尝试从一个集合（数组、列表等）中获取一个不存在的索引，比如大于数组的 Length 或列表的 Count 的索引，那么程序将会抛出 IndexOutOfRangeException 异常。

一个常见的控制结构是 try…catch…finally：

```
try
{
    // 在 try 块中执行一些可能会产生异常的代码
}
catch (Exception e)
{
    // 如果 try 块中发生异常，这段代码将会得到执行，Exception 将被 " 捕获 "，
    // 因此不会在“控制台”窗口中作为错误消息被抛出
    //Exception e 参数将指向抛出的 Exception，其中可能包含有用的数据
}
finally
{
    // 无论是否发生异常，这段代码都会在事后运行
}
```

这可以用来定义抛出异常时应该执行的“备用代码”。catch 块中声明的参数类型决定它能够捕获并处理哪种类型的异常。甚至可以声明多个 catch 块，每个块捕获不同类型的异常。如果 try 块中抛出了某种类型的异常，而这个异常没有被 catch 块捕获，那么这个它将显示在控制台中，并被视为“未捕获”或“未处理”的异常。但是，只要异常被任意一个 catch 块捕获，就不会被输出到控制台。

44.4 C# 语言中的高级概念

如果有足够的信心，想要进一步探索 C# 语言，就可以了解一下本节列出的额外特性。这里简要介绍这些特性的基本概念，为你日后的研究打下基础。

44.4.1 操作符重载

操作符重载（operator overload）类似于可以在类中声明的方法，这种方法允许我们编写自定义代码，以处理在类实例上使用特定操作符时的行为。例如，我们可以允许类的两个实例通过操作符 + 进行操作。此外，还可以允许其他类型（例如 int 或 string）与类通过操作符 + 进行操作。当操作符被使用时，我们编写的代码将被执行，程序会根据操作数（oprand，即操作符两侧的值）来返回结果。

44.4.2 类型转换

除了重载操作符 +、-、* 等，还可以在类中声明“类型转换操作符”（type conversion operator）。这些操作符允许我们编写代码，以定义在类的类型被隐式或显式转换为另一类型时返回的内容。如果拥有一些结构相似的数据结构，可以通过声明类型转换操作符来简化从一种类型转换到另一种类型的过程。

在 Unity 的内置类型中，Vector2 和 Vector3 之间的类型转换是一个典型例子。Vector2 类型是一个仅包含 X 和 Y 这两个分量的向量。Vector3 与之类似，但多了一个 Z 分量。Vector2 可以隐式转换为 Vector3——“隐式”意味着系统会在需要时自动处理这一转换，无需人工介入。另一方面，Vector3 只能显式转换为 Vector2——“显式”意味着开发者必须使用明确转换操作符，因为这种转换可能导致数据丢失。

这两种转换都通过在各自的向量类中声明转换操作符来实现，定义的是执行转换后应返回的内容。

44.5 泛型类型

泛型乍一看可能比较复杂，但它是个非常强大的特性。本书已经初步探讨了泛型的概念，但要深入理解并充分利用它，你可能需要更深入的探索。学习如何声明使用泛型类型的类和方法不仅有助于更透彻地理解泛型，还能让你在编程实践中更加灵活地运用它们。

结构体

前面讨论过类和结构体之间的区别，但从未讲解过声明结构体的方法以及结构体的应用场景。

一般来说，结构体比类更麻烦。如果不熟悉它们的使用方式，编译器可能会频繁报错。它们可能有点麻烦。话虽如此，了解何时以及如何使用结构体，可以为你带来一定的优势。

44.6 小结

作为本书的最后一章，这里为你的自学之路提供了有启发性的点子和一些概念。本章要点简要回顾如下。

1. 协程是一种方法调用，它可以在代码执行时暂停指定的时间，然后在相同状态下继续执行。这意味着程序可以在循环的过程中暂停，接着从同一位置继续循环。

2. 委托允许一个变量存储对方法的引用。委托的定义就像一个模板，只有符合这个模板的方法才能被存储在相应的变量中。
3. C# 语言使用“异常”这一术语来指代“错误”。代码抛出异常意味着程序在执行过程中遇到了问题并生成了错误，Unity 控制台中显示的错误信息就是一个例子。
4. 类和结构体等数据类型可以声明操作符重载，这样就可以使用特定的操作符（如 + 或 -）来操作这些类型的实例，或者允许它们与其他类型进行转换。

现在，你已经了解了这些基础概念，可以决定自己的学习方向了——这是不是很兴奋？本章介绍的这些概念是很好的起点。掌握的工具越多，积累的经验越丰富，就越能够轻松找到解决编程问题的妙招。在遇到新的语法时，不要害怕，积极查找相关资料并弄清楚它的工作原理即可！